青岛农业大学　广东省烟草南雄科学研究所专业（学术）著作

广东植烟土壤肥力演变特征及养分管理

◎ 丁效东　王　军　著

中国农业科学技术出版社

图书在版编目（CIP）数据

广东植烟土壤肥力演变特征及养分管理 / 丁效东，王军著 . —北京：中国农业科学技术出版社，2018. 4

ISBN 978-7-5116-3634-8

Ⅰ. ①广… Ⅱ. ①丁… ②王… Ⅲ. ①烟草—耕作土壤—土壤肥力—研究—广东②烟草—耕作土壤—土壤有效养分—研究—广东 Ⅳ. ①S572.06

中国版本图书馆 CIP 数据核字（2018）第 071933 号

责任编辑 崔改泵　李　华
责任校对 马广洋
出 版 者 中国农业科学技术出版社
北京市中关村南大街12号　　邮编：100081
电　　话 （010）82109708（编辑室）（010）82109702（发行部）
（010）82109709（读者服务部）
传　　真 （010）82106650
网　　址 http: // www.castp.cn
经 销 者 各地新华书店
印 刷 者 北京建宏印刷有限公司
开　　本 787mm×1 092mm　1/16
印　　张 16.75
字　　数 400千字
版　　次 2018年4月第1版　　2018年4月第1次印刷
定　　价 86.00元

前　言

土壤是烟叶生产的根本，适宜的土壤环境条件是烟草优质适产的基础，土壤物理、化学和生物学性状直接影响烟叶的品质及其植烟适宜性。烟草对土壤条件反应相当敏感，相同烟草品种在不同土壤条件下种植，产量和品质会发生很大变化。土壤类型及土壤质量（物理、化学、生物性状）与烤烟的特色、产量、化学品质及抽吸品质和烟叶的工业可用性密切相关。近30年来，广东各烟区土壤利用程度逐渐加大，土壤退化、土壤板结现象，肥力水平、肥力结构也发生了变化，肥料使用量高于全国平均水平。施肥作为烟草农业科技的主要方面，在保障烟叶产量和质量中占据非常重要的地位，目前烤烟种植过程中施用化肥较多、偏施氮肥、过量施肥，肥料利用率不高，植烟土壤和烟叶质量受到影响。

本书以广东省第二次土壤普查、土壤环境背景值调查等历年来的数据资料为基础，通过野外采样、调查分析各烟区植烟土壤质量时间（30年）和空间（水平和垂直方向）演变特征，在阐明不同类型土壤质量演变过程及其规律基础上，针对性分析提出土壤质量提升的综合技术体系及其对策、建议，为广东烟草种植提供支撑。为了解决烟草施肥不平衡问题，进一步提升烟草施肥技术水平，不断提高施肥的科学化、精准化、高效化水平，在实现烟叶产质量提高的同时，最大程度地保护植烟生态环境，维护广东烟叶生产的可持续发展。本书开展了植烟土壤氮、钾素运筹、有机无机配施及调控技术等研究，希望本书的出版能为广东烟叶生产提供技术指导，同时对其他烟区开展土壤调查及施肥工作有借鉴作用。

本书在成书、出版及之前的大量准备工作中，青岛农业大学、广东省烟草南雄科学研究所、广东省烟草专卖局（公司）等单位领导，以及有关同志给予了充分的关心、支持。本著作由丁效东（青岛农业大学）负责数据整理及撰写工作（40万字）；王军（广东省烟草南雄科学研究所）负责技术集成并提供大量材料、校稿工作，正是有了大家的共同努力，才使本书得以顺利出版，在此向大家致以最真诚的感谢。

由于水平所限，书中难免有错漏之处，敬请广大读者不吝指正，以期在今后的烟叶生产施肥工作中做得更好。

著者

2018年2月于青岛

目 录

1　广东植烟土壤时空演变特征

1.1　广东植烟土壤土壤肥力现状及评价

1.1.1　研究目的

土壤是影响烟叶质量的重要因素之一，其中土壤养分含量作为衡量土壤肥力的重要指标其丰缺状况和供应强度直接影响烟草的产量、质量。近些年来，随着人们对烟叶生产施肥环节的“精准化”“精益化”要求越来越高，我国云南、贵州、四川、河南等烟区相继开展了植烟土壤的养分检测分析和评价工作，为各自烟区烟草种植区域布局规划及制定针对性的施肥技术措施提供了理论依据，有力地促进了资源的有效利用和烟叶产区的可持续发展。

我国优质烟叶生产需要特定土壤、生态、气候条件，而在生产实践中某一地区生态及气候难以调节，通过对土壤的理化性状调节而获得优质烟叶成为可能。由于土壤的肥力演变受自然及人为因素影响较大，广东烟区自陈泽鹏等人（2006）早期报道广东省11个县（市）5种植烟土壤肥力状况后至今尚未见此类报道。广东烟区地处广东省北部和东部地区，是我国典型的浓香型烤烟产区，植烟土壤类型主要为沙泥田、牛肝土田、紫色土地，3种植烟土壤在该地区交错分布。调查表明，3种植烟土壤对优质烟叶生产存在差异，但是近年来随着土壤高投入、掠夺式利用导致土壤肥力下降及其土壤侵蚀流失加剧。为更好地指导烟农合理施肥，提高施肥的有效性和肥料利用率，保证植烟土壤的可持续利用和优质烟叶生产的可持续生产，本章以广东烟区湖口、水口、黄坑、古市、马市、乌迳、雄州、连州、蕉岭、大埔种植单元及其3种主要植烟土壤类型为研究对象，通过野外调查采样和室内分析方法并采用主成分分析法和模糊数学隶属度函数模型对土壤养分肥力状况进行综合评价，旨在为华南地区优质烟叶生产提供技术支撑。

1.1.2　调查区域

广东植烟烟区的湖口、水口、黄坑、古市、马市、乌迳、雄州、连州、蕉岭、大埔为调查区域，共929个土壤样品的采样规划、采集、测定分析、土壤养分状况分析评价工作。

1.1.3 材料与方法

（1）采样规划和准备。每个植烟区域按照“代表性、覆盖性、可比性、操作性”原则，综合考虑地形地貌、土壤肥力和基层技术服务区域情况，采用ARCGIS软件制定各个烟区即湖口、水口、黄坑、古市、马市、乌迳、雄州、连州、蕉岭、大埔的采样点规划图。

（2）采样方法。采样方法遵循“随机、等量、多点混合”的原则。每个样品区覆盖5～10亩（1亩≈667m^2，全书同），由采样区内15～20个样点混合组成。采样深度为0～20cm，每个采样点取土深度及采样量均匀一致。采用“S”型线路布点取样，注意避开路边、田埂、沟边、肥堆等特殊区域。一个混合样1kg左右，采集后样品统一做好标识，按基本烟田编号填写样品信息。

（3）样品处理。土壤样品自然风干，按照测试项目要求研磨后过不同规格的筛，装入封口袋中，制备成可供分析测试用的土壤样本，并做好标签备用。

（4）测试分析。测试分析指标为pH值、有机质、速效氮、速效磷、速效钾、水溶性氯离子、有效硼、有效锌、交换性镁、有效铁、锰、铜。测试分析方法统一参照国家标准或农业行业标准（《基地单元烟草测土配方施肥工作规范》）进行测试分析，见表1-1。

表1-1 土壤样品测定方法

测定项目	测定方法
pH值	pH值计法
有机质	重铬酸钾滴定法
速效氮	碱解扩散法
速效磷	碳酸氢钠浸提—钼锑抗比色法
速效钾	醋酸铵浸提—火焰光度法
交换性钙、镁	原子吸收分光光度法
有效氯	连续流动法
水溶性硼	姜黄色素比色法
有效铁、锰、铜、锌	DTPA（pH值7.3）浸提—原子吸收分光光度法

（5）数据处理分析。采用Excel、SPSS软件，通过主成分分析方法求得土壤各评价指标的的权重（W_j），采用隶属度函数来计算各评价指标的隶属度（N_i），据此来计算各土壤的综合肥力指数（*IFI*）。采用ARCGIS软件作各烟区各单项养分和土壤综合肥力的空间变异图。

（6）土壤肥力评价指标隶属度。土壤是一个灰色系统，系统内各要素与土壤肥力之间关系十分复杂。此外，土壤肥力评价中还存在许多不严格和模糊性的概念，为解决此类问题，在评价中引入模糊数学的方法，采用Fuzzy综合评价来进行土壤的综合肥力评价。

在Fuzzy综合评价中，隶属度可用隶属度函数来表达。对土壤中各参评肥力质量指标建立相应的隶属度函数，计算其隶属度值，以此表示各肥力质量指标的状态值。根据土壤肥力质量指标对作物产量和品质的效应曲线将隶属度函数分为2种类型，即S型（正相关型）隶属度函数和抛物线型隶属度函数，并将曲线型函数转化为相应的折线型函数，以利于计算。

①S型（正相关型）隶属度函数。大多数土壤肥力质量指标属于这种类型，如氮、磷、钾含量等。作物的效应曲线呈“S”型，即开始时随着指标值的增加，效应值上升迅速，达到一定的临界值后，随着指标值增加，效应值稳定在一定水平线上。其隶属度函数如图1-1所示。

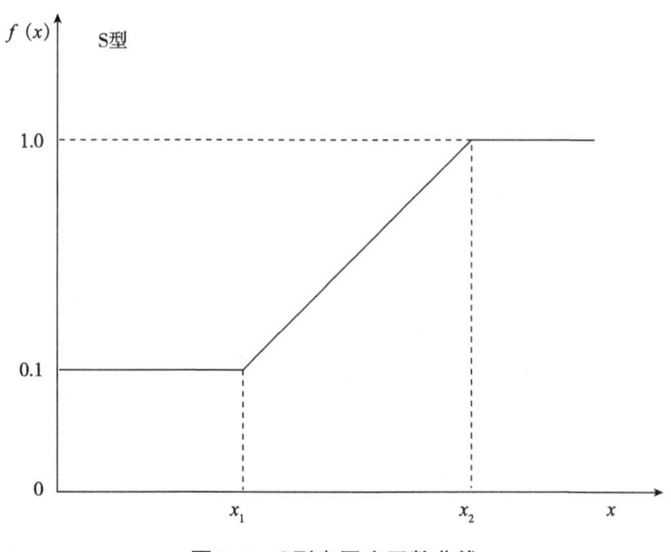

图1-1　S型隶属度函数曲线

相应的隶属函数为：

$$f(x)=\begin{cases} 1.0 & x \geq x_2 \\ 0.9(x-x_1)/(x_2-x_1) & x_1 \leq x < x_2 \\ 0.1 & x < x_1 \end{cases}$$

根据前人研究结果，结合广东省烟区土壤的实际情况，确定各指标的隶属度函数曲线中转折点的相应取值见表1-2。

表1-2 广东省植烟土壤各指标S型隶属度函数曲线转折点取值

项目	速效养分（mg/kg）			有效微量元素（mg/kg）					交换性元素（mmol/kg）	
	AN	AP	AK	Cu	Zn	Fe	Mn	B	Ca	Mg
x_1	60	5	50	2.0	1.5	5	2.0	0.5	25	8
x_2	120	20	150	4.0	3.0	10	3.0	1.0	35	16

②抛物线型隶属度函数。作物的效应曲线呈现为抛物线型，即随着指标值的增加，效应值表现出开始时增加，然后达到最高点，最后下降的情形，如土壤pH值、有机质等，其隶属度函数如图1-2所示。

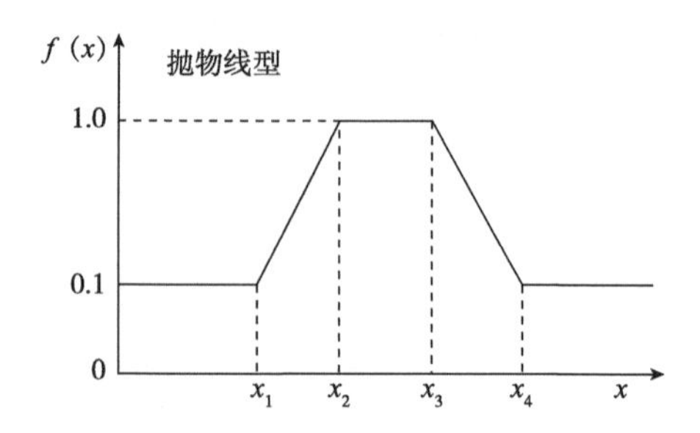

图1-2 抛物线型隶属度函数曲线

相应的隶属函数为：

$$f(x)=\begin{cases}1.0-0.9(x-x_3)/(x_4-x_3) & x_3<x\leqslant x_4\\ 1.0 & x_2\leqslant x\leqslant x_3\\ 0.9(x-x_1)/(x_2-x_1) & x_1\leqslant x<x_2\\ 0.1 & x<x_1\text{或}x>x_4\end{cases}$$

根据广东省烟区土壤的实际情况，确定土壤pH值在隶属度函数曲线中转折点的相应取值为：x_1=4.5、x_2=5.5、x_3=7.5、x_4=8.5；土壤有机质值（mg/kg）在隶属函数曲线转折点相应取值为：x_1=10、x_2=20、x_3=30、x_4=40；土壤氯离子值（mg/kg）在隶属函数曲线转折点相应取值为：x_1=5、x_2=10、x_3=20、x_4=30。

（7）单项肥力质量指标权重。采用SPSS19.0统计软件对数据进行主成分分析方法求得。

①主成分提取。根据表1-3相关分析结果，土壤不同养分指标之间大多数存在着显著或极显著相关性。其中pH值与速效氮、速效磷、有机质、有效铜、有效锌、有效铁、有效锰、有效硼、氯离子呈极显著负相关，而与钾离子、钙离子及镁离子呈极显著正相关；有机质与速效氮、速效磷、有效铜、有效锌、有效铁、有效锰、有效硼、氯离子呈极显著正相关，与速效钾相关不显著。

表1-3 土壤肥力间相关系数矩阵

评价指标	pH值	AN	AP	AK	OM	Cu	Zn	Fe	Mn	B	Ca	Mg	Cl
pH值	1.000												
AN	−0.413	1.000											
AP	−0.419	0.398	1.000										
AK	0.437	−0.166	−0.154	1.000									
OM	−0.387	0.656	0.412	−0.033	1.000								
Cu	−0.394	0.475	0.419	−0.044	0.503	1.000							
Zn	−0.406	0.441	0.421	0.033	0.374	0.560	1.000						
Fe	−0.380	0.239	−0.023	−0.350	0.199	0.175	−0.151	1.000					
Mn	−0.398	0.397	0.467	−0.011	0.493	0.423	0.582	−0.316	1.000				
B	−0.087	0.252	0.012	0.055	0.289	0.078	0.016	0.196	0.051	1.000			
Ca	0.653	−0.479	−0.349	0.385	−0.401	−0.362	−0.320	−0.418	−0.260	−0.151	1.000		
Mg	0.110	−0.009	−0.041	0.218	−0.153	0.210	0.472	−0.237	−0.044	−0.177	0.139	1.000	
Cl	−0.157	0.146	0.223	−0.031	0.189	0.157	0.203	−0.108	0.352	0.054	−0.088	−0.056	1.000

在提取主成分时，为了确保提取主成分后，减少变量的信息丢失，采用特征根（Eigenvalue）大小作为纳入主成分的标准。如果特征根小于1，说明该主成分的解释力度还不如直接引入一个原始变量的平均解释力度大，故采用特征根大于1的成分作为主成分，表1-4。

表1-4 总方差解释

成分	初始特征值			提取平方和载入		
	合计	方差的%	累计的%	合计	方差的%	累计的%
1	4.29	33.03	33.03	4.29	33.03	33.03
2	2.15	16.56	49.59	2.15	16.56	49.59
3	1.31	10.06	59.65	1.31	10.06	59.65
4	1.22	9.37	69.02	1.22	9.37	69.02
5	0.79	6.07	75.09			
6	0.67	5.16	80.24			
7	0.55	4.25	84.49			
8	0.54	4.13	88.62			
9	0.46	3.58	92.19			
10	0.34	2.64	94.84			
11	0.28	2.14	96.98			
12	0.22	1.70	98.68			
13	0.17	1.32	100.00			

将初始因子载荷矩阵中的第i列向量除以第i个特征根的开根，求得主成分得分（α_{ij}），即特征向量，见表1-5。故各主成分的表达式为：

F_1=−0.173pH+0.177AN+0.153AP−0.067AK+0.174OM+0.165Cu+0.156Zn+0.058Fe+0.155Mn+0.052B−0.163Ca−0.005Mg+0.074Cl

F_2=0.137pH−0.026AN+0.071AP+0.262AK−0.007OM+0.096Cu+0.248Zn−0.357Fe+0.200Mn−0.109B+0.182Ca+0.279Mg+0.103Cl

F_3=0.188pH+0.085AN+0.009AP+0.266AK+0.268OM−0.127Cu−0.205Zn−0.138Fe+0.184Mn+0.437B+0.150Ca−0.434Mg+0.259Cl

F_4=0.153pH+0.213AN−0.219AP+0.338AK+0.175OM+0.211Cu+0.097Zn+0.249Fe−0.252Mn+0.391B−0.015Ca+0.305Mg−0.365Cl

表1-5　初始因子载荷矩阵及成分得分

指标	成分载荷矩阵				成分得分（α_{ij}）（特征向量）			
	1	2	3	4	1	2	3	4
pH值	−0.741	0.295	0.246	0.186	−0.173	0.137	0.188	0.153
AN	0.759	−0.055	0.111	0.259	0.177	−0.026	0.085	0.213
AP	0.658	0.153	0.012	−0.267	0.153	0.071	0.009	−0.219
AK	−0.288	0.564	0.348	0.412	−0.067	0.262	0.266	0.338
OM	0.746	−0.015	0.350	0.213	0.174	−0.007	0.268	0.175
Cu	0.708	0.206	−0.167	0.257	0.165	0.096	−0.127	0.211
Zn	0.671	0.534	−0.268	0.119	0.156	0.248	−0.205	0.097
Fe	0.247	−0.768	−0.181	0.303	0.058	−0.357	−0.138	0.249
Mn	0.666	0.431	0.240	−0.307	0.155	0.200	0.184	−0.252
B	0.224	−0.234	0.571	0.476	0.052	−0.109	0.437	0.391
Ca	−0.698	0.391	0.196	0.018	−0.163	0.182	0.150	0.015
Mg	−0.021	0.602	−0.568	0.371	−0.005	0.279	−0.434	0.305
Cl	0.320	0.221	0.339	0.444	0.074	0.103	0.259	−0.365

②各指标权重。先根据公式 $\beta_j=\sum_{i=1}^{k}\left(\left|a_{ij}\times C_i\right|\right)$ 计算评价各指标的权系数。式中β_j为第j个变量的权系数；α_{ij}为第i个主成分的特征向量（主成分得分见表1-5）；C_i为提取主成分之后，第i个主成分因素在所有主成分因素中的方差相对贡献率见表1-6，k为提取主成分个数。再根据公式 $W_j\frac{\beta_j}{\sum_{j=1}^{n}\beta_j}$ 将权系数归一，得到最终权重系数。式中W_j为第j个变量的权重（表1-6），n为评价指标体系的变量数。

表1-6　各评价指标的权系数和权重

参数	评价指标												
	pH值	AN	AP	AK	OM	Cu	Zn	Fe	Mn	B	Ca	Mg	Cl
权系数β_j	11.29	9.11	8.39	12.40	10.19	10.29	12.24	11.54	12.64	11.58	10.02	12.01	10.19
权重W_j（%）	7.96	6.42	5.91	8.74	7.18	7.25	8.63	8.13	8.91	8.16	7.06	8.47	7.18

③土壤肥力质量综合指标值。根据公式 $IFI=\sum W_i \times N_i$ 计算出综合指标值，N_i和W_i分别表示第i种养分的隶属度$f(x)$和权重（W_j）。

1.1.4　植烟土壤肥力评价

1.1.4.1　土壤取样情况

广东植烟10个烟区土壤进行采样规划、取土样929个，其中湖口、水口、黄坑、古市、马市、乌迳、雄州、连州、蕉岭、大埔烟区各取样91个、86个、92个、84个、87个、88个、91个、143个、102个、64个；其中紫色土地、牛肝土田、沙泥田各规划、取样248个、274个、389个；连州烟区红火泥地9个，石灰泥田9个，见表1-7。

表1-7　广东烟草烟区测土配方施肥工作取样数量

烟区	土壤类型					合计（个）
	紫色土地	牛肝土田	沙泥田	红火泥地	石灰泥田	
湖口	37	43	11			91
水口	24	23	39			86
黄坑	27	37	28			92
古市	25	27	32			84
马市	38	34	15			87
乌迳	33	39	16			88
雄州	29	33	29			91
连州	35	38	52	9	9	143
蕉岭	0	0	102			102
大埔	0	0	65			64
总计（个）	248	274	389	9	9	929

1.1.4.2　土壤养分统计性描述

对10个烟区929个土壤样品各指标进行统计描述，其结果见表1-8。从表1-8可以看出，铜（2.54mg/kg）、硼（0.28mg/kg）的平均数低于缺乏临界值，说明这10个烟区普遍性缺铜和硼；检测的各养分指标的变异系数都在20%以上，且速效磷、铜、锌、铁、锰、钙、镁的变异超过50%，铁、钙变异甚至超过100%，说明这10个烟区土壤肥力单项指标差异较大，也证明了测土配方施肥的必要性。

表1-8 10个烟区土壤养分统计特征

指标	均数	最大值	最小值	极差	方差	标准差	偏度系数	峰度系数	变异系数
pH值	5.91	8.36	3.83	4.53	1.65	1.29	−0.05	−1.38	0.22
AN（mg/kg）	135.51	271.60	40.00	231.60	2 461.60	49.87	18.05	−0.07	0.37
AP（mg/kg）	47.20	265.69	3.50	262.19	1 136.91	34.51	12.04	8.68	0.73
AK（mg/kg）	123.22	373.00	26.30	346.70	3 211.59	57.26	20.12	0.80	0.46
OM（%）	2.27	4.85	0.56	4.29	0.74	0.86	0.48	−0.33	0.38
Cu（mg/kg）	2.54	11.66	0.02	11.64	2.74	1.69	4.16	46.36	0.66
Zn（mg/kg）	3.16	9.60	0.22	9.38	2.46	1.59	1.92	3.37	0.50
Fe（mg/kg）	79.21	338.30	2.30	336.00	12 996.35	114.11	27.47	−0.57	1.44
Mn（mg/kg）	83.55	435.22	3.20	432.02	5 251.25	73.51	23.67	7.44	0.88
B（mg/kg）	0.28	2.20	0.00	2.20	0.03	0.19	5.37	38.99	0.68
Ca（g/kg）	0.35	3.29	0.01	3.28	0.69	0.83	1.58	1.38	2.35
Mg（g/kg）	0.03	0.12	0.00	0.11	0.00	0.02	2.37	5.92	0.70
Cl（mg/kg）	15.56	74.55	3.20	71.36	38.74	6.53	2.72	10.82	0.42

从10个烟区不同土壤类型来看（表1-9），平均pH值为紫色土地＞牛肝土田＞沙泥田；速效氮为沙泥田＞牛肝土田＞紫色土地，且紫色土地速效氮含量偏低（平均含量为61.37mg/kg），接近缺乏临界值60.00mg/kg；3种植烟土壤平均速效磷含量较高，皆高于缺乏临界值（5.00mg/kg），且沙泥田＞牛肝土田＞紫色土地；紫色土地和牛肝土田速效钾平均含量较高（＞130.00mg/kg），沙泥田平均速效钾含量较低（100.64mg/kg），且变异系数较大（48.0%），表明10个烟区沙泥田存在不同程度的缺钾现象；平均有机质含量为沙泥田＞牛肝土田＞紫色土地，沙泥田有机质平均含量超过23.70mg/kg，处于较高水平，而紫色土地平均有机质含量低于15.00mg/kg，处于较低水平，表明在生产过程上应根据土壤类型适时适量施肥，以防止烟株后期脱肥早衰或贪青晚熟；中微量元素中，3种植烟土壤的平均有效硼含量皆低于0.50mg/kg的临界水平，普遍存在缺乏现象；而有效铁含量普遍较为富足；通过数据分析发现有效铜、锌含量表现为紫色土地＜牛肝土田＜沙泥田，而硼含量在3种植烟土壤相差不大，但是对烟草需求来说是不足的，因此在紫色土地烟草种植过程中应适量施用上述两种微量元素。

表1-9　10个烟区3种土壤养分统计特征

土壤类型	指标	均数	最大值	最小值	极差	方差	标准差	偏度系数	峰度系数	变异系数
紫色土地	pH值	7.61	8.83	4.63	4.20	0.59	1.48	−1.49	2.36	0.20
	AN（mg/kg）	61.37	1 519.09	13.72	1 505.37	780.22	89.76	1.59	3.83	1.46
	AP（mg/kg）	15.43	1 835.98	2.54	1 833.44	144.33	99.61	3.41	16.62	6.46
	AK（mg/kg）	153.26	2 298.39	36.13	2 262.26	3 764.64	128.50	0.53	−0.28	0.84
	OM（%）	1.22	4.85	0.49	4.35	0.29	0.87	2.38	8.76	0.71
	Cu（mg/kg）	0.65	11.66	0.02	11.64	0.19	1.72	1.57	3.02	2.66
	Zn（mg/kg）	1.13	9.60	0.40	9.20	0.41	1.93	3.81	27.04	1.71
	Fe（mg/kg）	30.99	14 970.09	1.77	14 968.31	3 181.26	772.37	3.51	13.73	24.93
	Mn（mg/kg）	12.98	9 988.94	2.66	9 986.28	45.51	517.90	2.15	8.90	39.89
	B（mg/kg）	0.19	22.43	0.04	22.39	0.01	1.17	2.31	8.52	6.27
	Ca（g/kg）	1.46	49.88	0.04	49.84	0.86	2.72	0.07	−1.07	1.86
	Mg（g/kg）	0.02	1.74	0.00	1.74	0.00	0.14	0.81	3.30	6.43
	Cl（mg/kg）	13.64	74.55	4.26	70.29	29.46	8.33	0.75	0.15	0.61
牛肝土田	pH值	6.95	8.48	4.28	4.20	0.80	0.89	−0.51	−0.66	0.13
	AN（mg/kg）	128.07	271.60	26.07	245.53	2 182.94	46.72	0.67	0.70	0.36
	AP（mg/kg）	31.95	97.13	4.94	92.19	268.77	16.39	0.97	1.39	0.51
	AK（mg/kg）	126.49	364.78	30.20	334.58	2 540.21	50.40	0.80	0.93	0.40
	OM（%）	2.21	4.44	0.33	4.12	0.55	0.74	0.01	−0.09	0.34
	Cu（mg/kg）	2.04	25.49	0.21	25.28	2.72	1.65	10.53	149.26	0.81
	Zn（mg/kg）	1.42	9.56	0.22	9.34	0.76	0.87	3.64	27.61	0.61
	Fe（mg/kg）	170.34	386.06	2.83	383.23	8 313.81	91.18	0.18	−0.57	0.54
	Mn（mg/kg）	15.71	138.89	3.27	135.63	107.87	10.39	6.51	72.41	0.66
	B（mg/kg）	0.31	2.20	0.00	2.20	0.06	0.24	4.77	29.75	0.79
	Ca（g/kg）	0.58	3.94	0.01	3.92	0.50	0.70	2.20	4.49	1.22
	Mg（g/kg）	0.02	0.05	0.00	0.04	0.00	0.01	0.67	−0.10	0.49
	Cl（mg/kg）	13.92	27.69	4.26	23.43	23.29	4.83	0.46	−0.03	0.35

（续表）

土壤类型	指标	均数	最大值	最小值	极差	方差	标准差	偏度系数	峰度系数	变异系数
沙泥田	pH值	5.25	7.96	3.83	4.13	0.47	0.69	1.14	2.20	0.13
	AN（mg/kg）	133.77	278.30	29.35	248.95	1 519.09	38.98	0.47	0.38	0.29
	AP（mg/kg）	53.35	265.69	1.22	264.47	1 835.98	42.85	1.74	3.85	0.80
	AK（mg/kg）	100.64	373.00	22.16	350.84	2 298.39	47.94	1.30	3.03	0.48
	OM（%）	2.37	4.85	0.68	4.17	0.62	0.79	0.44	−0.10	0.33
	Cu（mg/kg）	2.78	11.66	0.08	11.58	2.71	1.65	1.57	4.44	0.59
	Zn（mg/kg）	2.91	9.60	0.33	9.28	3.54	1.88	0.94	0.02	0.65
	Fe（mg/kg）	147.22	470.69	2.84	467.85	14 970.09	122.35	0.52	−0.88	0.83
	Mn（mg/kg）	79.84	435.22	2.70	432.52	9 988.94	99.94	1.40	0.89	1.25
	B（mg/kg）	0.25	1.61	0.00	1.61	0.02	0.16	3.39	22.43	0.62
	Ca（g/kg）	0.18	2.83	0.01	2.82	0.08	0.28	6.47	49.88	1.59
	Mg（g/kg）	0.02	0.12	0.00	0.11	0.00	0.03	1.74	1.70	1.23
	Cl（mg/kg）	15.98	74.55	3.20	71.36	53.28	7.30	2.15	11.89	0.46

1.1.4.3　土壤肥力综合质量情况

根据本项工作的具体情况，参照前人研究结果（陈泽鹏等，2006），按表1-9所列标准确定各评价样本的土壤肥力等级。定义*IFI*＞0.8为高，0.8＞*IFI*＞0.6为较高，0.6＞*IFI*＞0.4为中等，0.4＞*IFI*＞0.2为较低，*IFI*＜0.2为低共5个级别。本年度10个烟区929个土壤样本的土壤肥力等级统计情况见表1-10。

表1-10　广东植烟土壤综合土壤肥力等级划分标准及10个烟区土壤样本肥力等级划分

项目	*IFI*值				
	[0.8~1.0]	[0.6~0.8]	[0.4~0.6]	[0.2~0.4]	[0.0~0.2]
分级	Ⅰ	Ⅱ	Ⅲ	Ⅳ	Ⅴ
描述	高	较高	中等	较低	低
样本数（个）	30	448	419	32	0
占总样本数比（%）	3.2	48.2	45.1	3.4	0.0

从表1-11各类型土壤肥力等级划分情况来看，总体上牛肝土田＞沙泥田＞紫色土地。其中，牛肝土田中53.65%的肥力等级在较高档次，41.24%的肥力等级在中等档次；沙泥田中57.88%的肥力等级在较高档次，40.49%的肥力等级在中等档次；紫色土地中31.38%

的肥力等级在较高档次，59.41%的肥力等级在中等档次，还有5.44%的肥力等级在较低档次；全部的土壤样品没有肥力等级在低的档次。由此可以看出，尽管10个烟区不同的土壤类型土壤肥力等级变异较大，但与2006年相比（陈泽鹏等，2006），广东烟区土壤综合肥力已得到整体提升。

表1-11　10个烟区不同土壤类型肥力等级划分

肥力等级	总样本数（个）	各类型土壤样本数（个）					各类型土壤样本数占本类型土壤样本数比例（%）					各类型土壤样本数占总样本数比例（%）				
		紫色土地	牛肝土田	沙泥田	红火泥地	石灰泥田	紫色土地	牛肝土田	沙泥田	红火泥地	石灰泥田	紫色土地	牛肝土田	沙泥田	红火泥地	石灰泥田
Ⅰ	30	9	12	8	1	0	3.63	4.38	2.06	11.11	0.00	0.97	1.29	0.86	0.1	0.0
Ⅱ	448	80	147	216	3	2	32.23	53.65	55.53	33.33	22.22	8.61	15.82	23.25	0.3	0.2
Ⅲ	419	146	113	152	4	4	58.87	41.24	39.07	44.44	44.44	15.72	12.16	16.36	0.4	0.4
Ⅳ	32	13	2	13	1	3	5.24	0.73	3.34	11.11	33.33	1.40	0.21	1.40	0.1	0.3
Ⅴ	0	0	0	0	0	0	0.00	0.00	0.00	0.00	0.00	0.00	0.00	0.00	0.0	0.0
合计	929	248	274	389	9	9	100.00	100.00	100.00	100.00	100.00	27.13	31.10	41.77	0.97	0.97

1.1.5　各产区土壤肥力评价

1.1.5.1　湖口烟区土壤肥力评价

该烟区共采集土壤样品91个，其中紫色土地37个、牛肝土田43个、沙泥田11个。

（1）湖口烟区土壤养分统计性描。湖口烟区91个土壤样本养分统计性描述见表1-12。湖口烟区的土壤pH值平均值为紫色土地＞牛肝土田＞沙泥田，其变异程度亦为紫色土地＞牛肝土田＞沙泥田。分析发现，土壤大多数养分有效含量与土壤pH值有极显著相关性，在生产过程中应根据土壤实际酸碱度来选择施用生理酸性或碱性肥来调节土壤的pH值。

从速效氮平均值来看，紫色土地速效氮平均含量为62.09mg/kg，接近缺乏临界值（60.00mg/kg），而牛肝土田和沙泥田的速效氮平均含量大约是紫色土地的2倍。因此，湖口烟区紫色土地种植过程中应重视施用氮肥，以防烟株脱肥，而牛肝土田和沙泥田应控制氮肥施用，防止氮肥施用过多导致烟株生长过快或贪青晚熟。

从速效磷平均值来看，3种植烟土壤速效磷含量富足，但紫色土地速效磷含量变异较大（92.24%），应重视在速效磷含量低的紫色土地中磷肥的施用。

总体上，紫色土地和牛肝土田速效钾含量较高，平均值高于140.00mg/kg，而沙泥田则较低（87.74mg/kg）。因此，应重视沙泥田中施用钾肥。

该烟区牛肝土田和沙泥田土壤的有机质含量较为适中，但是存在一定的变异，在有机质含量较高（＞25mg/kg）的沙泥田和牛肝土田应控制其有机质输入，在有机质含量较低的（＜20mg/kg）沙泥田和牛肝土田应补充一定量的有机质；紫色土地有机质含量平均值较低（12.40mg/kg），且变异较大，在绝大部分紫色土地应提高有机质的输入，进而逐步改良此类植烟土壤。

表1-12　湖口烟区3种土壤养分统计特征

土壤类型	指标	均数	最大值	最小值	极差	方差	标准差	偏度系数	峰度系数	变异系数
紫色土地	pH值	7.35	8.35	4.63	3.72	1.26	1.12	−1.184	0.101	0.152 4
	AN（mg/kg）	62.09	115.26	16.77	98.49	421.24	20.52	0.620	0.789	0.330 5
	AP（mg/kg）	22.43	105.24	3.46	101.78	428.27	20.69	−2.396	6.746	0.922 4
	AK（mg/kg）	150.58	322.84	36.13	286.71	4 479.08	66.93	0.406	−0.340	0.444 5
	OM（%）	1.24	3.07	0.50	2.57	0.22	0.47	1.833	5.68	0.379 0
	Cu（mg/kg）	0.72	1.75	0.19	1.56	0.14	0.37	1.158	1.424	0.513 9
	Zn（mg/kg）	1.00	1.68	0.47	1.22	0.07	0.27	0.658	0.489	0.270 0
	Fe（mg/kg）	47.00	266.62	3.68	262.94	5 205.60	72.15	2.117	3.632	1.535 1
	Mn（mg/kg）	13.17	34.76	2.66	32.10	35.13	5.93	1.129	3.909	0.450 3
	B（mg/kg）	0.17	0.38	0.05	0.33	0.01	0.08	1.389	1.638	0.470 6
	Ca（g/kg）	1.105	3.200	0.035	3.165	90.97	9.54	0.467	−1.086	0.863 3
	Mg（g/kg）	0.016	0.032	0.003	0.029	0.008	0.09	0.277	−0.982	0.562 5
	Cl（mg/kg）	14.68	27.69	4.26	23.43	40.75	6.38	0.359	−0.600	0.434 6
牛肝土田	pH值	6.84	8.15	5.19	2.96	0.93	0.96	−0.212	−1.503	0.140 4
	AN（mg/kg）	117.24	182.80	53.25	129.55	817.86	28.60	0.215	0.604	0.243 9
	AP（mg/kg）	37.39	87.51	6.59	80.92	240.59	15.51	0.562	1.433	0.414 8
	AK（mg/kg）	146.27	364.78	39.72	325.06	3 563.33	59.69	1.141	2.664	0.408 1
	OM（%）	2.35	3.83	0.73	3.10	0.42	0.65	−0.152	1.017	0.276 6
	Cu（mg/kg）	2.51	4.53	0.38	4.15	0.82	0.91	−0.284	0.504	0.362 5
	Zn（mg/kg）	1.37	2.73	0.32	2.41	0.25	0.50	0.526	0.917	0.365 0
	Fe（mg/kg）	211.66	386.06	66.30	319.76	10 607.92	103.00	0.107	−1.396	0.486 6
	Mn（mg/kg）	15.18	39.59	4.19	35.39	47.00	6.86	1.366	2.535	0.451 9
	B（mg/kg）	0.31	0.66	0.12	0.54	0.01	0.11	0.582	0.888	0.354 8
	Ca（g/kg）	0.423	1.812	0.073	1.739	17.93	4.23	2.080	4.221	1.000 0
	Mg（g/kg）	0.014	0.032	0.004	0.028	0.004	0.06	0.809	0.226	0.428 6
	Cl（mg/kg）	13.72	26.63	5.33	21.30	35.73	5.98	0.474	−0.613	0.435 9

（续表）

土壤类型	指标	均数	最大值	最小值	极差	方差	标准差	偏度系数	峰度系数	变异系数
沙泥田	pH值	5.49	6.32	5.08	1.24	0.16	0.39	1.006	0.269	0.071 0
	AN（mg/kg）	120.17	165.42	62.51	102.91	870.60	29.51	−0.231	0.350	0.245 6
	AP（mg/kg）	43.93	70.64	26.38	44.26	164.15	12.81	0.890	0.446	0.291 6
	AK（mg/kg）	87.74	164.14	52.63	111.51	1 981.65	44.52	1.143	−0.709	0.507 4
	OM（%）	2.11	2.86	1.40	1.45	0.18	0.42	0.146	−0.194	0.199 1
	Cu（mg/kg）	2.45	3.42	1.76	1.65	0.24	0.49	0.792	0.198	0.200 0
	Zn（mg/kg）	1.38	1.73	0.74	0.99	0.09	0.29	−1.184	1.207	0.210 1
	Fe（mg/kg）	312.63	381.24	209.60	171.64	3 483.60	59.03	0.422	0.840	0.188 8
	Mn（mg/kg）	10.57	28.75	3.35	25.41	48.36	6.95	1.933	4.780	0.657 5
	B（mg/kg）	0.30	0.48	0.12	0.35	0.01	0.11	−0.083	−0.889	0.366 7
	Ca（g/kg）	0.010	0.192	062	0.130	0.18	0.42	1.263	0.754	4.200 0
	Mg（g/kg）	0.008	0.013	0.005	0.009	0.001	0.03	0.775	1.279	0.375 0
	Cl（mg/kg）	11.91	17.04	6.39	10.65	9.94	3.15	0.067	−0.241	0.264 5

从湖口烟区土壤样本的中微量元素来看，3种土壤中有效铁、锰富足，但有效铜、锌、硼、镁均普遍缺乏，在生产过程中应重视这4种中微量元素的施用。

（2）湖口烟区土壤综合质量评价。湖口烟区土壤综合质量等级情况见表1-13。从表1-13可以看出，该烟区绝大部分土壤的综合质量处于“较高”和“中等”档次，少量（7.7%）土壤综合质量处于“较低”档次。

表1-13　湖口烟区植烟土壤综合土壤肥力等级划分

项目	*IFI*值				
	[0.8~1.0]	[0.6~0.8]	[0.4~0.6]	[0.2~0.4]	[0.0~0.2]
分级	Ⅰ	Ⅱ	Ⅲ	Ⅳ	Ⅴ
描述	高	较高	中等	较低	低
样本数（个）	0	42	42	7	0
占总样本数比（%）	0	46.2	46.2	7.7	0

1.1.5.2　水口烟区土壤肥力评价

该烟区共采集土壤样品86个，其中紫色土地24个、牛肝土田23个、沙泥田39个。

（1）水口烟区土壤养分统计性描述。水口烟区共采集86个土壤样品，各指标描述性统计见表1-14。从表1-14可以看出，紫色土地和牛肝土田总体上呈碱性，但pH值平均值小于8.0，而沙泥田呈较强酸性，pH值平均值小于5.0，因此在该烟区的紫色土地和牛肝土田应施用生理酸性肥料，沙泥田应施用生理碱性肥料，调节土壤的酸碱性，以提高土壤营养元素的有效性。

从速效氮含量来看，紫色土地的速效氮平均含量为43.93mg/kg，低于速效氮的缺乏临界值（60.00mg/kg），且变异较大（57.52%）；牛肝土田和沙泥田的速效氮平均含量在合理的范围内。因此，该烟区尤其重视紫色土地的氮素输入，确保烟株正常生长发育对氮素的需求。

尽管紫色土地的速效磷含量在3种土壤中平均含量最低，但仍然在合理的范围内，表明该烟区3种植烟土壤中磷素较为富足。

该烟区紫色土地和牛肝土田的速效钾平均含量较高（>130.00mg/kg），而沙泥田的速效钾平均含量较低（72.70mg/kg），因此应重视沙泥田中钾肥的施用。

表1-14　水口烟区3种土壤养分统计特征

土壤类型	指标	均数	最大值	最小值	极差	方差	标准差	偏度系数	峰度系数	变异系数
紫色土地	pH值	7.96	8.83	5.30	3.53	0.68	0.82	−1.915	3.967	0.103 0
	AN（mg/kg）	43.93	150.55	24.78	126.77	638.36	25.27	3.601	14.693	0.575 2
	AP（mg/kg）	11.87	37.50	2.54	34.96	60.79	7.80	1.555	3.747	0.657 1
	AK（mg/kg）	153.36	311.16	80.04	231.12	3 660.41	60.50	0.866	0.371	0.394 5
	OM（%）	1.06	3.25	0.67	2.58	0.46	0.67	2.873	7.452	0.632 1
	Cu（mg/kg）	0.46	2.13	0.18	1.95	0.16	0.40	3.489	14.465	0.869 6
	Zn（mg/kg）	0.90	1.87	0.45	1.42	0.10	0.32	1.347	2.701	0.355 6
	Fe（mg/kg）	27.38	266.49	2.50	263.99	3 658.43	60.48	3.222	11.030	2.208 9
	Mn（mg/kg）	14.81	38.03	7.41	30.62	61.55	7.85	1.717	2.506	0.530 0
	B（mg/kg）	0.15	0.28	0.05	0.24	0.004	0.063	0.538	−0.353	0.420 0
	Ca（g/kg）	1.842	3.958	0.075	3.883	123.91	11.13	−0.162	−1.069	0.604 2
	Mg（g/kg）	0.018	0.029	0.006	0.023	0.005	0.069	−0.257	−0.969	0.383 3
	Cl（mg/kg）	12.34	21.30	5.33	15.98	20.90	4.57	0.611	−0.415	0.370 3
牛肝土田	pH值	7.42	8.48	5.63	2.85	0.73	0.86	−0.912	−0.444	0.115 9
	AN（mg/kg）	123.86	216.87	27.82	189.05	1 546.70	39.33	0.591	2.573	0.317 5
	AP（mg/kg）	32.54	97.13	5.92	91.21	344.92	18.57	1.941	5.840	0.570 7
	AK（mg/kg）	131.11	199.90	47.70	152.20	1 817.50	42.63	0.028	−0.334	0.325 1
	OM（%）	2.55	4.44	0.33	4.12	0.84	0.92	−0.307	1.391	0.360 8
	Cu（mg/kg）	2.21	3.47	0.34	3.13	0.46	0.68	−0.483	1.483	0.307 7
	Zn（mg/kg）	1.13	1.68	0.39	1.29	0.12	0.34	−0.176	00.205	0.300 9
	Fe（mg/kg）	165.70	335.69	3.46	332.23	6 839.53	82.70	0.667	0.447	0.499 1

（续表）

土壤类型	指标	均数	最大值	最小值	极差	方差	标准差	偏度系数	峰度系数	变异系数
牛肝土田	Mn（mg/kg）	15.11	30.00	4.20	25.80	41.49	6.44	0.612	−0.040	0.426 2
	B（mg/kg）	0.27	0.47	0.12	0.35	0.009	0.094	0.680	−0.246	0.348 1
	Ca（g/kg）	0.899	3.047	0.038	3.009	74.51	8.63	1.543	1.572	0.960 0
	Mg（g/kg）	0.013	0.021	0.002	0.018	0.002	0.046	−0.226	−0.077	0.353 8
	Cl（mg/kg）	13.52	25.56	5.33	20.24	31.70	5.63	0.763	0.199	0.416 4
沙泥田	pH值	4.76	6.21	3.85	2.36	0.35	0.59	1.075	0.587	0.123 9
	AN（mg/kg）	117.38	170.76	59.95	110.81	607.75	24.65	0.077	−0.199	0.210 0
	AP（mg/kg）	44.01	147.95	1.22	146.73	1 125.17	33.54	0.972	0.846	0.762 1
	AK（mg/kg）	72.70	205.09	29.89	175.20	1 233.81	35.13	1.706	4.385	0.483 2
	OM（%）	2.22	3.53	0.68	2.85	0.39	0.62	−0.102	0.603	0.279 3
	Cu（mg/kg）	2.06	3.78	0.36	3.42	0.53	0.73	0.054	0.107	0.354 4
	Zn（mg/kg）	1.54	3.41	0.51	2.90	0.36	0.60	1.332	2.554	0.389 6
	Fe（mg/kg）	273.37	418.77	7.55	411.22	8 315.80	91.19	−1.037	1.711	0.333 6
	Mn（mg/kg）	12.84	30.51	4.62	25.89	40.50	6.36	1.180	0.871	0.495 3
	B（mg/kg）	0.19	0.44	0.10	0.34	0.007	0.086	1.527	2.300	0.452 6
	Ca（g/kg）	0.091	0.308	0.021	0.287	0.28	0.53	2.085	6.677	0.582 4
	Mg（g/kg）	0.006 0	0.018	0.002	0.015	0.001	0.028	2.178	7.231	0.466 7
	Cl（mg/kg）	13.06	21.30	5.33	15.98	19.45	4.41	0.011	−1.104	0.337 7

从有机质含量来看，牛肝土田和沙泥田的平均有机质含量在合理的范围内，但牛肝土田有机质含量趋于超标（30.00mg/kg），而紫色土地平均有机质含量偏低（10.06mg/kg）且变异较大（63.21%）。因此该烟区因适当控制牛肝土田和沙泥田的有机质输入，针对性地提高紫色土地中有机质的输入与管理。

该烟区中微量元素中有效铁、锰含量较为富足，但紫色土地缺乏有效硼、锌、铜、镁；牛肝土田缺乏有效硼、锌、镁；沙泥田缺乏有效硼、锌、镁，部分缺乏铜。因此，在该烟区中，应根据具体土壤类型和特定元素的有效含量，重视硼、锌、铜、镁元素的合理施用。

（2）水口烟区土壤综合质量评价。水口烟区土壤综合质量等级情况见表1-15。从表1-15可以看出，该烟区61.6%的土壤综合质量处于“中等”档次，25.6%处于较高档次，12.8%处于较低档次。

表1-15　水口烟区植烟土壤综合土壤肥力等级划分

项目	*IFI*值				
	[0.8~1.0]	[0.6~0.8]	[0.4~0.6]	[0.2~0.4]	[0.0~0.2]
分级	Ⅰ	Ⅱ	Ⅲ	Ⅳ	Ⅴ
描述	高	较高	中等	较低	低
样本数（个）	0	22	53	11	0
占总样本数比（%）	0	25.6	61.6	12.8	0

1.1.5.3　黄坑烟区土壤肥力评价

该烟区共采集土壤样品92个，其中紫色土地27个、牛肝土田37个、沙泥田28个。

（1）黄坑烟区土壤养分统计性描述。黄坑烟区共采集92个土壤样品，各指标描述性统计见表1-16。从表1-16可以看出，土壤pH值平均值为紫色土地＞牛肝土田＞沙泥田，各土壤类型的酸碱度变异较小。因此，应针对特定土壤类型和酸碱度合理安排酸、碱性肥料；在沙泥田上应考虑施用石灰来改良酸性土壤。

从该烟区速效氮平均含量来看，牛肝土田＞沙泥田＞紫色土地，其中牛肝土田和沙泥田的速效氮的平均含量均在100.00mg/kg以上，且在合理的范围内，而紫色土地的速效氮平均含量较低（64.27mg/kg），且变异较大（51.21%）。因此，从氮肥管理角度来说，该烟区牛肝土田和沙泥田的氮肥施用能平衡当年烟株氮素需求即可，而紫色土地应提高氮素的输入，在确保烟株当年需求的前提下应有盈余，逐渐提高紫色土地的氮含量。

表1-16　黄坑烟区3种土壤养分统计特征

土壤类型	指标	均数	最大值	最小值	极差	方差	标准差	偏度系数	峰度系数	变异系数
紫色土地	pH值	7.75	8.34	5.34	3.00	0.52	0.72	−2.626	6.795	0.092 9
	AN（mg/kg）	64.27	152.84	35.07	117.77	1 083.34	32.91	1.751	2.087	0.512 1
	AP（mg/kg）	13.98	35.00	4.58	30.42	54.80	7.40	1.452	2.197	0.529 3
	AK（mg/kg）	116.03	291.92	52.02	239.90	2 830.92	53.21	1.651	3.367	0.458 6
	OM（%）	1.16	3.24	0.77	2.48	0.31	0.55	2.893	8.682	0.474 1
	Cu（mg/kg）	0.57	2.14	0.19	1.95	0.20	0.45	2.572	6.810	0.789 5
	Zn（mg/kg）	0.93	1.51	0.56	0.94	0.08	0.28	0.754	−0.378	0.301 1
	Fe（mg/kg）	27.34	344.00	2.94	341.07	4 684.49	68.44	4.219	19.041	2.503 3
	Mn（mg/kg）	10.26	26.52	3.19	23.33	27.11	5.21	1.742	3.917	0.507 8
	B（mg/kg）	0.17	0.35	0.04	0.31	0.007	0.085	0.512	−0.245	0.500 0

（续表）

土壤类型	指标	均数	最大值	最小值	极差	方差	标准差	偏度系数	峰度系数	变异系数
紫色土地	Ca（g/kg）	1.243	3.257	0.103	3.154	76.46	8.74	0.370	−0.460	0.703 1
	Mg（g/kg）	0.018	0.038	0.006	0.033	0.008	0.087	0.158	−0.817	0.483 3
	Cl（mg/kg）	11.20	21.30	4.26	17.04	22.98	4.79	0.725	−0.254	0.427 7
牛肝土田	pH值	6.83	8.25	5.05	3.20	1.28	1.13	−0.232	−1.634	0.165 4
	AN（mg/kg）	113.50	181.81	28.21	153.60	1 456.07	38.16	−0.688	0.151	0.336 2
	AP（mg/kg）	30.68	77.29	4.94	72.35	381.71	19.54	0.698	−0.395	0.636 9
	AK（mg/kg）	107.31	250.97	41.71	209.26	1 821.26	42.68	1.510	2.823	0.397 7
	OM（%）	2.29	3.71	0.68	3.04	0.67	0.82	−0.573	−0.337	0.358 1
	Cu（mg/kg）	2.40	25.49	0.21	25.28	15.73	3.97	5.775	34.489	1.654 2
	Zn（mg/kg）	1.09	2.51	0.51	1.99	0.17	0.41	1.131	2.447	0.376 1
	Fe（mg/kg）	170.41	358.35	2.83	355.52	11 022.01	104.99	−0.062	−1.116	0.616 1
	Mn（mg/kg）	10.82	23.16	3.27	19.90	35.24	5.94	0.730	−0.698	0.549 0
	B（mg/kg）	0.22	0.46	0.06	0.40	0.010	0.099	0.522	−0.359	0.450 0
	Ca（g/kg）	0.689	2.679	0.044	2.635	67.16	8.20	1.354	0.648	1.190 1
	Mg（g/kg）	0.013	0.031	0.004	0.027	0.006	0.075	0.943	−0.085	0.576 9
	Cl（mg/kg）	13.18	27.69	4.26	23.43	33.04	5.75	0.403	−0.399	0.436 3
沙泥田	pH值	5.13	6.08	4.55	1.53	0.16	0.40	0.781	−0.316	0.078 0
	AN（mg/kg）	109.08	183.71	30.11	153.60	877.35	29.62	−0.013	1.430	0.271 5
	AP（mg/kg）	45.67	141.73	9.16	132.57	1 075.67	32.80	1.336	1.523	0.718 2
	AK（mg/kg）	64.30	99.26	26.23	72.94	434.12	20.84	−0.034	−0.964	0.324 1
	OM（%）	2.07	2.76	1.17	1.59	0.15	0.39	−0.261	0.235	0.188 4
	Cu（mg/kg）	2.10	3.21	1.06	2.16	0.38	0.62	−0.012	−1.205	0.295 2
	Zn（mg/kg）	1.40	3.05	0.33	2.72	0.34	0.58	0.646	1.147	0.414 3
	Fe（mg/kg）	303.14	458.80	157.73	303.01	5 747.54	75.81	0.024	−0.294	0.250 1
	Mn（mg/kg）	7.29	20.66	2.70	17.96	17.77	4.22	1.883	3.899	0.578 9
	B（mg/kg）	0.21	0.29	0.10	0.19	0.003	0.052	−0.223	−0.863	0.247 6
	Ca（g/kg）	0.079	0.254	0.035	0.219	0.182	0.427	2.617	9.602	0.540 5
	Mg（g/kg）	0.006 4	0.013	0.004	0.009	0.001	0.023	1.337	1.663	0.359 4
	Cl（mg/kg）	14.58	26.63	5.33	21.30	31.52	5.61	0.103	−0.622	0.384 8

该烟区3类主要植烟土壤的速效钾平均含量为紫色土地>牛肝土田>沙泥田，前二者的速效钾的平均含量皆大于100.00mg/kg，较为充足；而沙泥田的速效钾含量为64.30mg/kg，

趋于接近缺乏临界值（60.00mg/kg）。因此该烟区应侧重提高沙泥田中钾肥的施用。

该烟区牛肝土田和沙泥田有机质含量平均值都高于20.00mg/kg，且小于25.00mg/kg，属于合理的水平；紫色土地的有机质含量较低，仅为11.60mg/kg，处于缺乏状态。所以，该烟区应保持牛肝土田和沙泥田现有的有机质输入水平，增加紫色土地有机质输入量，逐步提高紫色土地有机质的含量。

从中微量元素来看，该烟区各类土壤的有效铁、锰较为富足，不需要施肥；但紫色土地中有效硼、铜、锌、镁，牛肝土田和沙泥田中有效硼、锌、镁都存在一定程度的缺乏。因此，该烟区应根据具体土壤类型和特定元素的含量，重视硼、锌、铜、镁元素的合理施用。

（2）黄坑烟区土壤综合质量评价。黄坑烟区土壤综合质量等级情况见表1-17。从表1-17可以看出，该烟区65.6%的土壤综合质量处于“中等”档次，23.7%处于“较高”档次，10.08%处于“较低”档次。

表1-17　黄坑烟区植烟土壤综合土壤肥力等级划分

项目	*IFI*值				
	[0.8~1.0]	[0.6~0.8]	[0.4~0.6]	[0.2~0.4]	[0.0~0.2]
分级	Ⅰ	Ⅱ	Ⅲ	Ⅳ	Ⅴ
描述	高	较高	中等	较低	低
样本数（个）	0	22	61	10	0
占总样本数比（%）	0	23.7	65.6	10.08	0

1.1.5.4　古市烟区土壤肥力评价

该烟区共采集土壤样品84个，其中紫色土地25个、牛肝土田27个、沙泥田32个。

（1）古市烟区土壤养分统计性描述。古市烟区共采集84个土壤样品，各指标统计学描述见表1-18。从表1-18可以看出，该烟区pH值的平均值为紫色土地＞牛肝土田＞沙泥田，其中前二者土壤呈碱性，沙泥田土壤呈酸性。因此，在施肥时也应针对特定的土壤类型和酸碱反应合理安排施用酸、碱性肥料；在沙泥田上可考虑施用石灰来改良酸性土壤。

表1-18　古市烟区3种土壤养分统计特征

土壤类型	指标	均数	最大值	最小值	极差	方差	标准差	偏度系数	峰度系数	变异系数
紫色土地	pH值	7.83	8.32	5.30	3.02	0.48	0.69	−2.736	7.544	0.088 1
	AN（mg/kg）	47.68	111.30	29.60	81.70	367.11	19.16	1.724	3.767	0.401 8
	AP（mg/kg）	17.57	65.83	8.35	57.48	225.37	15.01	2.646	6.538	0.854 3

（续表）

土壤类型	指标	均数	最大值	最小值	极差	方差	标准差	偏度系数	峰度系数	变异系数
紫色土地	AK（mg/kg）	211.89	291.92	68.32	223.60	3 162.91	56.24	−1.015	0.563	0.265 4
	OM（%）	1.20	4.69	0.63	4.07	0.60	0.77	4.124	18.825	0.641 7
	Cu（mg/kg）	0.57	1.16	0.25	0.92	0.072	0.268	1.204	0.460	0.470 2
	Zn（mg/kg）	0.91	1.17	0.42	0.75	0.033	0.182	−0.863	0.778	0.200 0
	Fe（mg/kg）	22.34	276.73	3.37	273.36	3 089.32	55.58	4.370	20.141	2.487 9
	Mn（mg/kg）	12.26	27.34	7.19	20.14	20.11	4.48	1.908	4.263	0.365 4
	B（mg/kg）	0.18	0.25	0.11	0.14	0.002	0.047	0.238	−1.413	0.261 1
	Ca（g/kg）	1.643	2.803	0.110	2.693	75.92	8.71	−0.465	−1.097	0.530 1
	Mg（g/kg）	0.022	0.031	0.005	0.026	0.007	0.084	−0.734	−0.863	0.381 8
	Cl（mg/kg）	13.89	22.37	5.33	17.04	26.61	5.16	0.119	−1.202	0.371 5
牛肝土田	pH值	7.31	8.08	5.24	2.84	0.95	0.98	−1.332	0.058	0.134 1
	AN（mg/kg）	105.22	187.37	37.58	149.79	1 487.37	38.57	0.371	−0.070	0.366 6
	AP（mg/kg）	27.07	48.21	7.54	40.67	139.53	11.81	0.380	−0.912	0.436 3
	AK（mg/kg）	177.75	236.84	89.47	147.37	2 180.83	46.70	−0.505	−0.980	0.262 7
	OM（%）	2.26	3.64	1.00	2.64	0.483	0.70	0.278	−0.403	0.309 7
	Cu（mg/kg）	2.07	3.58	0.30	3.28	0.69	0.83	−0.203	−0.258	0.401 0
	Zn（mg/kg）	1.16	3.63	0.52	3.12	0.34	0.58	3.060	12.456	0.500 0
	Fe（mg/kg）	124.77	385.54	8.36	377.18	11 423.46	106.88	1.070	−0.079	0.856 6
	Mn（mg/kg）	18.08	30.79	9.04	21.74	34.41	5.87	0.610	−0.290	0.324 7
	B（mg/kg）	0.28	0.53	0.16	0.37	0.010	0.102	0.811	−0.230	0.364 3
	Ca（g/kg）	1.382	3.936	0.012	3.924	129.51	11.38	0.434	−0.778	0.823 4
	Mg（g/kg）	0.021	0.036	0.006	0.030	0.010	0.098	−0.274	−1.408	0.466 7
	Cl（mg/kg）	15.07	26.63	5.33	21.30	25.63	5.06	0.056	−0.101	0.335 8
沙泥田	pH值	5.23	7.81	4.71	3.10	0.33	0.57	3.213	13.24	0.109 0
	AN（mg/kg）	131.95	218.78	62.70	156.08	1 480.71	38.48	0.401	−0.459	0.291 6
	AP（mg/kg）	37.46	228.67	6.33	222.34	1 892.05	43.50	3.356	12.770	1.161 2
	AK（mg/kg）	96.53	233.16	34.21	198.95	2 633.61	51.32	1.223	1.249	0.531 6
	OM（%）	2.43	3.62	0.74	2.88	0.43	0.65	−0.188	0.055	0.267 5
	Cu（mg/kg）	2.73	11.89	1.13	10.76	4.32	2.08	3.327	12.641	0.761 9
	Zn（mg/kg）	1.40	3.00	0.67	2.33	0.30	0.55	1.029	1.250	0.392 9
	Fe（mg/kg）	275.15	407.61	77.76	329.86	4 090.75	63.96	−0.865	1.911	0.232 5
	Mn（mg/kg）	11.84	30.05	3.84	26.21	37.07	6.09	1.074	1.097	0.514 4
	B（mg/kg）	0.29	0.63	0.13	0.50	0.014	0.118	1.079	1.832	0.406 9
	Ca（g/kg）	0.167	2.465	0.039	2.426	17.77	4.22	5.566	31.282	2.526 9
	Mg（g/kg）	0.008	0.042	0.003	0.040	0.006	0.078	3.612	13.542	0.975 0
	Cl（mg/kg）	14.11	25.56	5.33	20.24	31.76	5.64	0.514	−0.584	0.399 7

速效氮平均含量为沙泥田（131.95mg/kg）＞牛肝土田（105.22mg/kg）＞紫色土地（47.68mg/kg），前二者速效氮含量在合理范围内，但是紫色土地速效氮含量呈缺乏状态。因此，该烟区在氮素管理方面应控制沙泥田的氮素的输入，保持目前牛肝土田的氮素施肥水平，增加紫色土地的氮素施肥量。

该烟区3类主要植烟土壤的速效磷平均含量为沙泥田＞牛肝土田＞紫色土地，皆大于17.00mg/kg，处于盈余状态。因此，该烟区可适量减少磷肥施用量。

从该烟区土壤速效钾含量的平均值来看，3类主要植烟土壤的速效钾平均含量为紫色土地＞牛肝土田＞沙泥田，前二者的速效钾含量较为富足（皆大于170.00mg/kg）；沙泥田的速效钾含量较低（96.53mg/kg）。故该烟区应侧重加强沙泥田钾肥的施用。

该烟区有机质平均含量与速效氮类似，应控制沙泥田的有机质输入，保持目前牛肝土田有机质输入水平，提高紫色土地有机质输入。

从该烟区3种主要植烟土壤中微量元素来看，3种土壤的有效铁、锰含量较高，不需另外输入；但紫色土地的有效硼、铜、锌、镁，牛肝土田和沙泥田的有效硼、锌、镁都存在一定程度的缺乏。因此，该烟区应根据具体的土壤类型和特定元素的含量，重视硼、锌、铜、镁元素的合理施用。

（2）古市烟区土壤综合质量评价。古市烟区土壤综合质量等级情况见表1-19。从表1-19可以看出，该烟区65.6%的土壤综合质量处于“中等”档次，23.7%处于“较高”档次，10.08%处于“较低”档次。

表1-19　古市烟区植烟土壤综合土壤肥力等级划分

项目	*IFI*值				
	[0.8~1.0]	[0.6~0.8]	[0.4~0.6]	[0.2~0.4]	[0.0~0.2]
分级	Ⅰ	Ⅱ	Ⅲ	Ⅳ	Ⅴ
描述	高	较高	中等	较低	低
样本数（个）	1	27	52	4	0
占总样本数比（%）	1.2	32.1	61.9	4.8	0

1.1.5.5　马市烟区土壤肥力评价

该烟区共采集土壤样品87个，其中紫色土地38个、牛肝土田34个、沙泥田15个。

（1）马市烟区土壤养分统计性描述。马市烟区共采集87个土壤样品，各指标统计学描述见表1-20。从表1-20可以看出，该烟区pH值平均值为紫色土地＞牛肝土田＞沙泥田，其中前者紫色土地土壤呈碱性，牛肝土田和沙泥田土壤呈酸性。因此，在施肥时应针对特定土壤类型和土壤酸碱性合理安排施用酸、碱性肥料；沙泥田可考虑施用石灰来改良酸性土壤。

表1-20 马市烟区3种土壤养分统计特征

土壤类型	指标	均数	最大值	最小值	极差	方差	标准差	偏度系数	峰度系数	变异系数
紫色土地	pH值	7.83	8.54	4.99	3.55	0.76	0.87	−1.918	3.044	0.111 1
	AN（mg/kg）	58.98	181.73	13.72	168.01	1 879.66	43.36	1.791	2.656	0.735 2
	AP（mg/kg）	12.05	56.19	3.09	53.10	125.19	11.19	2.703	7.692	0.928 6
	AK（mg/kg）	144.03	352.91	43.11	309.80	3 167.86	56.28	1.296	3.946	0.390 8
	OM（%）	1.24	2.86	0.49	2.36	0.26	0.51	1.461	1.968	0.411 3
	Cu（mg/kg）	0.54	2.65	0.05	2.60	0.38	0.62	2.093	3.890	1.148 1
	Zn（mg/kg）	0.98	6.88	0.43	6.46	1.05	1.02	5.460	32.020	1.040 8
	Fe（mg/kg）	34.68	368.23	1.77	366.46	5 777.16	76.01	3.230	11.084	2.191 8
	Mn（mg/kg）	12.76	44.53	4.18	40.35	68.08	8.25	1.903	5.294	0.646 6
	B（mg/kg）	0.16	0.57	0.09	0.48	0.008	0.090	2.923	10.774	0.562 5
	Ca（g/kg）	1.321	2.574	0.092	2.482	59.91	7.74	−0.256	−1.217	0.585 9
	Mg（g/kg）	0.019	0.080	0.004	0.076	0.013	0.116	3.862	20.704	0.610 5
	Cl（mg/kg）	14.07	28.76	5.33	23.43	30.54	5.53	0.729	0.103	0.393 0
牛肝土田	pH值	6.67	8.28	4.79	3.49	1.31	1.14	−0.042	−1.476	0.170 9
	AN（mg/kg）	105.19	154.48	26.07	128.41	1 196.01	34.58	−0.658	−0.539	0.328 7
	AP（mg/kg）	22.67	49.75	5.54	44.21	155.21	12.46	0.456	−0.958	0.549 6
	AK（mg/kg）	138.69	214.97	57.19	157.78	1 904.58	43.64	0.000	−0.745	0.314 7
	OM（%）	2.17	3.27	0.84	2.44	0.44	0.67	−0.550	−0.785	0.308 8
	Cu（mg/kg）	1.64	3.26	0.23	3.04	0.61	0.78	0.109	−0.440	0.475 6
	Zn（mg/kg）	1.22	9.56	0.51	9.05	2.26	1.50	5.494	31.267	1.229 5
	Fe（mg/kg）	177.01	378.32	4.51	373.81	13 112.57	114.51	−0.225	−1.280	0.646 9
	Mn（mg/kg）	23.94	138.89	4.45	134.44	500.18	22.36	4.422	22.333	0.934 0
	B（mg/kg）	0.34	0.65	0.12	0.54	0.029	0.171	0.352	−1.094	0.502 9
	Ca（g/kg）	0.546	2.764	0.078	2.687	46.52	6.82	1.897	2.882	1.249 1
	Mg（g/kg）	0.013	0.030	0.005	0.026	0.003	0.058	1.345	1.939	0.446 2
	Cl（mg/kg）	14.88	25.56	8.52	17.04	20.93	4.58	0.687	−0.157	0.307 8
沙泥田	pH值	5.26	5.99	4.49	1.50	0.19	0.44	0.295	−0.397	0.083 7
	AN（mg/kg）	92.26	141.41	29.35	112.06	1 009.74	31.78	−0.246	−0.347	0.344 5
	AP（mg/kg）	40.63	131.65	2.84	128.81	1 527.18	39.08	1.368	0.994	0.961 9
	AK（mg/kg）	69.12	139.42	22.16	117.26	763.04	27.62	0.981	2.229	0.399 6

（续表）

土壤类型	指标	均数	最大值	最小值	极差	方差	标准差	偏度系数	峰度系数	变异系数
沙泥田	OM（%）	1.94	3.22	0.90	2.32	0.52	0.72	0.272	−1.112	0.371 1
	Cu（mg/kg）	2.14	3.84	0.52	3.32	1.34	1.16	0.105	−1.439	0.542 1
	Zn（mg/kg）	1.20	2.47	0.62	1.85	0.28	0.52	1.320	1.316	0.433 3
	Fe（mg/kg）	264.28	470.69	51.50	419.20	16 153.88	127.10	0.051	−0.733	0.480 9
	Mn（mg/kg）	13.20	47.06	3.07	43.99	130.69	11.43	1.963	5.050	0.865 9
	B（mg/kg）	0.28	0.50	0.10	0.40	0.014	0.119	0.247	−0.656	0.425 0
	Ca（g/kg）	0.095	0.187	0.025	0.163	0.25	0.50	0.237	−1.064	0.526 3
	Mg（g/kg）	0.006 9	0.013	0.003	0.010	0.001	0.033	0.335	−0.959	0.478 3
	Cl（mg/kg）	15.76	26.63	8.52	18.11	23.37	4.83	0.584	0.148	0.306 5

该烟区速效氮平均含量为牛肝土田（105.19mg/kg）>沙泥田（92.26mg/kg）>紫色土地（47.68mg/kg），前二者速效氮含量在合理范围内，紫色土地土壤呈缺乏状态。因此，该烟区在氮素管理方面应控制牛肝土田的氮素输入，保持沙泥田目前氮素输入水平，增加紫色土地氮素输入。

该烟区3类主要植烟土壤的速效磷平均含量为沙泥田>牛肝土田>紫色土地，皆大于12.00mg/kg，处于盈余状态。因此，该烟区可适量减少磷素的输入。

从土壤速效钾含量平均值来看，该烟区3类主要植烟土壤的速效钾平均含量紫色土地>牛肝土田>沙泥田，前二者的速效钾平均含量皆大于130.00mg/kg，较为充足；沙泥田的速效钾含量为69.12mg/kg。因此，该烟区应侧重加强沙泥田中钾肥的施用。

从该烟区3种主要植烟土壤中微量元素来看，3种土壤的有效铁、锰含量较为富足，不需另外输入；但紫色土地和牛肝土田的有效硼、铜、锌、镁，沙泥田的有效硼、锌、镁都存在着一定程度的缺乏。因此，该烟区应根据具体的土壤类型和特定元素的含量，重视硼、锌、铜、镁元素的合理施用。

（2）马市烟区土壤综合质量评价。马市烟区土壤综合质量等级情况见表1-21。从表1-21可以看出，该烟区46.0%的土壤综合质量处于“中等”档次，29.9%处于较高档次，24.1%处于“较低”档次。

表1-21　马市烟区植烟土壤综合土壤肥力等级划分

项目	*IFI*值				
	[0.8~1.0]	[0.6~0.8]	[0.4~0.6]	[0.2~0.4]	[0.0~0.2]
分级	Ⅰ	Ⅱ	Ⅲ	Ⅳ	Ⅴ
描述	高	较高	中等	较低	低

（续表）

项目	IFI值				
	[0.8~1.0]	[0.6~0.8]	[0.4~0.6]	[0.2~0.4]	[0.0~0.2]
样该数（个）	0	26	40	21	0
占总样该数比（%）	0.0	29.9	46.0	24.1	0.0

1.1.5.6 雄州烟区土壤肥力评价

该烟区共采集土壤样品91个，其中紫色土地29个、牛肝土田33个、沙泥田29个。

（1）雄州烟区土壤养分统计性描述。雄州91个土壤样本养分统计性描述见表1-22。雄州烟区的土壤pH值平均值为紫色土地＞牛肝土田＞沙泥田，其变异程度亦为沙泥田＞牛肝土田＞紫色土地。从速效氮来看，紫色土地速效氮含量为66.24mg/kg，接近缺乏临界值（60.00mg/kg），而牛肝土田和沙泥田的速效氮平均含量为125.19mg/kg、130.9mg/kg，其变异程度亦为沙泥田（30%）＞牛肝土田（27%）＞紫色土地（20%）。因此，雄州烟区紫色土地种植过程中应重视施用氮肥，以防烟株脱肥，而牛肝土田和沙泥田应控制氮肥施用，防止氮肥施用过多导致烟株生长过快或贪青晚熟。

从速效磷平均值来看，3种植烟土壤速效磷含量沙泥田（41.3mg/kg）＞牛肝土田（34.79mg/kg）＞紫色土地（18.94mg/kg），其速效磷含量变异为沙泥田（55%）＞紫色土地（51%）＞牛肝土田（44%），应重视紫色土地施用磷肥。

紫色土地和牛肝土田速效钾含量为114.8mg/kg和115.96mg/kg，而沙泥田则较低，为95.50mg/kg。因此，应重视沙泥田中施用钾肥。

该烟区牛肝土田和紫色土地中有机质含量较为适中，分别为1.62g/kg和1.11g/kg，变异系数在30%左右；而在有机质含量较高（21g/kg）的沙泥田应控制其有机质输入，在有机质含量较低的（＜20g/kg）牛肝土田和紫色土地应补充一定量的有机质，提高有机质的输入，进而逐步改良此类植烟土壤。

表1-22 雄州烟区3种土壤养分统计特征

土壤类型	指标	均数	最大值	最小值	极差	方差	标准差	偏度系数	峰度系数	变异系数
牛肝土田	pH值	7.00	7.87	5.87	2.00	0.28	0.53	−0.44	0.23	0.08
	AN（mg/kg）	125.19	271.55	84.08	187.47	1 249.42	35.35	2.49	9.15	0.27
	AP（mg/kg）	34.79	86.69	12.90	73.79	231.24	15.21	2.05	5.26	0.44
	AK（mg/kg）	115.96	186.74	30.15	156.59	1 539.17	39.23	0.05	−0.50	0.34
	OM（%）	1.62	2.69	0.97	1.73	0.28	0.52	0.16	−0.59	0.32
	Cu（mg/kg）	1.71	3.16	0.26	2.91	0.50	0.71	0.43	−0.43	0.41

（续表）

土壤类型	指标	均数	最大值	最小值	极差	方差	标准差	偏度系数	峰度系数	变异系数
牛肝土田	Zn（mg/kg）	1.10	2.11	0.22	1.89	0.31	0.56	1.42	3.15	0.51
	Fe（mg/kg）	160.64	265.76	7.21	258.55	4 945.35	70.32	−0.42	0.46	0.44
	Mn（mg/kg）	18.79	38.36	7.85	30.51	47.30	6.88	0.96	0.87	0.37
	B（mg/kg）	0.25	0.35	0.11	0.24	0.00	0.07	0.06	−0.34	0.26
	Ca（g/kg）	0.23	2.03	0.07	1.95	0.11	0.33	4.57	23.54	1.43
	Mg（g/kg）	0.02	0.03	0.01	0.03	0.00	0.01	0.19	−0.45	0.43
	Cl（mg/kg）	13.35	25.21	7.55	17.67	16.19	4.02	0.85	1.09	0.30
沙泥田	pH值	5.50	6.99	4.81	2.18	0.26	0.51	0.66	0.84	0.09
	AN（mg/kg）	130.9	217.29	71.12	146.17	1 519.98	38.99	0.27	−0.54	0.30
	AP（mg/kg）	41.3	93.90	8.02	85.88	523.31	22.88	0.48	−0.57	0.55
	AK（mg/kg）	95.5	153.91	26.32	127.59	758.49	27.54	−0.04	2.37	0.29
	OM（%）	2.1	2.97	1.06	1.91	0.33	0.58	0.12	−0.80	0.28
	Cu（mg/kg）	1.6	3.51	0.12	3.38	0.70	0.83	0.43	−0.41	0.53
	Zn（mg/kg）	1.9	3.51	0.68	2.84	0.79	0.89	0.35	−1.17	0.46
	Fe（mg/kg）	207.7	332.25	142.55	189.70	2 883.09	53.69	0.46	−0.29	0.26
	Mn（mg/kg）	19.7	33.21	5.58	27.63	28.25	5.32	0.01	1.42	0.27
	B（mg/kg）	0.3	0.45	0.11	0.34	0.01	0.09	−0.54	−0.21	0.30
	Ca（g/kg）	0.40	2.24	0.08	2.16	0.16	0.40	3.84	17.59	1.04
	Mg（g/kg）	0.01	0.03	0.00	0.03	0.00	0.01	−0.31	−0.86	0.44
	Cl（mg/kg）	12.80	25.21	6.41	18.80	17.99	4.24	1.00	1.74	0.33
紫色土地	pH值	7.51	8.36	6.47	1.89	0.20	0.45	−0.12	−0.60	0.06
	AN（mg/kg）	66.24	102.94	39.98	62.96	169.42	13.02	0.59	1.42	0.20
	AP（mg/kg）	18.94	59.65	7.21	52.44	91.59	9.57	2.80	11.46	0.51
	AK（mg/kg）	114.80	181.86	60.30	121.56	1 166.31	34.15	0.63	−0.07	0.30
	OM（%）	1.11	2.26	0.56	1.70	0.14	0.37	1.78	3.85	0.34
	Cu（mg/kg）	0.95	2.01	0.27	1.75	0.16	0.39	0.26	0.81	0.41
	Zn（mg/kg）	0.96	1.71	0.40	1.31	0.15	0.38	0.32	−0.66	0.40
	Fe（mg/kg）	44.06	187.65	2.83	184.82	2 110.65	45.94	1.48	2.06	1.04
	Mn（mg/kg）	8.78	17.75	3.20	14.55	10.13	3.18	0.57	0.99	0.36
	B（mg/kg）	0.18	0.40	0.10	0.30	0.01	0.07	1.34	1.83	0.42
	Ca（g/kg）	2.10	2.93	0.11	2.82	0.51	0.71	−1.14	2.13	0.34
	Mg（g/kg）	0.02	0.03	0.01	0.02	0.00	0.01	−0.02	−0.65	0.35
	Cl（mg/kg）	12.88	22.84	7.20	15.64	15.23	3.90	0.97	0.87	0.30

该烟区3种植烟土壤微量元素中有效铜、硼含量低于2.0mg/kg和0.5mg/kg的临界水平，普遍存在缺乏现象；而紫色土地和牛肝土田有效锌含量低于1.5mg/kg的临界水平；有效铁含量普遍较为富足。该烟区中量元素钙、镁其有效性在3种土壤类型中均高于临界水平。

（2）雄州烟区土壤综合质量评价。雄州烟区土壤综合质量等级情况见表1-23。从表1-23可以看出，该烟区绝大部分土壤的综合质量处于“较高”和“中等”档次，无土壤综合质量处于“较低和低”档次。

表1-23　雄州烟区植烟土壤综合土壤肥力等级划分

项目	*IFI*值				
	[0.8~1.0]	[0.6~0.8]	[0.4~0.6]	[0.2~0.4]	[0.0~0.2]
分级	Ⅰ	Ⅱ	Ⅲ	Ⅳ	Ⅴ
描述	高	较高	中等	较低	低
样本数（个）	4	66	21	0	0
占总样本数比（%）	4.4	72.5	23.1	0	0

1.1.5.7　乌迳烟区土壤肥力评价

该烟区共采集土壤样品88个，其中紫色土地33个、牛肝土田39个、沙泥田16个。

（1）乌迳烟区土壤养分统计性描述。乌迳烟区共采集88个土壤样品，各指标描述性统计见表1-24。从表1-24可以看出，紫色土地总体上呈碱性，pH值平均值小于7.55，变异系数为6%；牛肝土田pH值为6.83，变异系数为6%；而沙泥田呈较酸性，pH值平均值5.77，变异系数为7%；因此在该烟区的牛肝土田施用中性肥料，紫色土地应施用生理酸性肥料，沙泥田应施用生理碱性肥料，调节土壤的酸碱性，以提高土壤营养元素的有效性。

从速效氮含量来看，紫色土地的速效氮平均含量为64.21mg/kg，稍微高于速效氮的缺乏临界值（60.00mg/kg），且变异较大（36.00%）；牛肝土田和沙泥田的速效氮平均含量为141.24mg/kg和139.25mg/kg，变异系数分别为31%和34%。因此，该烟区尤其重视紫色土地的氮素输入，确保烟株正常生长发育对氮素的需求。

紫色土地的速效磷含量在3种土壤中平均含量最低，为14.59mg/kg，而牛肝土田和沙泥田速效磷含量分别为31.92mg/kg和39.57mg/kg，表明该烟区紫色土地植烟土壤中磷素需要补充，注意磷肥施用。

该烟区紫色土地和沙泥田的速效钾平均含量较高（142.24mg/kg和105.22mg/kg），而牛肝土田的速效钾平均含量较低（83.63mg/kg），因此应重视牛肝土田中钾肥的施用。

表1-24 乌迳烟区3种土壤养分统计特征

土壤类型	指标	均数	最大值	最小值	极差	方差	标准差	偏度系数	峰度系数	变异系数
牛肝土田	pH值	6.83	8.27	6.16	2.11	0.19	0.43	1.22	2.13	0.06
	AN（mg/kg）	141.24	220.00	60.31	159.69	1 859.03	43.12	0.19	−0.67	0.31
	AP（mg/kg）	31.92	64.23	15.71	48.52	80.98	9.00	1.37	3.33	0.28
	AK（mg/kg）	83.63	121.64	34.92	86.72	347.47	18.64	0.09	0.40	0.22
	OM（%）	1.90	2.96	0.91	2.05	0.28	0.53	−0.17	−0.91	0.28
	Cu（mg/kg）	1.55	3.79	0.41	3.38	0.60	0.78	0.91	0.68	0.50
	Zn（mg/kg）	1.37	3.17	0.33	2.84	0.42	0.65	0.65	0.75	0.47
	Fe（mg/kg）	165.45	290.40	87.43	202.97	1 852.35	43.04	0.31	0.36	0.26
	Mn（mg/kg）	15.59	30.06	7.33	22.73	32.51	5.70	0.93	0.56	0.37
	B（mg/kg）	0.19	0.37	0.10	0.27	0.00	0.06	1.15	1.65	0.33
	Ca（g/kg）	0.38	2.54	0.09	2.45	0.14	0.38	5.16	29.70	0.99
	Mg（g/kg）	0.02	0.04	0.01	0.03	0.00	0.01	0.35	0.09	0.31
	Cl（mg/kg）	13.97	24.38	7.30	17.08	14.60	3.82	0.61	0.27	0.27
沙泥田	pH值	5.77	6.61	5.12	1.49	0.18	0.42	0.37	−0.78	0.07
	AN（mg/kg）	139.25	278.29	84.91	193.38	2 241.72	47.35	1.75	4.22	0.34
	AP（mg/kg）	39.57	73.32	22.13	51.19	194.74	13.95	0.87	0.67	0.35
	AK（mg/kg）	105.22	160.61	27.48	133.13	935.20	30.58	−0.66	2.06	0.29
	OM（%）	1.93	2.58	0.69	1.89	0.22	0.47	−1.12	2.37	0.24
	Cu（mg/kg）	1.55	2.68	0.46	2.23	0.46	0.68	0.27	−0.92	0.44
	Zn（mg/kg）	1.26	1.89	0.51	1.38	0.20	0.44	0.04	−1.04	0.35
	Fe（mg/kg）	118.02	217.26	3.54	213.72	4 481.66	66.95	−0.79	−0.57	0.57
	Mn（mg/kg）	13.64	28.17	6.02	22.15	23.28	4.83	1.73	5.26	0.35
	B（mg/kg）	0.23	0.37	0.12	0.25	0.00	0.06	0.51	0.45	0.27
	Ca（g/kg）	0.59	2.83	0.15	2.68	0.64	0.80	2.48	5.03	1.36
	Mg（g/kg）	0.02	0.03	0.01	0.02	0.00	0.01	0.32	−0.68	0.38
	Cl（mg/kg）	12.32	21.98	6.40	15.58	19.78	4.45	0.76	−0.28	0.36
紫色土地	pH值	7.55	8.31	6.48	1.83	0.21	0.46	−0.49	−0.45	0.06
	AN（mg/kg）	64.21	131.40	29.65	101.75	528.61	22.99	0.80	0.92	0.36
	AP（mg/kg）	14.59	27.70	5.74	21.96	25.73	5.07	0.77	0.86	0.35
	AK（mg/kg）	142.24	289.91	52.80	237.11	1 780.00	42.19	1.08	3.73	0.30
	OM（%）	1.02	1.76	0.52	1.24	0.07	0.26	0.47	1.01	0.26

（续表）

土壤类型	指标	均数	最大值	最小值	极差	方差	标准差	偏度系数	峰度系数	变异系数
紫色土地	Cu（mg/kg）	0.51	1.30	0.23	1.07	0.06	0.24	1.70	3.22	0.48
	Zn（mg/kg）	1.24	3.25	0.49	2.76	0.36	0.60	1.63	3.32	0.49
	Fe（mg/kg）	29.14	111.13	4.27	106.87	555.69	23.57	2.24	5.46	0.81
	Mn（mg/kg）	16.56	56.46	6.31	50.15	80.71	8.98	2.84	11.68	0.54
	B（mg/kg）	0.22	0.41	0.10	0.31	0.01	0.07	0.88	0.43	0.34
	Ca（g/kg）	1.94	3.53	0.42	3.10	0.50	0.71	−0.26	0.19	0.36
	Mg（g/kg）	0.03	0.05	0.01	0.03	0.00	0.01	−0.32	0.17	0.25
	Cl（mg/kg）	18.83	31.94	10.24	21.70	27.53	5.25	0.55	0.09	0.28

从有机质含量来看，牛肝土田和沙泥田的平均有机质含量大体相当，分别为19.0g/kg和19.3g/kg，但紫色土地有机质含量较低（10.2g/kg），而紫色土地平均有机质含量偏低，且变异为26.00%。因此该烟区应适当提高紫色土地土壤有机质输入，针对性地提高紫色土地中有机质的输入与管理。

该烟区3种植烟土壤微量元素中有效铜、硼、锌含量低于2.0mg/kg、0.5mg/kg和1.5mg/kg的临界水平，普遍存在缺乏现象；该烟区有效铁、锰含量普遍较为富足；中量元素钙、镁其有效含量在3种土壤类型中均高于临界水平。因此，在该烟区中，应根据具体土壤类型和特定元素的有效含量，重视硼、锌、铜元素的合理施用。

（2）乌迳烟区土壤综合质量评价。乌迳烟区土壤综合质量等级情况见表1-25。从表1-25可以看出，该烟区9.1%的土壤综合质量处于“中等”档次，90.6%处于较高档次。

表1-25　乌迳烟区植烟土壤综合土壤肥力等级划分

项目	*IFI*值				
	[0.8~1.0]	[0.6~0.8]	[0.4~0.6]	[0.2~0.4]	[0.0~0.2]
分级	Ⅰ	Ⅱ	Ⅲ	Ⅳ	Ⅴ
描述	高	较高	中等	较低	低
样本数（个）	0	80	8	0	0
占总样本数比（%）	0	90.9	9.1	0	0

1.1.5.8 连州烟区土壤肥力评价

该烟区共采集土壤样品143个，其中紫色土地35个、牛肝土田38个、沙泥田51个、红火泥地9个、石灰泥田9个。

（1）连州烟区土壤养分统计性描述。清远连州烟区共采集143个土壤样品，各指标描述性统计见表1-26。紫色土地pH值为7.24，牛肝土田pH值为6.92，而沙泥田pH值为5.47；沙泥田和牛肝土田速效氮含量较高，分别为110.31mg/kg和186.16mg/kg，而紫色土地速效氮含量偏低（75.97mg/kg），但高于缺乏临界值60.00mg/kg；3种植烟土壤速效磷含量较高，皆高于缺乏临界值（5.00mg/kg），且牛肝土田（35.60mg/kg）>沙泥田（24.04mg/kg）>紫色土地（11.81mg/kg）；紫色土地和牛肝土田速效钾含量较高（195.05mg/kg和134.64mg/kg），沙泥田速效钾含量较低（99.94mg/kg），表明该烟区沙泥田土壤存在不同程度的缺钾现象；牛肝土田有机质含量25.80g/kg，沙泥田有机质含量18.00g/kg，而紫色土地平均有机质含量为16.50g/kg，表明紫色土地有机质含量较低，需要提高该类型土壤有机质含量。

该烟区3种植烟土壤中，紫色土地有效铜含量为0.79mg/kg，远远低于2.0mg/kg；沙泥田和紫色土地有效锌、硼含量低于1.5mg/kg和0.5mg/kg的临界水平，普遍存在缺乏现象；该烟区有效铁、锰含量普遍较为富足；中量元素钙、镁其有效含量在3种土壤类型中均高于临界水平。

红火泥地和石灰泥田pH值适宜烤烟种植，土壤速效磷含量较低，需要注意施磷肥；速效氮和速效钾含量适中；土壤有效铜、锌、硼含量较低，低于2.0mg/kg、1.5mg/kg和0.5mg/kg缺乏临界值；钙镁含量高于缺乏临界值；土壤氯离子含量中等。

表1-26 连州烟区5种土壤养分统计特征

土壤类型	指标	均数	最大值	最小值	极差	方差	标准差	偏度系数	峰度系数	变异系数
牛肝土田	pH值	6.92	7.60	4.28	3.32	0.71	0.50	−1.89	4.23	0.10
	AN（mg/kg）	186.16	268.20	60.50	207.70	55.03	3 028.2	−0.50	−0.78	0.30
	AP（mg/kg）	35.86	77.80	6.00	71.80	21.65	468.56	0.49	−1.02	0.60
	AK（mg/kg）	134.64	224.20	62.50	161.70	40.57	1 646.0	0.44	−0.39	0.30
	OM（%）	2.58	3.97	1.13	2.84	0.71	0.51	−0.16	−0.21	0.28
	Cu（mg/kg）	2.18	3.75	0.71	3.04	0.80	0.64	0.15	−0.48	0.37
	Zn（mg/kg）	2.62	3.93	1.67	2.26	0.59	0.35	0.54	−0.20	0.22
	Fe（mg/kg）	161.41	290.60	9.80	280.80	69.72	4 861.4	−0.30	−0.58	0.43
	Mn（mg/kg）	10.55	24.16	3.66	20.50	4.27	18.24	0.89	1.54	0.40
	B（mg/kg）	0.55	2.20	0.15	2.05	0.53	0.28	2.04	3.32	0.96
	Ca（g/kg）	15.15	44.07	2.20	41.87	9.32	86.87	0.91	1.13	0.62
	Mg（g/kg）	1.98	3.75	0.59	3.16	0.80	0.63	0.28	−0.71	0.40
	Cl（mg/kg）	13.82	22.50	7.20	15.30	3.43	11.78	0.18	−0.18	0.25

（续表）

土壤类型	指标	均数	最大值	最小值	极差	方差	标准差	偏度系数	峰度系数	变异系数
沙泥田	pH值	5.47	7.70	3.83	3.87	1.15	1.32	0.62	−0.61	0.21
	AN（mg/kg）	110.31	225.50	44.90	180.60	29.00	841.27	1.24	3.71	0.26
	AP（mg/kg）	24.05	54.70	7.00	47.70	10.27	105.56	0.93	0.87	0.43
	AK（mg/kg）	99.94	183.10	50.00	133.10	31.70	1 005.1	0.74	−0.04	0.32
	OM（%）	1.80	2.92	0.83	2.09	0.56	0.31	0.28	−0.74	0.31
	Cu（mg/kg）	2.03	4.18	0.08	4.10	0.78	0.61	0.11	0.48	0.39
	Zn（mg/kg）	2.40	3.63	1.23	2.40	0.55	0.30	0.16	−0.01	0.23
	Fe（mg/kg）	147.40	338.30	10.30	328.00	65.29	4 262.8	0.85	1.24	0.44
	Mn（mg/kg）	11.08	19.00	3.47	15.53	3.31	10.95	0.36	0.02	0.30
	B（mg/kg）	0.35	1.61	0.07	1.54	0.30	0.09	2.73	8.01	0.87
	Ca（g/kg）	9.96	73.97	0.56	73.41	11.58	134.03	3.99	18.95	1.16
	Mg（g/kg）	1.66	3.64	0.52	3.12	0.81	0.65	0.97	0.12	0.49
	Cl（mg/kg）	14.96	23.30	6.80	16.50	2.98	8.90	0.41	1.03	0.20
紫色土地	pH值	7.24	7.96	6.12	1.84	0.42	0.14	−1.10	2.36	0.06
	AN（mg/kg）	75.97	156.60	45.10	111.50	19.90	150.03	1.77	−0.40	0.26
	AP（mg/kg）	11.81	31.70	3.50	28.20	4.70	66.87	2.14	6.28	0.40
	AK（mg/kg）	195.05	286.30	89.10	197.20	52.56	4 913.4	−0.57	−1.16	0.27
	OM（%）	1.65	2.63	0.91	1.72	0.43	0.19	0.36	−0.27	0.26
	Cu（mg/kg）	0.79	1.87	0.02	1.85	0.40	0.10	0.76	−0.34	0.51
	Zn（mg/kg）	1.93	3.52	1.20	2.32	0.54	0.73	1.08	−1.46	0.28
	Fe（mg/kg）	12.88	25.40	3.30	22.10	5.10	28.57	0.25	−1.18	0.40
	Mn（mg/kg）	14.50	23.16	4.75	18.41	4.41	24.39	−0.18	−0.33	0.30
	B（mg/kg）	0.25	0.72	0.07	0.65	0.16	0.05	1.90	−1.39	0.62
	Ca（g/kg）	37.53	143.55	5.22	138.33	31.97	2 269.8	2.04	−0.10	0.85
	Mg（g/kg）	2.31	3.77	0.78	2.99	0.74	0.94	−0.21	−0.44	0.32
	Cl（mg/kg）	10.43	15.60	7.00	8.60	2.13	2.45	0.42	−0.23	0.20
红火泥地	pH值	5.59	7.52	3.83	3.69	1.33	1.77	−0.19	−1.26	0.24
	AN（mg/kg）	107.64	146.70	76.70	70.00	25.11	630.69	0.56	−0.75	0.23
	AP（mg/kg）	12.34	17.50	7.10	10.40	3.43	11.77	0.04	−1.12	0.28
	AK（mg/kg）	100.64	211.30	40.80	170.50	61.65	3 801.1	1.06	−0.09	0.61
	OM（%）	1.58	2.67	1.05	1.62	0.51	0.26	1.34	1.76	0.32
	Cu（mg/kg）	1.23	2.10	0.73	1.37	0.52	0.27	0.84	−0.63	0.42

（续表）

土壤类型	指标	均数	最大值	最小值	极差	方差	标准差	偏度系数	峰度系数	变异系数
红火泥地	Zn（mg/kg）	2.10	2.94	1.09	1.85	0.60	0.37	−0.29	−0.52	0.29
	Fe（mg/kg）	73.83	318.90	5.60	313.30	109.18	11 920	1.88	2.77	1.48
	Mn（mg/kg）	10.29	15.93	5.17	10.76	3.91	15.32	0.27	−1.12	0.38
	B（mg/kg）	0.21	0.25	0.13	0.12	0.04	0.00	−1.04	1.16	0.18
	Ca（g/kg）	23.44	35.48	4.31	31.17	10.19	103.75	−0.64	0.04	0.43
	Mg（g/kg）	1.45	2.99	0.12	2.87	0.84	0.70	0.27	0.57	0.58
	Cl（mg/kg）	9.41	15.70	6.40	9.30	2.84	8.07	1.62	2.54	0.30
石灰泥田	pH值	6.88	7.56	5.33	2.23	0.88	0.78	−1.50	0.52	0.13
	AN（mg/kg）	119.62	187.90	54.30	133.60	38.56	1 486.8	0.18	0.66	0.32
	AP（mg/kg）	11.72	18.70	7.60	11.10	3.87	15.01	1.11	0.15	0.33
	AK（mg/kg）	105.90	142.80	81.60	61.20	22.20	492.98	1.09	−0.21	0.21
	OM（%）	1.90	2.94	1.21	1.73	0.58	0.33	0.69	−0.32	0.31
	Cu（mg/kg）	1.02	1.74	0.41	1.33	0.47	0.22	0.22	−1.41	0.46
	Zn（mg/kg）	2.12	2.79	1.57	1.22	0.42	0.18	0.38	−1.15	0.20
	Fe（mg/kg）	22.32	45.80	5.60	40.20	13.31	177.15	0.43	−0.68	0.60
	Mn（mg/kg）	10.66	19.14	6.28	12.86	3.92	15.33	1.30	2.06	0.37
	B（mg/kg）	0.22	0.65	0.11	0.54	0.17	0.03	2.62	7.27	0.78
	Ca（g/kg）	38.11	146.19	9.52	136.67	42.03	1 766.7	2.63	7.24	1.10
	Mg（g/kg）	1.38	1.86	0.67	1.19	0.39	0.15	−0.64	−0.44	0.28
	Cl（mg/kg）	9.32	12.70	6.80	5.90	1.87	3.50	0.80	0.12	0.20

（2）连州烟区土壤综合质量评价。连州烟区土壤综合质量等级情况见表1-27。从表1-27可以看出，该烟区16.1%的土壤综合质量处于“中等”档次，72.0%处于“较高”档次，11.80%处于“高”档次。

表1-27　连州烟区植烟土壤综合土壤肥力等级划分

项目	*IFI*值				
	[0.8~1.0]	[0.6~0.8]	[0.4~0.6]	[0.2~0.4]	[0.0~0.2]
分级	Ⅰ	Ⅱ	Ⅲ	Ⅳ	Ⅴ
描述	高	较高	中等	较低	低
样本数（个）	17	103	23	0	0
占总样本数比（%）	11.8	72.0	16.1	0	0

1.1.5.9　蕉岭烟区土壤肥力评价

该烟区共采集土壤样品102个，全部为沙泥田土壤。

（1）蕉岭烟区土壤养分统计性描述。蕉岭烟区采集的102个土壤样品，各指标统计学描述见表1-28。从表1-28可以看出，该烟区土壤的pH值在4.31～7.69，平均为5.02，土壤总体上呈酸性。土壤速效氮含量在100.24～250.42mg/kg，平均165.80mg/kg。可见该烟区的速效氮含量整体水平较高，在生产实际中应控制氮肥施用水平。土壤的速效磷含量在5.96～265.69mg/kg，平均值85.93mg/kg，呈富余状态。土壤速效钾含量在28.74～373.00mg/kg，平均值111.90mg/kg，变异53.15%。可见该烟区土壤速效钾含量较低，且变异较大，在生产中应根据土壤含钾量针对性地侧重钾肥的施用。

该烟区土壤有机质在19.40～48.50mg/kg，平均值32.40mg/kg，见表1-28，总体上有机质含量富足，在生产上应控制有机质的输入。

表1-28　蕉岭烟区土壤养分统计特征

土壤类型	指标	均数	最大值	最小值	极差	方差	标准差	偏度系数	峰度系数	变异系数
沙泥田	pH值	5.02	7.96	4.31	3.65	0.266	0.516	2.583	10.710	0.102 8
	AN（mg/kg）	165.80	250.42	100.24	150.17	1 093.55	33.07	0.494	−0.076	0.199 5
	AP（mg/kg）	85.93	265.69	5.96	259.73	3 016.89	54.93	0.883	0.715	0.639 2
	AK（mg/kg）	111.90	373.00	28.74	344.26	3 538.01	59.48	1.269	2.641	0.531 5
	OM（%）	3.23	4.85	1.94	2.91	0.40	0.63	0.043	−0.039	0.194 4
	Cu（mg/kg）	3.29	11.66	0.52	11.14	4.01	2.00	1.194	2.097	0.607 9
	Zn（mg/kg）	3.85	9.60	0.92	8.68	2.97	1.72	0.675	0.310	0.446 8
	Fe（mg/kg）	13.67	72.96	2.84	70.12	137.60	11.73	2.741	9.931	0.858 1
	Mn（mg/kg）	227.68	435.22	61.00	374.22	5 808.45	76.21	0.362	−0.469	0.334 7
	B（mg/kg）	0.29	0.55	0.06	0.50	0.010	0.101	0.384	0.053	0.348 3
	Ca（g/kg）	0.089	0.578	0.029	0.549	0.38	0.61	5.392	40.516	0.685 4
	Mg（g/kg）	0.004 6	0.018	0.003	0.016	0.001	0.029	1.301	2.797	0.414 3
	Cl（mg/kg）	21.30	74.55	3.20	71.36	108.57	10.42	1.471	6.290	0.494 1

从中微量元素的描述性统计来看，该烟区土壤有效铁、锰含量富足；有效铜、锌含量在合适的范围内；有效硼和镁的含量较低，处于缺乏状态。因此，在该烟区应重视硼素和

镁素的输入。值得注意，该烟区土壤的氯离子平均含量较高（21.09mg/kg），所以，该烟区应严格控制氯素的输入。

（2）蕉岭烟区土壤综合质量评价。蕉岭烟区土壤综合质量等级情况见表1-29。从表1-29可以看出，该烟区59.8%的土壤综合质量处于“中等”档次，37.3%处于“较高”档次，2.0%处于“较低”档次。

表1-29　蕉岭烟区植烟土壤综合土壤肥力等级划分

项目	*IFI*值				
	[0.8~1.0]	[0.6~0.8]	[0.4~0.6]	[0.2~0.4]	[0.0~0.2]
分级	Ⅰ	Ⅱ	Ⅲ	Ⅳ	Ⅴ
描述	高	较高	中等	较低	低
样本数（个）	1	38	61	2	0
占总样本数比（%）	1.0	37.3	59.8	2.0	0.0

1.1.5.10　大埔烟区土壤肥力评价

该烟区共采集土壤样品64个，全部为沙泥田。

（1）大埔烟区土壤养分统计性描述。大埔64个土壤样本养分统计性描述见表1-30。大埔烟区的土壤pH值平均值为5.48，处于酸性偏低，最小pH值为4.35，最高值为6.93，其变异为10%。从速效氮来看，平均含量为135.74mg/kg，速效氮最大值为202.04mg/kg，最低为82.16mg/kg，其变异为21%。因此，大埔烟区在植烟过程中应减少氮肥施用，防止氮肥施用过多导致烟株生长过快或贪青晚熟。从速效磷平均值来看，植烟土壤速效磷平均含量56.12mg/kg，最低值为14.36mg/kg，最高值为122.63mg/kg，其变异为51%。应重视某些低磷土壤磷肥施用。从速效钾平均值来看，植烟土壤速效钾平均含量128.18mg/kg，最低值为55.53mg/kg，最高值为273.12mg/kg，其变异为35%。应重视某些低钾土壤钾肥施用。从有机质平均值来看，植烟土壤有机质平均含量2.02%，最低值为1.11%，最高值为3.18%，其变异为25%。应重视某些有机质低的土壤应补充一定量的有机质，提高有机质的输入，进而逐步改良此类植烟土壤。从速效铜平均值来看，植烟土壤速效铜平均含量4.39mg/kg，最低值为1.09mg/kg，最高值为7.97mg/kg，其变异为24%。从速效锌平均值来看，植烟土壤速效锌平均含量5.56mg/kg，最低值为3.09mg/kg，最高值为8.21mg/kg，其变异为21%。应重视某些低锌土壤锌肥施用。从速效锌平均值来看，植烟土壤速效锌平均含量5.56mg/kg，最低值为3.09mg/kg，最高值为8.21mg/kg，其变异为21%。应重视某些低锌土壤锌肥施用。该烟区沙泥田植烟土壤微量元素中有效硼含量低于0.5mg/kg的临界水平，普遍存在缺乏现象；而有效铁含量普遍较为富足。该烟区中量元素钙、镁其有效性在3种土壤类型中均高于临界水平。

表1-30　大埔烟区土壤养分统计特征

土壤类型	指标	均数	最大值	最小值	极差	方差	标准差	偏度系数	峰度系数	变异系数
沙泥田	pH值	5.48	6.93	4.35	2.58	0.29	0.54	0.44	−0.20	0.10
	AN（mg/kg）	135.74	202.04	82.16	119.88	794.43	28.19	0.21	−0.53	0.21
	AP（mg/kg）	56.12	122.63	14.36	108.27	805.73	28.39	0.56	−0.59	0.51
	AK（mg/kg）	128.18	273.12	55.53	217.59	2 030.70	45.06	1.01	1.12	0.35
	OM（%）	2.02	3.18	1.11	2.07	0.26	0.51	0.12	−0.26	0.25
	Cu（mg/kg）	4.39	7.97	1.09	6.88	1.09	1.04	0.63	2.76	0.24
	Zn（mg/kg）	5.56	8.21	3.09	5.12	1.37	1.17	0.13	−0.35	0.21
	Fe（mg/kg）	78.99	138.00	21.30	116.70	482.59	21.97	−0.29	0.74	0.28
	Mn（mg/kg）	76.78	116.25	30.84	85.41	430.53	20.75	−0.03	−0.32	0.27
	B（mg/kg）	0.11	0.19	0.03	0.16	0.00	0.03	0.11	0.45	0.28
	Ca（g/kg）	0.20	0.63	0.04	0.59	0.01	0.11	1.38	2.54	0.54
	Mg（g/kg）	0.08	0.12	0.05	0.07	0.00	0.01	0.55	0.64	0.18
	Cl（mg/kg）	15.01	27.82	5.52	22.30	22.24	4.72	0.31	−0.19	0.31

（2）大埔烟区土壤综合质量评价。从土壤肥力等级划分情况来看（表1-31），大埔植烟土壤有89.1%的肥力等级在较高档次，10.9%的肥力等级在中等档次；土壤样品未有肥力等级在较低和低的档次以及高等肥力土壤。

表1-31　大埔综合土壤肥力等级划分标准及烟区土壤样本肥力等级划分

项目	*IFI*值				
	[0.8~1.0]	[0.6~0.8]	[0.4~0.6]	[0.2~0.4]	[0.0~0.2]
分级	Ⅰ	Ⅱ	Ⅲ	Ⅳ	Ⅴ
描述	高	较高	中等	较低	低
样本数（个）	0	57	7	0	0
占总样本数比（%）	0	89.1	10.9	0.0	0.0

1.2 广东各烟区植烟土壤水平方向综合肥力比较分析

1.2.1 研究目的

在前面数据分析的基础上，进行各烟区主要单项养分横向比较，选取pH值、速效氮、速效钾、有机质等影响土壤肥力的关键指标进行烟区间的比较。明确各产区植烟土壤质量时空演变规律，分析土壤剖面结构障碍因子与土壤水平肥力障碍因子，分析烤烟种植实践活动中消除土壤障碍因子可行性，明确土壤质量提升的内在因子，针对性提出提升土壤质量的技术措施和建议。

1.2.2 材料与方法

首先通过GIS和GPS系统，根据第二次土壤普查数据资料，进行广东烤烟各产区不同类型土壤的布点工作，确定技术路线图；然后对各产区植烟土壤进行野外调查、土壤样品（0～20cm）的采集、测试、养分统计分析，对植烟土壤质量进行横向比较。

1.2.3 结果与分析

1.2.3.1 不同烟区植烟土壤pH值比较

从图1-3可以看出，各烟区（蕉岭除外）中不同的土壤类型期pH值平均值皆表现为紫色土地＞牛肝土田＞沙泥田。其中各烟区的紫色土地土壤皆呈碱性（pH值＞7）；水口、古市烟区的牛肝土田土壤呈碱性，其他的则呈酸性反应；各烟区沙泥田的pH值平均值皆小于6.0，其中水口烟区的沙泥田pH值平均值最低（pH值＜5.0）。

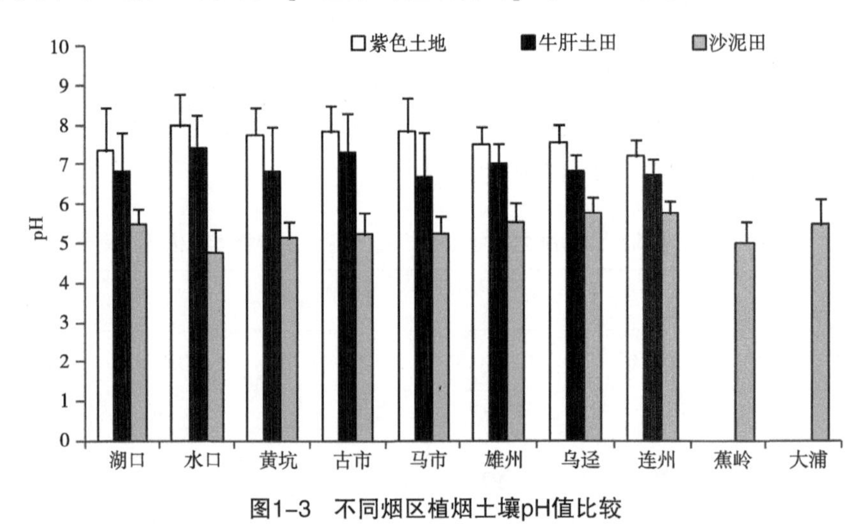

图1-3 不同烟区植烟土壤pH值比较

1.2.3.2 不同烟区植烟土壤速效氮比较

从图1-4可以看出，各烟区紫色土地的速效氮平均含量较低，略高于或低于速效氮临界值（60.00mg/kg）；各烟区紫色土地速效氮平均含量表现为黄坑>湖口>马市>古市>水口；各烟区牛肝土田速效氮平均含量基本上都在60～120mg/kg的合理范围内，且水口>湖口>黄坑>古市≈马市；各烟区沙泥田速效氮平均含量除蕉岭和古市高于120mg/kg外，其他都在60～120mg/kg的合理范围内，表现为蕉岭>古市>湖口>水口>黄坑>马市。

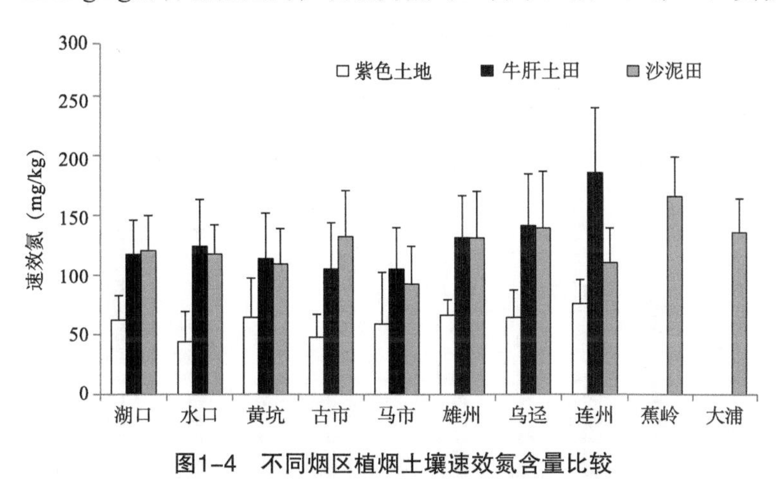

图1-4　不同烟区植烟土壤速效氮含量比较

1.2.3.3　不同烟区植烟土壤速效钾含量比较

从图1-5可以看出，各烟区（蕉岭、大埔除外）不同类型土壤的速效钾平均含量皆表现为紫色土地>牛肝土田>沙泥田。其中紫色土地速效钾平均含量表现为古市>水口>湖口>马市>黄坑；牛肝土田速效钾的平均含量表现为古市>湖口>马市>黄坑；沙泥田速效钾平均含量表现为大埔>蕉岭>古市>湖口>水口>马市>黄坑。尽管各烟区不同类型土壤速效钾含量平均值接近或大于50mg/kg的土壤缺钾临界值，但对嗜钾的烤烟来说，沙泥田普遍需要增施钾肥。

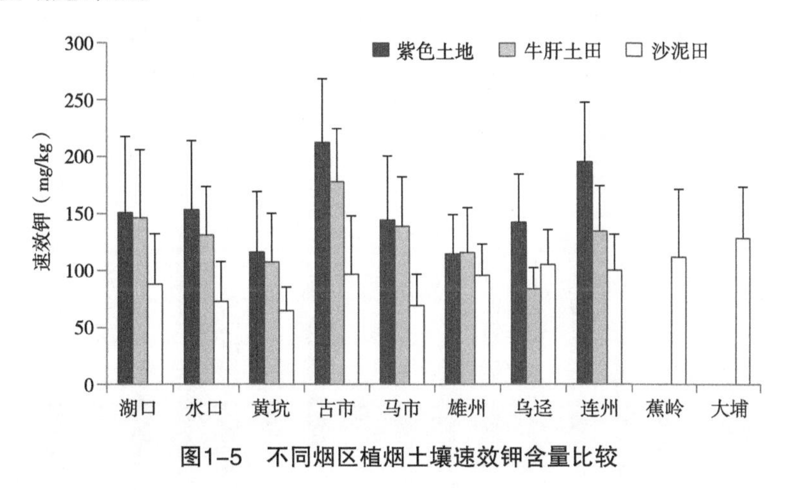

图1-5　不同烟区植烟土壤速效钾含量比较

1.2.3.4　不同烟区植烟土壤有机质含量比较

从图1-6可以看出，在各烟区（蕉岭、大埔除外）中紫色土地有机质平均含量最低，且低于1.5%；各烟区牛肝土田和沙泥田（蕉岭烟区除外）的有机质平均含量在1.5%～2.0%，在优质烟叶生产的合适范围内，但蕉岭烟区的有机质含量>3.0%，过高的有机质给生产中氮肥调控带来了不利的影响，因此在蕉岭烟区应严格控制有机质的输入；然而，紫色土地有机质含量过低，极易造成烟株因缺肥而早衰，应加强以有机质输入为主的土壤改良技术的示范推广力度，逐步提高有机质积累量，做到用地养地相结合，确保广东省浓香型烟叶生产的持续、稳步和健康发展。

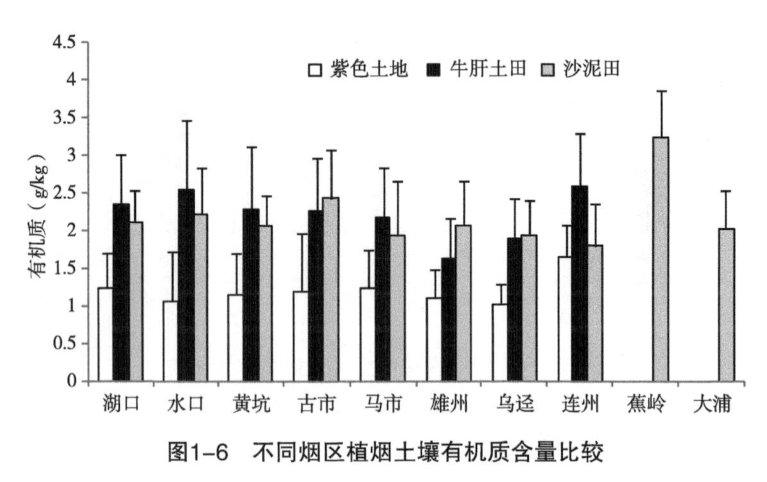

图1-6　不同烟区植烟土壤有机质含量比较

1.2.3.5　不同烟区植烟土壤阳离子交换量含量比较

从图1-7可以看出，在各烟区土壤阳离子交换量在乐昌、乳源、蕉岭、五华最低，且低于10cmol（+）/kg；其余各烟区的土壤阳离子交换量含量高于10cmol（+）/kg，但是只有乌迳、梅县、大浦土壤阳离子交换量含量高于20cmol（+）/kg；从广东植烟各个烟区土壤阳离子交换量总体来看，土壤保肥能力较低，土壤供肥能力极易造成烟株因缺肥而早衰，应加强以土壤改良，提高土壤保肥供肥能力为主的土壤改良技术力度，逐步提高土壤养分保肥供肥能力，做到用地养地相结合，确保广东省浓香型烟叶生产的持续、稳步和健康发展。

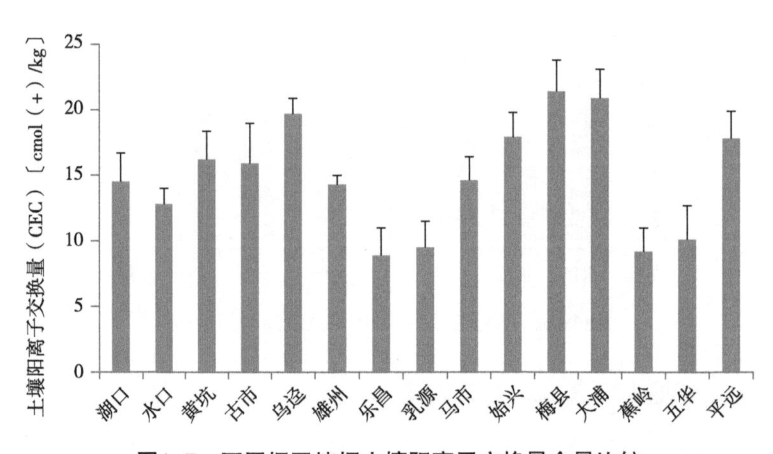

图1-7　不同烟区植烟土壤阳离子交换量含量比较

1.2.3.6 各烟区土壤综合肥力比较

从图1-8可以看出，具有“最高”肥力等级（Ⅰ）土壤只有连州、雄州和古市，分别为11.8%、4.4%和1.2%；比例“较高”肥力等级（Ⅱ）土壤比例最高的烟区为乌迳、大埔、雄州、连州和湖口（分别为90.2%、89.1%、72.5%、72.0%和46.2%），其次为蕉岭、古市、马市、水口和黄坑；“中等”肥力等级（Ⅲ）土壤比例最高的烟区为黄坑（65.6%），其次为古市、水口、蕉岭、湖口、马市和大埔；“较低”肥力等级“Ⅳ”土壤比例最多的烟区为马市（24.1%），其次为水口、黄坑、湖口、古市和蕉岭。

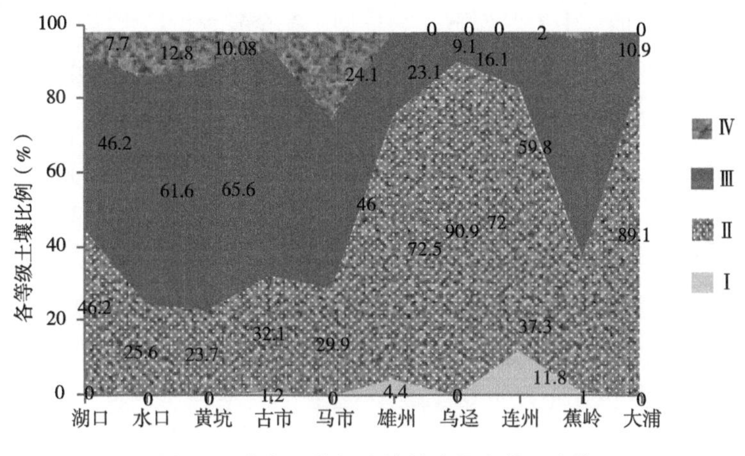

图1-8 各烟区植烟土壤综合肥力状况比较

1.2.4 讨论

土壤是烟草生存的基础，土壤条件主导着烟草生长发育，同时也影响其内在化学成分含量，土壤理化性状与烟株的正常生长发育及烤后原烟的内在化学成分及感官质量关系密切。不同类型土壤理化性质有较大差异，对烤烟生长及品质风味影响较大，刘冬冬等对广东南雄地区不同类型烤烟质量风格特征研究表明，粤烟96综合品质表现为紫色土地>牛肝土田>沙泥田。不同土壤类型养分有所差异，供应规律有所不同。本研究表明紫色土地为弱碱性，牛肝土为中性，沙泥田为较强酸性；牛肝土和沙泥田速效氮、有机质较高，而紫色土地两者偏低；紫色土地和牛肝土速效钾较高，沙泥田速效钾较低；3种土壤速效磷较高，但有效硼、铜、锌和氯较低，而有效锰较高；紫色土地有效铁较低；沙泥田有效钙和镁缺乏；紫色土地在烤烟生育期内的供肥规律有利于烟叶生长和改善品质，但是由于长期耕作导致紫色土地供肥能力减弱且侵蚀退化严重。

土壤是烤烟养分的重要来源，土壤养分丰缺与否直接影响烤烟生长发育的营养水平，进而影响烟叶的产量、品质和风味。研究发现，烤烟适宜种植在中等肥力的土壤上，所以植烟土壤要求氮素含量中等偏低，磷、钾相对丰富，微量元素供应充分或至少不十分缺乏。一般认为，pH值5.6～6.5、有机质含量为10～20g/kg、全氮含量为0.76～1.68g/kg、速效氮含量为45～135mg/kg、全磷含量为0.61～1.83g/kg、速效磷含量为10～35mg/kg、速效钾含量为120～200mg/kg的土壤适宜优质烟生产。本研究表明，就3种植烟土壤而言，紫色土地pH值呈碱性反应，有机质及速效氮含量偏低，速效钾含量较高；牛肝土pH值呈中性反应，有机质及速效氮含量适中，速效钾含量略低于紫色土地；沙泥田酸化严重，速效氮含量适中，速效钾含量偏低，有效铁、锰富余，缺镁；3种植烟土壤速效磷皆较为富足，皆存在着不同程度的缺硼、铜和锌元素。

土壤肥力评价是根据土壤肥力的各项指标、特性、数量、质量对土壤肥力综合水平的评定，为科学、合理利用土壤提供依据。本研究综合肥力牛肝土田“较高”偏下，沙泥田“中等”偏上，紫色土地“中等”偏下，与早期广东全省评价结果相比，牛肝土田和紫色土地综合肥力不同程度下降，沙泥田则有所增强。由于土壤肥力是土壤养分针对特定植物的供应能力，以及土壤养分供应植物时环境条件相互作用的综合体现，其高低不仅受土壤养分和植物吸收能力的独立作用，更取决于各因子的协调程度。因此本研究选择的评价指标仅是一种潜在能力，还需经光照、温度、施肥、灌溉、技术、经济和社会因素的校正后，才能形成最终的产量，即土地现实生产力。

1.2.5 结论

广东烟区植烟土壤综合肥力指标平均值为0.577，总体上处于“中等”偏上肥力水平，分别有48.59%和6.00%的植烟土壤肥力处于“较高”及“较低”水平。具有“最高”肥力等级（Ⅰ）土壤只有连州、雄州和古市，分别为11.8%、4.4%和1.2%；比例“较高”肥力等级（Ⅱ）土壤比例最高的烟区为乌迳、大埔、雄州、连州、湖口（分别为90.2%、89.1%、72.5%、72.0%、46.2%），其次为蕉岭、古市、马市、水口和黄坑；“中等”肥力等级（Ⅲ）土壤比例最高的烟区为黄坑（65.6%），其次为古市、水口、蕉岭、湖口、马市和大埔；“较低”肥力等级“Ⅳ”土壤比例最多的烟区为马市（24.1%），其次为水口、黄坑、湖口、古市和蕉岭。

紫色土地土壤肥力低且侵蚀退化严重，需要通过合理施肥，提高土壤肥力水平；而牛肝土、沙泥田减少氮肥投入，沙泥田增加钾素投入等措施调节土壤肥力水平；此外，在3种植烟土壤上需要加大有效硼、铜、锌投入。

1.3 广东植烟土壤剖面结构特征及理化性状比较

1.3.1 研究目的

通过广东韶关、南雄、梅州烟区不同类型土壤剖面实地调查与测定，明确土壤剖面垂直结构特征及其养分时空变异。研究土壤剖面结构特征及其养分在垂直剖面上的变化，分析其变化规律，揭示土壤剖面结构障碍因子，分析烤烟种植实践活动中消除土壤障碍因子可行性，明确土壤质量提升的内在因子。

1.3.2　材料与方法

首先通过GIS和GPS系统，根据第二次土壤普查数据资料，进行广东烤烟在梅州产区不同类型土壤的布点工作，确定技术路线；然后开展了各个产区植烟土壤野外调查、不同类型土壤剖面结构特征分析，土壤剖面样品的采集、测试、养分统计分析。

1.3.3　结果与分析

1.3.3.1　韶关南雄河泥田

（1）经纬度GPS。N25° 09′ 521″，E114° 26′ 52″。

（2）海拔高度。133m。

（3）母质及母岩。母质来源较杂，以紫色砂页岩较多。

（4）地下水位。100cm以下。

（5）排管条件。良好。

（6）种植植物。水稻—烟草轮作。

（7）农作、施肥及利用情况。复合肥40kg/亩（烟田），农家肥200kg/亩。

（8）观察地点。广东南雄水口河林。

（9）土壤剖面结构及外围景观。如图1-9所示。

（10）土壤剖面发生学层次特征描述。①耕作层（A）：深度0～18cm，湿润，灰褐色，质地壤土，呈块状结构，稍紧，土壤容重为1.21g/cm^3，其他物理、化学性状如表1-32所示。②犁底层（Ap）：深度18～27cm，湿润，灰褐色，质地壤土，呈块状结构，稍紧，土壤容重为1.31g/cm^3，其他物理、化学性状如表1-32所示。③潴育层（W$_S$）：深度27～65cm，湿润，灰黄色，质地壤土，呈块状结构，较紧，无水稻根系，土壤容重为1.46g/cm^3，含铁、锰结核，其他物理、化学性状见表1-32。

图1-9　韶关南雄河沙泥田

（左：土壤剖面结构；右上：外围景观；右下：剖面形状描述）

表1-32　韶关南雄河沙泥田土壤剖面理化性状

项目		统计剖面		
A		Ap	W	
厚度（cm）		18	8	34
土壤容重（g/cm^3）		1.21	1.31	1.46
机械组成（%）	2～0.2mm	28.55	20.83	43.05
	0.2～0.02mm	20.15	18.02	21.57
	0.02～0.002mm	27.00	26.33	18.32
	<0.002mm	24.30	34.82	17.06
pH值（H_2O）		5.48	5.45	4.86
阳离子交换量CEC［cmol（+）/kg］		10.90	9.35	6.70
盐基饱和度（%）		22.95	19.75	25.65
有机质（g/kg）		18.75	9.10	4.65
全氮（%）		1.28	0.99	0.48
全磷（P_2O_5）（g/kg）		0.89	0.76	0.28
全钾（K_2O）（g/kg）		11.39	5.11	1.79
C/N		0.61	0.53	0.08
速效氮（mg/kg）		126.0	43.60	21.2
速效磷（P_2O_5）（mg/kg）		36.90	9.80	3.95
速效钾（K_2O）（mg/kg）		89.15	49.70	26
有效Cu（mg/kg）		1.80	1.05	0.52
有效Zn（mg/kg）		1.60	1.41	0.585
有效Fe（mg/kg）		206.9	176.4	228.5
有效Mn（mg/kg）		11.50	14.30	22.7
有效B（mg/kg）		0.23	0.37	0.065
有效Ca（g/kg）		0.01	0.28	0.039
有效Mg（g/kg）		0.08	0.29	0.056
有效Cl（g/kg）		16.45	6.85	2.95

1.3.3.2　韶关南雄紫色砂页岩

（1）经纬度GPS。N25° 08′ 469″，E114° 23′ 920″。

（2）海拔高度。148m。

（3）母质及母岩。紫色砂页岩。

（4）地下水位。20～80cm。

（5）排管条件。良好。

（6）种植植物。水稻—烟草轮作。

（7）农作、施肥及利用情况。13∶9∶14复合肥40kg/亩（烟田），农家肥150kg/亩。

（8）观察地点。广东南雄水口下湖。

（9）土壤剖面结构及外围景观。如图1-10所示。

（10）土壤剖面发生学层次特征描述。①耕作层（A）：深度0～18cm，湿润，暗紫色，质地壤土，呈块状结构，稍紧，存有水稻根系，土壤容重为1.08g/cm^3，其他物理、化学性状见表1-33。②犁底层（Ap）：深度18～27cm，湿润，紫色，质地壤土，呈块状结构，稍紧，无水稻根系，土壤容重为1.33g/cm^3，其他物理、化学性状如表1-33所示。③潴育层（W_S）：深度27～50cm，湿润，褐色，质地沙土，呈粉状结构，较松，无水稻根系，土壤容重为1.21g/cm^3，其他物理、化学性状见表1-33。

图1-10　韶关南雄紫色砂页岩

（左：土壤剖面结构；右上：外围景观；右下：剖面形状描述）

表1-33　韶关南雄紫色砂页岩土壤剖面理化性状

项目		统计剖面		
		A	Ap	W
厚度（cm）		18	9	23
土壤容重（g/cm^3）		1.08	1.33	1.21
机械组成（%）	2～0.2mm	27.00	20.12	45.16
	0.2～0.02mm	20.21	18.46	20.73
	0.02～0.002mm	28.50	26.76	18.05
	<0.002mm	24.29	34.66	16.06
pH值（H_2O）		6.12	6.35	6.52

（续表）

项目	统计剖面		
	A	Ap	W
阳离子交换量CEC［cmol（+）/kg］	8.80	7.24	4.47
盐基饱和度（%）	23.57	18.85	24.59
有机质（g/kg）	16.64	10.23	5.12
全氮（%）	1.42	0.95	0.46
全磷（P_2O_5）（g/kg）	0.92	0.75	0.24
全钾（K_2O）（g/kg）	13.65	9.69	3.35
C/N	0.68	0.62	0.64
速效氮（mg/kg）	141.0	76.80	25.60
速效磷（P_2O_5）（mg/kg）	64.10	12.90	4.87
速效钾（K_2O）（mg/kg）	112.30	56.80	24.60
有效Cu（mg/kg）	1.87	1.01	0.45
有效Zn（mg/kg）	1.83	1.34	0.64
有效Fe（mg/kg）	197.6	186.7	182.6
有效Mn（mg/kg）	15.70	15.85	24.76
有效B（mg/kg）	0.33	0.33	0.04
有效Ca（g/kg）	0.26	0.25	0.08
有效Mg（g/kg）	0.19	0.25	0.06
有效Cl（g/kg）	14.67	8.81	2.93

1.3.3.3 韶关南雄黄泥底河沙泥田

（1）经纬度GPS。N25° 06′ 747″，E114° 20′ 447″。

（2）海拔高度。125.3m。

（3）母质及母岩。母质来源较杂，以紫色砂页岩较多。

（4）地下水位。101cm。

（5）排管条件。良好。

（6）种植植物。水稻—烟草轮作。

（7）农作、施肥及利用情况。复合肥40kg/亩（烟田），花生麸30kg/亩。

（8）观察地点。广东南雄雄州迳口。

（9）土壤剖面结构及外围景观。如图1-11所示。

（10）土壤剖面发生学层次特征描述。①耕作层（A）：深度0～17cm，湿润，灰褐色，质地壤土，呈块状结构，稍紧，存有水稻根系，土壤容重为1.33g/cm^3，其他物理、化学性状如表1-34所示。②犁底层（Ap）：深度17～25cm，湿润，褐色，质地壤土，呈块状结构，稍紧，无水稻根系，土壤容重为1.38g/cm³，其他物理、化学性状如表1-34所示。③潴育层（W_1）：深度25～56cm，湿润，棕黄色，质地重壤土，呈块状结构，紧实，无水稻根系，土壤容重为1.42g/cm³，其他物理、化学性状见表1-34。

图1-11　韶关南雄黄泥底河沙泥田

（左：土壤剖面结构；右上：外围景观；右下：剖面形状描述）

表1-34　韶关南雄黄泥底河沙泥田土壤剖面理化性状

项目		统计剖面		
		A	Ap	W
厚度（cm）		18	9	23
土壤容重（g/cm³）		1.33	1.38	1.42
机械组成（%）	2～0.2mm	27.40	21.23	44.56
	0.2～0.02mm	20.34	17.23	20.13
	0.02～0.002mm	28.5	27.64	18.83
	<0.002mm	23.76	33.90	16.48
pH值（H_2O）		5.99	5.87	5.67
阳离子交换量CEC［cmol（+）/kg］		11.35	8.21	5.65

（续表）

项目	统计剖面		
	A	Ap	W
盐基饱和度（%）	23.21	17.86	24.26
有机质（g/kg）	15.32	8.37	5.83
全氮（%）	1.13	0.95	0.39
全磷（P_2O_5）（g/kg）	0.76	0.63	0.18
全钾（K_2O）（g/kg）	13.28	6.58	1.14
C/N	0.78	0.51	0.86
速效氮（mg/kg）	104.00	47.48	27.42
速效磷（P_2O_5）（mg/kg）	4 046	16.88	7.13
速效钾（K_2O）（mg/kg）	99.23	45.26	25.75
有效Cu（mg/kg）	2.24	1.15	0.63
有效Zn（mg/kg）	1.84	1.24	0.75
有效Fe（mg/kg）	186.50	156.20	185.40
有效Mn（mg/kg）	15.64	13.35	26.95
有效B（mg/kg）	0.28	0.42	0.04
有效Ca（g/kg）	0.06	0.17	0.06
有效Mg（g/kg）	0.11	0.32	0.08
有效Cl（g/kg）	18.65	6.67	4.36

1.3.3.4 韶关南雄泥田土

（1）经纬度GPS。N25° 08′ 684″，E114° 29′ 308″。

（2）海拔高度。161m。

（3）母质及母岩。母质来源较杂，以紫色砂页岩较多。

（4）地下水位。100cm以下。

（5）排管条件。良好。

（6）种植植物。水稻—烟草轮作。

（7）农作、施肥及利用情况。复合肥40kg/亩（烟田），花生麸40kg/亩。

（8）观察地点。广东南雄水口镇水口村塘胜洞。

（9）土壤剖面结构及外围景观。如图1-12所示。

（10）土壤剖面发生学层次特征描述。①耕作层（A）：深度0～18cm，湿润，灰褐色，质地壤土，呈块状结构，松，存有水稻根系，土壤容重为1.26g/cm^3，其他物理、化学性状如表1-35所示。②犁底层（Ap）：深度18～26cm，湿润，褐红色，质地壤土，呈块状结构，紧实，无水稻根系，土壤容重为1.38g/cm^3，其他物理、化学性状如表1-35所示。③潴育层（W_1）：深度26～60cm，湿润，黄褐色，质地壤土，呈块状结构，紧实，无水稻根系，土壤容重为1.42g/cm^3，含铁、铝结核，其他物理、化学性状见表1-35。

广东省土壤研究所土壤调查记载表

日　期：2014年11月11日（阴、雨、晴）
调查人：
总　号：
田间号码：
地形：
观察地点：
海拔高度：161
坡度：
土壤名称：
母质及母岩：
地下水位及水质情况：
排水灌溉情况：
植　物：
农作、施肥及利用情况：
侵蚀状况：
剖面所在地平面图或断面图
N25° 08.684
E114° 29.305

图1-12　韶关南雄泥田土

（左：土壤剖面结构；右上：外围景观；右下：剖面形状描述）

表1-35　韶关南雄泥田土土壤剖面理化性状

项目		统计剖面		
		A	Ap	W
厚度（cm）		18	9	23
土壤容重（g/cm^3）		1.26	1.38	1.43
机械组成（%）	2～0.2mm	29.44	21.64	43.32
	0.2～0.02mm	18.78	18.86	22.43
	0.02～0.002mm	28.12	26.55	17.37
	<0.002mm	23.66	32.95	16.88
pH值（H_2O）		5.43	5.65	5.32
阳离子交换量CEC［cmol（+）/kg］		16.34	12.54	8.76
盐基饱和度（%）		26.34	20.64	26.64
有机质（g/kg）		15.21	10.36	5.78

（续表）

项目	统计剖面		
	A	Ap	W
全氮（%）	1.32	0.75	0.41
全磷（P_2O_5）（g/kg）	0.75	0.68	0.22
全钾（K_2O）（g/kg）	14.25	7.14	1.99
C/N	0.67	0.80	0.81
速效氮（mg/kg）	145.60	48.95	23.25
速效磷（P_2O_5）（mg/kg）	43.93	12.65	6.86
速效钾（K_2O）（mg/kg）	113.13	64.32	31.45
有效Cu（mg/kg）	2.23	1.16	0.43
有效Zn（mg/kg）	1.41	1.25	0.51
有效Fe（mg/kg）	178.30	154.64	167.4
有效Mn（mg/kg）	14.50	16.32	24.63
有效B（mg/kg）	0.16	0.32	0.08
有效Ca（g/kg）	0.03	0.25	0.05
有效Mg（g/kg）	0.032	0.234	0.048
有效Cl（g/kg）	13.32	8.83	3.92

1.3.3.5 韶关南雄麻红泥田土壤

（1）经纬度GPS。N25° 06′ 747″，E114° 20′ 447″。

（2）海拔高度。125.3m。

（3）母质及母岩。母质来源较杂，以紫色砂页岩较多。

（4）地下水位。100cm以下。

（5）排管条件。良好。

（6）种植植物。水稻—烟草轮作。

（7）农作、施肥及利用情况。复合肥40kg/亩（烟田），花生麸30kg/亩。

（8）观察地点。广东南雄雄州迳口。

（9）土壤剖面结构及外围景观。如图1-13所示。

（10）土壤剖面发生学层次特征描述。①耕作层（A）：深度0～17cm，湿润，灰褐色，质地壤土，呈块状结构，稍松，存有水稻根系，土壤容重为1.12g/cm^3，其他物理、化学性状如表1-36所示。②犁底层（Ap）：深度17～25cm，湿润，褐色，质地壤土，呈块状结构，紧实，无水稻根系，土壤容重为1.26g/cm^3，其他物理、化学性状如表1-36所示。③潴育层（W_1）：深度25～56cm，湿润，黄褐色，质地壤土，呈块状结构，紧实，无水稻根系，土壤容重为1.32g/cm^3，含铁、铝结核，其他物理、化学性状见表1-36。

图1-13 韶关南雄麻红泥田土壤

（左：土壤剖面结构；右上：外围景观；右下：剖面形状描述）

表1-36 韶关南雄麻红泥田土壤剖面理化性状

项目		统计剖面		
		A	Ap	W
厚度（cm）		18	9	23
土壤容重（g/cm^3）		1.12	1.26	1.32
机械组成（%）	2～0.2mm	31.24	22.73	37.75
	0.2～0.02mm	20.92	19.56	25.22
	0.02～0.002mm	26.18	26.53	20.37
	<0.002mm	21.66	31.18	16.66
pH值（H_2O）		5.75	5.57	4.23
阳离子交换量CEC［cmol（+）/kg］		16.43	10.24	4.76
盐基饱和度（%）		25.35	17.25	23.89
有机质（g/kg）		13.24	8.18	3.25
全氮（%）		1.25	0.95	0.53
全磷（P_2O_5）（g/kg）		0.92	0.73	0.16

（续表）

项目	统计剖面		
	A	Ap	W
全钾（K_2O）（g/kg）	16.37	6.13	2.81
C/N	0.61	0.50	0.35
速效氮（mg/kg）	144.2	75.87	31.35
速效磷（P_2O_5）（mg/kg）	46.35	18.96	7.93
速效钾（K_2O）（mg/kg）	112.45	59.86	39.76
有效Cu（mg/kg）	2.32	1.56	0.48
有效Zn（mg/kg）	1.88	1.38	0.48
有效Fe（mg/kg）	197.5	168.3	213.5
有效Mn（mg/kg）	14.24	18.45	21.5
有效B（mg/kg）	0.21	0.29	0.04
有效Ca（g/kg）	0.15	0.23	0.04
有效Mg（g/kg）	0.11	0.27	0.08
有效Cl（g/kg）	18.36	8.99	3.87

1.3.3.6 韶关南雄浅脚牛肝土田

（1）经纬度GPS。N24° 09′ 909″，E114° 21′ 135″。

（2）海拔高度。138m。

（3）母质及母岩。母质来源较杂，以紫色砂页岩较多。

（4）地下水位。100cm以下。

（5）排管条件。良好。

（6）种植植物。水稻—烟草轮作。

（7）农作、施肥及利用情况。复合肥40kg/亩（烟田），花生麸30kg/亩。

（8）观察地点。广东南雄珠玑三佳村。

（9）土壤剖面结构及外围景观。如图1-14所示。

（10）土壤剖面发生学层次特征描述。①耕作层（A）：深度0～12cm，湿润，暗紫色，质地重壤土，呈块状结构，松，存有水稻根系，土壤容重为1.33g/cm^3，其他物理、化学性状见表1-37。②犁底层（Ap）：深度12～20cm，湿润，暗紫色，质地轻黏土，呈块状结构，紧实，无水稻根系，土壤容重为1.42g/cm^3，其他物理、化学性状见表1-37。③淀积层（B）：深度20～48cm，湿润，暗紫色，质地轻黏土，呈块状结构，紧实，无水稻根系，土壤容重为1.48g/cm^3，含铁、铝结核，其他物理、化学性状见表1-37。

图1–14　韶关南雄浅脚牛肝土田

（左：土壤剖面结构；右上：外围景观；右下：剖面形状描述）

表1–37　韶关南雄浅脚牛肝土田土壤剖面理化性状

项目		统计剖面		
		A	Ap	B
厚度（cm）		18	9	23
土壤容重（g/cm^3）		1.33	1.42	1.48
机械组成（%）	2～0.2mm	29.43	24.37	36.07
	0.2～0.02mm	22.64	20.35	25.33
	0.02～0.002mm	25.28	26.10	21.34
	<0.002mm	22.65	29.18	17.26
pH值（H_2O）		5.68	5.32	4.95
阳离子交换量CEC［cmol（+）/kg］		13.76	10.47	7.74
盐基饱和度（%）		25.12	20.67	22.13
有机质（g/kg）		13.14	7.17	4.11

（续表）

项目	统计剖面		
	A	Ap	B
全氮（%）	1.16	0.87	0.42
全磷（P_2O_5）（g/kg）	0.79	0.65	0.23
全钾（K_2O）（g/kg）	12.14	6.42	1.68
C/N	0.65	0.48	0.56
速效氮（mg/kg）	114.5	69.87	31.25
速效磷（P_2O_5）（mg/kg）	39.56	14.67	7.32
速效钾（K_2O）（mg/kg）	109.36	58.76	33.54
有效Cu（mg/kg）	1.46	1.21	0.59
有效Zn（mg/kg）	2.12	1.52	0.46
有效Fe（mg/kg）	118.40	96.80	162.40
有效Mn（mg/kg）	15.35	11.32	18.68
有效B（mg/kg）	0.31	0.28	0.07
有效Ca（g/kg）	0.01	0.18	0.06
有效Mg（g/kg）	0.05	0.23	0.07
有效Cl（g/kg）	11.34	5.64	1.56

1.3.3.7 韶关南雄砂岩岩红泥田

（1）经纬度GPS。N25° 04′ 190″，E114° 15′ 506″。

（2）海拔高度。141.8m。

（3）母质及母岩。紫色砂页岩。

（4）地下水位。100cm以下。

（5）排管条件。良好。

（6）种植植物。烟草。

（7）农作、施肥及利用情况。复合肥40kg/亩（烟田），花生麸30kg/亩。

（8）观察地点。广东南雄古市溪口。

（9）土壤剖面结构及外围景观。如图1-15所示。

（10）土壤剖面发生学层次特征描述。①耕作层（A）：深度0～20cm，湿润，暗紫色，质地重壤土，呈粒状结构，松，土壤容重为1.28g/cm^3，其他物理、化学性状见表1-38。②淋溶淀积层（AB）：深度20～40cm，湿润，暗紫色，质地壤土，呈块状结构，松，土壤容重为1.34g/cm^3，其他物理、化学性状见表1-38。

图1-15 韶关南雄砂岩岩红泥田

（左：土壤剖面结构；右上：外围景观；右下：剖面形状描述）

表1-38 韶关南雄砂岩岩红泥田土壤剖面理化性状

项目		统计剖面	
		A	AB
厚度（cm）		20	20
土壤容重（g/cm^3）		1.28	1.34
机械组成（%）	2～0.2mm	28.99	22.60
	0.2～0.02mm	21.40	19.19
	0.02～0.002mm	26.14	26.22
	<0.002mm	23.48	32.00
pH值（H_2O）		6.24	5.98
阳离子交换量CEC［cmol（+）/kg］		12.57	9.87
盐基饱和度（%）		23.37	22.56
有机质（g/kg）		15.63	9.87
全氮（%）		1.12	0.87
全磷（P_2O_5）（g/kg）		0.79	0.65

（续表）

项目	统计剖面	
	A	AB
全钾（K_2O）（g/kg）	12.25	7.58
C/N	0.81	0.66
速效氮（mg/kg）	112.7	75.24
速效磷（P_2O_5）（mg/kg）	42.42	16.87
速效钾（K_2O）（mg/kg）	97.26	56.37
有效Cu（mg/kg）	1.67	1.12
有效Zn（mg/kg）	1.88	1.35
有效Fe（mg/kg）	189.40	199.30
有效Mn（mg/kg）	13.55	17.26
有效B（mg/kg）	0.33	0.31
有效Ca（g/kg）	0.10	0.21
有效Mg（g/kg）	0.11	0.26
有效Cl（g/kg）	18.32	7.75

1.3.3.8 韶关乐昌浅脚牛肝土田

（1）经纬度GPS。N25° 20′ 791″，E113° 04′ 140″。

（2）海拔高度。172m。

（3）母质及母岩。红色砂岩。

（4）地下水位。10cm以下。

（5）排管条件。良好。

（6）种植植物。水稻—烟草轮作。

（7）农作、施肥及利用情况。复合肥40kg/亩（烟田）。

（8）观察地点。广东乐昌坪石镇老畈塘村。

（9）土壤剖面结构及外围景观。如图1-16所示。

（10）土壤剖面发生学层次特征描述。①耕作层（A）：深度0～16cm，湿润，暗紫色，质地壤土，呈块状结构，松，存有水稻根系，土壤容重为1.28g/cm^3，其他物理、化学性状见表1-39。②犁底层（Ap）：深度16～22cm，湿润，暗紫色，质地壤土，呈块状结构，紧实，无水稻根系，土壤容重为1.29g/cm^3，其他物理、化学性状见表1-39。③潴育层（W_1）：深度25～56cm，湿润，黄褐色，质地壤土，呈柱状结构，紧实，无水稻根系，土壤容重为1.36g/cm^3，含铁、铝结核，其他物理、化学性状见表1-39。

图1–16　韶关乐昌浅脚牛肝土田

（左：土壤剖面结构；右上：外围景观；右下：剖面形状描述）

表1–39　韶关乐昌浅脚牛肝土田土壤剖面理化性状

项目		统计剖面		
		A	Ap	W
厚度（cm）		16	6	23
土壤容重（g/cm^3）		1.28	1.29	1.36
机械组成（%）	2～0.2mm	28.77	21.72	41.31
	0.2～0.02mm	20.77	18.60	22.51
	0.02～0.002mm	26.57	26.27	19.08
	<0.002mm	23.89	33.41	17.11
pH值（H_2O）		5.97	5.65	5.03
阳离子交换量CEC［cmol（+）/kg］		13.25	8.17	4.42
盐基饱和度（%）		25.36	18.25	26.35
有机质（g/kg）		13.16	8.16	5.25

（续表）

项目	统计剖面		
	A	Ap	W
全氮（%）	1.11	0.87	0.45
全磷（P_2O_5）（g/kg）	0.84	0.65	0.19
全钾（K_2O）（g/kg）	9.67	4.26	1.66
C/N	0.68	0.54	0.67
速效氮（mg/kg）	115.5	41.54	25.24
速效磷（P_2O_5）（mg/kg）	44.93	14.53	5.24
速效钾（K_2O）（mg/kg）	97.24	51.35	32.15
有效Cu（mg/kg）	1.65	1.12	0.42
有效Zn（mg/kg）	1.78	1.32	0.56
有效Fe（mg/kg）	176.30	142.20	153.20
有效Mn（mg/kg）	9.45	13.42	25.42
有效B（mg/kg）	0.31	0.34	0.12
有效Ca（g/kg）	0.08	0.15	0.05
有效Mg（g/kg）	0.05	0.13	0.08
有效Cl（g/kg）	9.43	4.42	2.13

1.3.3.9 韶关乳源洪积黄泥田土壤

（1）经纬度GPS。N25° 20′ 791″，E113° 04′ 140″。

（2）海拔高度。172m。

（3）母质及母岩。红色砂岩。

（4）地下水位。130cm以下。

（5）排管条件。良好。

（6）种植植物。烟草。

（7）农作、施肥及利用情况。复合肥50kg/亩（烟田）。

（8）观察地点。广东韶关乳源洪积黄泥田土壤。

（9）土壤剖面结构及外围景观。如图1-17所示。

（10）土壤剖面发生学层次特征描述。①耕作层（A）：深度0～19cm，湿润，黄灰色，质地壤土，呈块状结构，松，存有水稻根系，土壤容重为1.26g/cm^3，其他物理、化学性状见表1-40所示。②犁底层（Ap）：深度19～24cm，湿润，灰紫色，质地壤土，呈块状结构，紧实，无水稻根系，土壤容重为1.35g/cm^3，含铁、铝结核，其他物理、化学性状见表1-40。③潴育层（W_1）：深度24～44cm，湿润，棕灰色，质地壤土，呈块状结构，紧实，无水稻根系，土壤容重为1.38g/cm^3，其他物理、化学性状见表1-40。

图1-17 韶关乳源洪积黄泥田土壤

（左：土壤剖面结构；右上：外围景观；右下：剖面形状描述）

表1-40 韶关乳源洪积黄泥田土壤剖面理化性状

项目		统计剖面		
		A	Ap	W
厚度（cm）		19	5	20
土壤容重（g/cm^3）		1.26	1.35	1.38
机械组成（%）	2 ~ 0.2mm	30.61	22.05	40.61
	0.2 ~ 0.02mm	19.31	18.17	21.81
	0.02 ~ 0.002mm	25.89	25.32	19.51
	<0.002mm	24.20	34.47	18.07
pH值（H_2O）		6.04	5.68	5.13
阳离子交换量CEC［cmol（+）/kg］		13.67	8.57	5.83
盐基饱和度（%）		25.45	18.97	24.15
有机质（g/kg）		13.16	8.42	4.99

（续表）

项目	统计剖面		
	A	Ap	W
全氮（%）	1.15	0.85	0.52
全磷（P_2O_5）（g/kg）	0.76	0.51	0.17
全钾（K_2O）（g/kg）	9.76	5.74	1.94
C/N	0.66	0.57	0.55
速效氮（mg/kg）	119.6	65.32	32.63
速效磷（P_2O_5）（mg/kg）	29.64	11.54	5.68
速效钾（K_2O）（mg/kg）	95.38	44.38	22.84
有效Cu（mg/kg）	1.79	1.01	0.48
有效Zn（mg/kg）	1.88	1.58	0.67
有效Fe（mg/kg）	89.4	76.9	83.6
有效Mn（mg/kg）	9.34	8.68	12.8
有效B（mg/kg）	0.20	0.24	0.08
有效Ca（g/kg）	0.11	0.20	0.12
有效Mg（g/kg）	0.10	0.15	0.09
有效Cl（g/kg）	8.37	6.85	3.11

1.3.3.10　乐昌市沙坪镇观山村委会亚下村（植烟土壤）

（1）经纬度GPS。N25° 20′ 791″，E113° 04′ 140″。

（2）海拔高度。172m。

（3）母质及母岩。红色砂岩。

（4）地下水位。100cm以下。

（5）排管条件。良好。

（6）种植植物。水稻—烟草轮作。

（7）农作、施肥及利用情况。复合肥40kg/亩（烟田）。

（8）观察地点。广东乐昌市沙坪镇观山村委会亚下村。

（9）土壤剖面结构及外围景观。如图3-18所示。

（10）土壤剖面发生学层次特征描述。①耕作层（A）：深度0～21cm，湿润，黄灰色，质地壤土，呈块状结构，松，存有水稻根系，土壤容重为1.26g/cm^3，其他物理、化学性状见表1-41。②犁底层（Ap）：深度21～40cm，湿润，灰紫色，质地壤土，呈块状结构，紧实，无水稻根系，土壤容重为1.35g/cm^3，含铁、铝结核，其他物理、化学性状见表1-41。③潴育层（W_1）：深度40～58cm，湿润，棕灰色，质地壤土，呈块状结构，紧实，无水稻根系，土壤容重为1.38g/cm^3，其他物理、化学性状见表1-41。

图1-18　乐昌市沙坪镇观山村委会亚下村

（左：土壤剖面结构；右：外围景观）

表1-41　韶关乐昌市沙坪镇观山村委会亚下村土壤剖面理化性状

项目		统计剖面		
		A	Ap	W_1
厚度（cm）		21	19	18
土壤容重（g/cm^3）		1.18	1.28	1.47
机械组成（%）	2～0.2mm	29.58	21.44	41.83
	0.2～0.02mm	19.73	18.10	21.69
	0.02～0.002mm	26.44	25.82	18.92
	<0.002mm	24.25	34.65	17.57
pH值（H_2O）		6.35	6.15	5.87
阳离子交换量CEC［cmol（+）/kg］		13.56	11.42	8.76
盐基饱和度（%）		24.13	20.75	26.75
有机质（g/kg）		11.43	10.20	3.12
全氮（%）		1.11	0.94	0.35
全磷（P_2O_5）（g/kg）		0.85	0.71	0.25
全钾（K_2O）（g/kg）		9.53	4.15	1.83
C/N		0.59	0.63	0.51
速效氮（mg/kg）		115.70	43.60	21.20
速效磷（P_2O_5）（mg/kg）		35.36	11.56	5.32

（续表）

项目	统计剖面		
	A	Ap	W_1
速效钾（K_2O）（mg/kg）	92.25	46.67	21.75
有效Cu（mg/kg）	2.23	1.23	0.63
有效Zn（mg/kg）	1.75	1.83	0.64
有效Fe（mg/kg）	95.43	86.67	117.43
有效Mn（mg/kg）	13.56	17.25	20.42
有效B（mg/kg）	0.21	0.42	0.12
有效Ca（g/kg）	0.70	0.15	0.07
有效Mg（g/kg）	0.05	0.16	0.09
有效Cl（g/kg）	14.64	6.99	2.43

1.3.3.11 韶关南雄水口下湖村植烟土壤（紫泥田土壤）

（1）经纬度GPS。N25° 08′ 439″，E114° 23′ 926″。

（2）海拔高度。148m。

（3）母质及母岩。紫色砂页岩。

（4）地下水位。20～50cm。

（5）排管条件。良好。

（6）种植植物。水稻—烟草轮作。

（7）农作、施肥及利用情况。13∶9∶14复合肥40kg/亩（烟田），农家肥150kg/亩。

（8）观察地点。广东南雄水口下湖村。

（9）土壤剖面结构及外围景观。如图1-19所示。

（10）土壤剖面发生学层次特征描述。①耕作层（A）：深度0～18cm，湿润，暗紫色，质地壤土，呈块状结构，稍紧，土壤容重为1.22g/cm^3，其他物理、化学性状见表1-42。②犁底层（Ap）：深度18～27cm，湿润，灰紫色，质地壤土，呈块状结构，紧实，土壤容重为1.29g/cm^3，含铁、铝结核，其他物理、化学性状见表1-42。③潴育层（W_1）：深度27～50cm，湿润，棕灰色，质地壤土，呈块状结构，紧实，土壤容重为1.38g/cm^3，其他物理、化学性状见表1-42。

图1-19　韶关南雄水口下湖村植烟土壤（紫岩田）

（左：土壤剖面结构；右：剖面形状描述）

表1-42　韶关南雄水口下湖村植烟土壤（紫岩田）土壤剖面理化性状

项目		统计剖面		
		A	Ap	W
厚度（cm）		18	9	23
土壤容重（g/cm^3）		1.22	1.29	1.38
机械组成（%）	2 ~ 0.2mm	28.81	20.98	42.75
	0.2 ~ 0.02mm	20.05	18.04	21.60
	0.02 ~ 0.002mm	26.86	26.20	18.47
	<0.002mm	24.29	34.78	17.19
pH值（H_2O）		6.01	5.76	5.12
阳离子交换量CEC［cmol（+）/kg］		13.67	8.48	5.77
盐基饱和度（%）		28.45	21.85	24.13
有机质（g/kg）		14.64	8.25	4.74
全氮（%）		1.15	0.96	0.32

（续表）

项目	统计剖面		
	A	Ap	W
全磷（P_2O_5）（g/kg）	0.77	0.64	0.20
全钾（K_2O）（g/kg）	14.64	5.64	1.43
C/N	0.74	0.50	0.86
速效氮（mg/kg）	132.6	64.32	34.25
速效磷（P_2O_5）（mg/kg）	36.90	12.95	5.36
速效钾（K_2O）（mg/kg）	93.32	42.27	31.63
有效Cu（mg/kg）	2.12	1.32	0.34
有效Zn（mg/kg）	1.93	1.26	0.73
有效Fe（mg/kg）	79.3	96.5	89.7
有效Mn（mg/kg）	14.32	17.24	25.63
有效B（mg/kg）	0.16	0.27	0.13
有效Ca（g/kg）	0.06	0.13	0.09
有效Mg（g/kg）	0.06	0.14	0.07
有效Cl（g/kg）	18.34	7.97	2.38

1.3.3.12 梅州区松源镇五星村东心坪牛肝土田土壤

（1）经纬度GPS。N24° 44′ 20″，E116° 24′ 03″。

（2）海拔高度。140m。

（3）母质及母岩。花岗岩。

（4）地下水位。50cm以下。

（5）排管条件。良好。

（6）种植植物。水稻—烟草轮作。

（7）农作、施肥及利用情况。复合肥50kg/亩（烟田），农家肥100kg/亩。

（8）观察地点。广东梅州区松源镇五星村东心坪。

（9）土壤剖面结构及外围景观。如图1-20所示。

（10）土壤剖面发生学层次特征描述。①耕作层（A）：深度0～13cm，湿润，暗灰色，质地壤土，呈块状结构，稍紧，土壤容重为1.53g/cm^3，其他物理、化学性状见表1-43。②犁底层（Ap）：深度13～37cm，湿润，黄色，质地壤土，呈块状结构，紧实，土壤容重为1.64g/cm^3，含铁、铝结核，其他物理、化学性状见表1-43。③潴育层（W_1）：深度37～76cm，湿润，黄色，质地壤土，呈块状结构，紧实，土壤容重为1.65g/cm^3，其他物理、化学性状见表1-43。

图1-20 梅州区松源镇五星村东心坪牛肝土田土壤

（左：土壤剖面；右上：周围景观；右下：外围景观）

表1-43 梅州区松源镇五星村东心坪牛肝土田土壤剖面理化性状

项目		统计剖面		
		A	Ap	W_1
厚度（cm）		13	24	39
土壤容重（g/cm^3）		1.53	1.64	1.65
机械组成（%）	2～0.2mm	29.45	21.26	48.53
	0.2～0.02mm	18.92	15.77	19.88
	0.02～0.002mm	27.38	26.58	15.01
	<0.002mm	24.25	36.39	16.58
pH值（H_2O）		5.5	5.3	4.6
阳离子交换量CEC［cmol（+）/kg］		10.4	7.4	7.6
盐基饱和度（%）		21.6	18.9	26.8
有机质（g/kg）		18.2	8.2	5.2
全氮（%）		1.26	0.93	0.52
全磷（P_2O_5）（g/kg）		0.64	0.21	0.12

（续表）

项目	统计剖面		
	A	Ap	W_1
全钾（K_2O）（g/kg）	24.2	9.6	3.5
C/N	0.83	0.51	0.58
速效氮（mg/kg）	146.5	63.2	43.6
速效磷（P_2O_5）（mg/kg）	47.2	15.4	9.1
速效钾（K_2O）（mg/kg）	80.7	41.0	25.0
有效Cu（mg/kg）	2.16	0.85	0.46
有效Zn（mg/kg）	1.51	1.11	0.64
有效Fe（mg/kg）	211.4	153.2	242.3
有效Mn（mg/kg）	11.3	15.6	14.6
有效B（mg/kg）	0.36	0.16	0.06
有效Ca（g/kg）	0.112	0.086	0.036
有效Mg（g/kg）	0.011	0.07	0.05
有效Cl（g/kg）	14.5	6.3	2.5

1.3.3.13 大浦西河镇漳溪村黄金斗角村民小组沙泥田土壤

（1）经纬度GPS。N24° 28′ 51″，E116° 44′ 41″。

（2）海拔高度。132m。

（3）母质及母岩。花岗岩。

（4）地下水位。50cm以下。

（5）排管条件。良好。

（6）种植植物。水稻—烟草轮作。

（7）农作、施肥及利用情况。复合肥40kg/亩（烟田），农家肥150kg/亩。

（8）观察地点。广东大浦西河镇漳溪村黄金斗角村民。

（9）土壤剖面结构及外围景观。如图1-21所示。

（10）土壤剖面发生学层次特征描述。①耕作层（A）：深度0～17cm，湿润，暗灰色，质地壤土，呈块状结构，稍紧，土壤容重为1.48g/cm^3，其他物理、化学性状见表1-44。②犁底层（Ap）：深度17～38cm，湿润，黄色，质地壤土，呈块状结构，紧实，土壤容重为1.35g/cm^3，其他物理、化学性状见表1-44。③潴育层（W_1）：深度37～67cm，湿润，黄色，质地壤土，呈块状结构，紧实，土壤容重为1.63g/cm^3，含铁、铝结核，其他物理、化学性状见表1-44。

图1-21 大浦西河镇漳溪村黄金斗角村民小组沙泥田土壤

（左：土壤剖面；右上：周围景观；右下：土壤剖面地点）

表1-44 大浦西河镇漳溪村黄金斗角村民小组沙泥田土壤土壤剖面理化性状

项目		统计剖面		
		A	Ap	W_1
厚度（cm）		17	21	29
土壤容重（g/cm^3）		1.48	1.35	1.63
机械组成（%）	2～0.2m	25.18	21.4	42.37
	0.2～0.02mm	20.32	18.11	22.04
	0.02～0.002mm	28.82	28.32	18.01
	<0.002mm	25.68	32.17	17.58
pH值（H_2O）		5.8	5.1	4.8
阳离子交换量CEC［cmol（+）/kg］		12.6	9.9	7.8
盐基饱和度（%）		26.9	21.5	22.7
有机质（g/kg）		27.8	6.7	3.6
全氮（%）		1.43	0.68	0.62
全磷（P_2O_5）（g/kg）		0.86	0.34	0.10
全钾（K_2O）（g/kg）		13.6	5.1	2.6

（续表）

项目	统计剖面		
	A	Ap	W_1
C/N	1.12	0.57	0.34
速效氮（mg/kg）	128.9	36.8	17.5
速效磷（P_2O_5）（mg/kg）	35.4	11.3	14.7
速效钾（K_2O）（mg/kg）	79.0	34.0	34.0
有效Cu（mg/kg）	1.49	0.94	0.68
有效Zn（mg/kg）	1.79	0.96	0.68
有效Fe（mg/kg）	232.8	168.9	243.2
有效Mn（mg/kg）	17.3	19.5	21.5
有效B（mg/kg）	0.28	0.09	0.05
有效Ca（g/kg）	0.094	0.067	0.053
有效Mg（g/kg）	0.018	0.008	0.05
有效Cl（g/kg）	12.8	8.2	2.1

1.3.3.14 五华县峻岭镇头华源村沙泥田土壤

（1）经纬度GPS。N24° 0′ 23″，E115° 29′ 35″。

（2）海拔高度。120m。

（3）母质及母岩。花岗岩。

（4）地下水位。50cm以下。

（5）排管条件。良好。

（6）种植植物。水稻—烟草轮作。

（7）农作、施肥及利用情况。复合肥40kg/亩（烟田）。

（8）观察地点。广东五华县峻岭镇头华源村沙泥田土壤。

（9）土壤剖面结构及外围景观。如图1-22所示。

（10）土壤剖面发生学层次特征描述。①耕作层（A）：深度0～15cm，湿润，暗灰色，质地壤土，呈块状结构，稍紧，土壤容重为1.48g/cm^3，其他物理、化学性状见表1-45。②犁底层（Ap）：深度15～34cm，湿润，黄色，质地壤土，呈块状结构，紧实，土壤容重为1.35g/cm^3，其他物理、化学性状见表1-45。③潴育层（W_1）：深度34～63cm，湿润，黄色，质地壤土，呈块状结构，紧实，土壤容重为1.63g/cm^3，含铁、铝结核，其他物理、化学性状见表1-45。

图1-22　五华县峻岭镇头华源村沙泥田土壤

（左：土壤剖面；右上：周围景观；右下：土壤剖面地点）

表1-45　五华县峻岭镇头华源村沙泥田土壤剖面理化性状

项目		统计剖面		
		A	Ap	W_1
土壤剖面厚度（cm）		15	19	29
土壤容重（g/cm^3）		1.55	1.45	1.61
机械组成（%）	2～0.2mm	27.64	20.4	37.57
	0.2～0.02mm	21.37	20.26	23.26
	0.02～0.002mm	26.64	26.1	21.64
	<0.002mm	24.35	33.24	17.53
pH值（H_2O）		5.5	5	4.6
阳离子交换量CEC［cmol（+）/kg］		10.8	8.9	7.8
盐基饱和度（%）		24.5	20.2	24.5
有机质（g/kg）		19.5	9.6	4.1
全氮（%）		1.37	0.56	0.47

（续表）

项目	统计剖面		
	A	Ap	W_1
全磷（P_2O_5）（g/kg）	1.21	0.64	0.35
全钾（K_2O）（g/kg）	0.78	0.21	0.08
C/N	0.82	0.99	0.50
速效氮（mg/kg）	125.7	31.6	14.8
速效磷（P_2O_5）（mg/kg）	44.8	9.8	8.8
速效钾（K_2O）（mg/kg）	97.8	58	27
有效Cu（mg/kg）	1.63	0.85	0.57
有效Zn（mg/kg）	1.89	1.31	0.53
有效Fe（mg/kg）	242.3	198.6	234.7
有效Mn（mg/kg）	17.9	22.6	26.8
有效B（mg/kg）	0.29	0.17	0.07
有效Ca（g/kg）	0.116	0.064	0.042
有效Mg（g/kg）	0.021	0.08	0.056
有效Cl（g/kg）	18.8	7.2	1.4

1.3.3.15 蕉岭县广福镇石峰村曹田沙泥田土壤

（1）经纬度GPS。N24° 50′ 42″，E116° 10′ 03″。

（2）海拔高度。340m。

（3）母质及母岩。花岗岩。

（4）地下水位。50cm以下。

（5）排管条件。良好。

（6）种植植物。烟草。

（7）农作、施肥及利用情况。复合肥40kg/亩（烟田）。

（8）观察地点。广东五华县峻岭镇头华源村沙泥田土壤。

（9）土壤剖面结构及外围景观。如图1-23所示。

（10）土壤剖面发生学层次特征描述。①耕作层（A）：深度0～15cm，湿润，暗灰色，质地壤土，呈块状结构，稍紧，土壤容重为1.48g/cm^3，其他物理、化学性状见表1-46。②犁底层（Ap）：深度15～40cm，湿润，黄色，质地壤土，呈块状结构，紧实，土壤容重为1.47g/cm^3，其他物理、化学性状见表1-46。③潴育层（W_1）：深度40～68cm，湿润，黄色，质地壤土，呈块状结构，紧实，土壤容重为1.51g/cm^3，含铁、铝结核，其他物理、化学性状见表1-46。

图1-23 蕉岭县广福镇石峰村曹田沙泥田土壤

（左：土壤剖面；右上：周围景观；右下：土壤剖面地点）

表1-46 蕉岭县广福镇石峰村曹田沙泥田土壤剖面理化性状

项目		统计剖面		
		A	Ap	W_1
厚度（cm）		15	25	28
土壤容重（g/cm^3）		1.48	1.47	1.51
机械组成（%）	2～0.2mm	24.85	23.78	37.65
	0.2～0.02mm	24.25	21.05	23.48
	0.02～0.002mm	26.75	24.16	21.73
	<0.002mm	24.15	31.01	17.14
pH值（H_2O）		5.9	5.6	4.3
阳离子交换量CEC［cmol（+）/kg］		17.9	11.6	8.3
盐基饱和度（%）		31.6	22.6	21.3
有机质（g/kg）		15.7	7.2	3.1
全氮（%）		1.3	0.64	0.36
全磷（P_2O_5）（g/kg）		0.89	0.42	0.06
全钾（K_2O）（g/kg）		27.6	10.7	8.11
C/N		0.70	0.65	0.50

（续表）

项目	统计剖面		
	A	Ap	W_1
速效氮（mg/kg）	143.6	42.8	13.7
速效磷（P_2O_5）（mg/kg）	35.4	10.1	6.2
速效钾（K_2O）（mg/kg）	105	46	21
有效Cu（mg/kg）	2.43	1.54	0.96
有效Zn（mg/kg）	2.13	1.26	0.64
有效Fe（mg/kg）	242.3	321.4	263.8
有效Mn（mg/kg）	14.4	19.6	25.9
有效B（mg/kg）	0.25	0.11	0.09
有效Ca（g/kg）	0.086	0.038	0.021
有效Mg（g/kg）	0.016	0.009	0.007
有效Cl（g/kg）	12.7	7.8	1.8

1.3.3.16 平远县八尺镇八尺村石牙嘴小组溪唇塘沙泥田土壤

（1）经纬度GPS。N24° 44′ 2″，E115° 48′ 06″。

（2）海拔高度。210m。

（3）母质及母岩。花岗岩。

（4）地下水位。50cm以下。

（5）排管条件。良好。

（6）种植植物。烟草。

（7）农作、施肥及利用情况。复合肥40kg/亩（烟田）。

（8）观察地点。广东平远县八尺镇八尺村石牙嘴小组溪唇塘沙泥田土壤。

（9）土壤剖面结构及外围景观。如图1-24所示。

（10）土壤剖面发生学层次特征描述。①耕作层（A）：深度0～15cm，湿润，暗灰色，质地壤土，呈块状结构，稍紧，土壤容重为1.48g/cm^3，其他物理、化学性状见表1-47。②犁底层（Ap）：深度15～40cm，湿润，黄色，质地壤土，呈块状结构，紧实，土壤容重为1.47g/cm^3，其他物理、化学性状见表1-47。③潴育层（W_1）：深度40～68cm，湿润，黄色，质地壤土，呈块状结构，紧实，土壤容重为1.51g/cm^3，含铁、铝结核，其他物理、化学性状见表1-47。

图1-24　平远县八尺镇八尺村石牙嘴小组溪唇塘沙泥田土壤

（左：土壤剖面；右上：周围景观；右下：土壤剖面地点）

表1-47　平远县八尺镇八尺村石牙嘴小组溪唇塘沙泥田土壤剖面理化性状

项目		统计剖面		
		A	Ap	W
厚度（cm）		16	22	31
土壤容重（g/cm^3）		1.52	1.41	1.51
机械组成（%）	2～0.2mm	28.36	23.24	39.75
	0.2～0.02mm	21.15	20.59	21.42
	0.02～0.002mm	25.12	23.16	20.97
	<0.002mm	25.37	33.01	17.86
pH值（H_2O）		5.9	5.6	4.3
阳离子交换量CEC［cmol（+）/kg］		17.9	11.6	8.3
盐基饱和度（%）		31.6	22.6	21.3
有机质（g/kg）		15.7	7.2	3.1
全氮（%）		1.3	0.64	0.36

（续表）

项目	统计剖面		
	A	Ap	W
全磷（P_2O_5）（g/kg）	0.89	0.42	0.06
全钾（K_2O）（g/kg）	27.6	10.7	8.11
C/N	1.04	0.54	0.44
速效氮（mg/kg）	143.6	42.8	13.7
速效磷（P_2O_5）（mg/kg）	35.4	10.1	6.2
速效钾（K_2O）（mg/kg）	105	46	21
有效Cu（mg/kg）	2.43	1.54	0.96
有效Zn（mg/kg）	2.13	1.26	0.64
有效Fe（mg/kg）	242.3	321.4	263.8
有效Mn（mg/kg）	14.4	19.6	25.9
有效B（mg/kg）	0.25	0.11	0.09
有效Ca（g/kg）	0.086	0.038	0.021
有效Mg（g/kg）	0.016	0.009	0.007
有效Cl（g/kg）	12.7	7.8	1.8

1.3.4 结论

从广东各产区植烟土壤剖面特征及演变趋势来看：①近30年来耕作层减少5～12cm。②相对于第二次土壤普查，0～30cm土壤容重减少，下层土壤容重增加。③相对于第二次土壤普查，0～30cm土壤（沙砾、石粒）沙化，导致表层土壤保肥能力降低，水土流失严重。④下层土壤粉粒增加，导致土壤板结、土壤透水、透气能力性降低。⑤土壤中还原性物质增加，可能在烟苗移栽阶段对根系发育不利。⑥土壤剖面中无论表层土壤还是深层土壤其土壤碳氮比降低（失调），导致土壤真菌数量占优势，土传病害风险提高。⑦整个剖面土壤有进一步酸化趋势，需要更加注意。⑧阳离子交换能力有降低趋势，土壤保肥供肥能力降低，特别是在耕作层。⑨耕作层土壤速效氮、速效磷、速效钾整体水平较高，大量元素由逐渐增加趋势，钙、镁流失现象严重，锌、硼元素含量较低。

1.4 广东植烟土壤0～20cm土壤养分特征分析及演变趋势

1.4.1 研究目的

开展近30年来广东各烟区植烟土壤（0～20cm）养分演变特征研究，明确各产区植烟土壤质量时空演变规律，分析土壤水平肥力障碍因子，明确土壤质量提升的内在因子，针对性提出提升土壤质量的技术措施和建议。

1.4.2 材料方法

根据1980—2000年广东省第二次土壤普查、广东土壤环境背景值调查数据；2000—2004年广东土壤调查等为基础资料，分析近30年来（1980—2000年、2000—2004年、2012—2015年）植烟土壤理化性质特征，分析其变化趋势，明确制约烤烟生产的土壤因素。

1.4.3 结果与分析

1.4.3.1 广东梅县植烟土壤0～20cm土壤养分特征分析及演变趋势

从广东梅县0～20cm土壤pH值变化来看（图1-25a），与1980—2000年土壤pH值（5.0左右）比较，2000—2004年与2010—2015年土壤pH值下降了0.8个单位，而后两者之间土壤pH值无显著性变化。

从大量有效养分来看（图1-25b），该地区在1980—2000年土壤速效氮含量较低，而2000—2004年与2010—2015年土壤速效氮含量增加了3～4倍，2010—2015年土壤速效氮含量达到150mg/kg；从速效磷含量来看（图1-25b），随着时间增加，速效磷含量有增加的趋势，在1980—2000年土壤速效磷含量为8.5mg/kg，而2000—2004年土壤速效磷含量为33.5mg/kg，2010—2015年土壤速效磷含量70.4mg/kg，表明2010—2015年土壤速效磷含量是2000—2004年2倍高；从速效钾含量来看（图1-25b），1980—2000年土壤速效钾含量与2000—2004年土壤速效钾含量无显著性差异，但是两者显著低于2010—2015年土壤速效钾含量（96.87mg/kg）。

从0～20cm土壤有机质含量变化来看（图1-25c），与1980—2000年土壤有机质（0.9%左右）比较，2000—2004年土壤有机质增加了3倍多，而2010—2015年土壤有机质含量增加2倍多，表明土壤有机质含量处于正常，但是有降低的趋势。

从0～20cm土壤有效铜含量变化来看（图1-25d），与1980—2000年土壤有效铜含量比较，2000—2004年、2010—2015年土壤有效铜含量在一定程度上降低，表明随着时间推移土壤有机铜含量有降低的趋势；从有效锌含量来看（图1-25e），与1980—2000年土壤有效锌含量相比，2000—2004年土壤有效锌含量无显著性差异，但是2010—2015年土壤有效锌含量降低，降低了2倍多，表明随着时间增加，土壤有效锌含量有降低趋势；从有效铁含量变化趋势来看（图1-25f），与有效锌变化趋势一致；从有效锰含量来看（图1-25g），与1980—2000年土壤有效锰含量相比，2000—2004年土壤有效锰含量有增加趋势，2010—2015年土壤有效锰含量最高，表明随着时间增加，土壤有效锰含量有增加趋势；从有效硼含量变化趋势来看（图1-25h），与1980—2000年土壤有效硼含量相比，2000—2004年、2010—2015年土壤有效硼含量无显著性差异，但是显著低于前者；从有效镁（图1-25i）及有效氯（图1-25j）含量来看，近30年来，两者含量均无显著性变化。

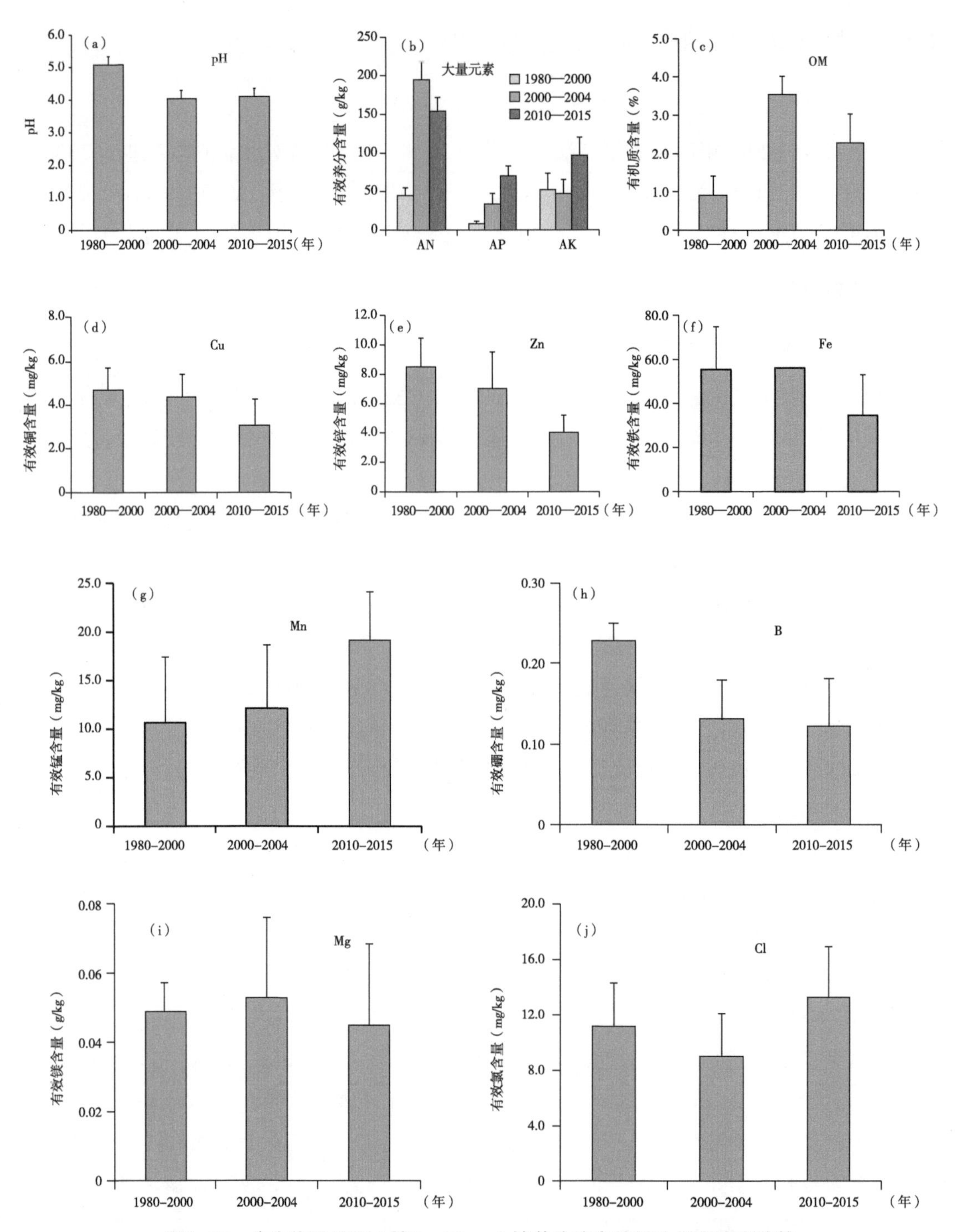

图1-25　广东梅县植烟土壤0～20cm土壤养分演变特征分析及演变趋势

a：pH值；b：大量元素；c：有机质；d：有效铜；e：有效锌；f：有效铁；
g：有效锰；h：有效硼；i：有效镁；j：有效氯

1.4.3.2 广东五华县植烟土壤0～20cm土壤养分特征分析及演变趋势

从五华县0～20cm土壤pH值变化来看（图1-26a），与1980—2000年土壤pH值（6.0左右）比较，2000—2004年、2010—2015年土壤pH值无显著性差异，表明该地区土壤pH值波动较小。

从大量有效养分来看（图1-26b），在1980—2000年土壤速效氮含量较低（40mg/kg），而2000—2004年与2010—2015年土壤速效氮含量显著性增加增加3倍高，分别达120mg/kg，150mg/kg，但是后两者无显著性差异，表明现阶段土壤速效氮含量处于较高水平；从速效磷含量来看（图1-26b），随着时间增加，速效磷含量有增加的趋势，在1980—2000年土壤速效磷含量为4.0mg/kg，而2000—2004年土壤速效磷含量为24.0mg/kg，2010—2015年土壤速效磷含量67.1mg/kg，表明2010—2015年土壤速效磷含量是2000—2004年的近3倍高，该地区土壤速效磷含量有增加的趋势；从速效钾含量来看（图1-26b），1980—2000年土壤速效钾含量与2000—2004年土壤速效钾含量无显著性差异，但是两者显著低于2010—2015年土壤速效钾含量（122.00mg/kg）。

从0～20cm土壤有机质含量变化来看（图1-26c），与1980—2000年土壤有机质（1.0%左右）比较，2000—2004年土壤有机质呈降低趋势，而2010—2015年土壤有机质含量增加2倍多，表明土壤有机质含量处于正常。

从0～20cm土壤有效铜含量变化来看（图1-26d），与1980—2000年土壤有效铜含量比较，2000—2004年、2010—2015年土壤有效铜含量在一定程度上降低，表明随着时间推移土壤有机铜含量有降低的趋势；从有效锌含量来看（图1-26e），与1980—2000年土壤有效锌含量相比，2000—2004年土壤有效锌含量无显著性差异，但是2010—2015年土壤有效锌含量降低，降低了3倍多，表明随着时间增加，土壤有效锌含量有降低趋势；从有效锰含量来看（图1-26f），与1980—2000年土壤有效锰含量相比，2000—2004年土壤有效锰含量有降低趋势，但2010—2015年土壤有效锰含量最高，表明随着时间增加，土壤有效锰含量呈先降低后增加趋势；从有效硼含量变化趋势来看（图1-26g），与1980—2000年土壤有效硼含量相比，2000—2004年、2010—2015年土壤有效硼含量依次降低，表明随时间延长有效硼含量呈现降低趋势；从有效钙（图1-26h）、镁（图1-26i）含量来看，近30年来，两者含量呈降低趋势；而有效氯（图1-26j）含量随时间增加呈增加趋势。

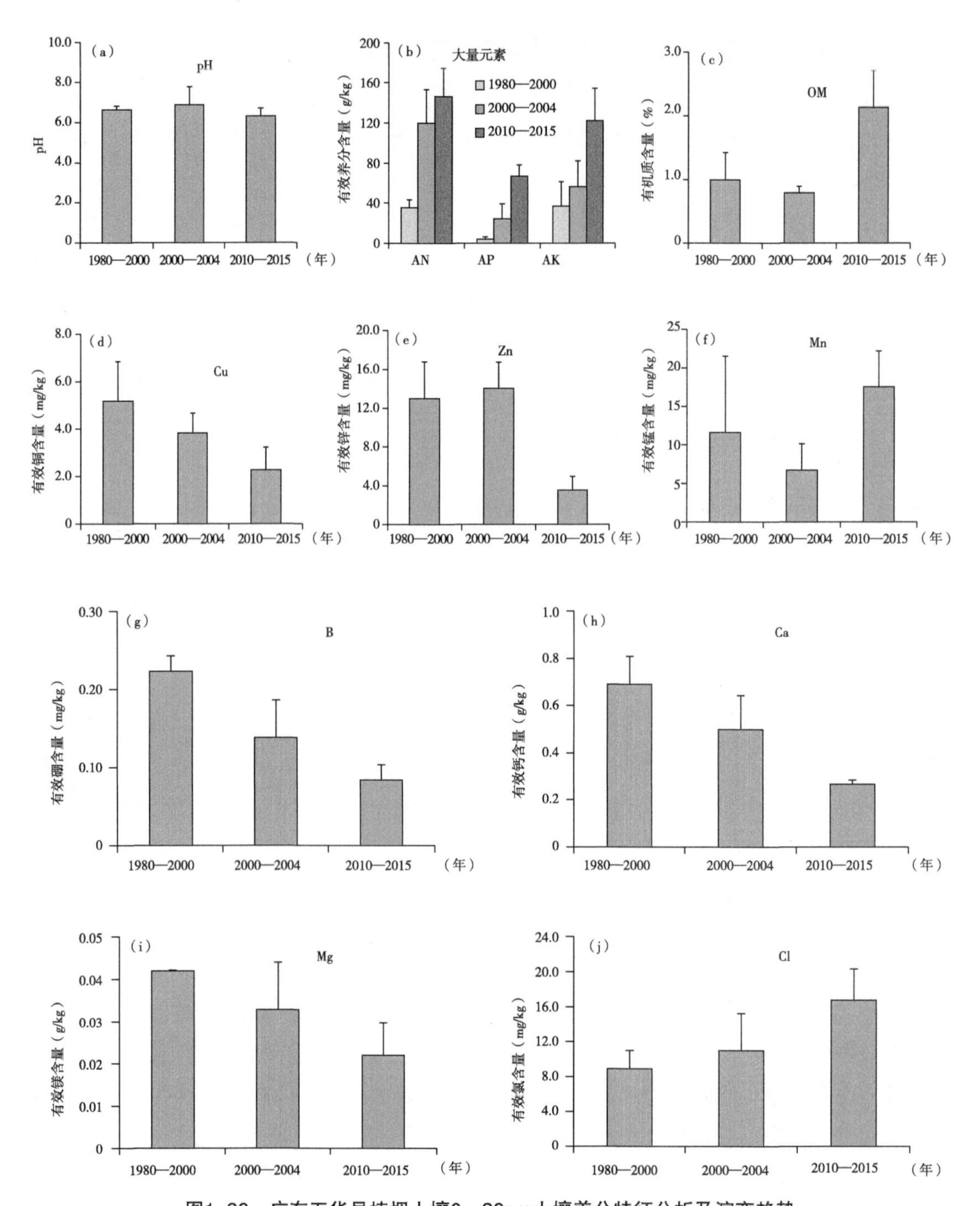

图1-26　广东五华县植烟土壤0～20cm土壤养分特征分析及演变趋势

a：pH值；b：大量元素；c：有机质；d：有效铜；e：有效锌；f：有效铁；
g：有效锰；h：有效硼；i：有效镁；j：有效氯

1.4.3.3　广东蕉岭县植烟土壤0～20cm土壤养分特征分析及演变趋势

从蕉岭县0～20cm土壤pH值变化来看（图1-27a），当前蕉岭县沙泥田土壤的pH值在

4.31～7.69，平均为5.02，土壤总体上呈酸性，与1980—2000年土壤pH值（6.0左右）比较，2000—2004年土壤pH值显著性降低，而2010—2015年土壤pH值降低1.1个单位，表明该地区沙泥田土壤出现酸化现象。

从大量有效养分来看（图1-27b），当前蕉岭县沙泥田土壤速效氮含量在100.24～250.42mg/kg，平均165.80mg/kg，与1980—2000年土壤速效氮含量较低（32.4mg/kg），而2000—2004年与2010—2015年土壤速效氮含量显著性增加5倍高，分别达184mg/kg、165mg/kg，但是后两者无显著性差异，表明现阶段土壤速效氮含量处于较高水平，该沙泥田土壤速效氮含量整体水平较高，在生产实际中应控制氮肥施用水平；从速效磷含量来看（图1-27b），当前蕉岭县沙泥田土壤速效磷含量在5.96～265.69mg/kg，平均值85.93mg/kg，呈富余状态。随着时间增加，速效磷含量有增加的趋势，在1980—2000年土壤速效磷含量为9.5mg/kg，而2000—2004年土壤速效磷含量为43.0mg/kg，2010—2015年土壤速效磷含量85.9mg/kg，表明2010—2015年土壤速效磷含量是2000—2004年的近9倍高，该地区土壤速效磷含量有增加的趋势；从速效钾含量来看（图1-27b），土壤速效钾含量在28.74～373.00mg/kg，平均值111.90mg/kg，变异53.15%。1980—2000年土壤速效钾含量与2000—2004年土壤速效钾含量无显著性差异，但是两者显著低于2010—2015年土壤速效钾含量（111.90mg/kg），该地区沙泥田土壤速效钾含量较低，且变异较大，在生产中应根据土壤含钾量针对性地侧重钾肥的施用。

从有机质含量来看（图1-27c），蕉岭县沙泥田土壤有机质在19.40～48.50mg/kg，平均值32.40mg/kg，与1980—2000年土壤有机质（0.75%左右）比较，2000—2004年、2010—2015年土壤有机质含量（3.3%）呈增加趋势，表明该地区土壤总体上有机质含量富足，在生产上应控制有机质输入。

从土壤有效铜、锌含量来看（图1-27d、图1-27e），该地区土壤有效铜含量富足在合适的范围内，有效锌含量不足，与1980—2000年土壤有效铜（5.81mg/kg左右）比较，2000—2004年土壤有效铜含量增加，但是2010—2015年土壤有效铜含量呈降低趋势，但该地区土壤总体上有效铜含量在合适范围内；与1980—2000年土壤有效锌（6.57mg/kg左右）比较，2000—2004年土壤有效锌含量增加，但是2010—2015年土壤有效锌含量呈降低趋势，表明该地区土壤总体上有效锌含量不足，应注意有效锌的施肥，从土壤有效锰、硼含量含量来看（图1-27f、图1-27g），该地区土壤有效锰、硼含量变化趋势一致，与1980—2000年土壤有效含量比较，2000—2004年土壤有效含量先降低，2010—2015土壤有效含量增加；从土壤有效钙、镁含量含量来看（图1-27h、图1-27i），与1980—2000年土壤有效钙、镁含量比较，2000—2004年土壤有效钙、镁含量无显著性差异，但是2010—2015土壤有效钙、镁含量降低；该地区土壤有效镁含量较低，处于缺乏状态，应重视钙和镁输入。

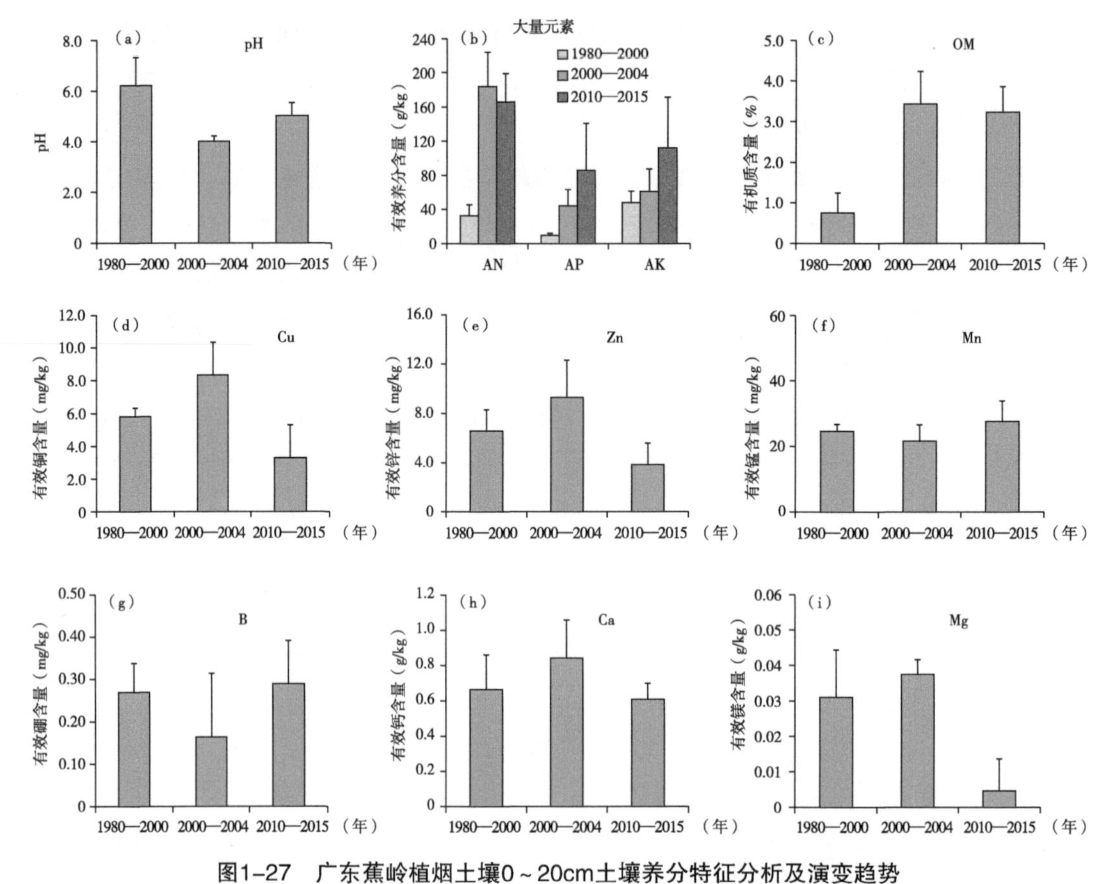

图1-27　广东蕉岭植烟土壤0～20cm土壤养分特征分析及演变趋势

a：pH值；b：大量元素；c：有机质；d：有效铜；e：有效锌；
f：有效锰；g：有效硼；h：有效钙；i：有效镁

1.4.3.4　广东大浦县植烟土壤0～20cm土壤养分特征分析及演变趋势

从大浦县0～20cm土壤pH值变化来看（图1-28a），当前大埔县沙泥田土壤pH值平均值为5.48，处于酸性偏低，最小pH值为4.35，最高值为6.93，其变异为10%，与1980—2000年土壤pH值（6.0左右）比较，2000—2004年土壤pH值显著性降低，而2010—2015年土壤pH值降低0.52个单位，表明该地区沙泥田土壤出现酸化现象。

从大量有效养分来看（图1-28b），当前大浦县土壤速效氮平均含量为135.74mg/kg，速效氮最大值为202.04mg/kg，最低为82.16mg/kg，其变异为21%。与1980—2000年土壤速效氮含量较低（52.2mg/kg），而2000—2004年与2010—2015年土壤速效氮含量显著性增加3倍高，分别达188mg/kg、135mg/kg，但是后两者无显著性差异，表明现阶段土壤速效氮含量处于较高水平，该沙泥田土壤速效氮含量整体水平较高，在生产实际中应控制氮肥施用水平。因此，大浦县植烟过程中应减少氮肥施用，防止氮肥施用过多导致烟株生长过快或贪青晚熟。从速效磷含量来看（图1-28b），当前该地区速效磷含量56.12mg/kg，最低值为14.36mg/kg，最高值为122.63mg/kg，其变异为51%。随着时间增加，速效磷含量有增加的趋势，在1980—2000年土壤速效磷含量为7.5mg/kg，而2000—2004年土壤速效磷含量为38.8mg/kg，2010—2015年土壤速效磷含量56.1mg/kg，表明2010—2015年土壤速效磷含量是2000—2004年的近1.5倍高，该地区土壤速效磷含量有增加的趋势，但也应重视某些低磷土壤磷肥施用。从速效钾含量来看（图1-28b），该地区土壤速效钾含量128.18mg/kg，最低值为55.53mg/kg，最高值为273.12mg/kg，其变异为35%。1980—2000年土壤速效钾含量与2000—2004年土壤速效钾含量无显著性差异，但是两者显著低于2010—2015年土壤速效钾含量（128.18mg/kg）。该地区沙泥田土壤速效钾含量较低，且变异较大，在生产中应根据土壤含钾量针对性地侧重钾肥的施用，同时应重视某些低钾土壤钾肥施用。

从有机质含量来看（图1-28c），该地区土壤有机质平均含量2.02%，最低值为1.11%，最高值为3.18%，其变异为25%。与1980—2000年土壤有机质（0.76%左右）比较，2000—2004年（3.5%）、2010—2015年土壤有机质含量（2.0%）呈增加趋势，表明该地区土壤总体上有机质含量富足，在生产上应控制有机质输入，同时应重视某些有机质低的土壤应补充一定量的有机质，提高有机质的输入，进而逐步改良该地区土壤。

从土壤有效铜含量来看（图1-28d），该地区土壤有效铜含量4.39mg/kg，最低值为1.09mg/kg，最高值为7.97mg/kg，其变异为24%，土壤有效铜含量富足在合适的范围内，与1980—2000年土壤有效铜（5.02mg/kg左右）比较，2000—2004年土壤有效铜含量降低，但是2010—2015年土壤有效铜含量呈增加趋势，表明该地区土壤总体上有效铜含量富足；从土壤有效锌含量含量来看（图1-28e），该地区土壤有效锌平均含量5.56mg/kg，最低值为3.09，最高值为8.21mg/kg，其变异为21%。应重视某些低锌土壤锌肥施用，与1980—2000年土壤有效锌（7.40mg/kg左右）比较，2000—2004年土壤有效锌含量无显著性差异（7.23mg/kg左右），但是2010—2015年土壤有效锌含量呈降低趋势（5.56mg/kg），表明该地区土壤总体上有效锌含量不足，应注意有效锌的施肥。

从土壤有效锰、硼含量来看（图1-28f、图1-28g），该地区土壤有效锰含量变化表现为无显著性变化，与1980—2000年土壤有效含量为14.2mg/kg，2000—2004年土壤有效含量为11.6mg/kg，2010—2015土壤有效含量为16.8mg/kg；植烟土壤微量元素中有效硼含量低于0.5mg/kg的临界水平，普遍存在缺乏现象。

从土壤有效钙、镁含量来看（图1-28h、图1-28i），该地区沙泥田土壤中量元素钙、镁其有效性均高于临界水平，与1980—2000年土壤有效钙、镁含量比较，2000—2004年土壤有效钙、镁含量无显著性差异，但是2010—2015年土壤有效钙含量有降低趋势，镁含量增加的趋势，但该地区土壤有效镁含量较低，处于缺乏状态，应重视钙和镁输入。

从土壤有效氯含量含量来看（图1-28j），与1980—2000年土壤有效氯含量比较，2000—2004年土壤有效氯含量无显著性差异，但是2010—2015年土壤有效氯含量呈增加的趋势。

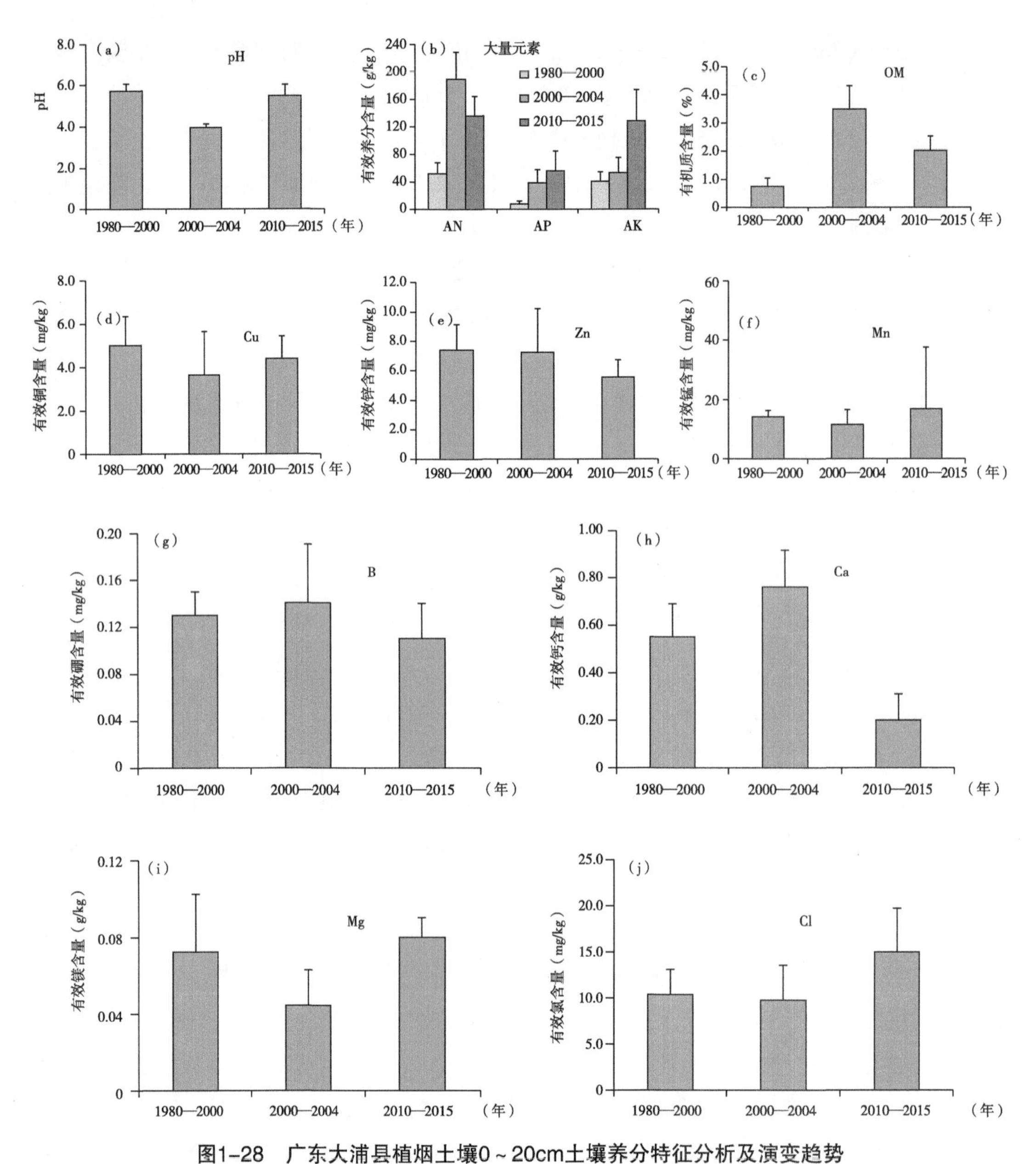

图1-28　广东大浦县植烟土壤0～20cm土壤养分特征分析及演变趋势

a：pH值；b：大量元素；c：有机质；d：有效铜；e：有效锌；f：有效锰；
g：有效硼；h：有效钙；i：有效镁；j：有效氯

1.4.3.5　广东平远县植烟土壤0～20cm土壤养分特征分析及演变趋势

从平远县0～20cm土壤pH值变化来看（图1-29a），当前该地区沙泥田土壤的pH值在4.31～5.60，平均为4.81，土壤总体上呈酸性，与1980—2000年土壤pH值（5.96左右）比较，2000—2004年土壤pH值显著性降低（3.91左右），而2010—2015年土壤pH值降低1.14个单位（4.81），表明该地区沙泥田土壤出现酸化现象。

从大量有效养分来看（图1-29b），当前平远县土壤速效氮含量在100.24～243.94mg/kg，平均160.55mg/kg，速效氮含量整体水平较高，在生产实际中应控制氮肥施用水平，1980—2000年土壤速效氮含量较低（46.34mg/kg），而2000—2004年与2010—2015年土壤速效氮含量显著性增加4倍高，分别达168.10mg/kg、160.55mg/kg，但是后两者无显著性差异，表明现阶段土壤速效氮含量处于较高水平，该沙泥田土壤速效氮含量整体水平较高，在生产实际中应控制氮肥施用水平，因此，平远县植烟过程中应减少氮肥施用，防止氮肥施用过多导致烟株生长过快或贪青晚熟；从速效磷含量来看（图1-29b），当前平远县土壤的有效磷含量在5.96～220.61mg/kg，平均值69.19mg/kg，呈富余状态，随着时间增加，速效磷含量有增加的趋势，在1980—2000年土壤速效磷含量为8.01mg/kg，而2000—2004年土壤速效磷含量为23.0mg/kg，2010—2015年土壤速效磷含量69.19mg/kg，表明2010—2015年土壤速效磷含量是2000—2004年的近2.5倍高，该地区土壤速效磷含量有增加的趋势，但也应重视某些低磷土壤磷肥施用；从速效钾含量来看（图1-29b），该地区土壤速效钾含量在28.74～186.99mg/kg，平均值80.54mg/kg，变异49.29%，1980—2000年土壤速效钾含量（49.6mg/kg）与2000—2004年土壤速效钾（58.10mg/kg）含量无显著性差异，但是两者显著低于2010—2015年土壤速效钾含量（80.54mg/kg），可见该地区沙泥田土壤速效钾含量较低，且变异较大，在生产中应根据土壤含钾量针对性地侧重钾肥的施用。

从有机质含量来看（图1-29c），该地区土壤有机质在19.40～43.00mg/kg，平均值30.07mg/kg，总体上有机质含量富足，在生产上应控制有机质的输入，与1980—2000年土壤有机质（0.92%左右）比较，2000—2004年（3.11%）、2010—2015年土壤有机质含量（3.07%）呈增加趋势，表明该地区土壤总体上有机质含量富足，在生产上应控制有机质输入。

从土壤有效铜含量来看（图1-29d），该地区土壤速效铜含量1.79mg/kg，土壤有效铜含量富足在合适的范围内，与1980—2000年土壤有效铜（4.30mg/kg左右）比较，2000—2004年土壤有效铜含量降低（2.87mg/kg），但是2010—2015年土壤有效铜含量呈持续降低趋势，表明该地区土壤总体上有效铜含量不足，从土壤有效锌含量来看（图1-29e），该地区土壤速效锌平均含量2.78mg/kg，应重视某些低锌土壤锌肥施用，与1980—2000年土壤有效锌（6.60mg/kg左右）比较，2000—2004年土壤有效锌含量无显著性差异（6.59mg/kg左右），但是2010—2015年土壤有效锌含量呈降低趋势（2.78mg/kg），表明该地区土壤总体上有效锌含量不足，应注意有效锌的施肥。

从土壤有效锰含量来看（图1-29f），该地区土壤有效锰含量变化表现为无显著性变化，与1980—2000年土壤有效锰含量为19.5mg/kg，2000—2004年土壤有效含量为16.1mg/kg，2010—2015年土壤有效锰含量为15.0mg/kg；与1980—2000年土壤有效硼含量为0.20mg/kg，2000—2004年土壤有效硼含量为0.14mg/kg，2010—2015年土壤有效含量为0.27mg/kg，植烟土壤微量元素中有效硼含量低于0.5mg/kg的临界水平，普遍存在缺乏现象。

从土壤有效氯含量来看（图1-29h），与1980—2000年土壤有效氯含量比较，2000—2004年土壤有效氯含量无显著性差异，但是2010—2015年土壤有效氯含量呈增加的趋势。

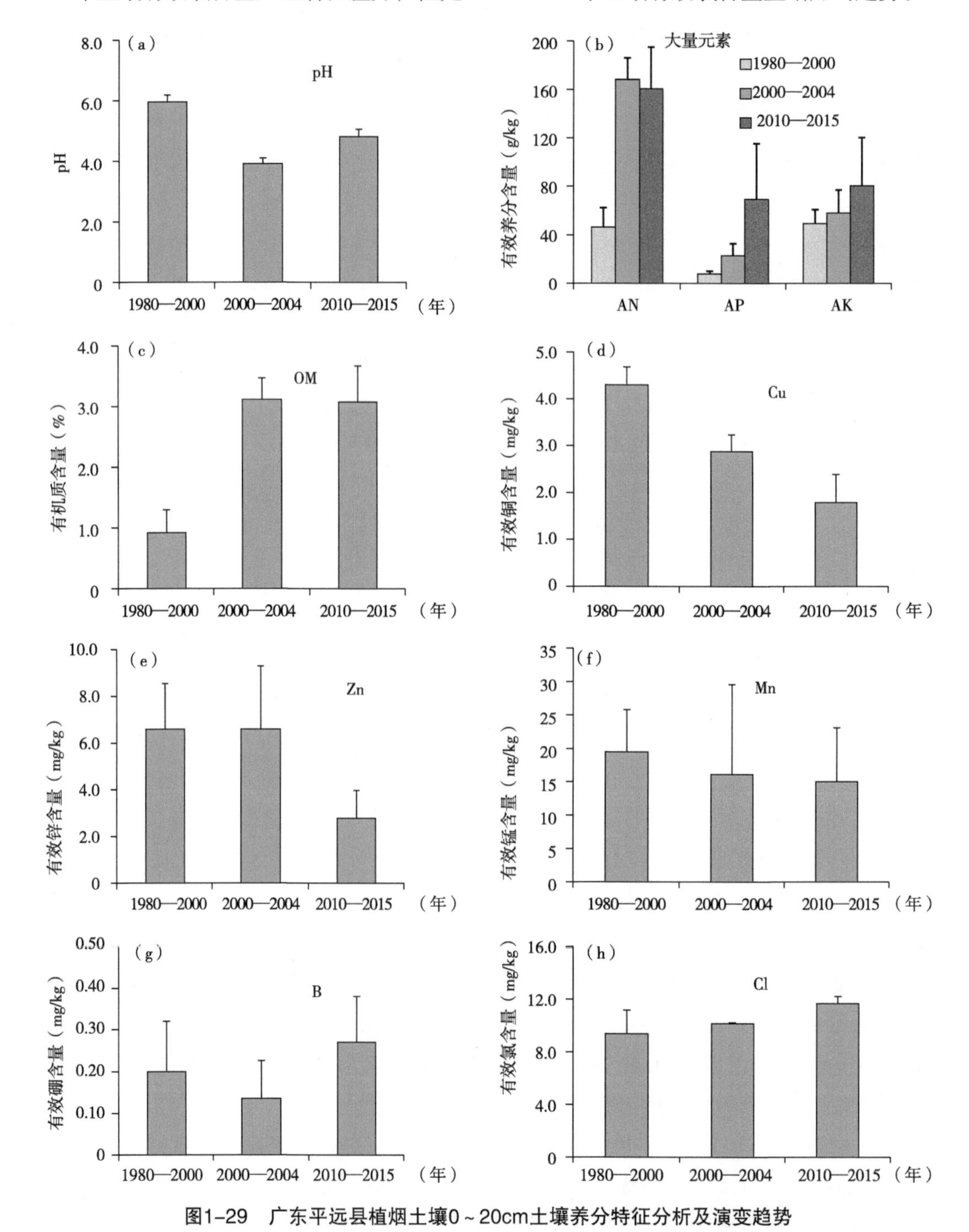

图1-29　广东平远县植烟土壤0～20cm土壤养分特征分析及演变趋势

a：pH值；b：大量元素；c：有机质；d：有效铜；e：有效锌；f：有效锰；g：有效硼；h：有效氯

1.4.3.6 广东南雄市湖口镇沙泥田植烟土壤0～20cm土壤养分特征分析及演变趋势

从南雄市湖口镇0～20cm土壤pH值变化来看（图1-30a），当前该地区沙泥田土壤的pH值平值为5.49，土壤总体上呈酸性，与1980—2000年土壤pH值（6.23左右）比较，2000—2004年土壤pH值（6.01左右）呈降低趋势，而2010—2015年土壤pH值降低0.74个单位（5.49），表明该地区沙泥田土壤出现酸化现象。

从有机质含量来看（图1-30b），该地区土壤有机质均值在2.11%。与1980—2000年土壤有机质（0.97%左右）比较，2000—2004年（1.81%）、2010—2015年土壤有机质含量（2.11%）呈增加趋势，表明该地区土壤总体上有机质含量富足，在生产上应控制有机质输入。

从大量有效养分来看（图1-30c），当前该地区土壤速效氮含量平均120.7mg/kg，速效氮含量整体水平较高，在生产实际中应控制氮肥施用水平。1980—2000年土壤速效氮含量较低（60.8mg/kg），而2000—2004年与2010—2015年土壤速效氮含量显著性增加，分别达98.8mg/kg、120.7mg/kg，表明现阶段土壤速效氮含量处于较高水平，该沙泥田土壤速效氮含量整体水平较高，在生产实际中应控制氮肥施用水平。因此，该地区在植烟过程中应减少氮肥施用，防止氮肥施用过多导致烟株生长过快或贪青晚熟。

从速效磷含量来看（图1-30d），当前该地区土壤的速效磷含量平均值43.93mg/kg，呈富余状态。随着时间增加，速效磷含量有增加的趋势，在1980—2000年土壤速效磷含量为18.60mg/kg，而2000—2004年土壤速效磷含量为33.8mg/kg，2010—2015年土壤速效磷含量43.93mg/kg，表明2010—2015年土壤速效磷含量是2000—2004年的近1.3倍高，该地区土壤速效磷含量有增加的趋势，但也应重视某些低磷土壤磷肥施用。

从速效钾含量来看（图1-30e），该地区土壤速效钾含量平均值87.74mg/kg，1980—2000年土壤速效钾含量（40.9mg/kg）低于2000—2004年土壤速效钾（68.10mg/kg）含量。可见该地区沙泥田土壤速效钾含量处于中等水平，在生产中应根据土壤含钾量针对性地侧重钾肥的施用。

从土壤有效铜含量来看（图1-30f），该地区土壤速效铜含量2.51mg/kg，土壤有效铜含量富足在合适的范围内；1980—2000年土壤有效铜含量无统计数字，而2000—2004年土壤有效铜含量较低（1.11mg/kg），但是2010—2015年土壤有效铜含量（2.51mg/kg）呈持续增加趋势；从土壤有效锌含量来看（图1-30g），该地区土壤速效锌平均含量1.38mg/kg，应重视某些低锌土壤锌肥施用，1980—2000年土壤有效锌含量无统计数字，2000—2004年土壤有效锌含量为1.44mg/kg左右，与2010—2015年土壤有效锌含量无显著性差异，表明该地区土壤总体上有效锌含量不足，应注意有效锌的施肥。

从土壤有效钙含量来看（图1-30h），该地区土壤有效钙含量变化表现为无显著性变化，1980—2000年土壤有效钙含量无统计数字，2000—2004年土壤有效钙含量为0.01g/

kg，2010—2015土壤有效钙含量无显著性差异；从土壤有效镁含量来看（图1-30i），该地区土壤有效镁含量变化表现降低趋势，1980—2000年土壤有效镁含量无统计数字，与2000—2004年土壤有效镁含量相比，2010—2015土壤有效镁含量具有降低趋势；从土壤有效锰含量含量来看（图1-30g），该地区土壤有效锰含量变化表现为无显著性变化；与2000—2004年土壤有效锰含量为9.70mg/kg，2010—2015年土壤有效含量为10.57mg/kg；从有效硼含量来看（图1-30k）1980—2000年土壤有效硼含量无统计数字，2000—2004年土壤有效硼含量为0.4mg/kg，2010—2015土壤有效硼含量为0.3mg/kg，植烟土壤微量元素中有效硼含量低于0.5mg/kg的临界水平，普遍存在缺乏现象。

从土壤有效氯含量含量来看（图1-30l），1980—2000年土壤有效氯含量无统计数字，与2000—2004年土壤有效氯含量相比，2010—2015年土壤有效氯含量无显著性差异。

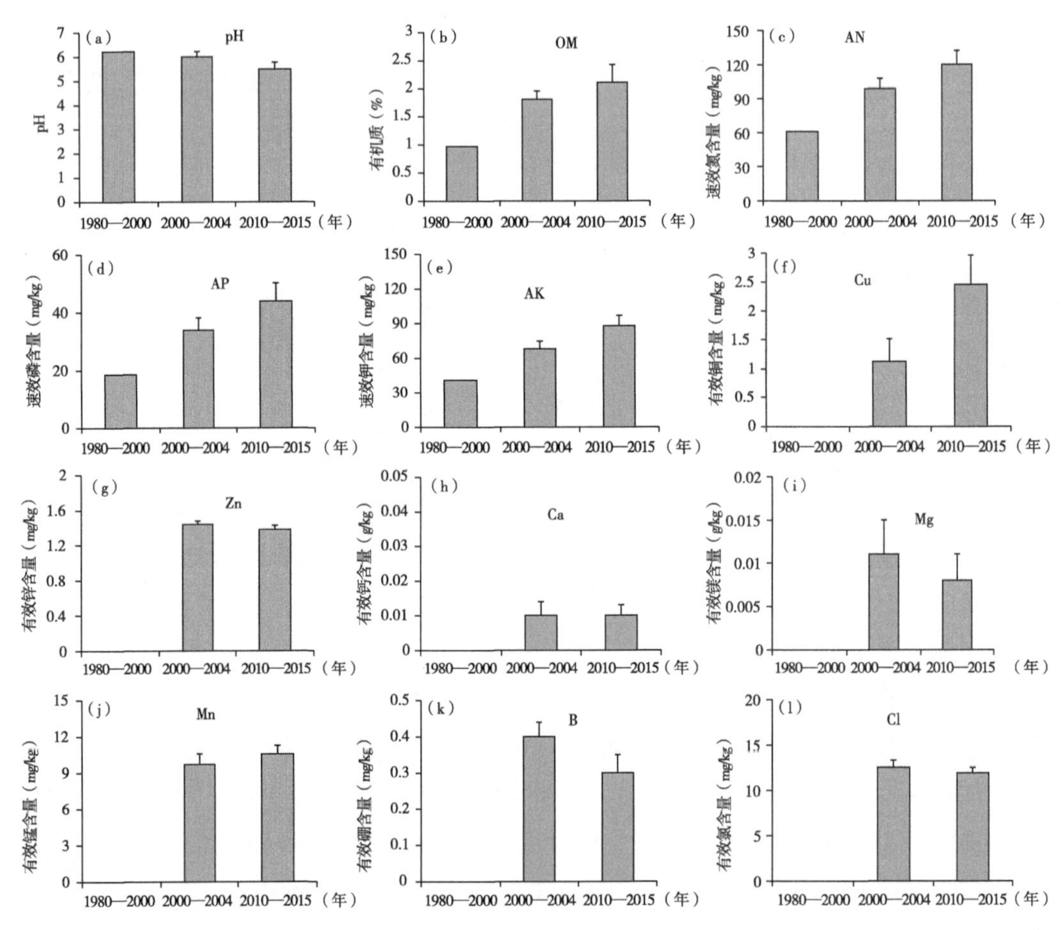

图1-30　广东南雄市湖口镇沙泥田植烟土壤0～20cm土壤养分特征分析及演变趋势

a：pH值；b：有机质；c：速效氮；d：速效磷；e：速效钾；f：有效铜；
g：有效锌；h：有效钙；i：有效镁；g：有效锰；k：有效硼；l：有效氯

1.4.3.7　广东南雄市水口镇沙泥田植烟土壤0～20cm土壤养分特征分析及演变趋势

从南雄市水口镇0～20cm土壤pH值变化来看（图1-31a），当前该地区沙泥田土壤的pH值平值为4.76，土壤总体上呈酸性；与1980—2000年土壤pH值（6.12左右）比较，2000—2004年土壤pH值（5.59左右）呈降低趋势，而2010—2015年土壤pH值降低1.36个单位（4.76），表明该地区沙泥田土壤出现酸化现象。

从有机质含量来看（图1-31b），该地区土壤有机质在均值2.22%。与1980—2000年土壤有机质（1.22%左右）比较，2000—2004年（1.32%）、2010—2015年土壤有机质含量（2.22%）呈增加趋势，表明该地区土壤总体上有机质含量富足，在生产上应控制有机质输入。

从大量有效养分来看（图1-31c），当前该地区土壤速效氮含量平均117.4mg/kg，速效氮含量整体水平较高，在生产实际中应控制氮肥施用水平。1980—2000年土壤速效氮含量较低（64.6mg/kg），而2000—2004年与2010—2015年土壤速效氮含量显著性增加，分别达100.5mg/kg、117.4mg/kg，表明现阶段土壤速效氮含量处于较高水平，该沙泥田土壤速效氮含量整体水平较高，在生产实际中应控制氮肥施用水平。因此，该地区在植烟过程中应减少氮肥施用，防止氮肥施用过多导致烟株生长过快或贪青晚熟。

从速效磷含量来看（图1-31d），当前该地区土壤的速效磷含量平均值44.01mg/kg，呈富余状态。随着时间增加，速效磷含量有增加的趋势，在1980—2000年土壤速效磷含量为17.70mg/kg，而2000—2004年土壤速效磷含量为26.8mg/kg，2010—2015年土壤速效磷含量44.01mg/kg，表明2010—2015年土壤速效磷含量是2000—2004年的近1.64倍高，该地区土壤速效磷含量有增加的趋势，但也应重视某些低磷土壤磷肥施用。

从速效钾含量来看（图1-31e），该地区土壤速效钾含量平均值72.7mg/kg，1980—2000年土壤速效钾含量（41.8mg/kg）低于2000—2004年土壤速效钾（70.3mg/kg）含量。可见该地区沙泥田土壤速效钾含量处于中等水平，在生产中应根据土壤含钾量针对性地侧重钾肥的施用。

从土壤有效铜含量来看（图1-31f），该地区土壤有效铜含量2.06mg/kg，土壤有效铜含量富足在合适的范围内，1980—2000年土壤有效铜含量无统计数字，而2000—2004年土壤有效铜含量较低（1.56mg/kg），但是2010—2015年土壤有效铜含量（2.06mg/kg）呈持续增加趋势，从土壤有效锌含量来看（图1-31g），该地区土壤有效锌平均含量1.38mg/kg，应重视某些低锌土壤锌肥施用，1980—2000年土壤有效锌含量无统计数字，2000—2004年土壤有效锌含量为0.35mg/kg左右，与2010—2015年土壤有效锌含量无显著性差异，表明该地区土壤总体上有效锌含量不足，应注意有效锌的施肥。

从土壤有效钙含量来看（图1-31h），该地区土壤有效钙含量变化表现为无显著性变化，1980—2000年土壤有效钙含量无统计数字，2000—2004年土壤有效钙含量低于0.1g/kg，

2010—2015土壤有效钙含量无显著性差异；从土壤有效镁含量来看（图1-31i），该地区土壤有效镁含量变化表现降低趋势，1980—2000年土壤有效镁含量无统计数字，与2000—2004年土壤有效镁含量相比，2010—2015土壤有效镁含量具有降低趋势；从土壤有效锰含量含量来看（图1-31j），1980—2000年土壤有效锰含量含量无统计数字，与2000—2004年土壤有效锰含量相比，2010—2015年土壤有效锰含均值有所增加；从土壤有效硼含量来看（图1-31k）1980—2000年土壤有效硼含量无统计数字，2000—2004年土壤有效硼含量为0.35mg/kg，2010—2015年土壤有效硼含量为0.19mg/kg（图1-31k），植烟土壤微量元素中有效硼含量低于0.5mg/kg的临界水平，普遍存在缺乏现象。

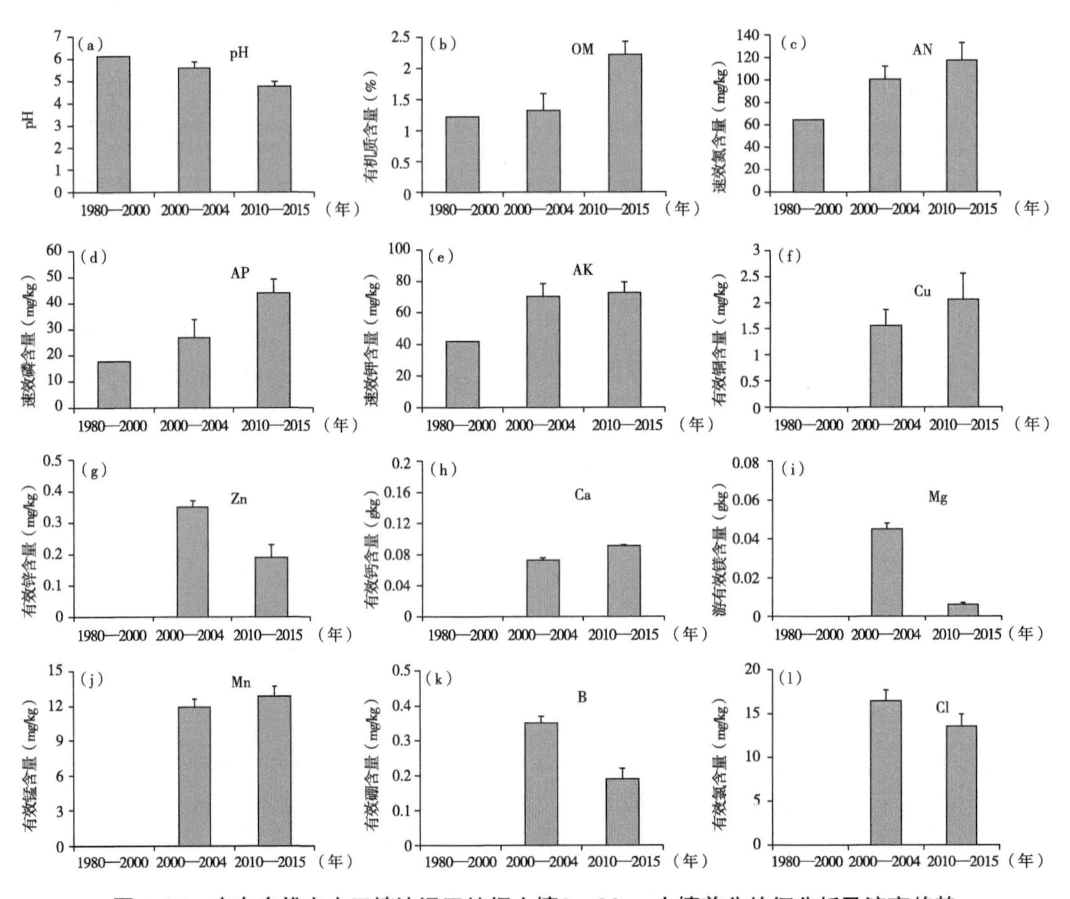

图1-31　广东南雄市水口镇沙泥田植烟土壤0～20cm土壤养分特征分析及演变趋势

a：pH值；b：有机质；c：速效氮；d：速效磷；e：速效钾；f：有效铜；g：有效锌；h：有效钙；i：有效镁；j：有效锰；k：有效硼；l：有效氯

1.4.3.8　广东南雄市黄坑镇沙泥田植烟土壤0～20cm土壤养分特征分析及演变趋势

从南雄市黄坑镇0～20cm土壤pH值变化来看（图1-32a），当前该地区沙泥田土壤的pH值平值为5.13，土壤总体上呈酸性，与1980—2000年土壤pH值（6.34左右）比较，

2000—2004年土壤pH值（5.81左右）呈降低趋势，而2010—2015年土壤pH值降低1.21个单位（5.13），表明该地区沙泥田土壤出现酸化现象。

从有机质含量来看（图1-32b），该地区土壤有机质均值在2.07%。与1980—2000年土壤有机质（0.89%左右）比较，2000—2004年（1.75%）、2010—2015年土壤有机质含量（2.07%）呈增加趋势，表明该地区土壤总体上有机质含量富足，在生产上应控制有机质输入。

从大量有效养分来看（图1-32c），当前该地区土壤速效氮含量平均109.1mg/kg，速效氮含量整体水平较高，在生产实际中应控制氮肥施用水平。1980—2000年土壤速效氮含量较低（56.5mg/kg），而2000—2004年与2010—2015年土壤速效氮含量显著性增加，分别达89.6mg/kg、109.1mg/kg，表明现阶段土壤速效氮含量处于较高水平。因此，该地区植烟过程中应减少氮肥施用，防止氮肥施用过多导致烟株生长过快或贪青晚熟。

从速效磷含量来看（图1-32d），当前该地区土壤的速效磷含量平均值45.67mg/kg，呈富余状态。随着时间增加，速效磷含量有增加的趋势，在1980—2000年土壤速效磷含量为16.10mg/kg，而2000—2004年土壤速效磷含量为32.8mg/kg，2010—2015年土壤速效磷含量45.67mg/kg，表明2010—2015年土壤速效磷含量是2000—2004年的近1.39倍高，该地区土壤速效磷含量有增加的趋势，但也应重视某些低磷土壤磷肥施用。

从速效钾含量来看（图1-32e），该地区土壤速效钾含量平均值64.3mg/kg，1980—2000年土壤速效钾含量为46.2mg/kg，2000—2004年土壤速效钾含量为69.3mg/kg。可见该地区沙泥田土壤速效钾含量处于较低水平，在生产中应根据土壤含钾量针对性地侧重钾肥的施用。

从土壤有效铜含量来看（图1-32f），该地区土壤速效铜含量2.10mg/kg，1980—2000年土壤有效铜含量无统计数字，而2000—2004年土壤有效铜含量较低（1.46mg/kg），但是2010—2015年土壤有效铜含量（2.10mg/kg）呈增加趋势；从土壤有效锌含量来看（图1-32g），该地区土壤有效锌平均含量1.40mg/kg，应重视某些低锌土壤锌肥施用，1980—2000年土壤有效锌含量无统计数字，2000—2004年土壤有效锌含量为1.46mg/kg左右，与2010—2015年土壤有效锌含量无显著性差异，表明该地区土壤总体上有效锌含量处于较低水平，应注意锌肥施用。

从土壤有效钙含量来看（图1-32h、图1-32i），该地区土壤有效钙含量变化表现为无显著性变化，1980—2000年土壤有效钙含量无统计数字，2000—2004年土壤有效钙含量低于0.07g/kg，2010—2015土壤有效钙含量无显著性差异；从土壤有效镁含量来看（图1-32i），该地区土壤有效镁含量变化表现降低趋势，1980—2000年土壤有效镁含量无统计数字，与2000—2004年土壤有效镁含量相比，2010—2015土壤有效镁含量具有降低趋势；从土壤有效锰含量含量来看（图1-32j），1980—2000年土壤有效锰含量含量无统计数字，与2000—2004年土壤有效锰含量相比，2010—2015年土壤有效锰含均值有所降低；

从土壤有效硼含量来看（图1-32k），1980—2000年土壤有效硼含量无统计数字，2000—2004年土壤有效硼含量为0.26mg/kg，2010—2015土壤有效硼含量为0.2mg/kg，植烟土壤微量元素中有效硼含量低于0.5mg/kg的临界水平，普遍存在缺乏现象。

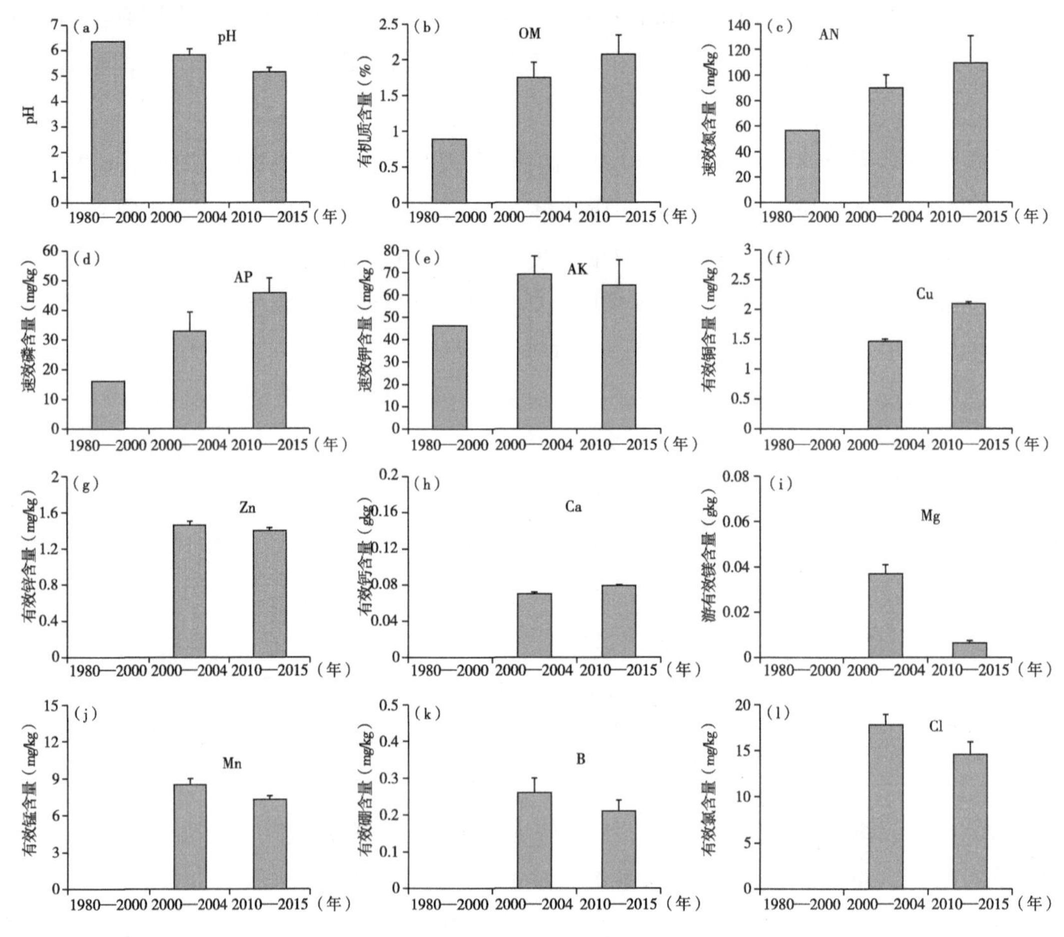

图1-32　广东南雄市黄坑镇沙泥田植烟土壤0～20cm土壤养分特征分析及演变趋势

a：pH值；b：有机质；c：速效氮；d：速效磷；e：速效钾；f：有效铜；
g：有效锌；h：有效钙；i：有效镁；j：有效锰；k：有效硼；l：有效氯

1.4.3.9　广东南雄市古市镇沙泥田植烟土壤0～20cm土壤养分特征分析及演变趋势

从南雄市古市镇0～20cm土壤pH值变化来看（图1-33a），当前该地区沙泥田土壤的pH值平值为5.23，土壤总体上呈酸性；与1980—2000年土壤pH值（6.41左右）比较，2000—2004年土壤pH值（6.33左右）无显著性差异，而2010—2015年土壤pH值降低1.18个单位（5.23），表明该地区沙泥田土壤出现酸化现象。

从有机质含量来看（图1-33b），该地区土壤有机质在均值2.43%。与1980—2000年土壤有机质（1.11%左右）比较，2000—2004年（1.41%）、2010—2015年土壤有机质含量（2.43%）呈增加趋势，表明该地区土壤总体上有机质含量富足，在生产上应控制有机质输入。

从大量有效养分来看（图1-33c），当前该地区土壤速效氮含量平均131.95mg/kg，速效氮含量整体水平较高，在生产实际中应控制氮肥施用水平。1980—2000年土壤速效氮含量较低（63.34mg/kg），而2000—2004年与2010—2015年土壤速效氮含量显著性增加，分别达99.5mg/kg，131.95mg/kg，表明现阶段土壤速效氮含量处于较高水平。因此，该地区植烟过程中应减少氮肥施用，防止氮肥施用过多导致烟株生长过快或贪青晚熟。

从速效磷含量来看（图1-33d），当前该地区土壤的速效磷含量平均值37.46mg/kg，呈富余状态。随着时间增加，速效磷含量有增加的趋势，在1980—2000年土壤速效磷含量为17.30mg/kg，而2000—2004年土壤速效磷含量为28.3mg/kg，2010—2015年土壤速效磷含量37.46mg/kg，表明2010—2015年土壤速效磷含量是2000—2004年的近1.64倍高，该地区土壤速效磷含量有增加的趋势，但也应重视某些低磷土壤磷肥施用。

从速效钾含量来看（图1-33e），该地区土壤速效钾含量平均值96.53mg/kg，1980—2000年土壤速效钾含量为43.7mg/kg，2000—2004年土壤速效钾含量为79.3mg/kg。可见该地区沙泥田土壤速效钾含量处于中等水平，在生产中应,根据土壤含钾量针对性地侧重钾肥的施用。

从土壤有效铜含量来看（图1-33f），该地区土壤有效铜含量2.73mg/kg，土壤有效铜含量富足在合适的范围内，1980—2000年土壤有效铜含量无统计数字，而2000—2004年土壤有效铜含量较低（1.65mg/kg），但是2010—2015年土壤有效铜含量（2.73mg/kg）呈持续增加趋势；从土壤有效锌含量来看（图1-33g），该地区土壤有效锌平均含量1.35mg/kg，应重视某些低锌土壤锌肥施用；1980—2000年土壤有效锌含量无统计数字，2000—2004年土壤有效锌含量为1.40mg/kg左右，与2010—2015年土壤有效锌含量无显著性差异，表明该地区土壤总体上有效锌含量不足，应注意有效锌的施肥。

从土壤有效钙含量来看（图1-33h），该地区土壤有效钙含量变化表现为无显著性变化，1980—2000年土壤有效钙含量无统计数字，2000—2004年土壤有效钙含量低于0.167g/kg，2010—2015土壤有效钙含量无显著性差异；从土壤有效镁含量含量来看（图1-33i），该地区土壤有效镁含量变化表现降低趋势，1980—2000年土壤有效镁含量无统计数字，与2000—2004年土壤有效镁含量相比，2010—2015土壤有效镁含量具有降低趋势；从土壤有效锰含量含量来看（图1-33j），1980—2000年土壤有效锰含量含量无统计数字，与2000—2004年土壤有效锰含量相比，2010—2015年土壤有效锰含均值有所增加；从土壤有效硼含量含量来看（图1-33k），1980—2000年土壤有效硼含量无统计数字，2000—2004年土壤有效硼含量为0.35mg/kg，2010—2015土壤有效硼含量为0.3mg/kg（图1-33k），植烟土壤微量元素中有效硼含量低于0.5mg/kg的临界水平，普遍存在缺乏现象。

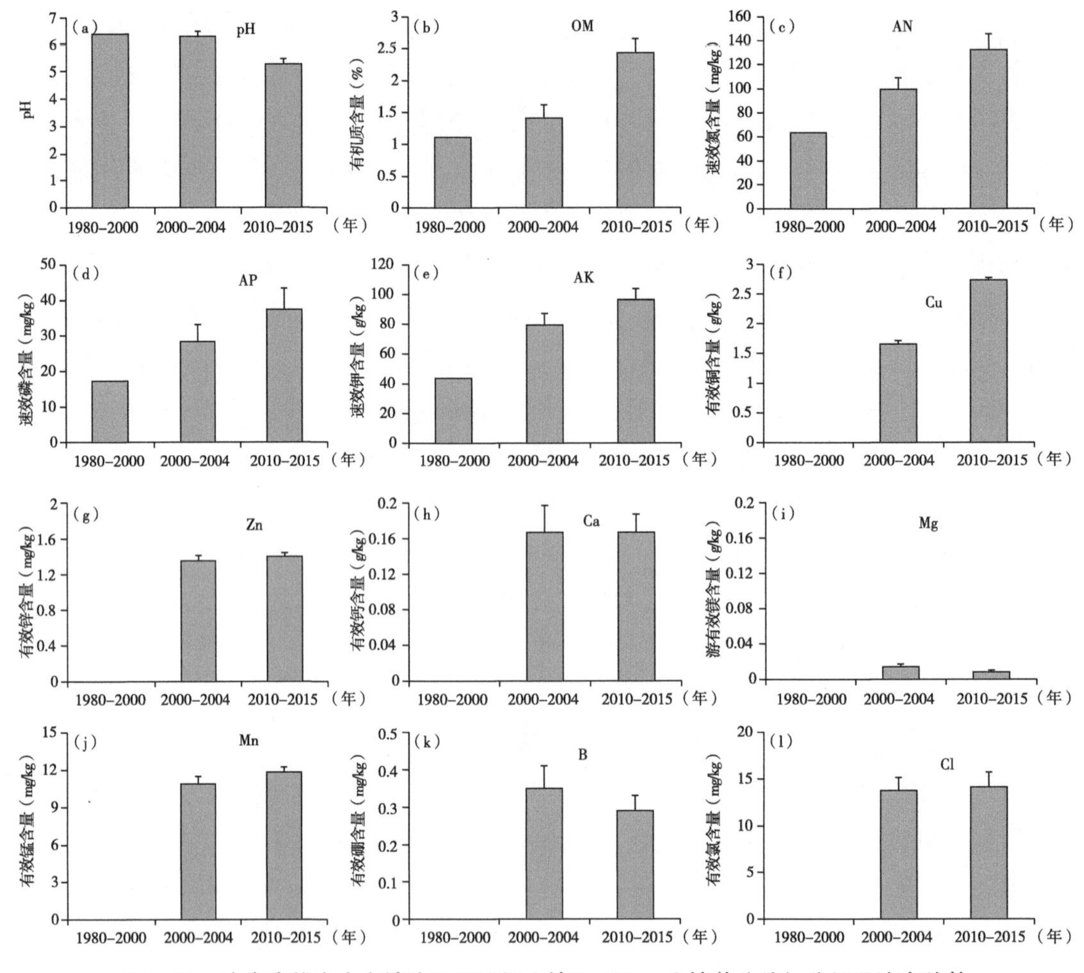

图1-33　广东南雄市古市镇沙泥田植烟土壤0～20cm土壤养分特征分析及演变趋势

a：pH值；b：有机质；c：速效氮；d：速效磷；e：速效钾；f：有效铜；g：有效锌；
h：有效钙；i：有效镁；j：有效锰；k：有效硼；l：有效氯

1.4.3.10　广东南雄市乌迳镇沙泥田植烟土壤0～20cm土壤养分特征分析及演变趋势

从南雄市乌迳镇0～20cm土壤pH值变化来看（图1-34a），当前该地区沙泥田土壤的pH值平均值为5.23，土壤总体上呈酸性，与1980—2000年土壤pH值（5.63左右）比较，2000—2004年土壤pH值（5.81左右）、2010—2015年土壤pH值（5.23）均无显著性差异，表明该地区沙泥田土壤出现酸化现象。

从有机质含量来看（图1-34b），该地区土壤有机质均值在1.93%。与1980—2000年土壤有机质（0.83%左右）比较，2000—2004年（1.85%）、2010—2015年土壤有机质含量（1.93%）呈增加趋势，表明该地区土壤总体上有机质含量富足，在生产上应控制有机质输入。

从大量有效养分来看（图1-34c），当前该地区土壤速效氮含量平均139.2mg/kg，速效氮含量整体水平较高，在生产实际中应控制氮肥施用水平；与1980—2000年土壤速效氮含量较低（61.40mg/kg），而2000—2004年与2010—2015年土壤速效氮含量有显著性增加，分别达91.5mg/kg、139.2mg/kg，表明现阶段土壤速效氮含量处于较高水平，该沙泥田土壤速效氮含量整体水平较高，在生产实际中应控制氮肥施用水平。因此，该地区在植烟过程中应减少氮肥施用，防止氮肥施用过多导致烟株生长过快或贪青晚熟。

从速效磷含量来看（图1-34d），当前该地区土壤的速效磷含量平均值39.57mg/kg，呈富余状态。随着时间增加，速效磷含量有增加的趋势，在1980—2000年土壤速效磷含量为17.70mg/kg，而2000—2004年土壤速效磷含量为29.90mg/kg，2010—2015年土壤速效磷含量39.57mg/kg，表明2010—2015年土壤速效磷含量是2000—2004年的近1.32倍高，该地区土壤速效磷含量有增加的趋势，但也应重视某些低磷土壤磷肥施用。

从速效钾含量来看（图1-34e），该地区土壤速效钾含量平均值105.2mg/kg，1980—2000年土壤速效钾含量为64.8mg/kg，2000—2004年土壤速效钾含量为95.0mg/kg。可见，该地区沙泥田土壤速效钾含量处于中等水平，在生产中应根据土壤含钾量有针对性地侧重钾肥的施用。

从土壤有效铜含量来看（图1-34f），该地区土壤速效铜含量0.02mg/kg，土壤有效铜含量富足在合适的范围内，1980—2000年土壤有效铜含量无统计数字，而2000—2004年土壤有效铜含量较低（0.15mg/kg），但是2010—2015年土壤有效铜含量（0.02mg/kg）呈持续降低趋势；从土壤有效锌含量来看（图1-34g），该地区土壤速效锌平均含量0.39mg/kg，应重视某些低锌土壤锌肥施用，1980—2000年土壤有效锌含量无统计数字，2000—2004年土壤有效锌含量为0.65mg/kg左右，与2010—2015年土壤有效锌含量显著性降低，表明该地区土壤总体上有效锌含量不足，应注意有效锌的施肥。

从土壤有效钙含量来看（图1-34h、图1-34i），该地区土壤有效钙含量变化表现为无显著性变化；1980—2000年土壤有效钙含量无统计数字，2000—2004年土壤有效钙含量低于1.72g/kg，2010—2015土壤有效钙含量无显著性差异；从土壤有效镁含量含量来看（1-34i），该地区土壤有效镁含量变化表现降低趋势（1.55g/kg），1980—2000年土壤有效镁含量含量无统计数字，2000—2004年土壤有效镁含量相比（1.34mg/kg）、2010—2015土壤有效镁含量无显著性差异（1.34mg/kg）；从土壤有效锰含量含量来看（图1-34j），1980—2000年土壤有效锰含量含量无统计数字，与2000—2004年土壤有效锰含量相比，2010—2015年土壤有效锰含均值有所增加；从土壤有效硼含量含量来看（图1-34k）1980—2000年土壤有效硼含量无统计数字，2000—2004年土壤有效硼含量为0.35mg/kg，2010—2015土壤有效硼含量为0.23mg/kg（图1-34k），植烟土壤微量元素中有效硼含量低于0.5mg/kg的临界水平，普遍存在缺乏现象。

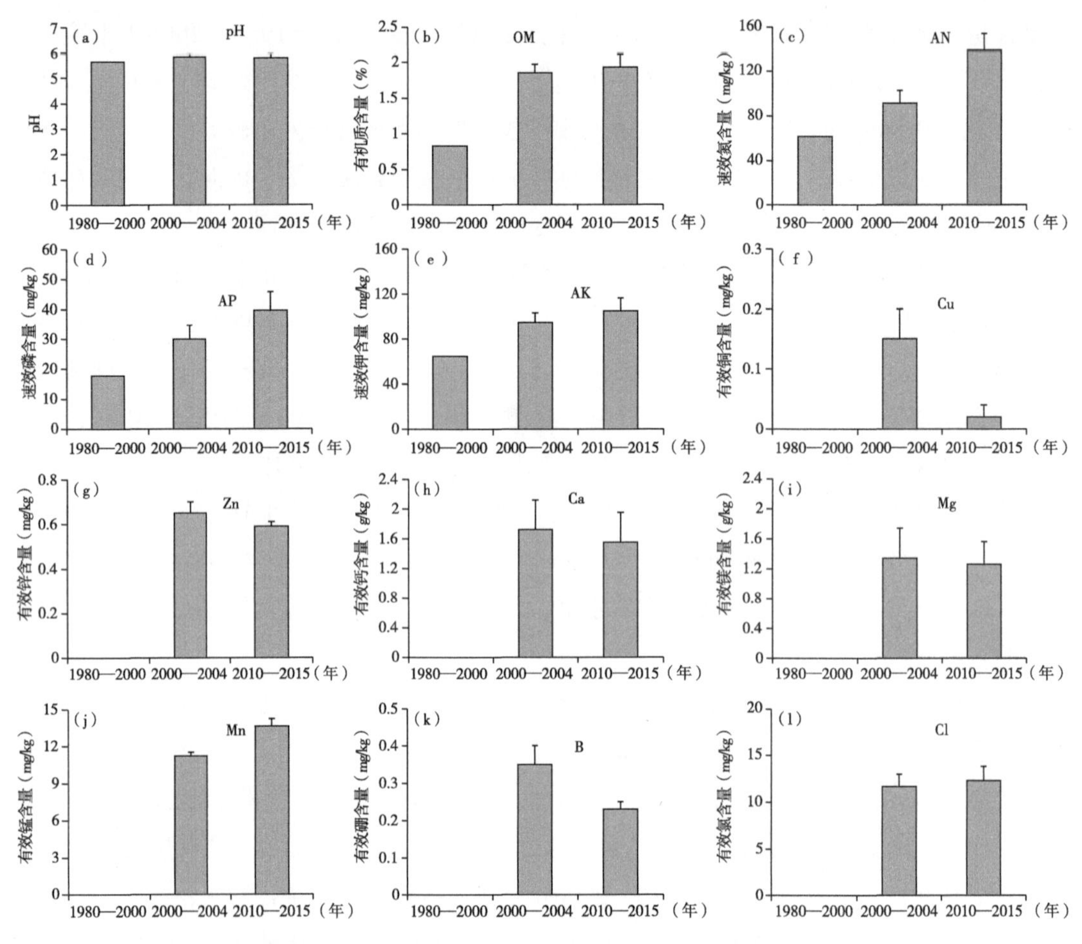

图1-34　广东南雄市乌迳镇沙泥田植烟土壤0～20cm土壤养分特征分析及演变趋势

a：pH值；b：有机质；c：速效氮；d：速效磷；e：速效钾；f：有效铜；g：有效锌；
h：有效钙；i：有效镁；j：有效锰；k：有效硼；l：有效氯

1.4.3.11　广东南雄市雄州街道沙泥田植烟土壤0～20cm土壤养分特征分析及演变趋势

从南雄市雄州街道沙泥田0～20cm土壤pH值变化来看（图1-35a），当前该地区沙泥田土壤的pH值平均值为5.50，土壤总体上呈酸性，与1980—2000年土壤pH值（6.53左右）比较，2000—2004年土壤pH值（5.99左右）、2010—2015年土壤pH值（5.50）呈显著性降低，表明该地区沙泥田土壤出现酸化现象。

从有机质含量来看（图1-35b），该地区土壤有机质在均值2.10%。与1980—2000年土壤有机质（1.03%左右）比较，2000—2004年（1.94%）、2010—2015年土壤有机质含量（2.10%）呈增加趋势，表明该地区土壤总体上有机质含量富足，在生产上应控制有机质输入。

从大量有效养分来看（图1-35c），当前该地区土壤速效氮含量平均130.9mg/kg，速效氮含量整体水平较高，在生产实际中应控制氮肥施用水平。1980—2000年土壤速效氮含量较低（61.24mg/kg），而2000—2004年与2010—2015年土壤速效氮含量显著性增加，分别达111.4mg/kg、130.9mg/kg，表明现阶段土壤速效氮含量处于较高水平。因此，该地区在植烟过程中应减少氮肥施用，防止氮肥施用过多导致烟株生长过快或贪青晚熟。

从速效磷含量来看（图1-35d），当前该地区土壤的速效磷含量平均值41.30mg/kg，呈富余状态。随着时间增加，速效磷含量有增加的趋势，在1980—2000年土壤速效磷含量为21.10mg/kg，而2000—2004年土壤速效磷含量为31.40mg/kg，2010—2015年土壤速效磷含量41.30mg/kg，表明2010—2015年土壤速效磷含量是2000—2004年的近1.32倍高，该地区土壤速效磷含量有增加的趋势，但也应重视某些低磷土壤磷肥施用。

从速效钾含量来看（图1-35e），该地区土壤速效钾含量平均值95.50mg/kg，1980—2000年土壤速效钾含量为64.8mg/kg，2000—2004年土壤速效钾含量为91.30mg/kg。可见该地区沙泥田土壤速效钾含量处于中等水平，在生产中应根据土壤含钾量针对性地侧重钾肥的施用。

从土壤有效铜含量来看（图1-35f），该地区土壤速效铜含量0.02mg/kg，土壤有效铜含量富足在合适的范围内；1980—2000年土壤有效铜含量无统计数字，而2000—2004年土壤有效铜含量较低（0.06mg/kg），但是2010—2015年土壤有效铜含量（0.02mg/kg）呈持续降低趋势；从土壤有效锌含量来看（图1-35g），该地区土壤有效锌平均含量0.39mg/kg，应重视某些低锌土壤锌肥施用，1980—2000年土壤有效锌含量无统计数字，2000—2004年土壤有效锌含量为0.43mg/kg左右，与2010—2015年土壤有效锌含量无显著性差异，表明该地区土壤总体上有效锌含量不足，应注意有效锌的施肥。

从土壤有效钙含量来看（图1-35h、图1-35i），该地区土壤有效钙含量变化表现为无显著性变化，1980—2000年土壤有效钙含量无统计数字，2000—2004年土壤有效钙含量低于1.71g/kg，2010—2015土壤有效钙含量无显著性差异；从土壤有效镁含量来看（图1-35i），该地区土壤有效镁含量变化表现降低趋势（1.80g/kg），1980—2000年土壤有效镁含量含量无统计数字，2000—2004年土壤有效镁含量（1.90mg/kg）与2010—2015土壤有效镁含量无显著性差异（1.80mg/kg）；从土壤有效锰含量含量来看（图1-35j），1980—2000年土壤有效锰含量含量无统计数字，与2000—2004年土壤有效锰含量相比，2010—2015年土壤有效锰含均值无显著性差异；从土壤有效硼含量含量来看（图1-35k）1980—2000年土壤有效硼含量无统计数字，2000—2004年土壤有效硼含量为0.40mg/kg，2010—2015土壤有效硼含量为0.30mg/kg（图1-35k），植烟土壤微量元素中有效硼含量低于0.5mg/kg的临界水平，普遍存在缺乏现象。

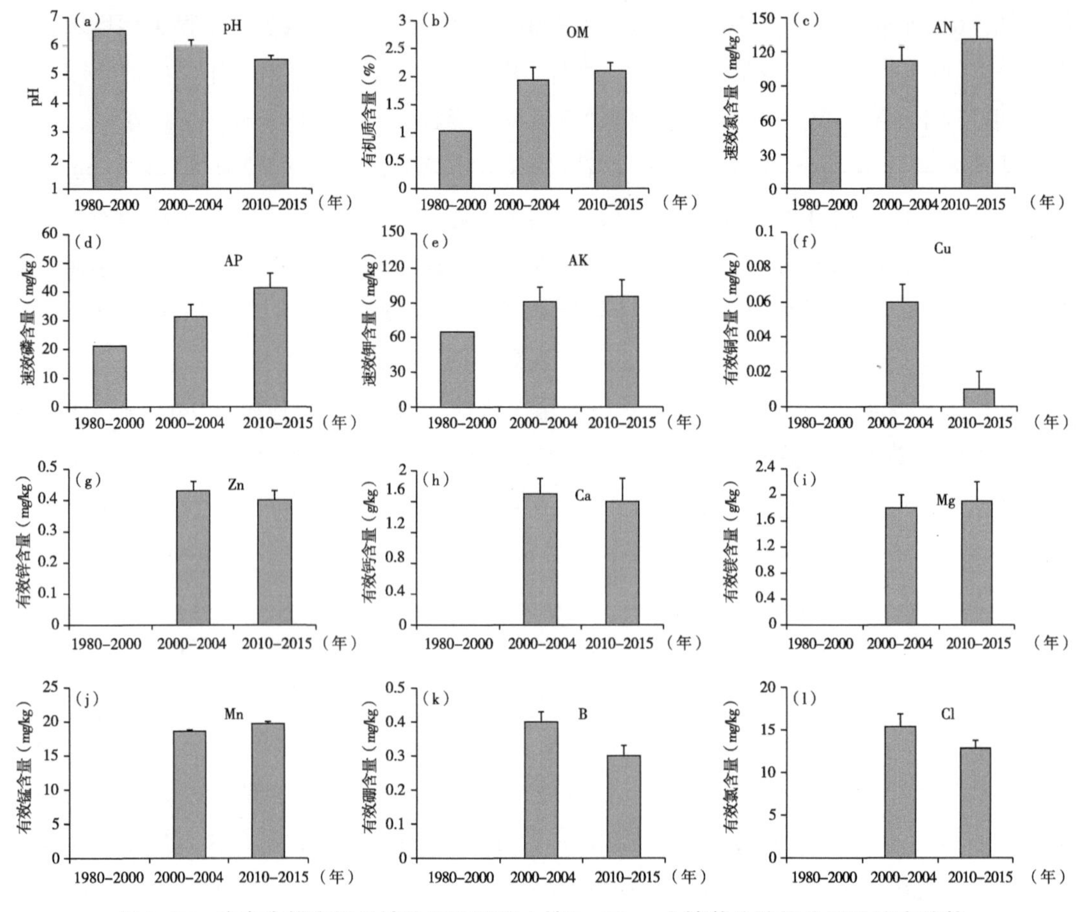

图1–35　广东南雄市雄州镇沙泥田植烟土壤0～20cm土壤养分特征分析及演变趋势

a：pH值；b：有机质；c：速效氮；d：速效磷；e：速效钾；f：有效铜；g：有效锌；
h：有效钙；i：有效镁；j：有效锰；k：有效硼；l：有效氯

1.4.3.12　广东韶关市马市镇沙泥田植烟土壤0～20cm土壤养分特征分析及演变趋势

从韶关市马市镇沙泥田0～20cm土壤pH值变化来看（图1–36a），当前该地区沙泥田土壤的pH值平均值为5.26，土壤总体上呈酸性，与1980—2000年土壤pH值（6.21左右）比较，2000—2004年土壤pH值（5.87左右）、2010—2015年土壤pH值（5.26）显著性降低，表明该地区沙泥田土壤出现酸化现象。

从有机质含量来看（图1–36b），该地区土壤有机质在均值1.94%。与1980—2000年土壤有机质（1.22%左右）比较，2000—2004年（1.77%）、2010—2015年土壤有机质含量（1.94%）呈增加趋势，表明该地区土壤总体上有机质含量富足，在生产上应控制有机质输入。

从大量有效养分来看（图1–36c），当前该地区土壤速效氮含量平均92.26mg/kg，速效氮含量整体水平较高，在生产实际中应控制氮肥施用水平。与1980—2000年土壤速效氮含量较低（40.36mg/kg），而2000—2004年与2010—2015年土壤速效氮含量显著性增加，分别达77.64mg/kg、92.26mg/kg，表明现阶段土壤速效氮含量处于较高水平。因此，韶关马市沙泥田植烟过程中应减少氮肥施用，防止氮肥施用过多导致烟株生长过快或贪青晚熟。

从速效磷含量来看（图1-36d），当前该地区土壤的速效磷含量平均值40.63mg/kg，呈富余状态。随着时间增加，速效磷含量有增加的趋势，在1980—2000年土壤速效磷含量为21.10mg/kg，而2000—2004年土壤速效磷含量为37.20mg/kg，2010—2015年土壤速效磷含量40.63mg/kg，表明2010—2015年土壤速效磷含量是2000—2004年的近1.09倍高，该地区土壤速效磷含量有增加的趋势，但也应重视某些低磷土壤磷肥施用。

从速效钾含量来看（图1-36e），该地区土壤速效钾含量平均值69.12mg/kg；1980—2000年土壤速效钾含量为45.80mg/kg，2000—2004年土壤速效钾含量为79.90mg/kg。可见，该地区沙泥田土壤速效钾含量处于较低水平，在生产中应根据土壤含钾量有针对性地侧重钾肥的施用。

从土壤有效铜含量来看（图1-36f），该地区土壤速效铜含量2.14mg/kg，土壤有效铜含量富足在合适的范围内，1980—2000年土壤有效铜含量无统计数字，而2000—2004年土壤有效铜含量较低（1.76mg/kg），但是2010—2015年土壤有效铜含量（2.14mg/kg）呈增加趋势。从土壤有效锌含量来看（图1-36g），该地区土壤速效锌平均含量1.20mg/kg，应重视某些低锌土壤锌肥施用，1980—2000年土壤有效锌含量无统计数字，2000—2004年土壤有效锌含量为1.46mg/kg左右，与2010—2015年土壤有效锌含量无显著性差异，表明该地区土壤总体上有效锌含量不足，应注意有效锌的施肥。

从土壤有效钙含量来看（图1-36h，图1-36i），该地区土壤有效钙含量变化表现为无显著性变化；1980—2000年土壤有效钙含量含量无统计数字，2000—2004年土壤有效钙含量低于0.12g/kg，2010—2015土壤有效钙含量无显著性差异；从土壤有效镁含量含量来看（图1-35i），该地区土壤有效镁含量变化表现降低趋势（0.008g/kg），1980—2000年土壤有效镁含量含量无统计数字，2000—2004年土壤有效镁含量（0.014mg/kg）与2010—2015土壤有效镁含量无显著性差异（0.008mg/kg）；从土壤有效锰含量含量来看（图1-36j），1980—2000年土壤有效锰含量含量无统计数字，与2000—2004年土壤有效锰含量相比，2010—2015年土壤有效锰含均值无显著性差异；从土壤有效硼含量含量来看（图1-35k），1980—2000年土壤有效硼含量无统计数字，2000—2004年土壤有效硼含量为0.36mg/kg，2010—2015土壤有效硼含量为0.28mg/kg（图1-36k），植烟土壤微量元素中有效硼含量低于0.5mg/kg的临界水平，普遍存在缺乏现象。

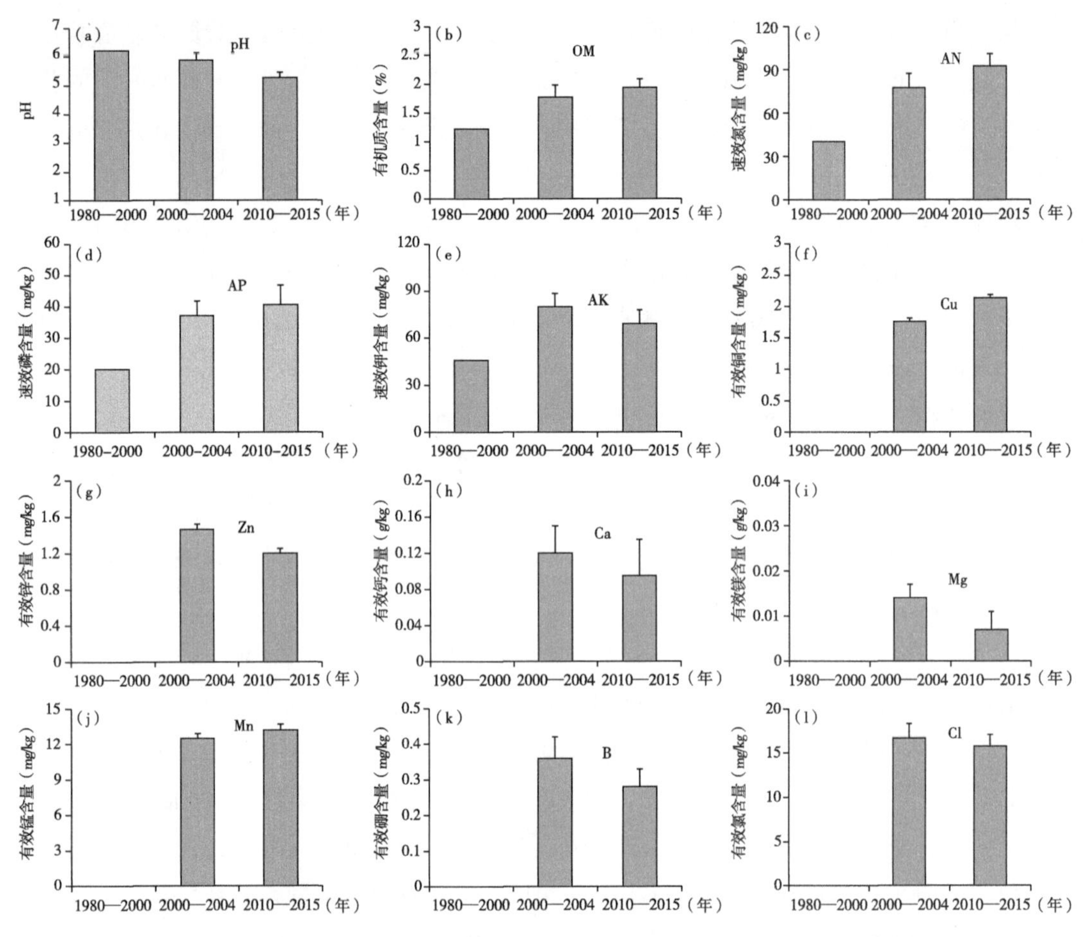

图1-36　广东韶关市马市镇沙泥田植烟土壤0～20cm土壤养分特征分析及演变趋势

a：pH值；b：有机质；c：速效氮；d：速效磷；e：速效钾；f：有效铜；g：有效锌；
h：有效钙；i：有效镁；j：有效锰；k：有效硼；l：有效氯

1.4.4　结论

近30年来，广东植烟土壤沙泥田（0～20cm）土壤养分特征分析及演变趋势如下。

（1）广东植烟土壤总体上呈酸性，土壤pH值呈逐渐降低趋势，第二次土壤普查以来pH值降低了0.74个单位。

（2）植烟土壤有机质富足，第二次土壤普查以来有机质提高较大，在生产上应控制有机质的输入。

（3）植烟土壤速效氮、速效磷、速效钾含量整体水平较高，土壤大量元素含量呈逐渐增加趋势；第二次土壤普查以来速效氮、速效磷、速效钾含量增加了81mg/kg、31mg/kg、67mg/kg，在生产实际中应控制氮、磷肥施用水平；应注意提高钾肥在沙泥田土壤中的施用，土壤速效钾含量较低，且变异较大，在生产中应根据土壤含钾量有针对性地侧重钾肥的施用。

（4）近30年来，植烟土壤整体上有效铜、有效锌、有效硼含量有降低趋势，普遍存在缺乏现象；而有效锰、有效铁含量普遍较为富足，沙泥田土壤中量元素有效钙、有效镁含量有降低趋势。

1.5 广东植烟土壤质量提升措施及对策建议

1.5.1 植烟土壤质量存在的问题

广东省传统烟区植烟历史已近30年，由于烟区土壤复种指数高、化学肥料的大量施用等因素，导致植烟土壤退化，并引发了土壤生产力下降、病害加重、烟叶产量及质量下降等严重问题。长期复种及单一施用化肥等导致沙泥田土壤退化已成为广东省烟草生产的主要障碍因子，是广东省烟叶产业可持续发展的瓶颈，并且对广东省烟区的稳定性造成了严重威胁。在本项目“广东省植烟土壤质量时空演变特征研究”中，发现3种主要植烟土壤存在一系列问题：土壤理化性质恶化，耕作层土壤变浅、土壤退化严重，这些已严重制约了优质烤烟生产。

1.5.1.1 植烟土壤耕作层变浅、土壤理化性质恶化导致根系早衰和土壤保水、保肥性能衰退

在研究中发现，3种植烟土壤耕作层在10～22cm，耕作层变浅后，烟株根系固定支撑作用降低，同时根系吸收养分区域变窄，根系发育受到限制；同时在6月份的旺长期至成熟期时，地温较高，根系受到灼伤，或降雨频繁、土壤干湿交替频繁，导致土壤开裂或闭合强度大，根系在该时期撕扯严重，导致根系早衰，烟叶生长后期耐熟性降低。

1.5.1.2 植烟土壤pH值下降严重导致有效态铁、锰含量过高，有效态钙、镁含量过低

根据本项目研究数据，南雄烟区主要植烟土壤pH值变幅为3.85～8.83，平均6.37，其中40.1%的土壤pH值在5.5以下（沙泥田为主、牛肝土田为次），36.6%%在7.5以上（主要是紫色土地）；相对于20世纪80年代，目前广东省植烟土壤沙泥田、牛肝土田土壤pH值平均降低了0.46个单位，其中沙泥田土壤酸化严重。在广东烤烟生产过程中，根际土壤酸化问题（沙泥田）严重制约着烤烟生产。

根据项目组研究数据，广东南雄烟区主要植烟土壤紫色土地、牛肝土和沙泥田3种土壤交换性钙量平均含量分别为814.13mmol/kg、312.26mmol/kg和105.18mmol/kg，交换性镁含量分别为17.27mmol/kg、13.60mmol/kg和8.14mmol/kg，其中紫色土地和牛肝土田这两种中量元素含量较为富足，但沙泥田分别有26.3%和85.9%的土壤不同程度缺乏钙和镁。同时由于钙镁流失严重，烤烟有效钙、镁含量较低；同时，南雄烟区牛肝土田和沙泥田土壤有效铁含量较为丰富，平均值分别达到170.60mg/kg和253.90mg/kg，而紫色土地平均值明

显低于上述土壤类型（33.82mg/kg），有25.9%的该类土壤不同程度存在缺铁。3种主要植烟土壤的有效锰含量平均值皆大于10.0mg/kg，表现富余。由于土壤酸化导致铁、锰强烈还原，铁锰有效含量增加；而在前期调研中，发现梅州沙泥田土壤种植的烤烟中，出现烟叶褪色或变褐色现象，推测可能与土壤酸化导致土壤铁、锰含量过高及钙、镁流失原因导致有关。

1.5.1.3 广东植烟土壤阳离子交换量、盐基饱和度降低

根据项目组研究数据，广东南雄烟区主要植烟土壤速效氮含量变幅为13.72～250.42mg/kg，平均108.04mg/kg，23.2%土壤含量低于60.0mg/kg，42.5%高于120.0mg/kg，表明广东省主要植烟土壤氮素含量过高；同时沙泥田土壤降雨时土壤泥泞、干旱时板结，导致土壤供钾能力较弱，而牛肝土田通气透水较差，导致烤烟根系生长受阻，而且根系老化显现明显。而相对于20世纪初，目前3种植烟土壤阳离子交换量减小趋势严重，而盐基饱和度显著较低。以广东南雄烟区主要植烟土壤为例，近30年来沙泥田土壤阳离子交换量减小了（6.43±3.54）cmol（+）/kg，降低幅度25.62%～46.53%，而盐基饱和度减小7.61%～24.02%，下降幅度27.72%～51.21%；紫色土地土壤阳离子交换量减小幅度12.72%～29.87%，而盐基饱和度31.24%～48.12%；牛肝土田土壤阳离子交换量减少（4.12±2.76）cmol（+）/kg，降低幅度15.86%～35.11%，而盐基饱和度减小8.23%～14.25%，下降幅度20.14%～46.24%。而随着土壤酸化逐渐增强，植烟土壤对磷酸根、钼酸根的固定作用会随之增强，同时降低了土壤中磷和钼的有效性，导致烤烟种植过程中土壤钼元素的贫瘠。

1.5.1.4 广东植烟土壤微生物群落发生紊乱，特别是沙泥田土壤

土壤中各种类型的微生物也会因土壤酸化而受到严重影响，从而致使土壤微生物数量减少，阻遏其生命活动，因此对土壤各元素的循环和有机物质的分解造成一定影响。前期研究发现，沙泥田土壤因氮肥过量施肥及土壤酸化导致的微生物区系紊乱，真菌大量增殖，使其土壤生物学性质衰退，从微生物区系紊乱进行修复技术研发，急需开展研制适合沙泥田土壤的微生物改良剂、土壤调理剂以修复沙泥田土壤。

1.5.1.5 植烟土壤（沙泥田、牛肝土田）物理性状变差，有机质流失严重，导致活性碳含量下降，同时碳氮比失调

根据项目组研究数据，紫色土地土壤肥力低且侵蚀退化严重，需要通过合理施肥，提高土壤肥力水平；而由于长期耕作或水稻—烤烟轮作，导致牛肝土、沙泥田土壤疏松度或团粒结构减少，变得紧实板结，其容重增加，小孔隙数量多，土壤通气透水性差，容易产生地面积水或地表径流，土内空气缺乏，影响微生物活动和养分转化，有机质流失较大，土壤活性碳减少，影响烤烟耕作质量、幼苗团棵期较长和根系发育过程中受冷害严重，导致难以正常发育。

同时牛肝土田、沙泥田氮素投入量过高，土壤碳氮比失调。研究发现，广东梅州沙泥田烤烟土壤速效氮含量偏高（137.2mg/kg）、施氮量大且基肥追肥不合理问题突出，可能是导致该土壤烤烟原烟感官质量难以进一步提升的重要限制性因素。另外，沙泥田土壤C/N失调（偏低），且“施氮量过大，重基肥，轻追肥”的施肥，导致氮素供应与烤烟各生育期对氮素需求不协调，烟叶感官品质下降。研究表明，饼肥与化肥配施显著提高土壤微生物量碳和氮，提高土壤脂肪酶、转化酶和脲酶活性，改善烤后烟叶的香气质，提高香气量。而土壤酶活性与有机肥种类（碳氮比）、腐熟程度及土壤类型等因素密切有关，通过不同碳氮比有机肥优化配施改善土壤C/N，调节土壤酶活性，提高烤烟营养。而紫色土地是优质烟叶生产的重要的植烟土壤，但是近年来由于水土流失严重，同时有机质含量较低，导致土壤保肥供肥性能下降。

1.5.1.6 植烟土壤（沙泥田、牛肝土田）供钾能力较弱，土壤保肥供肥（钾肥）能力受土壤特性和气象因子双重制约

对沙泥田植烟土壤研究发现，沙泥田为较强酸性土壤，速效钾较低；有效硼、铜、锌和氯较低，有效钙和镁缺乏，而有效锰较高；沙泥田应减少氮肥投入，需增施钾肥以调节土壤肥力；但是，目前沙泥田土壤供钾特性受土壤理化性质影响较大，特别是近年在来沙泥田土壤耕作层变浅、土壤物理性质恶化、土壤酸化现象严重情况下。同时，由于沙泥田地区土壤保钾供钾能力受土壤特性和气象因素双重因素制约的前提下，根据地力肥力等不同状况开展不同层次的改良措施。常用的改良措施有深耕松土，加厚活土层，减小土壤容重，改良土壤的通透性等。

1.5.2 植烟土壤质量提升措施及对策建议

基于广东烟区当前植烟土壤质量状况，在分析各个产区土壤质量演变规律的基础上，通过对当前植烟过程中土壤质量影响障碍因子的分析，有针对性的提出各个产区土壤质量提升的措施及趋利避害的对策与建议，为烟草种植提供支撑。

（1）在土壤酸化植烟土壤中，例如沙泥田土壤中，采用弱碱性复合肥料或生理碱性肥料；施用石灰和碱性磷肥，调节土壤酸碱度。例如，在梅州土壤酸化严重地区可采用石灰改良措施，在翻耕后按照每666.7m^{2}施用石灰100kg的量均匀撒施，然后再起垄，同时，磷肥采用碱性钙镁磷肥（12.1kgP_2O_5/666.7m^2）。

（2）在土壤氮磷含量较高植烟土壤，应该采用测土配方施肥技术进行控制氮磷肥投入，通过氮磷总量控制，根据烤烟生育期进行氮素分期调控，磷肥实时监控；同时由于牛肝土田、沙泥田氮素投入量过高，土壤碳氮比失调。例如，广东梅州沙泥田烤烟土壤速效氮含量偏高（137.2mg/kg）、施氮量大且基肥追肥不合理问题突出，可能是导致该土壤烤烟原烟感官质量难以进一步提升的重要限制性因素。

（3）在有机质碳含量较低，碳氮比失调植烟土壤中，由于前期有机氮矿化速率快，

造成中前期烟株长势过旺，下部叶不能正常成熟，中、上部叶片过大、过厚，烟碱量过高，对烤烟致香物质形成和香气品质的改善不利。通过在沙泥田、牛肝土田碳氮比失调土壤中采用土壤保育与调控的有机肥碳氮比优化施肥技术。

而沙泥田土壤C/N失调（偏低），且“施氮量过大，重基肥，轻追肥”的施肥，导致氮素供应与烤烟各生育期对氮素需求不协调，烟叶感官品质下降，因此采用含碳量高的有机肥（猪粪与饼肥等有机肥合理搭配调节碳氮比，改善烤烟香气品质。不同C/N比有机肥输入可有效调控大田不同生育期烟株根际土壤化学和微生物学行为，最终影响原烟的香气质与量。根据前期研究，在植烟土壤，可采用常用的猪厩肥和花生饼肥，按照质量（250：20）~（350：12）的比例混匀腐熟（C/N≈25）后，按照270kg/666.7m^{2}的量基施（条施）。

（4）植烟土壤沙泥田富氮少钾、中微量养分供应不均衡，土壤涨缩性强，湿时膨胀，干时收缩导致供钾不足。

①优化氮、钾肥施肥方法，均衡烟株营养。在施用猪厩肥和花生饼肥时，按照猪厩肥250kg/666.7m^2、花生饼肥20kg/666.7m^{2}施用，作基肥条施（移栽前条施后覆膜），同时施用7.2kg//666.7m^{2}无机氮肥，基肥（移栽前条施后覆膜）5.05kg/666.7m^{2}与追肥以5.05kg/666.7m^2（5：5）比例施用。在C/N优化后（氮肥基追比），钾肥供应量在16.0kg/666.7m^2，基肥（移栽前条施后覆膜）4.80kg/666.7m^{2}与追肥以11.20kg/666.7m^{2}施用（基追比为3：7）。

②适量供应镁、硼，弥补土壤缺素。根据测土配方及植烟土壤调查数据发现，梅州地区镁、硼有效含量较低，为了烤烟产量与质量的协同提高，采用有机肥（C/N25）、氮施用量（7.2kg/亩）及基追比（5：5）、钾肥（16.0kg/666.7m^2）施用量及基追比（3：7）优化的耦合技术；为了获得优质烟叶生产，需要供应硼肥在0.1kg/666.7m^2（合计硼砂2.0kg/666.7m^2）左右为宜，而镁肥在2.0kg/666.7m^2（合计硫酸镁10.0kg/666.7m^2）左右为宜。③在土壤酸化、土壤阳离子交换量较低、盐基饱和度降低、土壤保肥供（钾）肥能力降低的沙泥田、牛肝土田土壤中，可通过生物炭及白云石粉、磷矿粉等不同土壤酸性改良剂的添加，改良沙泥田、牛肝土田酸化现象以及提高土壤保肥供肥能力。

④针对3种植烟土壤微生物区系紊乱，特别是沙泥田土壤青枯病等病害问题，通过功能菌株的筛选，与解磷、解钾等功能菌进行配伍制备有益微生物菌肥，达到土壤保育和修复目的。通过采用均衡土壤有机无机配方营养技术、不同种植模式和微生物肥筛选的方式来保育修复土壤，进行土传病害的防控。

⑤植烟过程采用土壤中微量元素为基础的有机—无机（中、微量）肥配方及产品的应用，利用提高钙、镁含量及降低铁、锰还原效应的有机—无机肥产品。

⑥采用高起垄栽培中耕技术。由于植烟土壤耕作层变浅，烤烟根系伸展能力受到限制。

2　植烟土壤氮素运筹对氮素矿化、吸收、累积的调控

2.1　植烟土壤氮素矿化特征及烟株氮素吸收和累积规律

在特定的生态和品种条件下，施肥为调控烟株大田生长发育及原烟产量和品质的核心手段，而氮素则是影响烟株生长发育及烟叶产量、质量最重要的矿质元素。受制于对烤烟氮肥管理要求“少时富、老来贫”的片面理解及对后期烟田土壤供氮情况认识不清，我国烤烟生产中普遍存在着氮肥施用不合理的现象，突出表现在基、追比例偏大及土壤后期供氮过量的问题。由于烤烟大田前期以吸收肥料氮为主，后期以吸收的土壤氮为主，整个大田期吸收的土壤氮多于肥料氮，因此，一方面，大田前期烟株根系吸收能力较弱，重施基肥时施入的大量肥料氮不能及时被烟株吸收利用而易造成损失；另一方面，后期土壤供氮增强的前提下，不当施氮极易造成原烟烟碱含量偏高、难以正常成熟落黄等问题。这种问题在我国烤烟大田期雨水较多、大田后期温度较高的南方烟区表现得尤其突出。

在前期研究中发现，广东南雄烟区植烟土壤速效氮含量普遍较高，土壤C/N失调（偏低），且“施氮量过大，重基肥，轻追肥”的施肥方式，导致氮素供应与烤烟各生育期对氮素需求不协调，烟叶感官品质下降，主要问题：一是施氮量过大，易导致烟叶品质下降；二是氮肥施肥基追比与烤烟根系吸氮规律不吻合。在一定施氮量下，若基肥施用量过大，前期烟株不能及时吸收利用导致氮肥损失加大，若氮肥追肥施用量过大，易造成烤烟生育后期供氮过多，烟叶贪青晚熟。而大量研究表明，烤烟大田生育期对氮素的吸收规律与当地的生态特点、基因型、栽培模式等因素密切相关，而土壤氮素供应则与当地温度、水分、土壤本身的理化特性等因素有关。优质烤烟对氮素的需求是团棵前氮素需求量少，旺长期需要供氮较多，后期需适时控氮。烤烟种植过程中传统施氮强调供氮重心的前移，70%～80%的无机氮作基肥，其余20%～30%无机氮作追肥，这与烤烟在伸根期氮素需求少、旺长期需求急剧增加、成熟期需要适时控氮的规律不吻合，影响了烤烟优良品质的形成。针对以上问题，本研究通过大田试验，探索了广东南雄烟区3种主要植烟土壤供氮特

性及烤烟对氮素吸收规律，以期为合理施氮，提高氮肥利用率提供参考依据。

2.1.1 材料与方法

2.1.1.1 试验材料

供试烤烟（*Nicotiana tobacum* L.）品种为“粤烟97”，由广东省烟草南雄科学研究所提供。供试3种植烟土壤基本理化性质见表2-1。供试肥料为硝酸铵（N30%）、钙镁磷肥（$P_2O_5$12%）、硫酸钾（K_2O50%）。试验用砂滤管由碳化硅烧制而成，规格为内径×高＝4cm×17cm，壁厚为8.5mm，孔隙大小以140μm×70μm为主，能通气透水，但烟株根系不能进入，以防止根系进入而影响测定结果。

表2-1 供试3种植烟土壤主要农化性状

土壤类型	pH值	有机质（g/kg）	全氮（g/kg）	全磷（g/kg）	全钾（g/kg）	水解氮（mg/kg）	速效磷（mg/kg）	速效钾（mg/kg）
紫色土地	7.45	12.13	0.75	0.85	18.79	60.1	18.3	150.0
牛肝土田	5.90	18.74	1.14	0.61	6.43	106.7	56.7	40.0
沙泥田	5.70	26.09	1.41	0.67	21.43	138.5	33.5	50.0

2.1.1.2 试验设计

试验于2012—2013年在广东省烟草南雄科学研究所试验基地（紫色土地和牛肝土田）和广东省南雄市古市镇丰源管理区（沙泥田）同时进行。3种植烟土壤各设置2个处理：即施氮处理和不施氮处理，每处理设置3次重复，每小区植烟250株。施氮处理按当地习惯施肥方法进行施肥处理，即施用纯氮150kg/hm^2，N：P_2O_5：K_2O＝1.0：0.8：2.0，其中氮肥和钾肥基追比皆为7：3，基施为移栽前穴施，追施为团棵时结合揭膜培土追施，磷肥在移栽前一次性基施。不施氮处理磷、钾肥施用量及施用方式同施氮处理。在不施氮区采用砂滤管装土掩埋的方法研究土壤氮素矿化过程，其具体操作为：在烤烟移栽前，取耕层土壤（0～20cm）风干，然后粉碎全部过2mm筛并混匀后填装砂滤管，然后用胶布封严管体和管盖接合处，在烤烟移栽当天埋入相应试验田无氮区烟垄耕层土壤两棵烟之间，浇一定量原土悬浊液，表层覆土5cm。每种植烟土壤无氮区皆埋管24个。于2012年11月28日播种，2013年2月20日移栽，移栽密度为行距×株距=1.2m×0.6m，按当地习惯技术措施进行其他栽培管理。

2.1.1.3 测定方法

移栽后第15d、30d、45d、60d、75d、90d、120d时，分别从3种土壤无氮处理区各随机取出3支砂滤管带回实验室测定铵态氮和硝态氮含量，以计算各期土壤氮矿化量；同期分别在各施氮区随机挖取均匀一致的3株烤烟整株，每株作为1次重复，测定和计算烟株各期氮素积累量。在烟株进入成熟期后，各施氮区和无氮区分别选定均匀一致3株烤烟进行定株，定株烤烟各部位叶片达到正常采收标准时立即采收后杀青烘干，采收完毕后，分别收集各单株全部叶片以计算产量，同时小心挖出带茎根，测定和计算定株烤烟地上部和地下部氮素积累量。

采用过硫酸钾氧化，靛酚蓝比色法测定全氮（TN）含量（质量分数）；采用紫外分光光度法测定硝态氮（NO_3^--N）含量（质量分数）；采用靛酚蓝比色法测定铵态氮（NH_4^+-N）含量（质量分数）。

2.1.1.4　计算方法与数据处理

土壤矿质氮=土壤硝态氮+土壤铵态氮

土壤矿化氮=培养前土壤矿质氮-培养后土壤矿质氮

氮肥利用率（NRE，%）=（施氮区烟株吸氮量-无氮区烟株吸氮量）/施氮区施氮量×100

氮肥农学利用率（NAE，kg/kg）=（施氮区烟叶产量-无氮区烟叶产量）/施氮区施氮量

氮肥生理利用率（NPE，kg/kg）=（施氮区烟叶产量-无氮区烟叶产量）/烟株吸氮量

氮肥吸收效率（NUPE，kg/kg）=烟株地上部氮积累量/施氮区施氮量

氮肥利用效益（NFE，kg/kg）=烟叶产量/施氮区施氮量

收获指数（NHI，%）=烟叶中的氮积累量/烟株中的氮积累量×100

采用SPSS22.0软件进行数据的方差分析，LSD法进行多重比较，用Excel 2010作图。

2.1.2　结果与分析

2.1.2.1　南雄烟区植烟土壤的供氮特性

表2-2结果显示，在烤烟整个大田生育期（120d），牛肝土田和沙泥田土壤氮矿化强度呈持续增强趋势，而紫色土地则在持续增强至移栽75d后缓慢下降，3种土壤间氮矿化总量差异极显著（$P<0.01$），其中沙泥田较牛肝土田和紫色土地平均分别增加82.45kg/hm^{2}和32.77kg/hm^2，牛肝土田较紫色土地增加49.68kg/hm^2。在烤烟大田生育各期中，伸根期（0～45d）紫色土地、牛肝土田和沙泥田3种土壤间氮矿化量差异极显著（$P<0.01$），分别为55.76kg/hm^2、67.90kg/hm^2、75.87kg/hm^2；旺长期（45～60d）沙泥田氮矿化量较紫色土地平均增加8.14kg/hm^2（$P<0.05$），而牛肝土田与其他两种土壤差异不显著；成熟期（60～120d）紫色土地、牛肝土田和沙泥田3种土壤氮矿化量分别为167.30kg/hm^2、201.28kg/hm^2、221.23kg/hm^2，其中紫色土地极显著（$P<0.01$）低于其他两种土壤，而沙泥田则显著（$P<0.05$）高于牛肝土田。从各生育期土壤氮矿化量占整个大田生育期总矿化量比例来看，紫色土地在伸根期、旺长期和成熟期氮矿化量分别占整个大田生育期总矿化量的20.07%、19.71%和60.22%，牛肝土田分别为20.73%、17.81%和61.46%，沙泥田分别为21.06%、17.53%和61.41%。

表2-2　南雄烟区植烟土壤氮矿化特征

土壤类型	移栽后不同生育阶段土壤氮矿化量（kg/hm^2）							
	0～15d	15～30d	30～45d	45～60d	60～75d	75～90d	90～120d	0～120d
紫色土地	2.41 ± 0.50aA	13.21 ± 0.76aA	40.14 ± 1.80aA	54.76 ± 3.06aA	58.63 ± 2.37aA	55.32 ± 2.75aA	53.35 ± 4.42aA	277.82 ± 10.98aA
牛肝土田	4.87 ± 0.80bB	16.32 ± 0.78bA	46.71 ± 2.97bAB	58.32 ± 4.30abA	62.74 ± 3.08abAB	68.17 ± 1.92bB	70.37 ± 2.37bB	327.50 ± 2.60bB
沙泥田	5.84 ± 0.45bB	20.71 ± 1.79cB	49.32 ± 1.94bB	63.17 ± 3.09bA	67.42 ± 2.44bB	72.63 ± 3.15bB	81.18 ± 3.98cB	360.27 ± 7.23cC

注：小写字母表示在0.05水平上差异显著，大写字母表示0.01水平上差异显著。全书同

2.1.2.2　南雄烟区烤烟氮素积累规律

从图2-1可以看出，在烤烟整个大田生育期（0～120d），紫色土地、牛肝土田和沙泥田3种土壤中烟株氮素积累总体上皆表现为“缓慢—快速—缓慢”的“S”型曲线规律，积累量分别为4.19gN/株、4.81gN/株和5.36gN/株，其中沙泥田显著（$P<0.05$）高于牛肝土田、极显著（$P<0.01$）高于紫色土地，而牛肝土田显著（$P<0.05$）高于紫色土地。

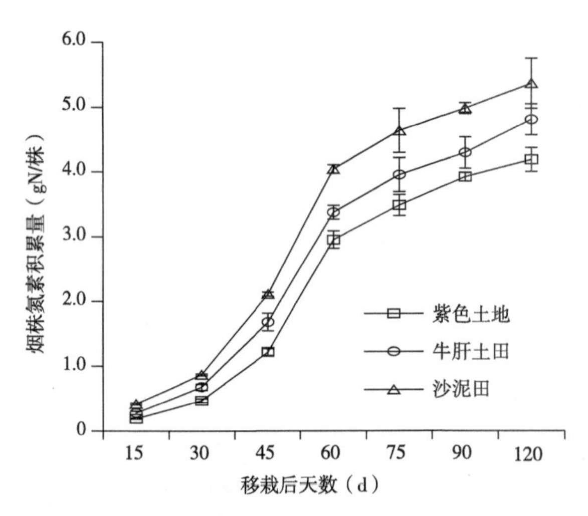

图2-1　南雄烟区烤烟氮素积累动态

从烤烟大田各生育期氮素积累特点来看（表2-3），伸根期（0～45d）沙泥田中烟株氮素积累量、积累速率以及积累比例皆极显著高于紫色土地中烟株，分别增加0.89gN/株、19.87mg/（株·d）和10.20个百分点，而牛肝土田中烟株此期氮积累量和积累速率与紫色土地、沙泥田中烟株无显著差异。旺长期（45～60d）沙泥田中烟株氮素积累量和积累速率较紫色土地和牛肝土田分别增加0.20gN/株、0.24gN/株和13.34mg/（株·d）、16.00mg/（株·d），而紫色土地和牛肝土田中烟株此期氮素积累量间及积累速率间皆无显著差异，但紫色土地中烟株此期氮素积累量占总积累量的比例显著高于牛肝土田和沙泥

田，分别达6.18个百分点和5.35个百分点。成熟期（60～120d）3种土壤中烟株氮素积累量间、积累速率间皆无显著差异，但此期沙泥田中烟株氮素积累比例较紫色土地和牛肝土田中烟株呈极显著下降，分别下降4.85个百分点和5.24个百分点。

表2-3　南雄烟区不同生育期烤烟氮素积累特点

土壤类型	伸根期（0～45d）			旺长期（45～60d）			成熟期（60～120d）		
	积累量（g/株）	积累速率〔mg/（株·d）〕	占总积累量比例（%）	积累量（g/株）	积累速率〔mg/（株·d）〕	占总积累量比例（%）	积累量（g/株）	积累速率〔mg/（株·d）〕	占总积累量比例（%）
紫色土地	1.22±0.05aA	27.11±1.46aA	29.15±1.82aA	1.73±0.12aA	115.33±10.11aA	41.34±2.30bA	1.24±0.07aA	20.58±1.98aA	29.51±0.93bB
牛肝土田	1.68±0.14aAB	37.33±6.53abAB	34.95±3.02aAB	1.69±0.11aA	112.67±7.14aA	35.16±1.75aA	1.44±0.13aA	23.95±1.30aA	29.90±1.71bB
沙泥田	2.11±0.03bB	46.89±4.63bB	39.35±3.79bB	1.93±0.26bA	128.67±9.69bA	35.99±3.59aA	1.32±0.22aA	22.04±1.77aA	24.66±1.23aA

2.1.2.3　南雄烟区烤烟氮肥利用率

表2-4结果显示，南雄烟区3种主要植烟土壤中烤烟氮肥利用各指标不尽相同。其中，与紫色土地中烤烟相比，牛肝土田中烤烟氮肥农学利用率（NAE）增加1.49kg/kg；沙泥田中烤烟氮肥利用率（NRE）、农学利用率（NAE）以及利用效益（NFE）分别增加3.51个百分点、1.81kg/kg和2.82kg/kg，而氮肥生理利用率（NPE）和收获指数（NHI）分别下降2.38kg/kg和3.79个百分点。与牛肝土田中烤烟相比，沙泥田中烤烟氮肥生理利用率（NPE）和收获指数（NHI）分别下降2.21kg/kg和2.84个百分点。紫色土地、牛肝土田和沙泥田3种土壤中烤烟氮肥利用效益（NFE）间无显著差异。

表2-4　南雄烟区烤烟氮肥利用率

土壤类型	氮肥利用率（%）	氮肥农学利用率（kg/kg）	氮肥生理利用率（kg/kg）	氮肥吸收效率（kg/kg）	氮肥利用效益（kg/kg）	收获指数（%）
紫色土地	30.53±3.51aA	10.83±1.81aA	27.69±2.21bB	0.32±0.12aA	5.11±1.09aA	63.22±8.31bB
牛肝土田	33.11±2.94abA	12.32±2.01bB	27.52±1.98bB	0.34±0.09aA	6.17±1.32abAB	62.27±6.08bB
沙泥田	34.04±3.62bA	12.64±1.28bB	25.31±1.54aA	0.41±0.04aA	7.93±2.16bB	59.43±5.75aA

2.1.3 讨论

土壤有机氮的矿化是土壤矿质氮的重要来源，决定了土壤供氮力，也是烤烟吸收氮素的主要来源，因此，有机氮的矿化一直是土壤学与植物营养学的研究重点。无机氮施用量及基追比调控烤烟不同生育期根际土壤供氮强度，具有直接性和时效性。不同供氮方式和施氮量对烤烟生长和氮素吸收的影响较大，烟株根际土壤速效氮含量与移栽时基施、团棵时追施施入的无机氮的绝对量呈正相关关系；随着时间的推移，施入土壤中的无机氮受土壤生物化学过程影响趋于变大，由于施入土壤的无机氮、有机氮、有机碳在土壤微生物和土壤酶的作用下经过一系列复杂的生物化学过程，调控烟株不同生育期实际养分供应状况。本试验结果表明，南雄烟区3种主要植烟土壤，在大田生育期及各阶段土壤氮矿化量差异（极）显著，皆表现为沙泥田＞牛肝土田＞紫色土地。表明土壤有机氮矿化量与有机质和全氮含量呈正相关关系；同时也可能与这3种土壤有机质C/N及质地组成差异较大有关。有机质C/N可以有效调控烟株根际土壤碳氮转化过程及酶活性，通过土壤微生物的“蓄水池”功能，控制大田烟株生育期内土壤速效氮的供应，以吻合烤烟生长发育过程中利于优良品质形成的氮素需求特点，因而不同土壤中有机质的差异，可能对土壤供氮量及特性具有重要调控作用。

前人研究表明，一定温度范围内，土壤氮矿化随温度的升高而增加，但同时植物的吸收也增加；土壤氮矿化还随土壤水分的增加而增加，当土壤水分增加到一定值时，氮矿化迅速下降，且水分波动能增加氮矿化，同时温度和水分对土壤氮矿化作用也存在着交互作用。本试验结果表明，南雄烟区3种主要植烟土壤在整个烤烟大田生育期，总体上随着烤烟生育进程土壤氮矿化加剧，其中在伸根期、旺长期和成熟期土壤氮矿化量分别占整个大田期矿化氮量的20.0%～22.00%、17.0%～20.0%和60.0%～62.0%。这可能一方面是因为南雄烟区随着烤烟大田生育进程，气温逐渐升高，降水量也逐渐增加，越来越适合的温湿度加剧了烟田土壤有机氮矿化；另一方面，伸根期相对较低的气温、旺长期相对较短（15d）和成熟期降雨充沛、温度较高的具体特点可能是导致该烟区伸根期和旺长期土壤氮矿化量相对较低，而成熟期矿化量相对较高的原因。值得注意的是，南雄烟区成熟期土壤较强的供氮能力极易造成上部叶烟碱含量偏高和难以正常成熟落黄。

不同生态条件下烤烟对氮素的积累和利用不尽相同。寒冷地区烤烟对氮素的吸收在移栽后30d内很少，30d后逐渐增加，45～60d内吸收急剧增加，然后降低，75d后仍然有少量的氮吸收。在沙质壤土中，烤烟吸氮高峰为移栽后35～56d，而黏壤土中则为移栽后40～80d。本试验结果表明，南雄烟区烤烟大田期氮素积累呈“缓慢—快速—缓慢”的“S”型曲线规律，3种植烟土壤中烤烟整个大田期积累量及氮肥利用率，依大小顺序皆表现为为沙泥田、牛肝土田和紫色土地。由于土壤氮素是作物吸收氮素的主要来源，作物吸收氮素中有55.0%～75.0%来自土壤中的矿质氮，即使在大量使用氮肥的情况下，作物积累的氮素仍有50.0%来自土壤中的氮素，在某些条件下甚至达70.0%以上。对烤烟来说，在不同土壤肥力条件下，烤烟吸收的氮素中有18.7%～29.3%来自于肥料，70.7%～81.3%来自于土壤，且随生育进程肥料氮占总氮的比例呈降低、土壤氮比例呈增加趋势。因此，在其他条件相同下，土壤因其自身的矿化供氮特性差异而导致了烤烟大田生长发育过程中对氮素（包括肥料氮和土壤矿化氮）吸收、积累和利用规律的不同。

施入土壤的无机氮、有机氮、有机碳在土壤微生物和土壤酶的作用下经过一系列复杂的生物化学过程，调控烟株不同生育期实际养分供应状况，且肥料氮对土壤氮库的稀释作用存在的缘故，根据南雄烟区烤烟大田后期土壤氮剧烈矿化的特性和大田烟株移栽后45～60d高速积累的规律，通过施肥重心前移和少量多次的施氮方法来提高肥料的有效性和烟株的吸收效率，规避后期供氮过量。同时针对南雄烟区不同土壤理化特性，通过适量有机碳输入可有效调控烤烟不同生育期根际土壤Nmin的供应及其释放转化过程，与烟株生育期对氮素需求相吻合。

2.2 不同植烟土壤氮素淋失特征比较研究

我国植烟土壤肥料养分利用效率较低，化肥养分利用平均25%～35%，远低于发达国家的60%～80%的水平。目前广东省烤烟施氮量为我国各烟区之首（142kg/hm^2），最低的为辽宁（55kg/hm^2）；烟田氮素带出/投入比率为福建烟区最低（39.3%），广东烟区稍高于福建烟区（39.6%），最高为内蒙古烟区（118.0%）。由于土壤矿化氮为烟株吸收氮素的主要来源（>50%），因此广东烟田施肥及其他来源的氮损失更为严重。这直接影响着氮肥对烤烟的增产效果和烟田生态系统的环境质量。

氮素淋溶损失是指土壤中氮和施入土壤中的肥料氮随着水向下迁移至根系活动层以下，导致不能被烟株根系吸收所造成的损失，是烟田氮素最基本的损失途径之一，淋失量受施氮量、氮肥种类、土壤特性、气候条件、灌溉与耕作制度及地表覆盖度等多种因素影响，可达5.0%～41.9%，烟田氮淋失以NO_3^-为主，NO_2^-次之，NH_4^+很少。因此，如何通过合理施肥以减少田间NO_3^-淋失一直为世界各国共同关注的问题。

南雄烟区年种植烤烟8 000hm^2，收购烤烟30 000kg左右，为广东省最大浓香型特色烤烟产区，其植烟土壤主要为紫色土地旱地、牛肝土田水田、沙泥（水）田，本研究用室内土柱模拟淋洗的方法研究了这3种主要植烟土壤氮素淋失特征，以期为合理施肥、提高氮素利用率提供科学依据。

2.2.1 材料与方法

2.2.1.1 试验材料

供试土壤为采自南雄烟区紫色土地类的紫砂地（旱地）、水稻土类的牛肝土（水田）及沙泥田（水田），土地利用方式为旱地“烤烟—蕃薯”迎茬，水田为“烤烟—水稻”迎茬。土样在冬闲时按0～10cm、10～20cm、20～30cm分层采取，在室内风干后测定其基本理化性状见表2-5。供试肥料为化学纯硝酸铵。

表2-5 供试土壤基本理化性状

土壤类型	层次	pH值	有机质（g/kg）	全氮（g/kg）	水解氮（mg/kg）	沙粒	粉粒	黏粒
						>0.05mm	0.002～0.05mm	<0.002mm
						（g/kg）		
紫色土地	0～10cm	7.9	8.19	0.54	30.30	524.2	284.5	170.0
	10～20cm	7.9	4.32	0.43	18.27	445.7	333.0	259.0
	20～30cm	7.8	3.74	0.42	10.34	466.6	422.5	144.5
牛肝土田	0～10cm	6.8	26.44	1.46	130.90	372.0	271.5	272.5
	10～20cm	6.9	23.17	1.25	117.23	168.2	645.0	208.0
	20～30cm	7.1	18.36	0.98	97.78	104.5	187.5	464.0
沙泥田	0～10cm	5.7	26.09	1.41	138.50	395.6	397.5	133.0
	10～20cm	5.9	23.17	1.17	126.46	421.3	404.5	181.5
	20～30cm	6.0	19.65	0.96	117.82	454.0	412.5	153.5

2.2.1.2 试验设计

取供试土壤分层装入长35cm、内径5cm，底部用尼龙网和医用纱布封好的PVC管，至25cm时均匀施入肥料后覆盖5cm土，再覆盖少许石英砂。土柱总高度为30cm，装土容重控制在1.25～1.30g/ml如图2-2所示。

试验设3种土壤：紫色土地（Z）、牛肝土田（N）、沙泥田（S）。5种施氮量：N_1、N_2、N_3、N_4、N_5。3种土壤施氮量水平分别为0、67.5kgN/hm^2、135.0kgN/hm^2（当地习惯烤烟施氮量）、202.5kgN/hm^2、270.0kgN/hm^2，土柱施氮量按其横截面积计算。试验共15个处理，每处理3次重复。

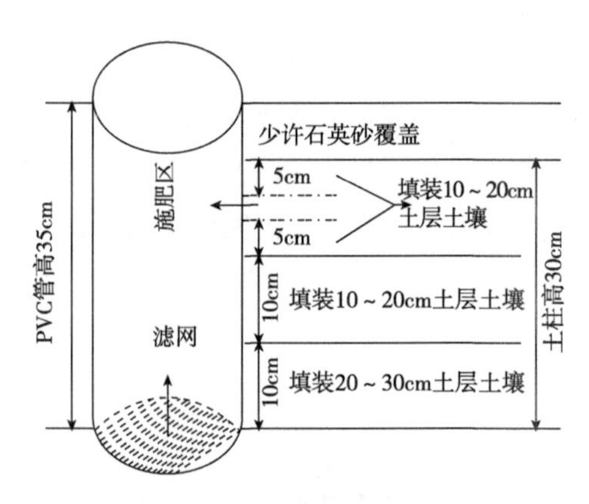

图2-2 淋溶装置示意图

淋洗前先用蒸馏水使土柱中土壤饱和平衡24h，再每隔7d用静脉注射设备进行蒸馏水淋洗，流速控制在1ml/min左右，用漏斗和500ml容量瓶承接淋洗液，每次淋洗用蒸馏水为300ml，7次淋洗共用水2 100ml，相当于降水量546mm，为南雄烟区烟株大田期（3—6月）降水量（822.4mm）的66.39%。淋洗期间气温为25～31℃。第7次淋洗后，小心推出土样，分别取各柱0～10cm、10～20cm、20～30cm土样测定其硝态氮和铵态氮含量。

2.2.1.3 分析测定方法

土壤pH值用1：2.5土水比，电位法测定；土壤有机质用重铬酸钾氧化外加热法；全氮用凯氏法；水解氮用碱解扩散法；土壤颗粒含量用比重计法；硝态氮用紫外分光光度法；铵态氮用靛酚蓝比色法。

2.2.1.4 数据处理

肥料氮淋失率=[施肥处理氮淋失量—对照处理氮淋失量]/施氮量×100%

数据采用SPSS17.0进行方差分析，用SigmaStat3.5进行回归方程拟合，用Excel 2007进行作图。

2.2.2 结果与分析

2.2.2.1 不同施氮量下3种土壤氮素淋失量

表2-6显示了土壤理化性状的差异，供试3种植烟土壤氮素淋失特征差异较大。从表2-6可以看出，3种植烟土壤氮素淋失的主要形态为硝态氮，且随着施氮量增加，3种土壤中硝态氮淋失量极显著增加，硝态氮淋失量（Y）与施氮量（x）呈显著线性关系，回归方程分别为：紫色土地Yz=0.628 7x+2.530 0（R^2=0.999 1）、牛肝土田Yn=0.427 4x+9.719 9（R^2=0.997 9）、沙泥田Ys=0.498 5x+8.354 0（R^2=0.999 0）。

表2-6 不同施氮量下3种土壤氮素累计淋失量

施氮量（kg/hm²）	硝态氮累计淋失量（kg/hm²）			铵态氮累计淋失量（kg/hm²）		
	Z（紫色土地）	N（牛肝土田）	S（沙泥田）	Z（紫色土地）	N（牛肝土田）	S（沙泥田）
N_1（0.0）	5.03eE	8.29eE	9.56eE	0.36dD	0.46dC	0.60eC
N_2（67.5）	42.11dD	37.94dD	41.36dD	0.89cC	1.25cB	1.70dB
N_3（135.0）	86.97cC	70.63cC	73.29cC	1.26bB	1.55bB	2.02cB
N_4（202.5）	129.25bB	95.64bB	111.16bB	1.71aA	1.97aA	2.26bAB
N_5（270.0）	173.63aA	122.78aA	142.92aA	1.85aA	2.14aA	2.53aA

注：小写字母表示在0.05水平上差异显著，大写字母表示在0.01水平上差异显著。下同

在相同施氮量下，3种植烟土壤硝态氮淋失也有所差异，见表2-7。在不施肥的情况下，沙泥田和牛肝土田硝态氮淋失未有差异，紫色土地既显著小于其他两种土壤；在施氮

67.5kg/hm^{2}下，3种土壤硝态氮淋失未有差异；在施氮量增加到135.0kg/hm^2（当地常规施氮量）及以上时，紫色土地硝态氮淋失极显著高于其他两种土壤。

表2-7　3种土壤不同施氮量下氮素累计淋失量方差分析

土壤类型	施氮量（kg/hm^2）				
	N_1（0.0）	N_2（67.5）	N_3（135.0）	N_4（202.5）	N_5（270.0）
Z（紫色土地）	5.03bB	42.11aA	86.97aA	129.25aA	173.63aA
N（牛肝土田）	8.29aAB	37.94aA	70.63bB	95.64bB	122.78cB
S（沙泥田）	9.56aA	41.36aA	73.29bB	111.16bAB	142.92bB

本试验仅在前2次淋洗液中检测到铵态氮，且量很少，后5次淋洗液则未检出铵态氮，在计算氮素流失率时不予计算。从各处理硝态氮淋失率来看（图2-3），各施肥处理硝态氮淋失率皆在40%以上；在相同施氮量的条件下，3种植烟土壤氮素淋失率为紫色土地>沙泥田>牛肝土；随着施氮量的增加，紫色土地中氮素淋失率呈增加趋势，牛肝土田为$N_3>N_2>N_4>N_5$，沙泥田为$N_4>N_5>N_3>N_2$。

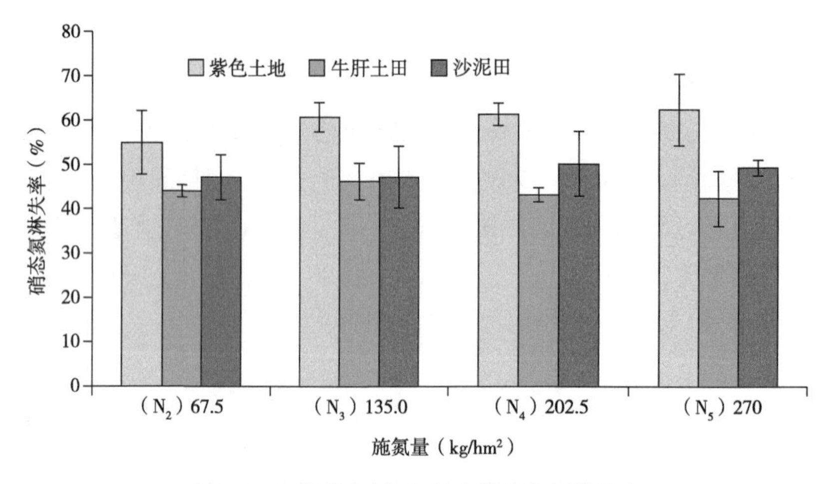

图2-3　不同施氮量下3种土壤硝态氮淋失率

2.2.2.2　不同施氮量下3种土壤氮素淋失动态

连续7次淋洗结果表明（图2-4），施氮处理硝态氮淋失主要集中在第2次、3次、4次淋洗，其中第3次淋洗硝态氮淋失量最大。紫色土地施氮处理（N_2、N_3、N_4、N_5）第3次淋洗硝态氮淋失量分别占总淋失量的48.80%、43.97%、44.96%、45.58%；牛肝土田分别为37.83%、39.58%、41.45%、37.10%；沙泥田分别为44.34%、49.89%、52.98%、45.31%。紫色土地施氮处理（N_2、N_3、N_4、N_5）第2次、第3次、第4次淋洗硝态氮淋失量分别占总淋失量的70.10%、68.79%、64.02%、63.60%；牛肝土田分别为49.05%、52.42%、54.78%、49.89%；沙泥田分别为59.60%、62.75%、66.99%、61.52%。

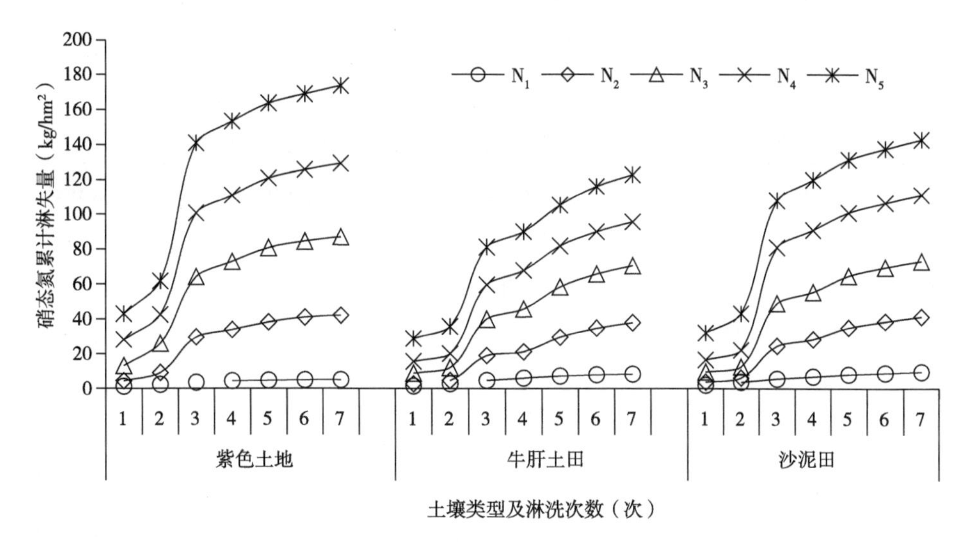

图2-4　不同施氮量下3种土壤氮素淋失动态

对5种施肥量下3种土壤中硝态氮淋失量（*Y*）与淋洗次数（*t*）进行动态特征曲线拟合，拟合结果见表2-8。从表2-8可以看出，各处理的硝态氮淋失量（*Y*）与淋洗次数（*t*）间为对数函数关系且有着较高的拟合度，3种土壤各处理方程式自变量（*t*）系数皆随着施氮量的增加而增大。

表2-8　不同施氮量下3种土壤淋洗次数（*t*）与硝态氮累计淋失量（*Y*）拟合方程

施氮量	紫色土地	牛肝土田	沙泥田
N_1	Y_{zn1}=2.114ln*t*+1.129；R^2=0.979 5	Y_{nn1}=3.768ln*t*+0.924；R^2=0.974 2	Y_{sn1}=4.051ln*t*+1.463；R^2=0.984 3
N_2	Y_{zn2}=21.774ln*t*+1.789；R^2=0.935 0	Y_{nn2}=19.486ln*t*−2.343；R^2=0.922 3	Y_{sn2}=21.346ln*t*−0.610；R^2=0.835 4
N_3	Y_{zn3}=42.094ln*t*+9.924；R^2=0.942 7	Y_{nn3}=34.819ln*t*+0.689；R^2=0.930 4	Y_{sn3}=36.988ln*t*+2.727；R^2=0.918 6
N_4	Y_{zn4}=58.127ln*t*+23.173；R^2=0.925 2	Y_{nn4}=45.534ln*t*+6.091；R^2=0.931 9	Y_{sn4}=55.301n*t*+8.230；R^2=0.907 0
N_5	Y_{zn5}=75.261ln*t*+37.622；R^2=0.913 3	Y_{nn5}=52.903ln*t*+18.426；R^2=0.937 9	Y_{sn5}=64.042ln*t*+24.154；R^2=0.921 3

2.2.2.3　不同施氮量下3种土壤淋洗后土柱氮素含量

水分淋洗是引起土壤养分移动的必要条件，硝态氮和铵态氮在土柱的迁移必然也和水分淋洗有关。从图2-5和图2-6可以看出：①3种土壤不施肥处理淋洗后，随着土柱深度的增加，硝态氮含量下降，铵态氮含量则增加。②3种土壤施肥处理淋洗后，土柱各层硝态氮和铵态氮含量较不施肥处理皆有不同程度增加，铵态氮含量则

10～20cm>20～30cm>0～10cm。③3种土壤施肥处理淋洗后，土柱中硝态氮随着深度加深而增加，且随着施氮量的增加，土柱各层铵态氮含量亦增加。④施肥处理中，土柱淋洗后，随着施氮量的增加，紫色土地和沙泥田土柱各层硝态氮含量也随之增加，牛肝土田土柱0～10cm处在270kg/hm^{2}时达到最大（5.63mg/kg），10～20cm处在202.5kg/hm^{2}时达最大（6.11mg/kg），20～30cm处在135.5kg/hm^{2}时达最大（7.02mg/kg）。⑤从3种土壤类型来看，相同施氮量下相同土层硝态氮含量为牛肝土田>沙泥田>紫色土地，铵态氮含量为沙泥田>牛肝土田>紫色土地（270kg/hm^{2}时20～30cm处铵态氮含量为沙泥田>牛肝土田>紫色土地）。

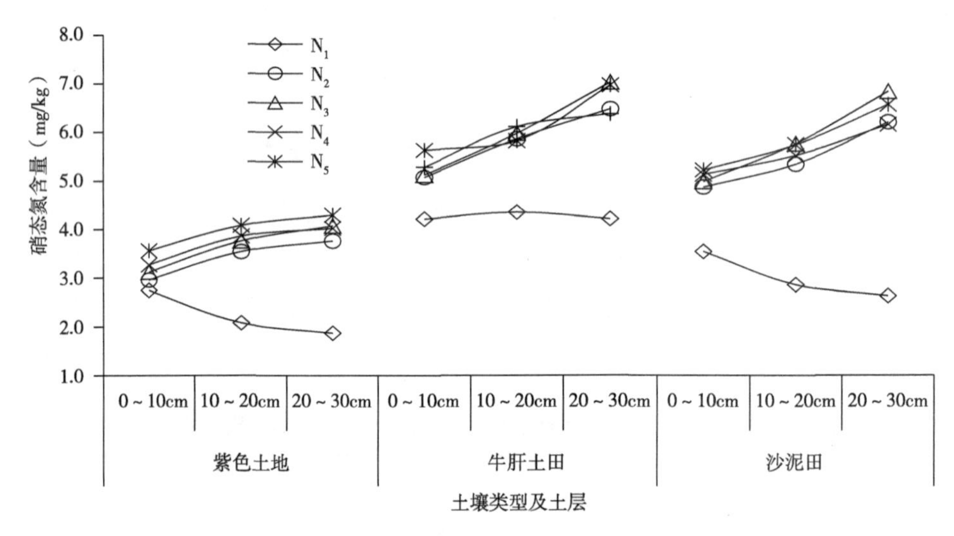

图2-5　淋洗结束后土柱各层硝态氮含量

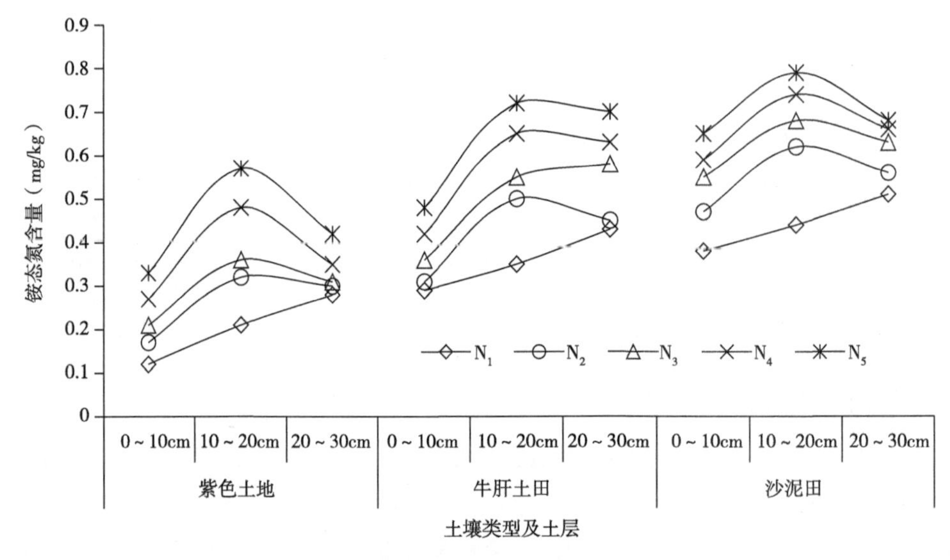

图2-6　淋洗结束后土柱各层铵态氮含量

2.2.3 讨论

硝态氮在土壤中不易被胶体吸附，运动性强，是氮素淋失的主要形式，且随着施氮量的增加而增加；而铵态氮则在土壤中易被胶体吸附和被矿物晶穴固定，不易流失，但在一定条件下发生硝化作用后，以硝态氮形式淋失。本试验结果显示，南雄烟区3种主要植烟土壤氮素淋失主要形式为NO_3^-−N，NH_4^+−N在淋洗第3次时未检测出。由于施入土柱中氮素有50%的铵态氮，说明这3种土壤可能对NH_4^+具有较强的固定作用或硝化作用强烈。

从氮素淋失量来看，不施氮时，牛肝土田和沙泥田的硝态氮淋失量显著大于紫色土地，分别达8.29kg/hm^{2}和9.56kg/hm^2。这可能与牛肝土田有机质含量较高和沙泥田黏粒含量较低有关。在施氮的情况下，3种土壤氮淋失率皆在40%以上；在相同施氮量的条件下，3种植烟土壤氮素淋失率为紫色土地>沙泥田>牛肝土；随着施氮量的增加，紫色土地中氮素淋失率呈增加趋势，牛肝土田氮素淋失率为$N_3>N_2>N_4>N_5$，沙泥田为$N_4>N_5>N_3>N_2$。由于土壤氮素淋失的形态和量与土壤质地及影响铵态氮硝化作用的土壤通气性、硝化细菌等因素密切相关，因此在相同施氮量下，3种土壤中质地最黏的牛肝土田NH_4^+吸附和固定作用最强，其淋失率也相应最小，其次则为沙泥田和紫色土地；牛肝土田和沙泥田氮素淋失率并非随着施氮量的增加而增加，可能与土壤中复杂的NH_4^+硝化作用环境有关。

本试验还发现3种土壤不同施肥量时，氮素淋失损失主要发生在第2次、3次、4次淋洗时，最多为第3次，且氮素累计淋失量与淋洗次数间关系可以用对数函数较好地拟合，此结果与林火清等人研究结果类似。

单施氮肥可引起土壤硝态氮积累，而水分淋洗则引起土壤中硝态氮的运移。本试验供试3种土壤施肥皆引起土柱各层硝态氮和铵态氮含量有不同程度增加，而不同土壤间差异则可能与不同土壤不同土层质地、有机质含量等理化性状不同有关。

2.2.4 结论

（1）南雄烟区3种主要植烟土壤中紫色土地氮素淋失率为54.93%～62.44%，施氮量与淋失量的关系为线性关系，其回归方程$Y_z=0.628\,7x+2.530\,0$（$R^2=0.999\,1$）；牛肝土田氮素流失率为42.40%～46.18%，施氮量与淋失量关系为线性关系，其回归方程为$Y_n=0.427\,4x+9.719\,9$（$R^2=0.997\,9$）；沙泥田氮素淋失率为47.11%～50.18%，施氮量与淋失量关系为线性关系，其回归方程为$Y_s=0.498\,5x+8.354\,0$（$R^2=0.999\,0$）。可见，为了减少氮肥淋失，在南雄烟区烤烟一次性施氮量不宜过多。

（2）南雄烟区3种土壤氮素淋失主要集中在第2次、3次、4次淋洗时，第1次、第5次、第6次、第7次氮量淋洗损失量相对较少，氮素累计淋失量与淋洗次数间最佳拟合方程为对数方程。可见，在实践中烤烟施氮时期应合理地考虑烟株吸氮规律及降雨时期，以减少烟田氮肥淋失。

（3）南雄烟区紫色土地和沙泥田随着施氮量的增加，经7次淋洗，相当于当地66.39%降水量时，土柱各层硝态氮含量也随之增加，牛肝土田土柱各层也在施氮量≥135.5kg/hm^{2}时达最大；3种土壤中相同施氮量时，牛肝土田土柱各层残留硝态氮最高，紫色土地最低。可见，在生产中，首先要控制总施氮量，以防后期土壤氮素残留过多，造成烟叶难以落黄，同时应适当考虑减少牛肝土田施氮量，增加紫色土地施氮量。

2.3 高追肥比例及氮素运筹对烤烟氮素吸收利用的影响

大量研究表明，不同施氮方式对烤烟（*Nicotiana tobacum* L.）氮素利用效率有显著的影响。我国烤烟生产传统施氮方法强调供氮重心前移，绝大部分（70%～80%）化学氮作基肥，其余（20%～30%）化学氮作追肥，但这与烤烟伸根期氮需求少、旺长期需求急剧增加、成熟期需要适时控氮的规律不相吻合；且在南方高温多雨烟区加剧肥料氮素淋溶、径流和挥发损失，导致氮肥利用率低下。

Lo’pez-Bellido等指出氮肥施用时间和分配比例比优化施氮量更为重要。秦艳青等在云南玉溪的试验结果也表明，在追施氮占总施氮量70%条件下，N52.5kg/hm^2（移栽后立即施用30%，移栽后25d施用70%）即能够有效满足烤烟打顶前正常生长氮素需求，虽然成熟期烤烟长势不如N120kg/hm^{2}传统施肥处理，但产量也达到了中上等水平。由于烤烟具有伸根期氮需求少，且大田期随生育进程，其吸收的肥料氮占总氮的比例呈降低趋势，土壤氮比例呈增加趋势的特点，因此，烤烟大田期不当施氮方法极易导致烟株氮素营养失衡和氮肥利用率低下。

近些年来，广东烟区正逐渐改重施基肥氮的传统施氮方法为轻施基肥氮结合分次追施的施氮方法，这在一定程度上提高了氮肥的利用效率，均衡了烟株氮素营养。但在实践中，人们往往对追肥氮的总量控制不好，导致烟株大田后期易缺氮或“贪青晚熟”，影响了氮肥的利用效率及烟叶的产量和质量。因此，我们探讨了高追肥比例（基：追=3：7）条件下不同化学氮施用量对烤烟氮素的吸收、利用及烟叶的产量和质量的影响，以期为广东烟区烤烟生产中合理施氮以提高氮肥利用率、改善烟叶品质提供理论参考。

2.3.1 材料与方法

2.3.1.1 试验材料

供试烤烟品种为“粤烟97”，由广东省烟草南雄科学研究所提供。供试肥料种类：烟草专用复合肥（N 13.00%，P_2O_5 9.00%，K_2O 14.00%）、硫酸钾（K_2O 50.00%）、过磷酸钙（P_2O_5 12.00%）、猪粪（N 0.50%，P_2O_5 0.20%，K_2O 0.25%）、花生饼肥（N 4.60%，P_2O_5 1.00%，K_2O 1.00%）。供试土壤为紫色土地发育、长期稻烟水旱轮作的牛肝土田，位于广东省烟草南雄科学研究所的野外试验站，土壤pH值6.35、有机质29.77g/kg、全氮

1.81g/kg、全磷0.76g/kg、全钾20.38g/kg、速效氮144.50mg/kg、速效磷15.80mg/kg、速效钾170.00mg/kg，前茬作物为水稻。

2.3.1.2　试验方法

（1）试验设计。试验设不施化学氮（N_0）、低化学氮（N_1）、常规化学氮（N_2）和高化学氮（N_3）4个处理，每处理3次重复，每小区植烟45株，随机区组设计。

（2）试验施肥。试验常规化学氮施用量依据广东南雄烟区习惯施肥确定，N_1、N_2、N_3处理的化学氮施用量分别为48.00kg/hm^2、108.00kg/hm^2、168.00kg/hm^2，各处理皆施用600.00kg/hm^{2}花生饼肥和750 0.00kg/hm^{2}猪粪，折合有机氮64.50kg/hm^2，用硫酸钾和过磷酸钙调至各处理磷、钾肥施用量相同，各处理P_2O_5和K_2O用量分别为116.00kg/hm^2、273.00kg/hm^2。其中花生饼肥、猪粪、过磷酸钙和30%的烟草专用复合肥（氮）作基肥一次性基施，硫酸钾和70%的烟草专用复合肥（氮）在揭膜大培土时一次性追施。

试验于2009年2月23日采用膜下移栽方式移栽并施用基肥，移栽行株距为120.00cm×60.00cm；于2009年3月25日揭膜大培土并追肥；其他大田管理按照当地优质烟栽培技术措施进行，试验期间无病虫害发生，试验期间大田降雨情况如图2-7所示。

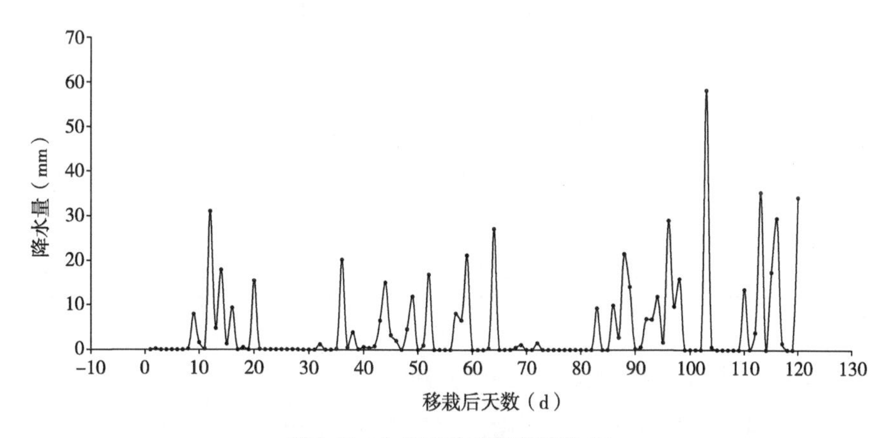

图2-7　大田试验期间降雨分布

2.3.1.3　取样测定

于2009年12月23日在烟田机耕起垄前取土样测定土壤基础农化性状；烟株收获完毕后（2009年7月3日）在两株烟中间烟垄取0～30cm土样测定全氮、硝态氮和铵态氮；各小区分别选取生长均匀一致的5株烟进行挂牌定株，挂牌烟株在收获完毕后小心挖取烟带根茎秆，洗净后105℃杀青、60℃烘干，分别测定定株烟株各器官的氮含量。

土壤和烤烟植株全氮用开氏法测定，土样经氯化钾浸提液提取，采用紫外分光光度法测定硝态氮含量，靛酚蓝比色法测定铵态氮含量。土壤pH值、有机质、全磷、全钾、速效氮、速效磷和速效钾等指标均按常规方法测定。

各小区成熟采收，单收单烤，按照GB2635分级，统计产值。取各处理中部叶（C3F）烟叶样品进行化学成分分析。

2.3.1.4　数据处理

氮利用率（%）=（施氮区烟株吸氮量—无氮区烟株吸氮量）/施氮量×100

氮农学利用率（%）=（施氮区烟叶产量—无氮区烟叶产量）/施氮量×100

2.3.2　结果与分析

2.3.2.1　不同处理对土壤氮素积累的影响

由表2-9可见，在70%化学氮作追施条件下，与不施用化学氮肥处理（N_0）相比，在烤烟收获后N_1、N_2和N_3处理土壤全氮、硝态氮、铵态氮残留无显著变化。这说明，在本试验条件下，48~168kg/hm^{2}范围内不同化学施氮量处理间土壤全氮、铵态氮和硝态氮残留差异均不显著，试验化学氮范围内增施化学氮对促进烤烟土壤氮素积累的作用不明显。这可能是因为高比例的化学氮作追肥施用，而烤烟大田中后期降雨较多而导致氮素流失所致。

表2-9　不同施氮量处理对土壤氮素积累的影响

处理	土壤全氮（g/kg）	土壤硝态氮（mg/kg）	土壤铵态氮（mg/kg）
N_0	1.12±0.06a	6.42±2.04a	10.35±0.62a
N_1	1.21±0.02a	18.59±2.59a	11.41±0.85a
N_2	1.18±0.07a	15.02±1.13a	11.59±0.70a
N_3	1.20±0.05a	15.45±6.64a	10.34±0.75a

2.3.2.2　不同处理对烟株氮素吸收和肥料氮利用率的影响

从表2-10可以看出，在70%化学氮作追施条件下，随着施氮量的增加，烟株各器官氮含量及烟株氮积累量呈增加趋势。与处理N_0（0kg/hm^2）相比，处理N_1（48kg/hm^2）的烟株叶、茎、根氮含量无显著变化，但其整株氮积累量增加了15.49kg/hm^2，达显著水平；当施氮量增加到108.00kg/hm^2（处理N_2）时，烟株各器官氮含量及烟株整株氮积累量皆较处理N_1显著提高，分别增加了2.80g/kg、3.69g/kg、0.84g/kg和17.73kg/hm^2；在此基础上，再增加施氮量（处理N_3），烟株各器官的氮含量及烟株氮积累量无显著增加。由于N_1、N_2、N_3处理在烤烟收获完毕后土壤氮素残留无显著差异，说明追肥氮比例偏高条件下，48~168kg/hm^{2}范围内的施氮量对烟株后期氮素供应影响较小，其原因可能是随雨水淋失而致；而低氮处理的烟株各器官氮含量及烟株氮积累量显著低于处理N_2和N_3，则应归结为N_1处理烤烟中前期的供氮不足。试验结果还表明，试验供氮范围内增施氮对氮肥利用率无显著影响，其原因显然与试验供氮范围内增施化学氮在不同程度上促进烟氮素吸收有关。

表2-10 不同施氮量处理对烤烟氮吸收和肥料化学氮利用率的影响

处理	烟株各器官氮含量（g/kg）			烟株氮吸收量（kg/hm^2）	氮利用率（%）
	叶	茎	根		
N_0	11.19 ± 0.43bB	7.78 ± 0.80bB	9.17 ± 0.60bB	34.24 ± 1.85cC	—
N_1	12.63 ± 0.46bB	7.67 ± 0.82bB	11.32 ± 0.76bAB	49.73 ± 6.03bBC	20.64 ± 8.04a
N_2	15.43 ± 0.65aA	11.36 ± 0.89aAB	12.16 ± 0.28aA	67.46 ± 3.60aAB	24.60 ± 2.67a
N_3	16.68 ± 0.47aA	12.20 ± 0.80aA	12.24 ± 0.42aA	76.17 ± 4.22aA	21.50 ± 2.16a

2.3.2.3 不同处理对烤烟产量、产值和氮素农学利用率的影响

从图2-8可以看出，在本试验条件下，N_1、N_2和N_3处理的烤烟产量分别较不施化学氮处理（N_0）分别增加19.84%、43.14%和49.25%，N_2、N_3与N_0处理间烤烟产量差异达显著水平，但N_1和N_0处理间烤烟产量差异不显著。从试验结果看，烤烟产值对不同化学施氮量处理的响应规律和产量基本一致。对比不施化学氮处理，化学施氮量较高的传统施氮量和高化学氮处理起到了增产、增值的明显效应，试验供氮范围内增施氮对降低烤烟氮素农学利用率作用不明显。以上说明了在0 ~ 168kg/hm^2范围内，增施化学氮施用量可不同程度增加烤烟的产量，但增施48kg/hm^2的化学氮（处理N_1）并不能显著增加烤烟的产量，这可能与高比例追氮的条件下，在总化学氮施用量较低时，导致烟株大田前期供氮不足所致。

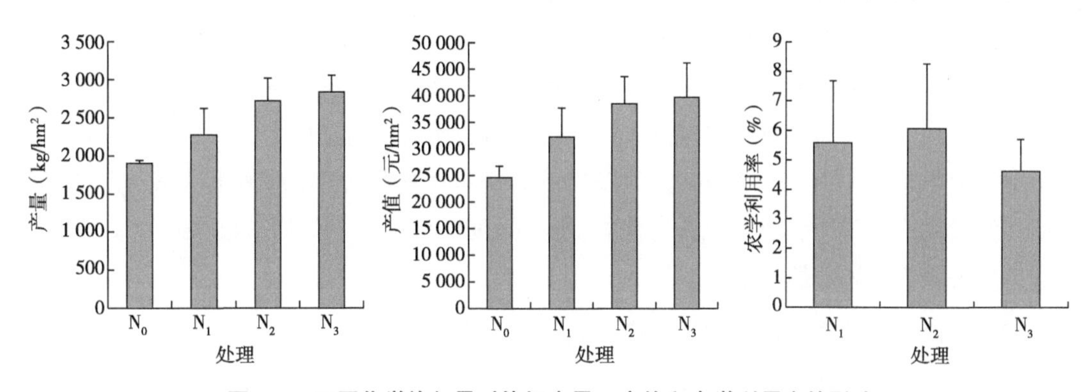

图2-8 不同化学施氮量对烤烟产量、产值和农学利用率的影响

2.3.2.4 不同化学施氮量对烤烟等级结构、内在化学成分的影响

表2-11结果表明，在本试验条件下，不同化学氮量处理间烤烟中、上等烟比例差异均不显著，说明了试验供氮范围内（48 ~ 168kg/hm^2）增施化学氮对改善烟叶等级结构效应不明显。从试验结果看，随着化学施氮量增加，烟叶总糖、还原糖含量和糖碱呈下降趋势，烟碱含量呈增加趋势，但试验供氮范围内烤烟糖碱比仍在合理范围内，增施氮对烤烟

内在化学成分的效应不明显。烤烟内在化学成分与后期植烟土壤氮供应密切相关，在70%化学氮作追肥条件下，增施化学氮对后期土壤氮素积累的促进作用并不明显，这可能是增施氮对烤烟内在化学品质没有显著影响的主要原因。

表2-11　不同化学施氮量处理对烤烟化学品质的影响

处理	上等烟比例（%）	中等烟比例（%）	总糖（%）	还原糖（%）	烟碱（%）	总氮（%）	蛋白质（%）	总糖／烟碱
N_0	17.01 ± 14.18a	75.25 ± 13.06a	31.6 ± 1.20a	26.65 ± 0.05a	1.15 ± 0.22a	1.49 ± 0.14a	8.01 ± 0.57a	28.73 ± 6.54a
N_1	36.70 ± 16.37a	58.98 ± 14.10a	25.90 ± 6.30a	21.50 ± 2.70a	2.61 ± 1.05a	1.73 ± 0.14a	8.00 ± 0.25a	13.00 ± 7.64a
N_2	39.59 ± 9.09a	54.86 ± 13.40a	26.05 ± 6.95a	21.20 ± 3.80a	2.16 ± 0.88a	1.76 ± 0.05a	8.66 ± 0.66a	16.03 ± 9.75a
N_3	38.71 ± 24.76a	49.22 ± 20.17a	22.80 ± 7.40a	10.45 ± 4.65a	2.18 ± 0.76a	1.75 ± 0.14a	8.57 ± 0.07a	13.27 ± 8.01a

2.3.3　讨论与结论

2.3.3.1　追肥比例偏高条件下烤烟低氮低效的主要原因

从本试验70%化学氮作追施的试验结果看，108 ~ 168kg/hm^{2}范围增施氮有增产、增值的显著效应，但48 ~ 168kg/hm^{2}范围内的施氮量对烤烟氮素利用率、氮素农学利用率无显著影响，本试验结果与前人在云南烟区结果不尽相同。由于烤烟生长中前期以吸收肥料氮为主，而追肥氮比例偏高条件下低氮处理（N_1）基施化学氮少（N=14.4kg/hm^2），这势必会影响到烤烟伸根期的氮素营养供应；团棵揭膜后烟垄因缺少覆膜保护，且广东烟区烤烟大田中后期降雨较多而导致肥料氮淋失，因此，追肥比例偏高条件下即使加大追氮量对促进土壤氮素积累的作用并不明显，低氮条件下氮素养分淋失也会削弱氮肥后移对促进烤烟中后期氮素供应的作用，故对比施氮量较高N_2（108kg/hm^2）、N_3（168kg/hm^2）处理，低氮处理显著降低了烤烟的产量、产值。

2.3.3.2　追肥比例偏高条件下烤烟高氮高效的作用原理

烤烟伸根期覆膜保护部分达到了肥料氮养分与水的有效隔离，对硝态氮淋溶有保护作用，故即使在追肥比例偏高条件下（基施比例相对较小），基施化学氮肥也能相对较好地满足烤烟伸根期氮营养需求。团棵揭膜后因缺少覆膜保护，氮素流失严重，突出表现在加大施肥量也未起到有效促进土壤氮素积累的明显作用。但在追肥氮比例偏高以及烤烟旺长期集中少量多次的追肥技术条件下，追施化学氮纯量较高的N_2（75.6kg/hm^2）、N_3（117.6kg/hm^2）处理相对较好地满足了烤烟旺长期氮营养需求，起到了促进烤烟氮素吸收利用的作用。在氮素流失严重，加大追肥量未能有效促进烤烟后期土壤氮素积累条件下，试验供氮范围内增施氮对促进烤烟后期氮素吸收利用的作用不明显。但这一时期，烤烟主要吸收土壤氮而不是肥料氮，且随着生育后期烤烟氮素同化代谢能力的持续下降，烤烟氮养分需求势必相应下降。在本试验氮肥后移且有机肥尤其是饼肥肥效持续时间较长条件下，可确保烤烟后期不脱肥、不早衰。因此，在追肥氮比例偏高条件下，提高烤烟施氮肥效的关键是确保了中前期烤烟有足够的肥料氮营养。正是因为施氮量较高的传统施氮（N_2）、高化学氮处理（N_3）相对较好地满足了烤烟中前期氮养分需求，才具有促进烤烟氮吸收而提高烟叶产量、产值的显著效应。从本试验结果看，试验结果不支持氮肥后移的减量优化施氮技术可确保烤烟产质量的学术观点，故在广东多雨烟区，追肥比例偏高的减氮施肥技术实际效果值得商榷，这有待进一步研究证实。

2.3.3.3 追肥比例偏高条件下不同施氮量对烤烟化学成分的影响

本试验在70%化学氮作追施条件下，增施氮具有降低烤烟总糖、还原糖含量及提高烤烟烟碱含量的趋势，但无显著影响，各处理的化学成分仍在合理范围内。中后期烤烟氮素供应对烤烟烟碱、总糖、还原糖含量等指标均有重要影响，后期氮素供应是烟碱含量增加的重要原因。本试验增施氮没有明显降低烤烟内在化学品质，其原因显然与广东多雨烟区肥料化学氮极易淋失，试验供氮范围增施氮未有明显促进烤烟后期土壤氮素积累的作用有关。从本研究结果看，在广东多雨烟区，追肥比例偏高条件下适度加大施氮量才能有效满足不同生育期烤烟氮养分需求，对促进烤烟氮素吸收利用、增产增效有显著作用。

2.4 基肥一次性供氮对烤烟氮素吸收利用的影响

氮素是烟草（*Nicotiana tobacum* L.）最重要的营养元素。大量研究表明，不同施氮方法对烤烟氮素利用效率有显著的影响。多雨烟区减少基肥氮用量、增加追肥氮用量可以提高烤烟氮肥利用率。但也应指出，随着追肥比例增大，后期土壤供氮增强易造成烤烟贪青晚熟和烟碱含量过高，影响烟叶内在化学品质。由于烤烟生长中前期以吸收肥料氮为主，后期则主要吸收土壤氮，且化学氮与有机氮肥配合施用能提高有机氮利用效率并延长化肥供氮能力。因此，理论上只要基肥一次性供氮便能确保烤烟大田期氮素营养的均衡供应。由于南方烟区烤烟大田期雨水较多，基肥一次性供氮增加了氮肥淋失的风险，目前，南方烟区多采用基、追施相结合的方法供氮，这一方面易导致烤烟成熟期氮素营养失控，另一方面也费工费时较多。为此，本试验在基肥一次性施氮条件下，探讨了不同化学供氮量对烤烟氮素吸收利用的影响，旨在为广东烟区基肥一次性优化施氮技术提供理论和技术依据。

2.4.1 材料与方法

2.4.1.1 试验材料

供试烤烟品种为“粤烟97”，由广东省烟草南雄科学研究所提供。供试肥料种类：烟草专用复合肥（N13.0%，$P_2O_5$9%，K_2O14%）、硝酸钾（N13.5%，K_2O44.5%）、硫酸钾（K_2O50%）、过磷酸钙（$P_2O_5$12%）、猪粪（N0.5%，$P_2O_5$0.2%，K_2O0.25%）、花生饼肥（N4.6%，$P_2O_5$1.0%，K_2O1.0%）。供试土壤为紫色土地发育、长期稻烟水旱轮作的牛肝土，位于广东省烟草南雄科学研究所的野外试验站，土壤 pH值6.35、有机质29.77g/kg、全氮1.81g/kg、全磷0.76g/kg、全钾20.38g/kg、速效氮144.5mg/kg、速效磷15.8mg/kg、速效钾170.0mg/kg，前茬作物为水稻。

2.4.1.2　试验处理及方法

试验设不施化学氮（N_0）、低化学氮（N_1）、常规化学氮（N_2）和高化学氮（N_3）等4个处理，常规化学施氮量依据广东南雄烟区习惯施肥确定，N_1、N_2、N_3处理的化学施氮纯量（N）分别为48kg/hm^2、108kg/hm^2、168kg/hm^2，所用化学氮肥料为烟草专用复合肥（N13.0%）和硝酸钾（N13.5%）。其中，N_1、N_2、N_3处理以硝酸钾施用的纯氮量（N）均为30.375kg/hm^2，化学氮（N）不足部分用复合肥补足。各处理试验小区随机排列，重复3次，小区面积19.44m^2，依据当地烤烟的习惯施肥量，小区试验施饼肥600kg/hm^2，猪粪750 0kg/hm^2，小区试验的饼肥和猪粪一共折合的基施有机氮（N）64.5kg/hm^2。试验小区的P_2O_5和K_2O按当地习惯施肥用量分别为116kg/hm^2、273kg/hm^2，除试验用氮肥所含的P_2O_5和K_2O养分之外，各处理P_2O_5和K_2O养分不足部分分别用过磷酸钙和硫酸钾补足。试验用氮肥、过磷酸钙均一次性作基肥施用，硫酸钾分小培土（移栽后25d）、大培土（移栽后40d）和打顶后（移栽后62d）3次追施，每次追施量占所用硫酸钾总量的1/3。大田其他栽培管理按当地优质烟叶生产技术规程进行，试验期间无病虫害发生。

试验于2008年11月28日采用浅水湿润育苗，至2009年2月23日采用膜下移栽方式移栽，实际苗龄85d，移栽后于3月20日揭膜。基肥于2009年2月23日移栽当天采用穴施方式施肥。各小区烟叶成熟采收，2009年5月10日开始采收，2009年6月30日采收完毕。烤烟大田期降水量如图2-9所示。

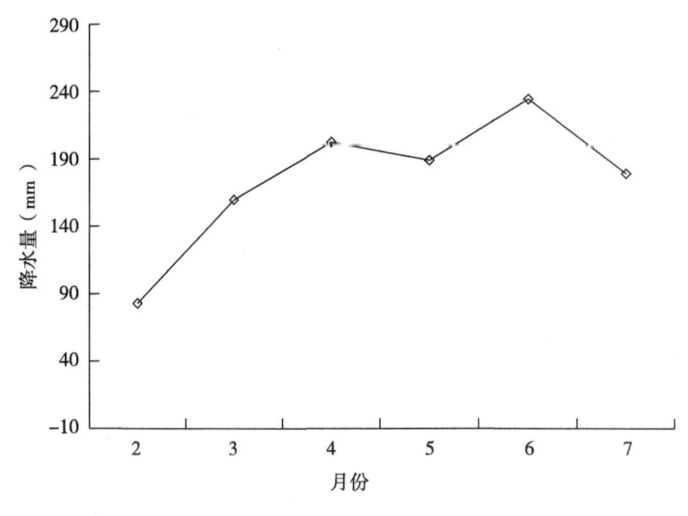

图2-9　2009年2—8月烤烟试验区降水量的月际变化

2.4.1.3 测定指标与方法

各小区选取均匀一致3株烤烟进行定株，选定的3株烤烟各部位叶片成熟采收后立即杀青烘干，分别收集各单株全部叶片，采收完毕后，小心挖出带茎根，洗干净后杀青烘干，称量其干重后测定全氮。

烤烟成熟采收后，单收单烤，计产计质，按照42级国标（GB 2635）分级，取各处理烟叶样品（C2F和B2F混合样）参照王瑞新、韩富根（2003）的方法进行化学品质分析。在烟叶全部采收完毕后（2009年7月3日）用取土器在烟垄中部距烟株中心距离10cm处垂直取土样（0 ~ 30cm），测定其全氮、硝态氮和铵态氮。

土样和烤烟植株样品全氮用开式法测定，土样经氯化钾浸提液提取，采用紫外分光光度法测定硝态氮含量，靛酚蓝比色法测定铵态氮含量。土壤pH值、有机质、全磷、全钾、速效氮、速效磷和速效钾等指标均按常规方法测定。

烟株吸氮量（kg/hm^2）＝（叶片氮积累量＋茎氮积累量＋根氮积累量）/ 面积

氮回收率（%）＝（施氮区烟株氮吸氮量－无氮区烟株吸氮量）/ 施氮量 × 100

氮农学利用率（kg/kg）＝（施氮区烟叶产量－无氮区烟叶产量）/ 施氮量

2.4.2 结果与分析

2.4.2.1 基肥一次性供氮条件下不同化学施氮量对土壤氮素积累的影响

由表2-12可见，在基肥一次性供氮条件下，经过1个生长季之后，与不施化学氮处理（N_0）比较，基施高化学氮处理（N_3，168kg/hm^2）的硝态氮含量相对较高，一定程度上增强了中后期土壤供氮能力。但不同化学施氮量处理间土壤全氮、硝态氮和铵态氮含量差异均未达到显著水平（$P>0.05$）。这说明在基肥一次性供氮条件下，烤烟生长期间48 ~ 168kg/hm^2范围的基施化学氮基本消耗殆尽，试验供氮范围内增施化学氮未起到有效促进土壤氮素积累、增强烤烟后期土壤供氮能力的明显作用。

表2-12 不同施氮量处理的土壤氮素积累的影响

处理	土壤全氮（g/kg）	土壤硝态氮（mg/kg）	土壤铵态氮（mg/kg）
N_0	1.11 ± 0.06ab	6.42 ± 2.04a	10.35 ± 0.62a
N_1	1.10 ± 0.04b	11.59 ± 5.67a	10.04 ± 0.97a
N_2	1.14 ± 0.02ab	9.58 ± 1.34a	11.84 ± 1.14a
N_3	1.24 ± 0.02a	17.02 ± 11.26a	11.16 ± 1.45a

注：表中不同大小写字母表示差异达1%和5%水平，全书同

2.4.2.2 基肥一次性供氮条件下不同化学施氮量对烟株氮吸收和肥料氮回收率的影响

从表2-13可以看出，低氮（N_1，48kg/hm^2）、常规施氮（N_2，108kg/hm^2）和高施氮（N_3，168kg/hm^2）的烟株吸氮量均显著高于不施化学氮肥处理（N_0），处理间烟叶氮含

量、烟根氮含量、烟株吸氮量差异达到了显著（$P<0.05$）或极显著水平（$P<0.01$），说明基施化学氮明显促进了烤烟的氮吸收利用。但N_1、N_2、N_3处理间烟株吸氮量差异不显著（$P>0.05$），在基肥一次性供氮条件下，48 ~ 168kg/hm^{2}范围内增施化学氮对促进烟株对氮素吸收利用的作用不明显，故随着施氮量增加烟株对氮肥的回收率显著下降。显然，在本试验条件下，氮肥全部基施的低化学供氮水平（N_1）也能有效地满足了烤烟氮营养需求，比较常规施氮量处理（N_2）起到了提高氮肥利用率的显著作用（$P<0.01$）；在常规施氮、高化学氮处理水平条件下，大量增施的化学氮既未残留在土壤中，也未能有效被烤烟吸收利用，说明大量的化学氮在烤烟生育期间通过径流、渗透及挥发等各种途径损失，导致氮肥回收率的显著下降。

表2-13　不同施氮处理对烤烟氮吸收和肥料化学氮利用率的影响

处理	烟叶氮含量（g/kg）	烟茎氮含量（g/kg）	烟根氮含量（g/kg）	烟株吸氮量（kg/hm^2）	氮回收率（%）
N_0	11.2 ± 0.43cB	7.8 ± 0.80aA	9.2 ± 0.60bB	34.2 ± 1.8bB	—
N_1	12.0 ± 0.69cB	9.2 ± 0.53aA	11.1 ± 0.59aAB	62.85 ± 2.5aA	38.2 ± 3.34aA
N_2	14.9 ± 0.36bA	10.5 ± 0.29aA	11.8 ± 0.23aAB	68.55 ± 2.7aA	25.4 ± 2.04bAB
N_3	16.4 ± 0.29aA	10.7 ± 1.61aA	11.9 ± 0.63aA	70.95 ± 6.3aA	18.8 ± 3.25bB

2.4.2.3　基肥一次性供氮条件下不同化学施氮量对烤烟产量、产值和氮素农学利用率的影响

从图2-10可知，在基肥一次性施氮条件下，低氮（N_1）、常规施氮（N_2）和高施氮（N_3）处理的烤烟产量分别为不施化学氮处理（N_0）的170%、152%和149%，处理间烤烟产量差异达极显著水平（$P<0.01$）。这说明在基肥一次性施氮条件下，不同化学施氮量处理均起到了有效促进烤烟生长、提高烤烟产量的极显著作用。但低氮（N_1）、常规施氮（N_2）和高施氮（N_3）处理间烤烟产量差异不显著（$P>0.05$），48 ~ 168kg/hm^{2}范围增施化学氮对提高烤烟产量的作用不明显，甚至还一定程度上降低了烤烟产量。

在氮肥一次性基施方式下，烤烟产值对化学施氮量的响应规律和产量性状基本一致。对比不施化学氮处理（N_0）处理，基肥一次性施氮的低化学氮处理（N_1，48kg/hm^2）起到了节肥、增产、增效的显著作用（$P<0.01$），常规施氮（N_2，108kg/hm^2）、高施氮（N3，168kg/hm^2）处理也有增产、增效的显著效果（$P<0.01$），但48 ~ 168kg/hm^{2}范围随着化学施氮量增加，烤烟产值呈下降的变化趋势，烤烟氮素农学利用率显著大幅下降（$P<0.01$）。对比常规化学施氮量处理（N_2）、高施氮（N_3）处理，低化学氮（N_1）处理有提高烤烟氮素农学利用率的极显著效果（$P<0.01$）。

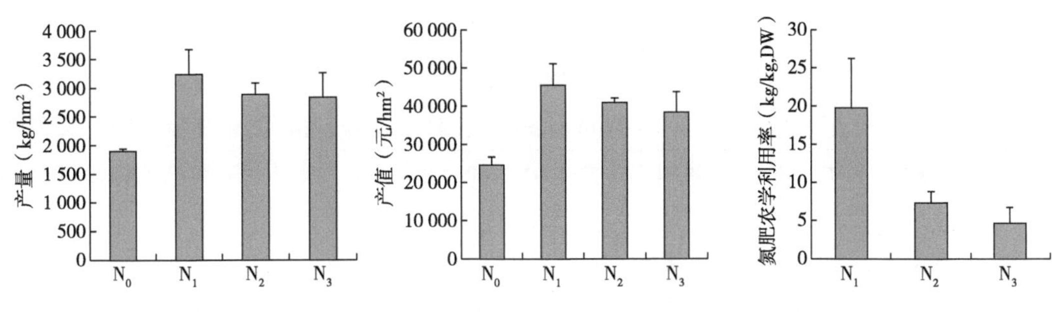

图2-10 基肥不同化学施氮量对烤烟产量、产值和农学利用率的影响

2.4.2.4 不同化学施氮量对烤烟等级结构、内在化学品质和烟叶感官质量的影响

试验结果表明（表2-14），不同施氮量处理间烤烟中、上等烟比例差异均不显著（$P>0.05$），试验供氮范围内增施化学氮对烟叶等级结构没有明显影响，其原因显然与增施化学氮未能有效促进烤烟氮素吸收利用的作用有关。在基肥一次性供氮条件下，增施化学氮对烤烟内在化学品质有一定影响，随着化学施氮量增加，烟叶总糖、还原糖含量总体呈下降的变化，烟碱含量明显增加，糖碱比逐步降低，但试验供氮范围内烤烟糖碱比仍在合理范围，增施化学氮对降低烤烟内在化学品质的作用不明显。从试验结果看，不施化学氮处理（N_0）烟叶总评吸得分较低，增施化学氮的不同施氮量处理烤烟香气量、余味等评吸指标明显改善，烟叶感官质量总体趋好，适当施化学氮对改善烟叶感官质量有一定作用。

表2-14 不同化学施氮量处理对烤烟化学品质的影响

处理	上等烟比例（%）	中等烟比例（%）	总糖（%）	还原糖（%）	烟碱（%）	总氮（%）	蛋白质（%）	总糖/烟碱
N_0	17.01 ± 14.18a	75.25 ± 13.06a	31.6 ± 1.20a	26.65 ± 0.05a	1.15 ± 0.22a	1.49 ± 0.14a	8.01 ± 0.57a	28.73 ± 6.54a
N_1	24.99 ± 19.52a	68.94 ± 22.16a	30.25 ± 1.05a	24.25 ± 1.55a	1.54 ± 0.22a	1.75 ± 0.03a	9.28 ± 0.03a	20.24 ± 3.65a
N_2	36.77 ± 4.06a	54.36 ± 7.49a	24.05 ± 6.05a	19.2 ± 3.80a	2.13 ± 0.88a	1.77 ± 0.07a	8.75 ± 0.50a	15.125 ± 9.15a
N_3	26.11 ± 7.19a	64.47 ± 5.49a	22.90 ± 7.50a	19.95 ± 4.75a	2.42 ± 0.86a	1.77 ± 0.19a	8.44 ± 0.25a	12.155 ± 7.46a

2.4.3 讨论

2.4.3.1 基肥一次性供氮条件下烤烟高氮低效的主要原因

烤烟传统供氮技术强调供氮重心前移，绝大部分化学氮（70%～80%）作基肥施用，这与烤烟伸根—团棵期氮需求少、旺长期需求急剧增加、后期需要适时控氮的规律不吻合。在南方高温多雨烟区，基施氮比例偏高条件下过高供氮量还会加剧肥料氮淋溶、径流和挥发损失，导致烤烟肥料氮利用率的显著下降。从试验结果看，在100%化学氮作基施条件下，对比不施化学氮处理（N_0），48kg/hm^2（N_1）的低化学氮处理起到了节肥、增产、增效的显著作用，传统施氮量（108kg/hm^2）、高（168kg/hm^2）化学氮处理有降低烤烟表观氮素利用率和氮素农学利用率（$P<0.01$）的显著效果。相同土壤的模拟盆栽试验表明，基肥氮比例偏高（70%）条件下若没有明显肥料氮流失，增施化学氮会极显著地提高烤烟伸根期土壤和土壤溶液的硝态氮浓度。大田试验期间烤烟伸根—团棵期间对氮素需求相对较少，但土壤硝态氮在地膜的保护下不易流失，基肥一次性供氮条件下过高硝态氮浓度会抑制烟株伸根期根系的生长。模拟盆栽试验结果也表明，高施氮水平下团棵前土壤溶液的高硝态氮浓度对烤烟株生长的抑制效应，会导致烟株干物质积累及氮素利用率较低氮处理显著下降。因此，土壤硝态氮过度积累及其反馈抑制烤烟生长的效应，应是基肥一次性供氮条件下传统施氮、高化学氮处理烤烟肥料氮利用率较低的主要原因之一。此外，大田试验条件下团棵期揭膜培土后降水量明显增加，烟垄内未被烟株吸收利用的大量硝态氮易随雨水流失，突出表现在试验供氮范围内增施氮对促进土壤氮素积累、烤烟氮素吸收促进作用不明显，这也是传统施氮、高化学氮处理烤烟氮回收率及氮素农学利用率显著下降重要原因。

2.4.3.2 基肥一次性供氮条件下烤烟低氮高效的供肥原理

一般认为烤烟伸根—团棵期对养分需求少，烤烟基肥一次性施氮并不合理。但从本试验结果看，基肥一次性供氮的低化学氮处理（N=48kg/hm^2）起到了节肥、增产、增效的显著作用，且对比基肥比例偏高（70%）传统施肥处理（N=108kg/hm^2）和追肥比例偏高（70%）高氮处理（N=108～168kg/hm^2）也具有提高烤烟氮回收率及氮素农学利用率、减氮不减产的明显作用。其原因可能与本试验覆膜保护及有机肥持久的供氮效应有关。在烤烟伸根—团棵期，盖膜保护部分达到了肥料氮养分与降水的有效隔离，降低烤烟苗期硝态氮的淋溶损失，有利于植烟土壤肥料化学氮的保存。在烤烟伸根—团棵期氮素养分吸收利用较少的条件下，土壤中保存的化学氮养分可以在团棵揭膜后的一段时期继续发挥供氮的重要作用，加上基肥所施有机肥（N=64.5kg/hm^2）矿化释放的氮养分，基肥一次性供氮的低化学氮处理可基本满足烤烟旺长期的氮营养需求是可能的。有机肥、尤其是饼肥的肥效持续时间较长，在基肥一次性供氮的低化学供氮水平条件下，烤烟生育后期肥料氮供应应主要靠有机肥和饼肥。但这一时期，烤烟主要吸收土壤氮而不是肥料氮，且随着烤烟氮素同化代谢能力的下降，烤烟后期氮养分需求势必相应下降，在有机肥料氮矿化可部分满足烤烟后期的氮营养需求条件下，烤烟后期缺少化学态氮养分供应不至于严重影响烤烟后期的氮素营养。可见，基肥一次性低化学供氮处理烤烟具有高效利用氮素作用有其深刻的内在原因，一方面是因为烤烟苗期的覆膜一定程度上实现了肥料氮养分与水的隔离，有效保存了宝贵的化学氮素养分；另一方面是基施的大量有机氮矿化（N=64.5kg/hm^2）的持续供氮作用，使烤烟自始至终不脱肥、不早衰，确保低化学氮处理有节肥、增产、增效的显著作用。

2.4.3.3 基肥一次性供氮条件下施氮量对烤烟等级结构、内在化学品质和感官质量的影响

本试验条件下，对比传统化学施氮量（108kg/hm^2）、高（168kg/hm^2）化学氮用量处理，基肥一次性供氮的低化学供氮处理有提高烤烟总糖、还原糖含量，降低烤烟烟碱含量的明显作用。常规施氮、高化学氮处理相对较多的氮素供应确实有利于烤烟烟碱的合成，烟碱含量明显增加，烤烟总糖、还原糖含量有随施氮量增加而下降的趋势。但不同施氮量处理的烤烟糖碱比仍在合理范围，试验供氮范围内增施氮对降低烤烟内在化学品质的作用并不明显。从本试验结果看，低氮处理（N_1）能有效满足烤烟氮营养需求，但N_1处理下烤烟内在化学品质未明显改善，烤烟香气量、余味、总评吸得分等烟叶感官质量并没有明显高于传统施氮、高化学氮处理，没有起到改善烟叶感官质量的明显作用，其原因可能与基肥一次性供氮的低氮处理烤烟后期因雨水较多而导致供氮略有不足有关，这有待进一步研究证实。

2.5 不同种植方式对烟田氮素径流损失的影响

降雨造成的地表径流带走了农田中颗粒态和水溶态的养分，不仅降低了土壤肥力和化肥利用率，而且会成为水体富营养化的面源污染源，引起水质恶化问题。据估算，农田径流带入地表水的氮占人为排入水体氮的51%，施肥地区氮流失量比不施肥地区高出3 ~ 10倍。径流中的硝态氮是氮素径流损失的主要形态之一，一般占氮素总径流损失的30%以上。施氮后，农田增加的氮素流失量主要是可溶态氮。

烟田起垄单行种植、垄沟排水是广东烟区主导的耕作模式。在广东等南方多雨烟区，这种垄沟耕作模式可以有效避免烟田过度积水对烤烟生长的不利影响，但大量淋失至垄沟中的肥料氮养分必然也易通过径流途径流失，如何降低、控制植烟土壤氮素径流损失是目前广东烟区尚未根本解决的实际生产技术问题。研究表明，不同种植方式对地表径流量有着极大影响，覆盖薄膜结合盖草处理具有良好的耕地水土保持效果。实际上，对于非坡耕地农田土壤而言，农田氮素大量流失的根本原因在于通过雨水冲刷流失和氮素淋溶下渗，随土流失颗粒氮较少。理论上通过薄膜覆盖烟垄措施，降低烟垄直接接纳降水的接触面积，使降水无法充分淋溶、冲刷烟垄施肥部位，应能有效降低烟田氮素流失，这有待进一步研究证实。本研究详细比较了裸地种植和覆膜种植下的烟田氮素径流损失特征，探讨了利用盖膜降低植烟土壤氮素流失的技术途径及其原理，这对于减少植烟土壤氮素流失，提高烤烟氮肥利用率具有重要理论和技术意义。

2.5.1 材料与方法

2.5.1.1 试验材料

供试烤烟品种为“粤烟97”，由广东省烟草南雄科学研究所提供。供试肥料种类：

烟草专用复合肥（N13.0%，$P_2O_5$9%，K_2O14%）、硝酸钾（N13.5%，K_2O44.5%）、硫酸钾（K_2O50%）、过磷酸钙（$P_2O_5$12%）。供试土壤为紫色土地发育、长期稻烟水旱轮作的牛肝土田，位于广东省烟草南雄科学研究所试验基地，土壤 pH值6.35、有机质29.77g/kg、全氮1.81g/kg、全磷0.76g/kg、全钾20.38g/kg、速效氮144.5mg/kg、速效磷15.8mg/kg、速效钾170.0mg/kg，前茬作物为水稻。

2.5.1.2 试验设计及方法

小区试验设计方案如图2-11所示。采用单行起垄种植，双行一个小区，行间垄沟宽50cm。为方便收集径流，行间垄沟设计略为倾斜。这样，当降水量足够大、小区垄沟有径流产生时，径流顺着倾斜的小区垄沟坡面，经收集径流用的PVC管（直径5.1cm）后自动流入至集水桶（50L）中。收集径流时，集水桶装在塑料布袋中，塑料布袋口套装PVC管的出水口，并用细绳将包裹PVC管出水口的塑料布袋口扎实，使PVC管出口、集水桶构成的收集径流装置处于封闭体系之中，防止降水直接进入集水桶。在试验小区的垄沟两头，分别设计有截流沟和水泥挡板，以预防小区外侧的径流、降水汇入试验小区行间的垄沟径流中，确保试验结果的可靠性。径流收集PVC管的进水口用尼龙网包裹，以防止大量泥沙进入PVC管，避免泥沙淤积堵塞PVC管。试验以烟垄行中线为基准，计算试验小区的集水面积，即产生径流小区面积为（包括行间垄沟）2.4m × 1.2m = 2.88m^2。

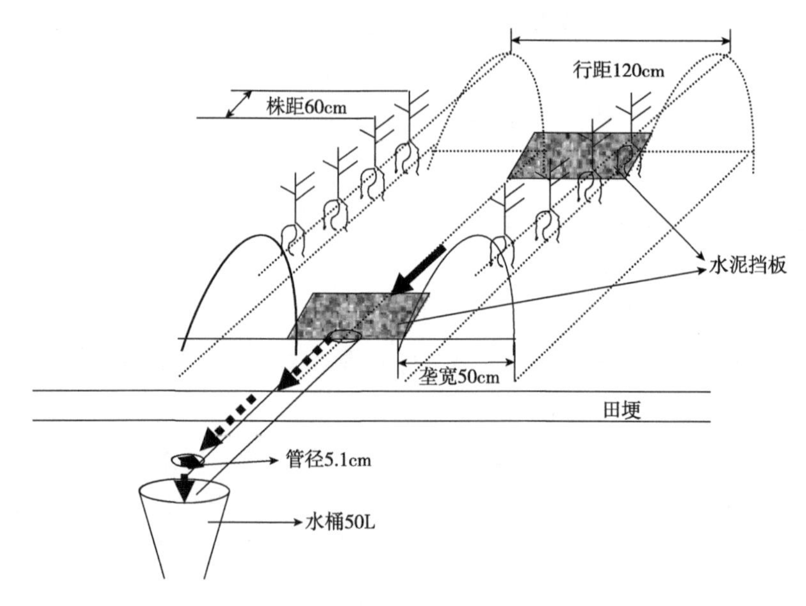

图2-11 烤烟大田试验小区的设计技术方案

2.5.1.3 试验处理和方法

试验设不施氮肥裸地种植（T_0，空白对照）、施氮裸地种植（T_1，烤烟全生育期不覆盖地膜）、施氮的地膜覆盖（T_2，烤烟全生育期地膜覆盖）种植3个处理，每处理重复3次。T_0处理的N：P_2O_5：K_2O=0：1：2，T_1、T_2施用的纯化学氮为150kg/hm^2，N：P_2O_5：K_2O=1：1：2。T_1、T_2处理所施复合肥（N 13.0%）、硝酸钾（N 13.5%）形态的化学氮纯量（N）分别为129.75kg/hm^2、20.25kg/hm^2。其中，基施复合肥形态纯化学氮（N）77.85kg/hm^2，移栽后第44d追施的复合肥形态纯化学氮（N）51.9kg/hm^2，硝酸钾形态的化学氮纯量（N=20.25kg/hm^2）分4月25日和5月1日两次淋施，每次淋施用量的1/2。除试验复合肥所含的P_2O_5和K_2O养分之外，T_0、T_1、T_2不同处理的P_2O_5和K_2O养分不足部分分别用过磷酸钙（P_2O_5 12%）和硫酸钾（K_2O 50%）补足。过磷酸钙全部基施，硫酸钾分别在移栽后30d、45d和60d分3次追施，每次追施量占施用硫酸钾总量的1/3。

具体试验实施方法：试验田于2009年12月28日播种，2010年2月20日移栽，2010年6月20日采收完毕。烟株在整个大田生长期间一共有13次降水产生径流，每次及时测量径流液体积，然后取水样带回实验室测定水样全氮、硝态氮和铵态氮含量。水样全氮（TN）用过硫酸钾氧化，靛酚蓝比色法测定；硝态氮（NO_3^-—N）采用紫外分光光度法测定；铵态氮（NH_4^+—N）采用靛酚蓝比色法测定；其他形态氮（PN）＝全氮－硝态氮－铵态氮。

2.5.2 结果与分析

2.5.2.1 试验期间降水分布特征

试验烟区降水量指标由当地气象站提供。试验期间（2010年2—6月）总降水量为916.1mm。移栽后1个月内，烤烟处于伸根—团棵的生长发育阶段，烤烟供氮主要靠基肥。这一阶段降水次数少，总降水量相对较少，超过10mm的较大量降水仅3次，主要集中在施基肥后的10～20d期间，如图2-12所示。移栽后的30～70d，烤烟处于旺盛生长阶段，这一时期是烤烟集中追施氮肥时期，期间降水次数明显增多，超过15mm的较大量降水次数多且分布频密，平均降水量比烤烟伸根—团棵期明显增加，比较有利于形成地表径流。在烤烟移栽后80～120d，烤烟处于后期的生长阶段，这一时期烟区降水频密且降水量呈持续扩大的变化趋势，也有利于形成地表径流。

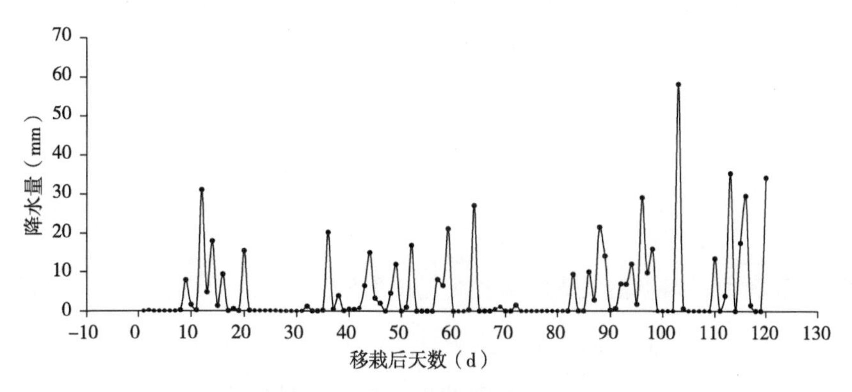

图2-12 大田试验期间降雨分布

2.5.2.2　不同烤烟种植方式对径流量和产流系数的影响

采用覆膜种植技术条件下，降水渗入植烟土壤的方式主要通过垄沟侧面渗透，以及通过在烟垄打塘、预留烤烟生长的破膜部位进入烟垄土壤，故烟垄直接接纳降水的面积因覆膜而大大降低，有利于地表径流形成。因此，在一共有13次降水产生径流期间，每次地膜覆盖处理（T_2）的径流量和产流系数均明显高于裸地种植处理（T_1），而同为裸地种植的T_0和T_1处理径流量无差异，见表2-15。显然，地膜覆盖减少了降水向烟垄土壤渗透的作用，明显提高了烟田径流量和产流系数。试验结果还表明，裸地种植处理和地膜覆盖处理的径流量、产流系数与降水量间均有极显著线性正相关关系（$P<0.01$），这说明降水才是烟田径流形成的关键因素，烤烟种植方式差异对地表径流形成的影响相对较小。在本试验条件下，地膜覆盖处理（T_2）平均单次径流量和产流系数分别为44.11mm和48.90%，分别相当裸地种植处理（T_0和T_1）的109.6%和11.3%，覆膜对提高烟田径流量作用大致在10%左右。

表2-15　径流产生时间及每次径流量和降水量

产流次序	降水时段	降水量（mm）	径流量（mm）		产流系数（%）	
			裸地种植	覆膜种植	裸地种植	覆膜种植
1	2月23—26日	23.4	8.76 ± 2.54	9.74 ± 2.57	37.42 ± 3.54	41.62 ± 4.23
2	3月10—14日	23.4	8.39 ± 1.87	8.97 ± 3.72	35.87 ± 2.79	38.33 ± 2.18
3	3月17—22日	77.8	37.83 ± 9.32	41.45 ± 6.22	48.62 ± 4.32	53.28 ± 5.34
4	3月28日至4月4日	136.2	85.18 ± 13.65	95.98 ± 23.17	62.54 ± 5.12	70.47 ± 9.87
5	4月10—14日	54.5	24.70 ± 4.62	27.96 ± 4.56	45.33 ± 3.20	51.30 ± 3.28
6	4月16日	17.6	6.41 ± 2.77	7.70 ± 1.27	36.41 ± 2.17	43.75 ± 4.33
7	4月18—23日	122.0	70.06 ± 19.08	78.51 ± 14.38	57.43 ± 4.25	64.35 ± 11.20
8	4月27—28日	15.5	3.31 ± 1.82	4.56 ± 2.03	21.36 ± 1.78	29.42 ± 1.84
9	5月3—6日	38.8	16.15 ± 5.34	19.14 ± 6.49	41.63 ± 3.42	49.33 ± 2.54
10	5月9日	18.4	4.56 ± 1.32	4.94 ± 1.26	24.76 ± 1.07	26.85 ± 1.38
11	5月18—19日	15.8	3.55 ± 2.55	4.16 ± 2.10	22.45 ± 2.36	26.33 ± 2.15
12	5月24—30日	86.2	51.10 ± 14.51	56.19 ± 8.46	59.28 ± 9.43	65.19 ± 6.81
13	6月6—19日	283.4	203.17 ± 35.83	214.08 ± 27.37	71.69 ± 6.55	75.54 ± 5.42

2.5.2.3　不同种植方式对烟田氮素径流损失量的影响

土壤对硝态氮吸附、固持能力弱，溶解在水中的硝态氮极易随水流失。因此，烟田径流损失的氮素形态主要是硝态氮，占不同处理氮素流失总量的80%以上，见表2-16。在相同施氮量（150kg/hm^2）条件下，烤烟盖膜种植处理的硝态氮和总氮流失量显著低于裸地种植处理（T_1），处理间差异达显著水平（$P<0.05$），盖膜种植有效降低了烟田氮素流失量。塑料膜透水性差，覆膜种植会大大降低烟垄接纳降水的入渗面积，相应地减少了烟垄耕层硝态氮的随水流失量，这是覆膜种植在有效提高径流量和产流系数条件下，具有降低烟田氮素流失作用的主要原因。在本试验条件下，覆膜处理硝态氮径流损失量比裸地种植处理降低了40%。但不施氮裸地处理（T_0）的氮素径流损失量极显著小于施氮不盖膜处理（T_1）和施氮盖膜处理（T_2）（$P<0.01$），其氮素流失量相当于T_1、T_2处理的26.10%和42.56%。这说明覆膜有降低烟田氮素流失的明显作用，但还不能从根本上控制烟垄耕层硝态氮的解吸、淋溶和质流扩散，控制施氮量才能从根本上抑制植烟土壤氮的径流损失。

表2-16　不同处理径流各形态氮素损失量

处理	硝态氮（kg/hm^2）	铵态氮（kg/hm^2）	总矿质氮（kg/hm^2）	其他形态氮（kg/hm^2）	总氮（kg/hm^2）
T_0	11.39 ± 2.40	0.38 ± 0.09	11.77 ± 2.31	2.14 ± 0.87	13.91 ± 2.27
T_1	47.48 ± 7.61	0.44 ± 0.09	47.92 ± 7.55	5.38 ± 1.02	53.29 ± 6.94
T_2	28.14 ± 3.44	0.21 ± 0.10	28.36 ± 3.35	4.33 ± 1.24	32.69 ± 4.55

2.5.2.4　径流硝态氮浓度和硝态氮损失累计量在烤烟不同生育期的变化及其与种植方式的关系

植烟土壤累计径流损失的硝态氮数量与施氮量、种植方式和降水量密切相关。从烟田硝态氮径流损失累计量来看，各处理硝态氮径流损失主要发生在前7次径流如图2-13a所示。期间，不施氮对照（T_0）、相同施氮量的裸地种植（T_1）和覆膜种植（T_2）处理累计径流损失的硝态氮分别占总硝态氮损失的57.33%、84.10%、75.28%。前7次径流收集时间（2月23日至4月23日）正是烤烟集中供氮的重要时期，这一阶段裸地种植（T_1）和覆膜种植（T_2）处理累计径流损失的硝态氮呈近线性上升变化趋势，其原因显然与大量基、追的肥料氮供应有关。这一时期，覆膜处理累计径流损失的硝态氮数量明显低于相同施氮的裸地种植（T_1）处理（$P<0.01$），这证明烤烟中前期大量基、追的肥料氮供应加剧了烟田硝态氮径流损失，覆膜保护对减少烤烟硝态氮径流损失有明显作用，有利于促进烤烟中前期氮素营养。

从径流硝态氮浓度动态变化来看（图2-13b），前7次径流中施氮处理（T_1和T_2）硝态氮浓度波动最大，如4月4日追氮肥（移栽后44d）直接导致T1、T2处理的第5次和第6次产流有较高的硝态氮浓度。显然，烤烟中前期硝态氮浓度的较大波动与多次追施化学氮因素有关。这一阶段，施氮处理（T_1和T_2）硝态氮浓度显著高于不施氮处理（T_0）

（$P<0.01$），明显具有加剧硝态氮流失的作用。其中，覆膜处理的前7次径流硝态氮浓度又显著低于相同施氮的的不盖膜处理（$P<0.05$），起到抑制氮素流失的显著作用。但在8～12次植烟土壤产流阶段（4月27日至5月30日），烤烟处于后期的生长阶段，降水量有持续扩大的变化趋势，但这一阶段的硝态氮径流损失对硝态氮损失累计量贡献明显降低。显然，烤烟生长中前期径流硝态氮的大量流失，以及烟株氮吸收的同步持续消耗作用，消耗了绝大部分土壤中的肥料化学氮，导致烤烟后期径流硝态氮浓度呈持续下降的变化。这一时期，处理间径流硝态氮浓度差异日趋缩小，盖膜对降低径流硝态氮浓度的效应明显减弱。

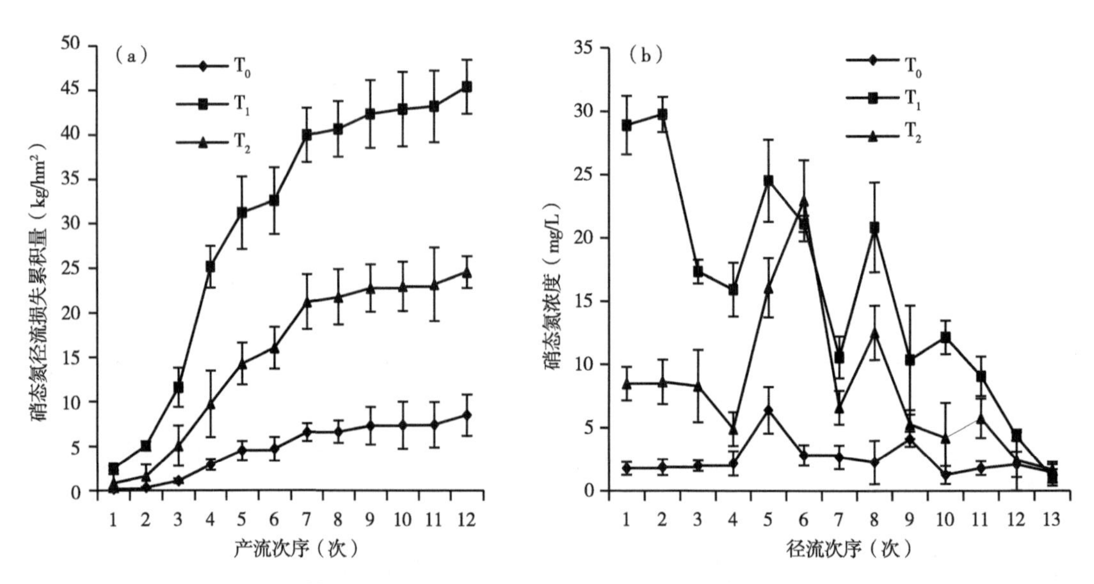

图2-13　烤烟大田径流硝态氮损失累计量（a）及浓度（b）的变化

2.5.2.5　不同处理对烟垄氮素残留及烤烟利用率的影响

由表2-17可见，经过烤烟一季的生长，不施氮肥、不盖膜处理（T_0）烟垄中硝态氮显著低于施氮不盖膜处理（T_1）（$P<0.05$），极显著低于施氮盖膜处理（T_2）（$P<0.01$）。与裸地种植（T_1）处理比，盖膜处理（T_2）明显提高了烟垄硝态氮浓度（$P<0.05$），具有促进烟垄硝态氮残留的作用。说明在试验区高温多雨、土壤氮素径流损失较重的条件下，供氮仍会导致一定数量的土壤硝态氮残留，盖膜对降低土壤氮素流失有显著作用，明显促进土壤硝态氮残留和积累。但试验区施入土壤的铵态氮主要转化为硝态氮，故本试验供氮、盖膜措施对促进土壤铵态氮残留、积累的作用并不明显。从试验结果看，盖膜处理具有减少氮素流失，促进土壤硝态氮残留、积累的作用，因而有效提高了肥料化学氮的表观利用率，其氮肥利用率相当于裸地种植处理（T_1）的126%，起到了提高烤烟氮肥利用率的明显作用。

表2-17 不同处理对烟垄土壤氮素积累的影响

处理	硝态氮（mg/kg）	铵态氮（mg/kg）	全氮（g/kg）	利用率（%）
T_0	6.34 ± 1.39	11.11 ± 1.05	1.07 ± 0.04	—
T_1	9.58 ± 1.34	11.24 ± 1.14	1.14 ± 0.02	28.14 ± 3.73
T_2	18.59 ± 2.54	11.87 ± 0.70	1.24 ± 0.02	35.52 ± 4.25

2.5.3 讨论

2.5.3.1 植烟土壤氮素流失主要特征

烤烟属不耐涝的旱地作物，故在广东等南方多雨烟区，烤烟生产基本上都采用起垄单行种植方法来控制烟地下水位，利用起垄形成的行间垄沟将降雨积水引入排水沟，以预防烟田过度积水对烤烟生长的不利影响。因此，垄沟径流排水在广东等南方多雨烟区极为普遍，是构成烟田氮素流失的主要途径之一，但植烟土壤氮素径流损及其控制技术和原理还少见报道。根据前人的研究结果，田间氮素流失受施氮量、氮肥种类、气候条件等多种因素影响。烤烟传统供氮技术强调供氮重心前移，绝大部分（60%～80%）化学氮作基肥，这与烤烟伸根—团棵期氮需求少、旺长期需求急剧增加、后期需适时控氮的规律不吻合。从本试验结果看，烤烟生育期间裸地种植的硝态氮流失总量达到47.48kg/hm^2，相当于总化学施氮量1/3，说明氮素流失对烟田氮损失有着极大的影响。此外，80%以上氮素径流损失发生在烤烟集中供氮中前期，尤其是降水频密、追肥集中的烤烟旺长期。显然，烤烟中前期集中供氮与同期氮素径流损失严重、肥料氮利用率的显著下降密切相关。在烤烟生长后期，尽管降水分布频密且降水量持续扩大，但由于中前期氮素径流损失、烤烟吸收等因素消耗了大量土壤中的肥料氮，后期烟田氮素流失对氮素总径流损失量贡献很低，在裸地种植条件下仅占总氮素流失量的10%左右。因此，可以推测，通过烤烟中前期的适度减氮施肥，应有减少肥料氮流失，提高烤烟氮肥利用率的作用。我们在另一项试验中发现，基肥氮为主的供肥模式下，氮肥减施55%的措施起到了节肥、增产、高效的显著作用，其原因显然与烤烟中前期减施氮肥对减少肥料氮流失效应有关，这有待进一步研究证实。

2.5.3.2 裸地种植对烟田氮素径流损失的影响

试验结果表明，与盖膜处理比，裸地种植径流量和产流系数明显减少，但该处理氮素流失严重。试验烤烟采用单行起垄种植，供氮主要集中在烟垄土壤中。在烟垄缺少覆膜保护条件下，裸地种植烤烟的烟垄直接接纳降水，这会大大增加烟垄雨水的入渗量，起到降低降水径流量和产流系数的作用。但烟垄行间垄沟水位低，渗入烟垄土壤中的部分降水自然向垄沟迁移扩散，烟垄中许多氮素营养随之流失在行间的垄沟径流中。另外，垄沟坡面径流的侵蚀力决定于雨水流速和流量，当降水强度超过土壤的渗透率时，烟垄坡面也会直接产生地表径流，裸地起垄种植产生的径流只能流向垄沟，径流冲刷携带大量烟垄肥料氮养分随之流失至垄沟径流之中。因此，在缺少覆膜保护条件下，虽然径流量和产流系数明显减少，但硝态氮极易通过雨水冲刷流失和淋溶下渗，裸地种植的烟垄氮素流失反而增加，显著地提高了植烟土壤的氮素流失率。

2.5.3.3 覆膜种植对烟田氮素径流损失的影响

地膜覆盖使土壤水分环境相对稳定。在烤烟伸根—团棵期，薄膜封闭保护可实现部分烟垄氮养分与降水的有效隔离，降低硝态氮的淋溶损失。在薄膜透水性差，烟垄有薄膜覆盖保护条件下，烤烟旺长期降水虽然可通过垄沟侧面渗透、以及通过在烟垄打塘、预留烟株生长的破膜部位向土壤渗透，但烟垄直接接纳降水面积仍会因覆膜而大大降低，减轻了雨水下渗和对烟垄的冲刷作用，起到抑制雨水入渗、降低烟垄氮素流失的显著效果。故地膜覆盖处理在单次径流量和产流系数皆高于裸地处理条件下，显著地降低了径流硝态氮浓度，降低了烟田氮素流失量。此外，地膜覆盖提高了硝态氮在垄内的富集残留量，增加了垄内温度和烤烟根系活力，烟株对氮的吸收、利用能力增强，显著地提高了烤烟当季氮肥的利用率，这也是盖膜处理氮素流失相对较少的重要原因之一。综合试验结果可以看出，盖膜减少烟田肥料氮流失量40%，而常规施肥条件裸地种植处理的总氮素流失量高达53.29kg/hm^2。这说明盖膜处理对植烟土壤肥料氮保存，提高氮肥资源的利用效率方面有难以估量的应用价值，值得在广东等南方多雨烟区广泛应用推广。

2.6 南雄烟区主要植烟土壤矿化特征及烟株吸氮规律研究

目前，我国烤烟生产中普遍存在施氮不合理的现象，突出表现在基追比例偏大及土壤后期供氮的问题。由于烤烟大田前期以吸收肥料氮为主，后期以吸收土壤氮为主，整个大田期吸收的土壤氮多于肥料氮，导致基肥施入的大量肥料氮不能及时被烟株吸收利用而损失，而后期土壤供氮过多易造成烟碱含量偏高，难以正常成熟落黄，这方面的问题在雨水较多、温度较高的我国南方烟区表现得尤其突出。因此，准确了解优质烤烟的吸氮规律和烟田土壤供氮特性，对合理施肥，确保烟株需要氮肥时能适时供给，不需要时能及时亏缺，具有重要的现实指导意义。

许多研究表明，烤烟大田生育期对氮素的吸收规律与当地的生态特点、品种、栽培模式等因素密切相关。本试验研究了南雄生态条件下3种主要植烟土壤供氮特性及烟株吸氮规律，以期为合理施氮，促进大田烟株良好生长发育，彰显烟叶浓香型风格特色提供理论依据。

2.6.1 材料与方法

2.6.1.1 试验基本情况

供试烤烟（*Nicotiana tobacum* L.）品种为“粤烟97”由广东省烟草南雄科学研究所

提供。

试验于2010年在广东省烟草南雄科学研究所（紫色土地和牛肝土田）和广东省南雄市古市镇丰源管理区（沙泥田）同时进行。试验田土壤理化性状见表2-18。

表2-18 供试3种植烟土壤主要农化性状

土壤类型	pH值	有机质（g/kg）	全氮（g/kg）	全磷（g/kg）	全钾（g/kg）	水解氮（mg/kg）	速效磷（mg/kg）	速效钾（mg/kg）
紫色土地	7.45	12.13	0.75	0.85	18.79	60.12	18.3	150.35
牛肝土田	5.90	18.74	1.14	0.61	6.43	106.71	56.7	40.42
沙泥田	5.70	26.09	1.41	0.67	21.43	138.53	33.5	50.32

3种植烟土壤均设置2个处理：施氮处理和不施氮处理。施氮处理按当地习惯施肥方法进行，即施用纯氮150kg/hm^2，N：P_2O_5：K_2O=1：0.8：2，氮肥基追比为7：3。不施氮处理除了不施氮肥外，磷、钾肥施用量及施用方式同施氮处理。肥料种类为烟草专用复合肥、硝酸钾、硫酸钾。每处理设置3次重复，每小区植烟250株。于2009年11月28日播种，2010年2月20日移栽，移栽密度为行距×株距=1.2m×0.6m，按当地习惯技术措施进行其他栽培管理。

在不施氮区采用砂滤管（由碳化硅烧制而成，规格为内径×高=4cm×17cm，壁厚为8.5mm，孔隙大小以140μm×70μm为主，能通气透水，但烟株根系不能进入，以防止根系进入而影响测定结果）装土掩埋的方法研究土壤氮素矿化。具体操作为：在烤烟移栽前，取耕层土壤（0~20cm）风干，然后粉碎全部过2mm筛并混匀后填装砂滤管，然后用胶布封严管体和管盖接合处，在烤烟移栽当天埋入相应试验田无氮区烟垄耕层土壤两棵烟之间，浇一定量原土悬浊液，表层覆土5cm。每种植烟土壤无氮区皆埋管24个。

2.6.1.2 取样及测定方法

分别在烟株移栽后第15d、第30d、第45d、第60d、第75d、第90d、第120d时，从各无氮区取出3支砂滤管带回实验室测定铵态氮和硝态氮含量，同时分别在移栽后第15d、第30d、第45d、第60d、第75d、第90d在各施氮区随机挖取均匀一致的3株烤烟，每株作为一次重复，洗干净后分各器官杀青烘干后测定干重，然后粉碎测定全氮含量；各施氮区和无氮区皆在下部叶开始采收时，选取均匀一致3株烤烟进行定位采收烟叶，各部位叶片稍有变黄时立即采收后杀青烘干，分别收集各单株全部叶片，采收完毕后，小心挖出带茎根，洗干净后杀青烘干，各器官测定干重后粉碎以测定全氮含量。

全氮（TN）用过硫酸钾氧化，靛酚蓝比色法测定；硝态氮（NO_3^--N）采用紫外分光光度法测定；铵态氮（NH_4^+-N）采用靛酚蓝比色法测定。

2.6.1.3 数据处理

土壤矿质氮=土壤硝态氮+土壤铵态氮

土壤矿化氮=培养前土壤矿质氮—培养后土壤矿质氮

氮肥利用率（NRE，%）=（施氮区烟株吸氮量-无氮区烟株吸氮量）/施氮量×100

氮肥生理利用率（NPE，kg/kg）=（施氮区烟叶产量-无氮区烟叶产量）/烟株吸氮量

氮肥农学利用率（NAE，kg/kg）=（施氮区烟叶产量-无氮区烟叶产量）/施氮量

氮肥吸收效率（NUPE，kg/kg）=烟株地上部氮积累量/施氮量

氮肥利用效益（NFE，kg/kg）=烟叶产量/施氮量

收获指数（NHI，%）=烟叶中的氮积累量/烟株中的氮积累量×100

数据采用SPSS17.0进行方差分析，用Excel 2010作图。

2.6.2 结果与分析

2.6.2.1 南雄烟区3种植烟土壤烤烟大田生育期

从表2-19可以看出，南雄烟区3种植烟土壤烤烟大田生育期不尽一致，其中沙泥田（132d）>牛肝土田（125d）>紫色土地（121d），到达团棵的时间沙泥田烤烟分别较牛肝土田和紫色土地提前5d和9d；烤烟旺长期紫色土地分别比牛肝土田和沙泥田短2d和5d。与优质烤烟生育期要求相比，南雄烟区移栽—团棵期（伸根期）过长，团棵—现蕾（旺长期）过短，现蕾—采收完毕（成熟期）偏短。在生产上的反映则是大田前期不能早生快发，早花现象严重、田间耐熟性差。

表2-19 南雄烟区3种植烟土壤上烤烟生育期（2010）

植烟土壤	移栽	团棵天数（d）	现蕾、打顶天数（d）	脚叶采收天数（d）	采收完毕天数（d）
紫色土地	2月20日	4月10日/49	4月29日/18	5月06日/8d	6月23日/46d
牛肝土田	2月20日	4月07日/45	4月28日/20	5月07日/10d	6月26日/50d
沙泥田	2月20日	4月02日/40	4月31日/23	5月15日/14d	7月/10日/55d

2.6.2.2 南雄烟区3种植烟土壤供氮特性

从图2-14可以看出，在烤烟大田生育期，3种主要植烟土壤总矿化氮量顺序为：沙泥田（360.27kg/hm^2）>牛肝土田（327.50kg/hm^2）>紫色土地（277.82kg/hm^2），差异达到极显著水平（$P<0.01$）；且在每个生育期阶段3种植烟土壤矿化氮量皆为沙泥田>牛肝土田>紫色土地。试验结果表明，在移栽后第45d（团棵）时，紫色土地、牛肝土田和沙泥田3种植烟土壤矿化氮量分别为55.76kg/hm^2、67.90kg/hm^{2}和75.87kg/hm^2；在移栽后第75d时，3种植烟土壤的累积矿化氮量分别为108.67kg/hm^2、138.54kg/hm^2、153.81kg/hm^2，分别

占烤烟生育期总矿化氮量的60.88%、57.70%和57.31%；在移栽后第75～120d，沙泥田、紫色土地、牛肝土田3种植烟土壤累积矿化氮量分别占烤烟大田期总矿化氮量的42.30%、39.12%和42.69%，此期为烟叶的成熟采收期，较高的土壤氮素供应可能给烟叶正常成熟落黄带来潜在的风险。

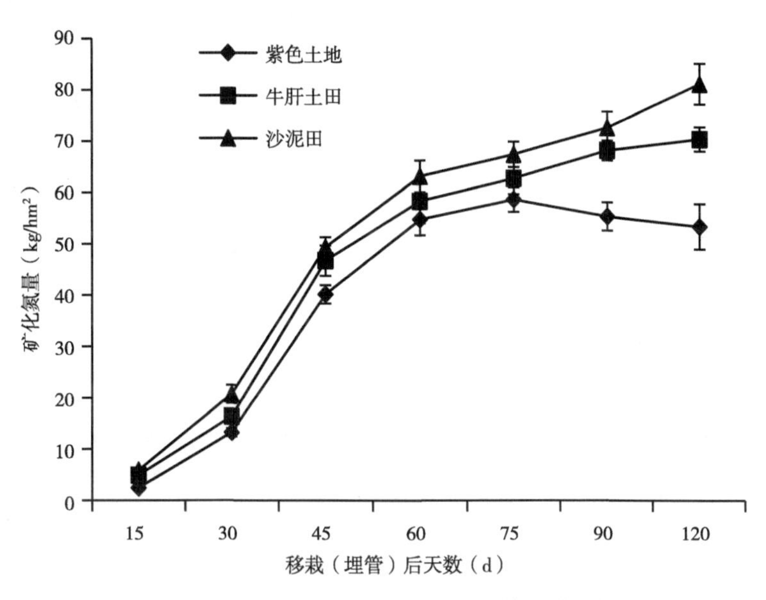

图2-14 南雄烟区主要3种植烟土壤氮矿化量

2.6.2.3 南雄烟区3种植烟土壤上烤烟干物质积累动态

从图2-15a可以看出，烟株在移栽后45d内干物质积累缓慢且较少。在第45d时，紫色土地、牛肝土田和沙泥田种植的烟株分别积累了7.17%、10.32%和13.59%的干物质；45d后烟株进入旺长期，干物质积累急剧上升，至移栽后第75d时，紫色土地、牛肝土田和沙泥田种植的烟株分别积累了63.35%、58.34%和58.08%的干物质；此时烟株陆续进入采烤期，然而，采烤期内烟株持续生长，且烟株干物质积累量沙泥田＞牛肝土田＞紫色土地。整个生育期3种植烟土壤烟株干物质积累量差异显著（$P<0.05$），且沙泥田＞牛肝土田＞紫色土地。

试验结果还显示（图2-15b、图2-15c和图2-15d），在移栽后第45d，紫色土地、牛肝土田和沙泥田种植的烟株叶片分别积累了10.56%、14.69%和19.99%的干物质；根器官分别积累了3.56%、5.21%和6.02%的干物质；茎器官分别积累了3.30%、5.33%和6.51%的干物质。在移栽后第75d，紫色土地、牛肝土田和沙泥田种植的烟株叶片分别积累了79.56%、72.41%和74.83%的干物质；根器官分别积累了49.24%、45.88%和39.99%的干物质；茎器官分别积累了41.51%、38.24%和37.54%的干物质。由此可见，在广东南雄烟区，烟株叶片的干物质积累主要在移栽后75d前（伸根期和旺长期），而根和茎器官的干物质积累主要在移栽后75d至采烤结束（成熟期）。

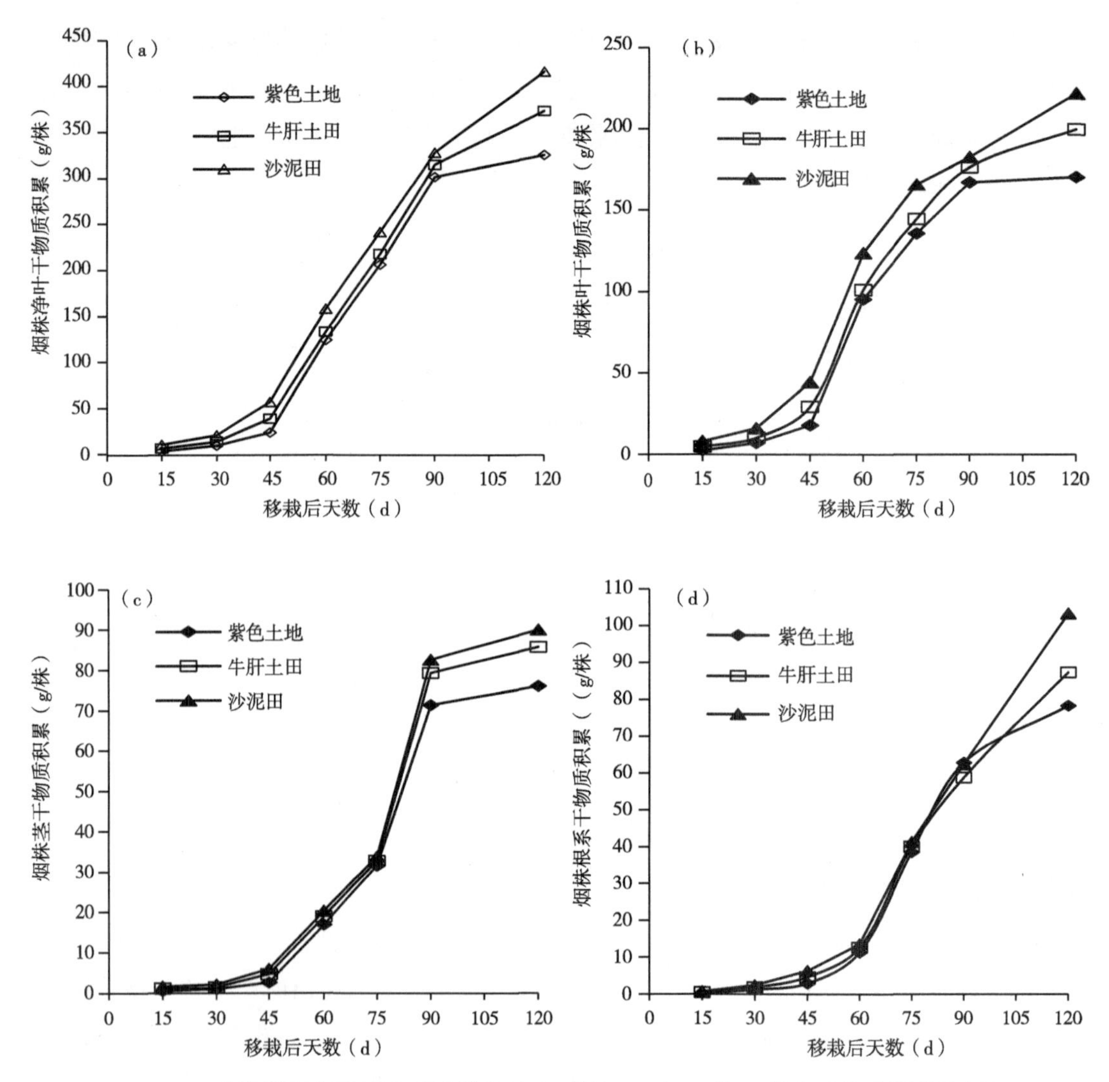

图2-15　南雄烟区主要3种植烟土壤烟株（a整株、b叶、c茎、d根）干物质积累量变化

从图2-16可以看出，整个烤烟大田生育，烟株在移栽后干物质积累速率在移栽后45～60d达到最大值，在经过60～75d的稍有下降后又有所上升，而后急剧下降，其中60～75d干物质积累速率较低可能与烟株打顶抹杈有关。

烤烟叶片干物质积累最大速率出现在移栽后45～60d，茎干物质积累最大速率出现在移栽后第75～90d，根系的干物质积累速率在移栽后持续增加至移栽后60～75d，然后下降，在90～120d时沙泥田和牛肝土田上的烟株根系干物质积累速率又持续增加。

由此可见，南雄烟区烤烟大田移栽后75d内叶片的干物质积累速率相对大于根和茎，而75d后根和茎的干物质积累速率明显大于叶。这充分说明了烟株成熟期干物质的积累主要来自于根和茎的干物质积累。

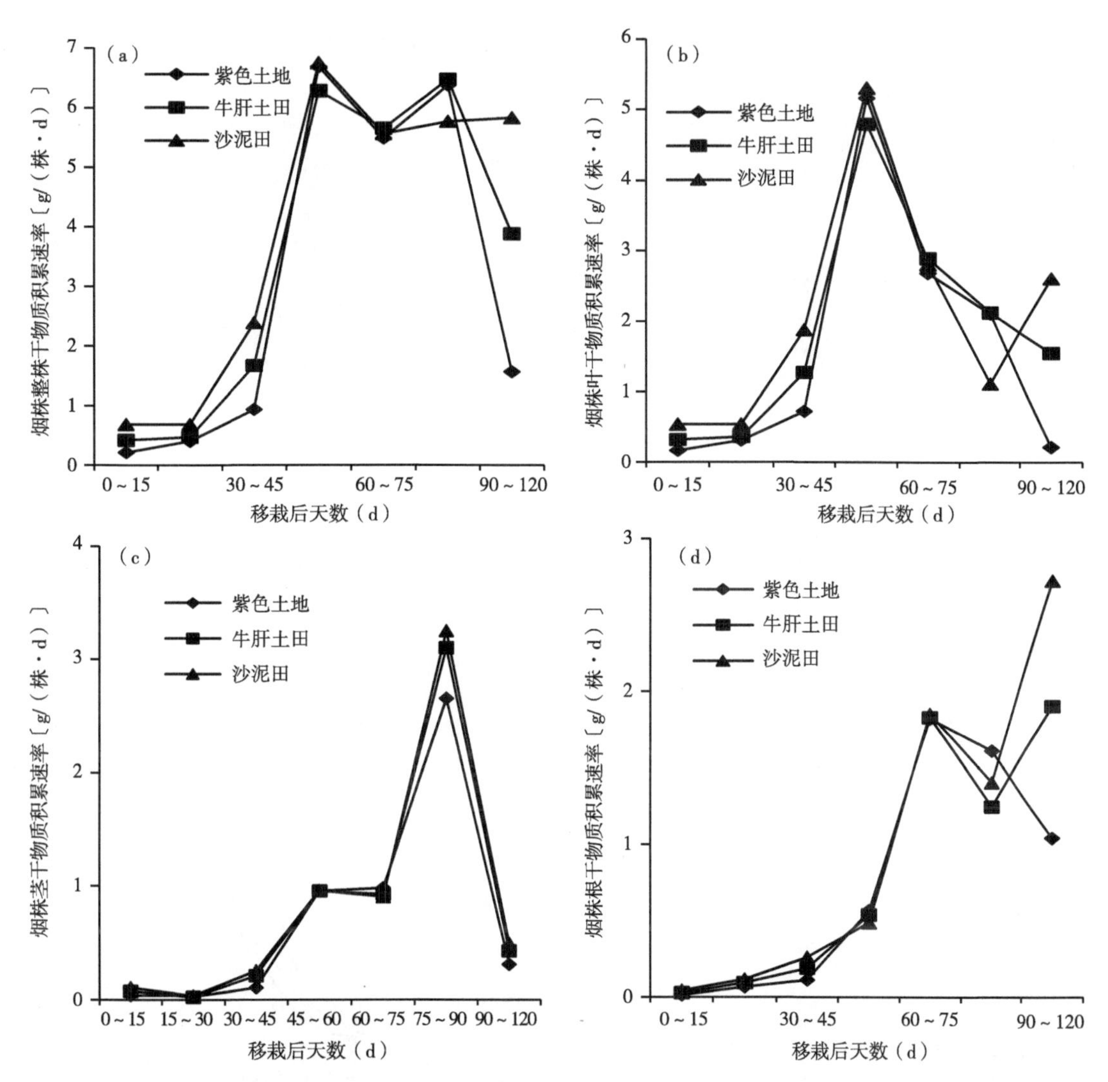

图2-16 南雄烟区主要3种植烟土壤烟株(a整株、b叶、c茎、d根)干物质积累速率变化

2.6.2.4 南雄烟区3种植烟土壤上烤烟氮素积累动态

从图2-17可以看出，在烟株整个大田生育期，种植在沙泥田的烟株氮素积累量始终大于牛肝土田，而后者又始终大于紫色土地。不同土壤上烟株在移栽后30d内积累氮素较少，种植在紫色土地、牛肝土田和沙泥田烟株分别积累了11.22%、14.14%和16.23%的氮；移栽30d后，烟株对氮素的积累急剧增加，至移栽后第60d时，紫色土地、牛肝土田和沙泥田上烟株已经分别积累了70.41%、70.06%和75.37%的氮。

不同植烟土壤上烟株各器官氮素积累量在不同大田生育期与整株类似，其中烟株移栽后30d内，紫色土地、牛肝土田和沙泥田烟株叶片分别积累了15.45%、19.05%和21.12%的氮；茎分别积累了4.77%、6.35%和9.07%的氮；根分别积累了6.89%、8.83%和10.45%的氮。至烟株后60d时，紫色土地、牛肝土和沙泥田烟株叶片分别积累了79.80%、76.57%

和83.80%的氮；茎器官分别积累了76.33%、82.52%和82.61%的氮；根器官分别积累了44.30%、44.16%和50.78%的氮。

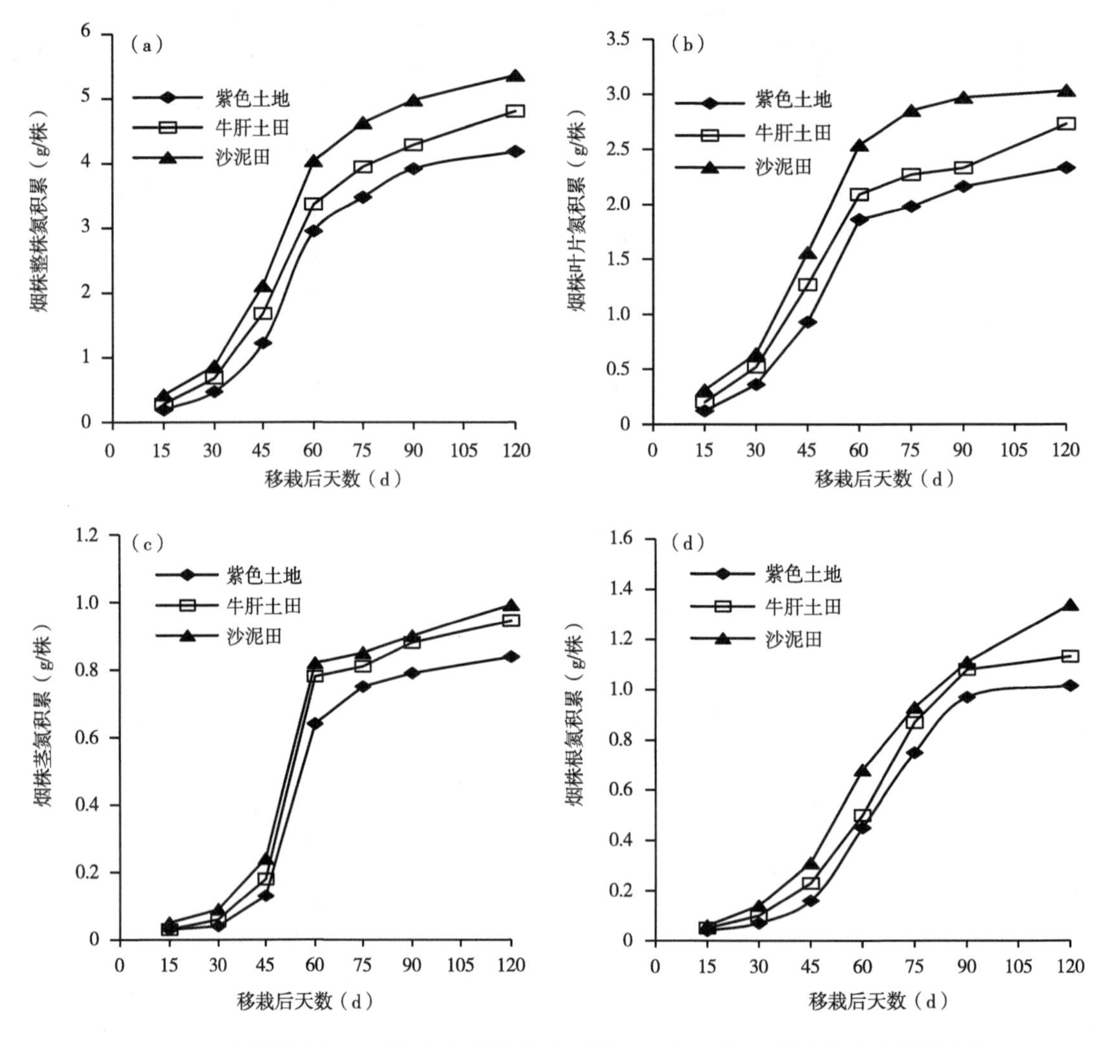

图2-17　南雄烟区主要3种植烟土壤烟株（a整株、b叶、c茎、d根）氮素积累量变化

从图2-18可以看出，紫色土地、牛肝土田和沙泥田种植烟株在移栽后45～60d内达到大田生育期氮素积累的最高速率，此期3种植烟土壤上烟株的氮素平均积累速率分别为0.115 3g/（株·d）、0.112 7g/（株·d）和0.128 7g/（株·d），积累的氮分别占烟株氮总积累量的41.34%、35.16%和35.99%。

从烟株各器官氮素积累速率来看，烟株大田生育期叶、茎氮积累速率最高值同样出现在移栽后45～60d，此期3种植烟土壤上烟株叶的氮素平均积累速率分别为0.062 0g/（株·d）、0.054 7g/（株·d）、0.065 3g/（株·d），积累的氮分别占烟株叶氮总积累量的39.90%、30.04%和32.33%；在移栽后45～60d，3种植烟土壤上烟株茎的氮素平均积累速率分别0.034 0g/（株·d）、0.040 0g/（株·d）、0.0387g/（株·d）。3种植烟土壤上烟株大田生育期根氮素最大积累速率出现时期不尽相同，其中沙泥田中烟株出现在移栽后45～60d，而紫色土地和牛肝土田则出现在移栽后60～75d。

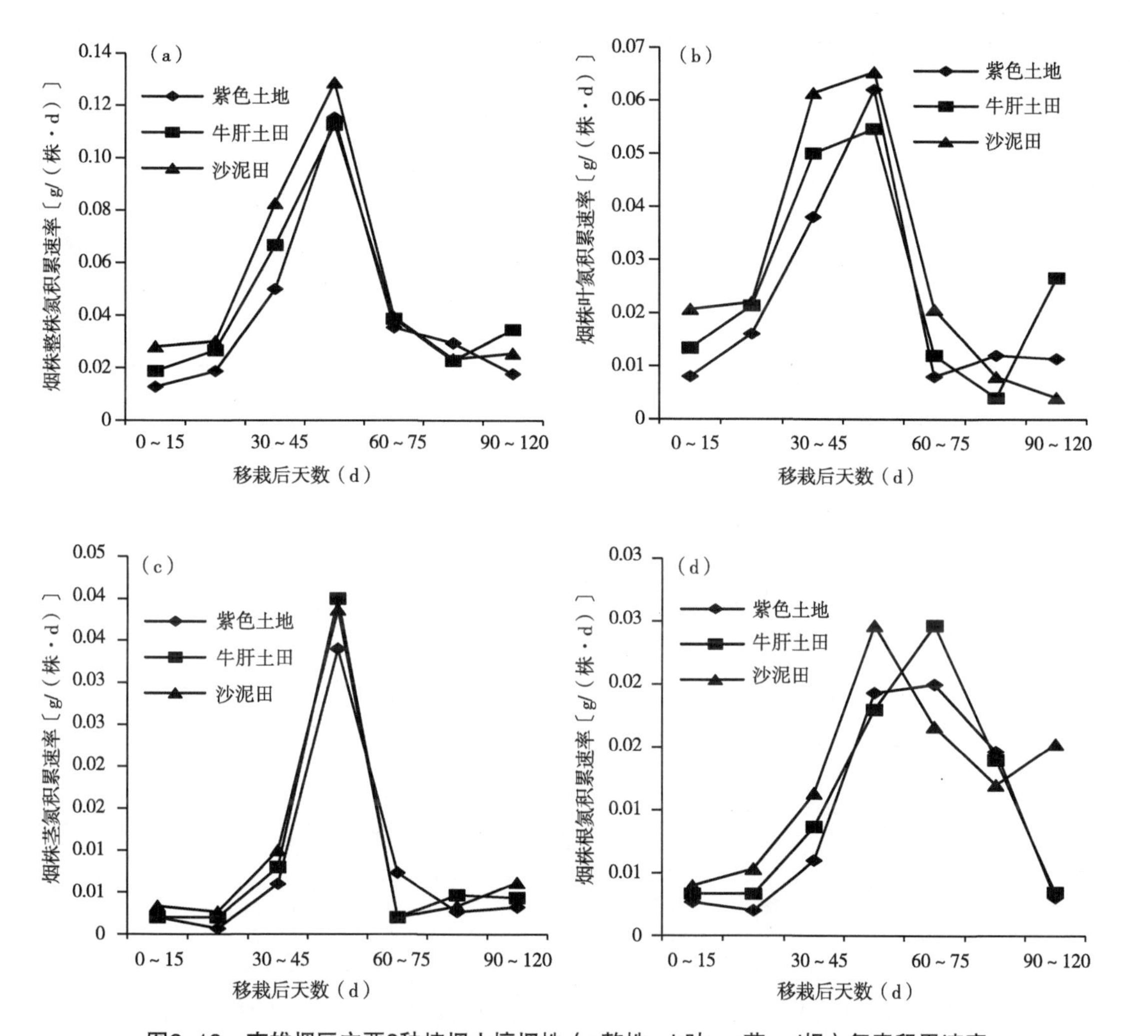

图2-18　南雄烟区主要3种植烟土壤烟株（a整株、b叶、c茎、d根）氮素积累速率

2.6.2.5　南雄烟区3种植烟土壤上烤烟各器官干物质及氮素的分配

从表2-20来看，在同等施氮量下，种植在不同土壤上烟株干物质积累量有明显差异，沙泥田显著高于紫色土地，而牛肝土田与紫色土地、沙泥田无显著差异；与紫色土地相比，沙泥田上烟株干物质积累增加了27.75%。从干物质各器官分配比例来看，3种植烟土壤上烟株叶片的干物质积累都占全株的50%以上，且牛肝土田>沙泥田>紫色土地；茎的干物质积累分配比例为紫色土地>沙泥田>牛肝土田，根的干物质积累分配比例为沙泥田>紫色土地>牛肝土田。由此可以看出，与紫色土地相比，沙泥田上烟株总干物质积累增加的量主要分配在叶片和根系。

表2-20　南雄烟区3种植烟土壤上烤烟各器官干物质分配

土壤类型	叶片		茎		根		干物质（g/株）
	干物质（g/株）	比例（%）	干物质（g/株）	比例（%）	干物质（g/株）	比例（%）	
紫色土地	170.58 ± 11.34	52.50 ± 4.72a	76.02 ± 6.37a	23.40 ± 2.03a	78.32 ± 5.27a	24.10 ± 1.72a	324.92a
牛肝土田	199.78 ± 13.76ab	53.59 ± 5.68a	85.70 ± 7.54ab	22.99 ± 1.82a	87.30 ± 4.33ab	23.42 ± 1.56a	372.78ab
沙泥田	221.83 ± 21.08b	53.44 ± 3.26a	89.99 ± 8.30b	21.68 ± 2.15a	103.25 ± 12.36b	24.88 ± 1.23a	415.07b

注：表中小写字母表示在0.05水平上差异显著

与烟株干物积累相似，烟株在3种植烟土壤上总氮积累量差异显著，且沙泥田＞牛肝土田＞紫色土地（表2-21）；与紫色土地相比，牛肝土田和沙泥田上烟株氮积累量分别增加了14.80%和27.92%。从氮素在烟株各器官中分配比例来看，烟株叶片氮积累比例为沙泥田＞牛肝土田＞紫色土地；茎氮素积累比例为紫色土地＞牛肝土田＞沙泥田；根积累比例为沙泥田＞紫色土地＞牛肝土田。可以看出，与紫色土地相比，沙泥田上烟株增加的氮素积累主要分配在叶片和根系中。

表2-21　南雄烟区3种植烟土壤上烤烟各器官氮素分配

土壤类型	叶片		茎		根		总吸氮量（g/株）
	吸氮量（g/株）	比例（%）	吸氮量（g/株）	比例（%）	吸氮量（g/株）	比例（%）	
紫色土地	2.33 ± 0.56a	55.69 ± 6.21a	0.84 ± 0.07a	20.04 ± 1.32a	1.02 ± 0.32a	24.27 ± 2.38a	4.19a
牛肝土田	2.73 ± 0.72ab	56.78 ± 3.75a	0.95 ± 0.04b	19.66 ± 1.44a	1.13 ± 0.47a	23.55 ± 1.93a	4.81b
沙泥田	3.03 ± 1.01b	56.52 ± 5.37a	0.99 ± 0.05b	18.51 ± 1.65a	1.34 ± 0.08a	24.97 ± 3.30a	5.36c

注：表中各数据后a，b，c，d，e表示在0.05水平上差异显著

2.6.2.6　南雄烟区3种植烟土壤上烤烟氮素利用率

从表2-22结果可以看出，南雄烟区3种主要植烟土壤上烤烟的氮肥利用率（NRE）、氮肥农学利用率（NAE）、氮肥吸收效率（NUPE）和氮肥利用效益（NFE）顺序皆为沙泥田＞牛肝土田＞紫色土地，3种植烟土壤上烤烟的NRE、NAE、NUPE和NFE平均值分别为32.51%、11.86kg/kg、0.33kg/kg和6.42kg/kg。这说明了，在同等施氮量下（150kg/hm^2），

单位施氮量的烟株吸氮量、地上部的氮积累量、烟叶产量在3种土壤上表现不同，都为沙泥田＞牛肝土田＞紫色土地。从烟株的氮肥生理利用率（NPE）和收获指数（NHI）来看，则表现为紫色土地＞牛肝土田＞沙泥田。

表2-22　南雄烟区3种植烟土壤上烤烟对氮肥利用率

土壤类型	氮肥利用率 NRE（%）	氮肥农学利用率 NAE（kg/kg）	氮肥生理利用率 NPE（kg/kg）	氮肥吸收效率 NUPE（kg/kg）	氮肥利用效益 NFE（kg/kg）	收获指数 NHI（%）
紫色土地	30.49 ± 3.46	10.75 ± 1.79	27.73 ± 2.22	0.29 ± 0.06	5.05 ± 1.12	63.17 ± 8.32
牛肝土田	33.06 ± 2.87	12.26 ± 2.03	27.54 ± 2.01	0.34 ± 0.08	6.24 ± 1.26	62.28 ± 6.06
沙泥田	33.99 ± 3.62	12.58 ± 1.34	25.33 ± 1.54	0.37 ± 0.04	7.96 ± 2.17	59.40 ± 5.75

2.6.3　讨论

优质烤烟大田生育期一般为120d左右，其中伸根期（移栽—团棵）为25 ~ 30d，旺长期（团棵—现蕾）25 ~ 30d；成熟期（现蕾—采收完毕）为60 ~ 70d。南雄烟区大田烤烟伸根期为40 ~ 49d，旺长期为18 ~ 23d，成熟期为54 ~ 70d。可见南雄烟区烟株大田生育期与优质烟叶大田生育期不尽相符，突出表现在伸根期较长、旺长期较短，这可能与南雄烟区前期低温阴雨寡照，并由此而导致生殖生长提前（早花）有关。

烤烟大田期吸收的土壤氮多于肥料氮，随生育进程，烤烟对肥料氮吸收占总氮的比例呈降低趋势，土壤氮比例呈增加趋势，且烟株对土壤氮的吸收与土壤的肥力背景密切相关。因此在探讨烤烟大田期吸氮规律时，了解土壤的供氮特性是非常有必要的。本试验结果表明，南雄烟区沙泥田、牛肝土田和紫色土地3种植烟土壤主要植烟土壤在烤烟大田生育期氮素矿化量随着烤烟大田生育进程的推进持续增加，至烟叶采收完毕，3种植烟土壤矿化量分别为360.27kg/hm^2、327.50kg/hm^2、277.82kg/hm^2。由于土壤氮素矿化与温度、水分呈正相关，因此，随着烟株大田生育期的推进，气温逐渐升高，降水量也逐渐增加，适合的温湿度加剧了烟田土壤有机氮矿化，致使烤烟大田生育期氮素矿化量随着烤烟生育期的推进持续增加。在烤烟成熟期（75 ~ 120d），紫色土地、牛肝土田和沙泥田3种植烟土壤的氮矿化量分别为108.67kg/hm^2、138.54kg/hm^2、153.81kg/hm^2，分别占大田期总矿化量的39.12%、42.30%和42.69%，成熟期烟田土壤较高的供氮能力极易造成上部叶烟碱含量偏高和难以正常成熟落黄。3种植烟土壤的氮素矿化量不同，可能与土壤有机质含量及其C/N有关。

本试验结果表明，3种植烟土壤干物质积累在移栽后45d内积累较少，也反映了烟株大田前期生长缓慢；大田烟株干物质最大积累速率发生在移栽后45 ~ 60d，在经过60 ~ 75d的稍有下降后又在75 ~ 90d较大幅度上升，此期是因为烟株茎干物质急速积累而导致植株干物质积累较大幅度的上升。大田后期土壤有机氮强烈的矿化作用导致烟株在移栽后

90～120d干物质持续积累，且积累的量主要分配在叶片和根系中。

烤烟大田期对氮素的吸收和分配与当地的生态特点、品种、栽培模式等因素密切相关。本试验结果证实，南雄烟区3种植烟土壤上烟株总吸氮量差异显著，表现为随土壤肥力的增加烟株吸氮量显著增加（沙泥田＞牛肝土田＞紫色土地）；3种植烟土壤上烟株对氮素最大积累速率与其干物质积累速率一样，皆发生在移栽后45～60d，这暗示着在生产实践中，应在烟株移栽后45～60d时保证充足的氮素供应。与此同时，随着土壤肥力的增加，烟株吸收的氮在根和茎的分配比例有增加的趋势，但不显著。这可能一方面是因为3种植烟土壤间肥力差异不是很大；另一方面本试验施氮水平不是很高（为当地习惯施氮量），进而导致3种植烟土壤上氮素分配差异不显著。

从3种植烟土壤上烤烟对氮肥利用率来看，表现为沙泥田＞牛肝土田＞紫色土地，即利用率随着土壤肥力的增加而增加。这可能是由于肥料氮对土壤氮库的稀释作用（或作物吸收养分过程中肥料氮和土壤氮的库替换作用）存在的缘故，烟株对肥料氮的利用率随着土壤肥力的增加而下降，但高肥力土壤的供氮能力显著增强，烟株对土壤氮的吸收量也增加，而随着土壤肥力的增加，烟株对土壤氮吸收量增加的幅度大于其对肥料氮吸收下降的幅度，导致烟株对氮肥的表观利用率增加。

2.6.4 结论

（1）南雄烟区烤烟在移栽45d后进入旺长，旺长期时间仅18～23d，存在着前期不能早生快发，旺长期时间较短的问题。

（2）南雄烟区烤烟大田期沙泥田、牛肝土田和紫色土地3种主要植烟土壤氮素矿化量随着烤烟生育期的推进持续增加，矿化量分别为360.27kg/hm^2、327.50kg/hm^2、277.82kg/hm^2，其中在成熟期（移栽后75～120d），沙泥田、紫色土地、牛肝土田3种植烟土壤氮素矿化量占总矿化量的42.69%、39.12%和42.30%，大田生育期内较高的土壤氮矿化量极易导致烟株上部叶烟碱含量偏高和贪青晚熟。

（3）南雄烟区3种植烟土壤上烟株干物质和氮素积累最大速率发生在移栽后45～60d，氮肥平均利用率为32.51%，可见目前的施肥方式下烟株对氮肥的利用率较低。

总之，南雄烟区现有的施肥方式与烟株的吸氮规律不相吻合，表现在基施的氮肥（105kg/hm^2）很可能未被烟株及时吸收利用而损失，后期追肥（45kg/hm^2）方式（量和时间）不合理，再加上成熟期土壤较强的供氮，导致肥料利用率低下。

2.7 优化施氮对旺长期和成熟期烤烟地上部氮素挥发的影响

近年来，关于植物体地上部氮素挥发损失已得到证实，例如在小麦、玉米和大豆、水稻和牧草白三叶等植物上的研究。气态氮化物（NH_3、N_2、N_2O和NO_x）的挥发是植物体氮素损失的重要途径，也是大气中NH_3和N_2O的重要来源。

由于品种、环境条件及生育期的不同，植物体挥发的氮形态和数量也不尽相同。李玥莹等在53d观察期内发现，玉米（*Zea mays*）、大豆（*Glycine max*）地上部N_2O挥发对土壤（沙）—植物系统中N_2O排放的贡献率达79%～100%。Chen和Inanaga发现水稻（*Oryza sativa*）从分蘖至成熟期间，叶片气态氮化物总损失量占其氮吸收总量的20%～60%。Sturite等报道，白三叶（*Trifolium repens*）通过叶片挥发损失氮素占叶片总氮量的57%～74%。关于植物体气态氮损失的机理，认为由于环境条件（光、温、水、肥、气）和植物生理病害、衰老等因素引起植物体活性氮积累和同化的不平衡，导致植物地上部氮素的挥发损失。但各种气态氮化物能否通过叶面挥发，要取决于植物体气态氮化物的补偿点，其中NH_3和N_2O是主要的植物氮素损失形态，氮素挥发损失主要发生在生育后期，但不同氮素损失形态对植物生育期的响应并非完全相同。例如，李楠和陈冠雄报道，大豆、春小麦和谷子（*Setaria italica*）N_2O排放速率都具有在生长发育前期逐渐增加，至开花期达到高峰，然后又迅速下降的相似变化规律；而李生秀研究结果表明，枯萎期小麦NH_3挥发损失特别严重，显示植物衰老退化有加剧植物NH_3挥发的作用。

氮是影响烤烟（Nicotiana tobacum）产量、品质的最敏感元素，氮肥不合理施用不但会导致烤烟碳氮代谢失调，烟碱积累过多，烟叶品质低劣等不良后果，而且降低氮肥的利用效率。迄今为止，习惯认为土壤氮素挥发和淋失是我国烤烟氮素损失最主要的途径，关于烤烟地上部氮素挥发损失方面的研究鲜见报道。本文研究了施氮量与施氮方式对烤烟地上部氮素挥发损失的影响，分析了旺长期和成熟期烤烟地上部氮素挥发的特点，以期为优化合理施氮，减少烤烟地上部氮素挥发，提高烤烟的氮素利用率提供理论依据。

2.7.1 材料与方法

2.7.1.1 试验材料

供试烤烟品种为“粤烟97”，由广东省烟草南雄科学研究所提供。供试土壤为紫色土地，采自广东省烟草南雄科学研究所试验基地，前茬作物为水稻。土壤基本理化性状为：pH值7.8、有机质20.47g/kg、全氮1.25g/kg、全磷0.79g/kg、全钾19.46g/kg、速效氮107.79mg/kg、速效磷27.93mg/kg、速效钾182.50mg/kg、硝态氮71.83mg/kg、铵态氮8.15mg/kg。

2.7.1.2 试验装置

采用透明密封有机玻璃培养箱（100cm × 100cm × 150cm），测定烤烟旺长期和成熟期地上部不同氮素气态挥发。选择具有代表性烟株（带盆），置入室内培养箱后立即密封培养，同时设置空白，即切除烟株地上部后把盆（带根系）放入培养装置中作为对照，表示土壤的氮挥发如图2-19所示。主要仪器有“U”型平板玻璃吸收器（广州梓兴化玻仪器公司），5ml型真空采血管（广州医疗器械设备公司），722S型分光光度计（上海棱光技术有限公司），42C型NO-NO_2-NO_x分析仪（美国热电子公司），HP-5890型气相色谱仪（美国惠普公司）。

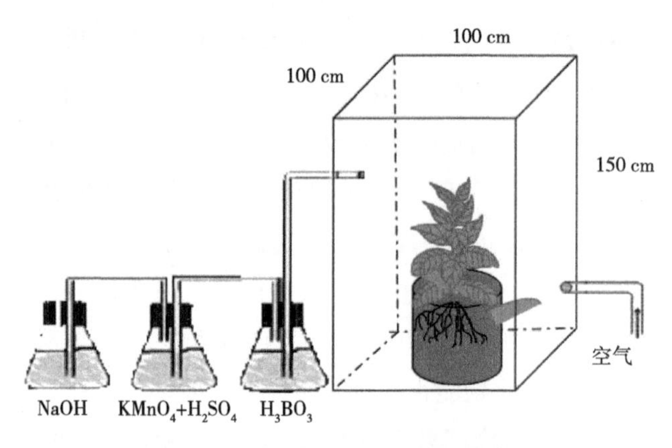

图2-19　烤烟地上部氮挥发研究装置

2.7.1.3　试验设计

试验设3个氮处理，分别为不施氮（T_1，对照）、传统施氮处理（T_2，施氮量为0.30g（N）/kg（土），基追肥比为7：3）、优化施氮处理（T_3，施氮量为0.15g（N）/kg（土），基追肥比为3：7）。氮以硝酸铵形式施入，每个处理重复12次。每盆装土8.0kg，基施氮肥与土壤混匀后装盆，追施氮肥在移栽后第25d追施。磷钾（磷酸二氢钾、硫酸钾）全部基施，每盆施入$P_2O_5$1.92g，K_2O4.8g。

试验于2010年在广东省烟草南雄科学研究所进行，采用湿润育苗方法育苗。2010年4月20日播种，2010年5月26日将烟苗移栽至盆中，日光温室盆栽的方法培养烟株，现蕾打顶，正常成熟采收。

2.7.1.4　测定方法

（1）NO和NO_2（NO_x）。在烤烟成熟期，分别于8月1日、8月3日和8月5日，选择具有代表性烟株（带盆），置入室内培养箱后立即密封培养（图2-19），同时设置空白，每个处理重复3次。

测定时，室内光强通过光管调节，用GLZ-C型光量子计录仪测定，以确保装置内光强均匀一致。在8：00—12：00、12：00—18：00时段室内光强分别为32.5μmol/（m^2·s）、65.0μmol/（m^2·s），18：00—24：00时段为黑暗处理，光强为0μmol/（m^2·s）（采用套黑布遮光）。室内温度保持在25℃。

NO_x（NO、NO_2）检测前，先通过气泵置换培养箱空气，培养箱封闭培养2.5h，然后在培养箱进气孔保持通气条件下，出气孔连接42C型NO-NO_2-NO_x分析仪自动抽气（流量为0.638L/min）检测。利用仪器检测10min内稳定的数据表征培养箱内空气NO和NO_2浓度。10min内新鲜空气只置换，混合了部分培养箱下部空气（<7.0L），仪器检测数据稳定。

烤烟地上部与大气间的NO_x交换速率表征：

$$W_{NO_x}=C_{NO_x}\times V/1\,000/2.5$$

式中：W_{NO_x}表示密封2.5h内烤烟地上部的培养箱空气NO_x质量在单位时间的变化率［μg/（pot·h）］；V为培养箱容积（L）；C_{NO_x}为2.5h后有无烤烟地上部的培养箱空气NO_x浓度差，C_{NO_x}根据公式$C_{NO_x}=CP_{NO_x}-CK_{NO_x}$计算，$CP_{NO_x}$表示有烤烟地上部的培养箱内$NO_x$浓度（$\mu g/m^3$），$CK_{NO_x}$表示无烤烟地上部培养箱内$NO_x$浓度（$\mu g/m^3$）。计算结果正数表示挥发，负数表示吸收。

（2）N_2O。在烤烟旺长期（7月11日、7月13日和7月15日）和成熟期（8月1日、8月3日和8月5日），选择具有代表性烟株（带盆），置入室内培养箱后立即密封培养（图2-19），同时设置空白，每个处理重复3次。光照强度按照NO_x测定方法进行光、暗控制。换气后封箱培养时间分别为8：00—11：30、15：00—17：30和20：00—22：30。其中，8：00—11：30的采气样时间为9：30、10：30和11：30；15：00—17：30采气样时间分别为15：30、16：30、17：30；20：00—22：30采气样时间分别为20：30、21：30和22：30。

试验装置操作：在密闭培养箱的采气口安装密封性好、可控制和封闭气流方向的三通阀，同时将带三通阀的注射器针头插入0.5L气样袋；采样时，用注射器直接从气阀采气样，便可无缝隙和间隔地封闭培养箱内外气流通道，杜绝了样品受空气污染的可能性；带三通阀的注射器针头在注射完气样于气样袋之后，立即用三通阀无缝隙地切断气样袋和外界空气的联系，再拔出注射器针头，通过气样袋的带金属胶头作用，自动封闭针头留下的缝隙。每次每个气样采集300ml，用气相色谱法测定N_2O浓度。

烤烟地上部N_2O排放速率表征：

$$W_{N_2O}=C_{N_2O}\times V/1\,000/t$$

式中：W_{N_2O}表示封闭时间内烤烟处理的培养箱空气N_2O数量在单位时间的变化率［μg/（pot·h）］；V为培养箱容积（L）；t为封箱时间（h）；C_{N_2O}表示不同封闭时间内不同处理与无烤烟地上部生长箱中N_2O的浓度差，根据公式$C_{N_2O}=CP_{N_2O}$（CK_{N_2O}计算，其中CP_{N_2O}表示有烤烟处理的培养箱内N_2O浓度（$\mu g/m^3$），CK_{N_2O}为无烤烟地上部培养箱内N_2O浓度（$\mu g/m^3$）。计算结果负数表示吸收，正数表示排放。

（3）NH_3。在旺长期（7月18日）和成熟期（8月2日、8月4日和8月6日）分别选择具有代表性烟株（带盆），置入室内培养箱后立即密封培养，如图2-19所示，同时设置空白，每个处理重复3次。

试验装置操作：培养箱进气孔接分别装有超纯水和稀硫酸溶液（0.5mol/L）的“U”型平板玻璃吸收器（各2支串联）。在气泵的作用下，空气先通过串联的“U”型平板玻璃吸收器，稀硫酸溶液（0.5mol/L）吸收除去空气中的氨，然后进入培养箱。出气口接装有稀硫酸（0.005mol/L）的“U”型平板玻璃吸收器（3支串联，20ml/支），在气泵的作用下经烤烟冠层从培养箱出气孔抽出，培养箱中的氨通过3支串联的装有稀硫酸（0.005mol/L）的“U”型平板玻璃吸收器吸收，保持进、出气的空气流量一致。白昼NH_3回收时间为8：00—18：00，更换吸收液后，再收集18：00—8：00暗处理时段NH_3。稀硫酸回收的氨用靛酚蓝比色法测定。

植物体NH_3挥发速率的计算方法：根据回收氨溶液的NH_4^+浓度和回收持续时间（h），计算处理和空白的回收NH_3速率差值，表征烤烟与空气间的NH_3交换速率［μg/（pot·h）］，负数表示吸收，正数表示挥发。

2.7.1.5 数据统计分析

所有数据采用SAS™软件（SAS Institute Inc.，1989）进行单因素显著性检验。用LSD法在0.05水平进行多重比较。

2.7.2 结果与分析

2.7.2.1 施氮方式对烤烟地上部NO_x挥发损失的影响

从表2-23可以看出，与不施氮处理（T_1）相比，不论在光照阶段或在黑暗阶段，施氮处理显著增加了成熟期烤烟地上部植物体NO的平均挥发速率；与传统施氮处理（T_2）相比，优化施氮处理（T_3）显著提高了烤烟NO的挥发速率。优化施氮处理（T_3）的NO净挥发速率为22.43mg/（hm^2·h）（按照烤烟种植密度株距×行距=0.6m×1.2m计算），根据该烤烟品种整个成熟期需要60d，则整个成熟期烤烟NO损失量为32.30g/hm^2，这表明在成熟期烤烟植物体对N0损失极少。

表2-23 施氮方式对烤烟成熟期地上部NO_x挥发速率的影响

时间段		处理	挥发速率［μg/（pot·h）］	
			NO	NO_2
8月1日	8：00—10：30	T_1	1.508±0.179a	0.484±0.035a
		T_2	1.397±0.387a	0.274±0.091a
		T_3	1.781±0.001a	0.470±0.044a
	14：00—17：30	T_1	0.153±0.027a	0.414±0.033a
		T_2	0.282±0.071ab	0.401±0.027a
		T_3	0.491±0.021b	0.431±0.015a
	20：00—22：30	T_1	0.223±0.076a	0.480±0.042a
		T_2	0.317±0.104a	0.501±0.015a
		T_3	0.495±0.055b	0.514±0.014a

（续表）

时间段		处理	挥发速率［μg/（pot·h）］	
			NO	NO_2
8月3日	8：00—11：30	T_1	0.164 ± 0.098a	0.555 ± 0.065a
		T_2	0.117 ± 0.234a	0.555 ± 0.045a
		T_3	1.356 ± 0.518b	0.550 ± 0.054a
	14：00—17：30	T_1	0.274 ± 0.030a	0.363 ± 0.036a
		T_2	0.534 ± 0.184a	0.384 ± 0.019a
		T_3	1.838 ± 0.344b	0.369 ± 0.013a
	20：00—22：30	T_1	0.351 ± 0.059a	0.537 ± 0.057a
		T_2	0.744 ± 0.178b	0.574 ± 0.036a
		T_3	2.258 ± 0.384c	0.575 ± 0.031a
8月5日	8：00—11：30	T_1	0.455 ± 0.046a	0.286 ± 0.016a
		T_2	0.950 ± 0.278b	0.293 ± 0.007a
		T_3	3.676 ± 0.460c	0.282 ± 0.007a
	14：00—17：30	T_1	0.224 ± 0.030a	0.392 ± 0.018a
		T_2	0.600 ± 0.237b	0.390 ± 0.015a
		T_3	3.007 ± 0.252c	0.381 ± 0.001a
	20：00—22：30	T_1	0.338 ± 0.028a	0.458 ± 0.017a
		T_2	0.747 ± 0.205b	0.442 ± 0.027a
		T_3	3.198 ± 0.252c	0.490 ± 0.001a
总平均		T_1	0.038 ± 0.605a	0.441 ± 0.086a
		T_2	0.322 ± 0.696b	0.424 ± 0.105a
		T_3	1.615 ± 1.706c	0.473 ± 0.075a

注：T_1，不施氮；T_2，传统施氮，施氮量为0.30g（N）/kg（土），基追肥比为7：3；T_3，优化施氮处理，施氮量为0.15g（N）/kg（土），基追肥比为3：7。相同时间段数值后不同小写字母表示处理之间差异达5%水平，下同

烤烟植物体与空气NO_2的交换，主要表现为烤烟对NO_2的净吸收（为负数）。无论在光照阶段或在黑暗阶段，不同施氮处理间烤烟NO_2的净吸收速率差异不显著，表明成熟期烤烟对NO_2净吸收作用在氮素损失调节方面没有显著作用。

2.7.2.2 施氮方式对烤烟地上部N_2O挥发损失的影响

表2-24结果显示，在旺长期的整个光控时段，传统施氮处理（T_2）的烤烟地上部植物体N_2O挥发速率均显著高于不施氮处理（T_1）和优化施氮处理（T_3）。传统施氮处理（T_2）显著提高了旺长期烤烟地上部植物体N_2O排放，检测期间其平均N_2O净排放速率为

5.473μg/（pot·h）。按照烤烟30d旺长期计算，旺长期烤烟地上部N_2O损失量为54.73g/hm^2，表明通过地上部N_2O排放对土壤烤烟体系氮素损失没有显著贡献。

表2-24　施氮方式对烤烟旺长期地上部N_2O挥发速率的影响

时间段		处理	N_2O挥发速率［μg/（pot·h）］
7月11日	8：00—11：30	T_1	1.764 ± 0.211a
		T_2	3.821 ± 1.112b
		T_3	2.554 ± 0.595a
	15：00—17：30	T_1	1.758 ± 0.278a
		T_2	4.445 ± 0.461c
		T_3	2.570 ± 0.542b
	20：00—22：30	T_1	2.080 ± 0.426a
		T_2	4.202 ± 0.307b
		T_3	2.276 ± 0.592a
7月13日	8：00—11：30	T_1	0.300 ± 0.722a
		T_2	4.887 ± 1.008b
		T_3	0.402 ± 0.63a
	15：00—17：30	T_1	1.216 ± 0.392a
		T_2	6.584 ± 0.846b
		T_3	1.734 ± 0.731a
	20：00—22：30	T_1	0.529 ± 0.251a
		T_2	4.577 ± 0.463b
		T_3	0.342 ± 0.134a
7月15日	8：00—11：30	T_1	0.900 ± 1.046a
		T_2	7.017 ± 4.477c
		T_3	2.379 ± 0.736b
	15：00—17：30	T_1	0.100 ± 0.917a
		T_2	5.284 ± 3.637c
		T_3	0.934 ± 0.293b
	20：00—22：30	T_1	0.393 ± 0.110a
		T_2	8.441 ± 4.595c
		T_3	0.841 ± 0.388b
总平均		T_1	0.844 ± 0.925a
		T_2	5.473 ± 1.453b
		T_3	1.559 ± 0.879a

在烤烟成熟期（表2-25），8：00—11：30［弱光，32.5μmol/（m^2·s）］、14：00—

17：30［相对强光，65.0μmol/（m^2·s）］、20：00—22：30［黑暗，0μmol/（m^2·s）］时段，不施氮处理（T_1）的N_2O平均挥发速率分别为2.230μg/（pot·h）、1.543μg/（pot·h）和1.414μg/（pot·h），是相同光控时段传统施氮处理（T_2）的10%左右。优化施氮处理（T_3）下烤烟地上部N_2O挥发速率显著高于不施氮处理（T_1），而显著低于传统施氮处理（T_2）。由此可见，传统施氮处理（T_2）不仅显著促进旺长期烤烟地上部N_2O挥发，而且也显著提高了烤烟成熟期地上部N_2O挥发。传统施氮处理（T_2）成熟期烤烟地上部平均N_2O挥发速率为16.758μg/（pot·h），挥发损失量（该品种烤烟的成熟期按60d计算）为335.19g/hm^2，是旺长期N_2O挥发损失量的6.12倍，优化施氮处理（T_3）则显著降低了烤烟成熟期的N_2O挥发损失。

表2-25　施氮方式对烤烟成熟期地上部N_2O挥发速率的影响

时间段		处理	N_2O挥发速率［μg/（pot·h）］
8月1日	8：00—11：30	T_1	1.095 ± 0.555a
		T_2	13.025 ± 6.620c
		T_3	5.825 ± 0.794b
	14：00—17：30	T_1	0.760 ± 0.323a
		T_2	11.172 ± 5.062c
		T_3	5.437 ± 3.214b
	20：00—22：30	T_1	1.013 ± 0.268a
		T_2	12.490 ± 4.253c
		T_3	7.330 ± 2.086b
8月3日	8：00—11：30	T_1	4.404 ± 0.618a
		T_2	26.758 ± 7.820c
		T_3	16.836 ± 4.849b
	14：00—17：30	T_1	1.784 ± 0.532a
		T_2	19.360 ± 6.022c
		T_3	11.111 ± 5.211b
	20：00—22：30	T_1	1.938 ± 0.505a
		T_2	20.622 ± 6.230c
		T_3	12.531 ± 6.069b
8月5日	8：00—11：30	T_1	3.190 ± 0.162a
		T_2	21.850 ± 4.804b
		T_3	23.525 ± 15.158b

（续表）

时间段		处理	N_2O挥发速率［μg/（pot·h）］
8月5日	14：00—17：30	T_1	2.084 ± 0.107a
		T_2	15.734 ± 5.394b
		T_3	2.445 ± 2.229a
	20：00—22：30	T_1	1.281 ± 0.280a
		T_2	9.814 ± 7.204b
		T_3	0.773 ± 2.463a
总平均		T_1	1.950 ± 1.109a
		T_2	16.758 ± 5.377c
		T_3	9.535 ± 6.855b

2.7.2.3　光暗变化对烤烟地上部NOx和N_2O挥发速率的影响

相同施氮处理中成熟期烤烟地上部植物体NO的平均挥发速率，黑暗阶段显著高于光照阶段；而同一施氮处理中两种光处理对NO_2的平均挥发速率没有显著影响（表2-26）。

表2-26　光暗变化对烤烟成熟期地上部NO和NO_2挥发速率的影响

时间段	处理	挥发速率［μg/（pot·h）］	
		NO	NO_2
光照时段	T_1	0.094 ± 0.722aB	0.416 ± 0.094aA
	T_2	0.181 ± 0.824bA	0.383 ± 0.100aA
	T_3	1.431 ± 1.944cA	0.440 ± 0.073aA
黑暗时段	T_1	0.304 ± 0.070aA	0.492 ± 0.041aA
	T_2	0.603 ± 0.247bA	0.506 ± 0.066aA
	T_3	1.984 ± 1.372cA	0.526 ± 0.044aA

注：数值后不同小写字母表示相同光处理阶段不同施肥处理之间差异达5%水平，不同大写字母表示同一施肥处理中两种光处理之间差异达5%水平

从图2-20a可以看出，在烤烟旺长期，8：00—11：30持续的较弱光照［32.5μmol/（m^2·s）］期间，烤烟N_2O挥发速率持续下降；在强光照［65.0μmol/（m^2·s）］时段（15：00—17：30）和暗处理时段（20：00—22：30），烤烟N_2O挥发速率皆急剧上升，然后急剧下降。而15：00—17：30时段相对强光处理在开始阶段（0.5～1.5h）N_2O排放迅速增强，随着相对强光照时间的延长，N_2O排放速率在短时间内又急剧下降。在暗处理时段，烤烟N_2O挥发速率较光照时段显著上升。

在烤烟成熟期弱光处理在开始阶段（8：00—9：30），不同处理的烤烟N_2O排放速率

明显较旺长期高（图2-20b），当持续弱光处理时（9：30—11：30），烟株的N_2O排放速率持续下降；强光处理开始阶段（14：00—15：30），施氮处理的烤烟地上部N_2O排放速率增加，然后（15：30—16：30）降低；在暗处理时段（20：00—22：30），施氮处理均有明显的N_2O排放峰，夜间促进烤烟N_2O排放。

烤烟不同生长阶段，不施氮处理（T_1）的N_2O排放速率均明显低于施氮处理，表明施氮显著促进烤烟地上部N_2O挥发。与传统施氮处理（T_2）比较，优化施氮处理（T_3）未降低N_2O挥发，甚至在成熟阶段促进其挥发。尽管优化施氮（氮肥后移）调节烤烟氮素养分供应，促进烤烟中后期烤烟氮吸收，但是也促进烤烟内源N_2O形成、排放。

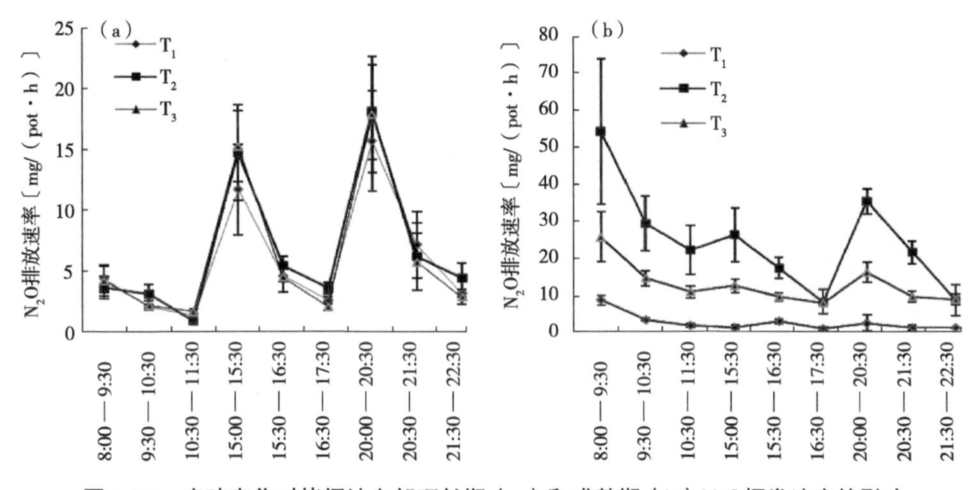

图2-20 光暗变化对烤烟地上部旺长期（a）和成熟期（b）N_2O挥发速率的影响

2.7.2.4 施氮方式对烤烟地上部NH_3挥发损失的影响

结果表明（表2-27），旺长期不同氮处理间烤烟NH_3挥发速率无论在白天、夜晚或平均值，差异均不显著。与不施氮处理（T_1）相比，施氮处理没有显著增强NH_3挥发，甚至抑制烤烟地上部NH_3挥发。与传统施氮处理（T_2）相比，优化施氮处理（T_3）降低了烤烟NH_3挥发速率。旺长期不同施氮（传统施氮、优化施氮）处理的NH_3挥发速率显著低于N_2O挥发速率。表明不同施氮处理下，NH_3挥发数量对烤烟的土壤（烤烟体系氮素损失没有显著贡献。烤烟成熟期，在不同光暗时段，与不施氮处理（T_1）比较，施氮处理（传统施氮、优化施氮）的烤烟NH_3挥发速率均显著提高（$P<0.01$），说明施氮显著促进了烤烟成熟期NH_3挥发。但从不同光暗时段NH_3平均挥发速率来看，优化施肥处理（T_3）的NH_3挥发速率高于传统施肥处理（T_2），没有起到有效抑制烤烟生长后期NH_3挥发作用。按照8月4日下午测得最高NH_3挥发速率[（24.68 ± 5.19）μg/（pot · h），传统施氮处理]、[（34.93 ± 9.98）μg/（pot · h），优化施氮处理]计算，烤烟整个成熟期NH_3挥发量为493.64g/hm^2和698.66g/hm^2，这表明成熟期烤烟地上部NH_3挥发对烤烟氮素损失没有显著贡献。

表2-27　施氮方式对旺长期和成熟期烤烟地上部NH_3挥发速率的影响

处理	旺长期			成熟期		
	白天	夜晚	平均	白天	夜晚	平均
T_1	2.92 ± 0.62a	1.856 ± 0.460a	2.387 ± 1.334a	1.37 ± 0.17a	1.08 ± 0.11a	1.22 ± 0.14a
T_2	2.478 ± 0.79a	1.235 ± 0.366a	1.857 ± 1.505a	14.75 ± 3.66b	15.17 ± 4.96c	14.96 ± 4.31b
T_3	1.884 ± 0.663a	1.219 ± 0.036a	1.051 ± 1.375a	27.39 ± 9.45c	13.19 ± 4.09b	20.29 ± 6.77c

注：数值后不同小写字母表示处理之间差异达5％水平

2.7.3　讨论与结论

本试验表明，烤烟“粤烟97”地上部植物体确实存在氮素挥发，挥发的主要形态为NO、N_2O和NH_3，而对NO_2则表现为净吸收。

2.7.3.1　施氮方式对烤烟植物体地上部NO和NO_2产生和挥发的影响

本研究表明，不同施氮方式对烤烟地上部氮素挥发影响不同，与不施氮处理和传统施氮处理相比，优化施氮处理显著提高了成熟期烤烟地上部NO的挥发速率；但是3种施氮处理下成熟期烤烟对NO_2表现为净吸收，且平均吸收速率差异不显著。由于NO和NO_2是非常活泼的氮氧化物，且与植物体存在叶际交换作用。植物体产生和释放NO和NO_2途径是硝酸还原途径造成的。因此，NO和NO_2产生和释放的程度与硝酸还原酶（NR）活性、细胞质中硝酸根和亚硝酸根浓度、植物本身的NO和NO_2饱和点密切相关。在本试验研究中，适量增施氮肥可促进成熟期烤烟NO的挥发，但施氮量增加到一定程度时，反而抑制成熟期烤烟NO的挥发。这可能是因为供应适量氮为烤烟NR途径提供反应底物，刺激烤烟NR活性，提高NO的形成和释放。但是不论在光照阶段或黑暗阶段，不同施氮处理间烤烟NO_2的净吸收速率差异不显著，表明成熟期烤烟对NO_2净吸收作用在氮素损失调节方面没有显著作用。

2.7.3.2　施氮方式对烤烟植物体地上部N_2O产生和挥发的影响

本研究表明，3种施氮处理中，传统施氮处理无论是旺长期还是成熟期烤烟地上部平均N_2O挥发损失量最高，另外是优化施氮处理，最小是对照处理；传统施氮处理和优化施氮处理成熟期烤烟地上部平均N_2O挥发损失量分别是旺长期的3.06倍和6.12倍。植物体内源N_2O的形成和释放源于NO_3^-的酶催化还原过程，是NR和NiR协调催化的结果。NR和NiR活性与植株不同生育期和光照强度密切相关。本试验表明，处于旺长期的烤烟光合作用较强，氮同化能力也较强，32.5μmol/（m^2・s）的光照强度有效地抑制了烤烟内源N_2O的形成和排放；由于成熟期烤烟体内NR和NiR活性下降，烤烟地上部NO_2^-的累积和异化还原可能增强，N_2O释放也随之增加。本试验表明，优化施氮明显降低烤烟旺长期和成熟期N_2O的释放。可能的原因是，与传统施氮相比，优化施氮大幅降低施氮量和基肥施氮比例，与烟株不同生育阶段对氮素需求相一致，烟株碳、氮代谢更加平衡，NO_3^-、NO_2^-累积，异化还原作用减弱，导致其N_2O的形成和释放较少。在不同的烤烟生长阶段，不施氮处理烤烟N_2O排放速率均明显低于烤烟施氮处理，说明施氮明显促进了烤烟N_2O挥发。但与传统施肥处理比较，烤烟生长期间氮肥后移的减氮施肥处理未起到抑制N_2O挥发作用，甚至在落黄成熟阶段还有促进作用。显然，氮肥后移协调了烤烟氮素养分供应，对于促进烤烟中后期烤烟氮吸收及烤烟内源N_2O形成、排放发挥了重要作用，这是其未能有效抑制烤烟N_2O挥发的重要原因之一。

2.7.3.3　施氮方式对烤烟植物体地上部NH_3产生和挥发的影响

本研究表明，旺长期3种施氮处理之间烤烟地上部NH_3挥发没有显著差异；但成熟期时，与传统施氮处理相比，优化施氮处理显著提高了烤烟地上部NH_3挥发速率。Harper等研究指出，抽穗开花后植物氮素损失形态主要是NH_3。李生秀等研究表明，植物生育后期是NH_3挥发损失的重要时期，小麦从成熟到枯死这一阶段，NH_3挥发损失尤为突出。王朝辉等研究表明，进入成熟期后施肥处理的冬小麦地上部分的氨挥发速率和数量成倍升高。本研究表明，在烤烟成熟期，伴随着叶片衰老大量的蛋白质降解产生大量NH_4^+，由于植物体NH_4^+重新同化固定所需要的GS和GOGAT酶活性降低，造成烤烟地上部NH_3挥发增加。本试验表明，施氮可显著增加烤烟地上部NH_3挥发，一方面植物体内充足的氮可合成更多的蛋白质，导致其降解时产生更多的NH_3挥发；另一方面是土壤氮持续供应，加之烟株体内GS和GOGAT酶活性降低导致NH_4^+同化受阻，氮素以NH_3的形式挥发。与传统施肥处理比较，氮肥后移的优化施氮处理能有效协调烤烟后期氮素供应，烤烟氮素挥发的抑制作用并不明显。

总之，优化施氮（氮肥后移）尽管促进烤烟中后期氮素吸收，但也促进烤烟内源N_2O形成、排放。同时减少施氮量和优化基追比例可减少旺长期和成熟期烤烟地上部N_2O挥发，但增加成熟期NH_3挥发。因此，优化施氮（氮肥后移）对抑制烤烟氮素挥发的调控作用不明显。

3　有机无机配施对烤烟根际营养及生长调控研究

3.1　有机肥C/N优化下氮肥运筹对烟株根际无机氮和酶活性的影响

随着烤烟种植集约化程度不断提高，对土壤高强度、掠夺性利用，导致土壤板结、酸化、耕层浅薄、碳氮比及养分失衡等问题尤为突出。调查研究发现，广东梅州沙泥田烤烟土壤速效氮含量偏高（137.2mg/kg）、施氮量大且基肥追肥比例不合理问题突出。而且梅州沙泥田土壤C/N失调（偏低），且“施氮量过大，重基肥，轻追肥”的施肥方式，导致氮素供应与烤烟各生育期对氮素需求不协调，烟叶感官品质下降。研究表明，饼肥与化肥配施显著提高土壤微生物量碳和氮，提高土壤脂肪酶、转化酶和脲酶活性，改善烤后烟叶的香气质，提高香气量。而土壤酶活性与有机肥种类（碳氮比）、腐熟程度及土壤类型等因素密切相关。

优质烤烟对氮素的需求是团棵前氮素需求量少，旺长期需要供氮较多，后期需适时控氮。有机碳[*w*（C）/*w*（N）]输入可以有效调控烟株根际土壤碳氮转化过程及酶活性，通过土壤微生物的“蓄水池”功能，控制大田烟株生育期内土壤速效氮的供应，以满足烤烟生长发育过程的氮素需求特点，最终改善烟叶的香气质、提高其香气量。本试验在相同有机肥施用量条件下，探讨沙泥田土壤不同氮肥水平及基肥与追肥比例对烤烟各生育期根际土壤氮供应及酶活性的影响，阐明基于碳氮比优化下不同施氮水平与基追比的土壤酶催化反应对根际土壤养分供应的调控机理，以期为华南沙泥田土壤烤烟种植过程氮素管理提供依据。

3.1.1　材料与方法

3.1.1.1　试验材料

供试烤烟品种为“云烟87”，由广东烟草粤北烟叶生产技术中心（广东省烟草南雄科学研究所）提供。试验于2012年在梅州市蕉岭县广福镇开展，土壤类型为沙泥田，土壤基本理化性质：pH值6.15，有机质16.8g/kg、速效氮130.46mg/kg、速效磷34.79mg/kg、速效钾96.63mg/kg。供试肥料为硝酸铵（N 30%）、钙镁磷肥（P_2O_5 12%）、硫酸钾（K_2O 50%）、腐熟花生饼肥〔N 4.60%，P_2O_5 1.00%，K_2O 1.00%，w（C）/w（N）=10.65〕和腐熟猪厩肥〔N 0.50%，P_2O_5 0.20%，K_2O 0.25%，w（C）/w（N）=94.5〕。

3.1.1.2 试验设计

采用裂区设计，主处理为施氮量（无机氮），设3个水平，N1，48.0kg/hm^2；N2，108.0kg/hm^2；N3，168.0kg/hm^2。副处理为氮肥基追比，设3个水平S_1（10：0）、S_2（7：3）、S_3（5：5），每处理重复4次。基肥在移栽前条施后覆膜时施用，采用当地腐熟花生饼肥和猪厩肥配制碳氮比w（C）/w（N）=25的有机肥，猪厩肥3 750kg/hm^2、花生饼肥300kg/hm^2；其中有机肥全部做基肥施用，无机氮肥采用基肥与团棵期追肥；所有处理的P_2O_5施用量为钙镁磷肥1 512.45kg/hm^2，全部作基肥施入；K_2O施用量为硫酸钾231.3kg/hm^2，采用基肥（50%）与现蕾期追肥（50%）。

试验采用随机区组设计，每个小区面积30.0m^2，每小区种植1行，行距×株距=1.2m×0.6m，每处理4次重复，共36个小区。其他栽培及田间管理措施按照当地习惯进行。

3.1.1.3 取样及测定方法

在烤烟大田生育期内（团棵期，移栽后30d；旺长期，移栽后45d；现蕾期，移栽后60d；成熟期，移栽后90d）分次采用抖落法取根际土壤样，其中一部分新鲜土样装入自封袋中带回实验室，过2mm筛，置于4℃冰箱贮存，供分析微生物生物量碳和氮、微生物数量；另一部分在室温下风干，过1.0mm和0.25mm筛，用于土壤理化性状和土壤酶活性的测定。

（1）土壤无机氮测定。参照鲍士旦方法测定。样品采用0.01M$CaCl_2$提取；NO_3^--N的测定采用联氨还原比色法，紫外可见分光光度计540nm下比色。NH_4^+-N的测定采用靛酚蓝比色法，在625nm下比色。土壤无机氮=NH_4^+-N+NO_3^--N，折算为土壤干重含量表示。

（2）土壤酶活性测定。脲酶用靛酚蓝比色法测定：土样5.00g加入1ml甲苯15min后添加10ml不同浓度0.01mol/L、0.025mol/L、0.05mol/L、0.1mol/L、0.2mol/L尿素溶液和20ml pH值6.7柠檬酸缓冲液37℃下培养，培养结束后滤液中被脲酶水解成的氨氮用靛酚兰比色测定脲酶活性并计算脲酶动力学参数（以NH_4^+计）；土壤转化酶活性采用硫代硫酸钠滴定法测定。

（3）微生物量碳、氮测定。土样微生物量碳和氮采用Joergensen和Mueller及Vance等的氯仿熏蒸-K_2SO_4浸提法，浸提液中的微生物量碳采用$K_2Cr_2O_7$加热氧化，$FeSO_4$滴定法；浸提液中的微生物量氮采用凯氏定氮法。每个土样重复3次测定。微生物量碳（BC）=EC/KC，EC表示未熏蒸与熏蒸对照土壤的浸取有机碳的差值，KC为转换系数，取值0.45。

3.1.1.4 数据分析

采用SPSS22.0软件对数据进行单因素显著性检验（SAS Institute Inc.，1989）。用LSD法在P=0.05水平进行多重比较。

3.1.2 结果与分析

3.1.2.1 氮水平与基追比对烤烟叶片氮素含量的影响

在团棵期、旺长期时，烟叶氮含量在中氮、高氮处理间无差异，高于同期在低氮处理时，表明低氮处理时，在团棵—旺长期烟株不满足对氮素吸收和积累，如图3-1所示。烟株旺长时，烟叶氮素含量在同一施氮水平下，随基追比降低呈增加趋势。在团棵期至成熟期时高氮及低基追比处理烟叶氮含量显著高于中氮3个基追比处理时，但是中氮处理基追比为7∶3时旺长期至现蕾期烟叶氮含量显著降低；中氮及基追比为5∶5时能够满足烤烟生育前、中期对氮素的需求，且生育后期能适时脱氮，与优质烤烟“少时富，老来贫”的氮素需求规律相吻合。

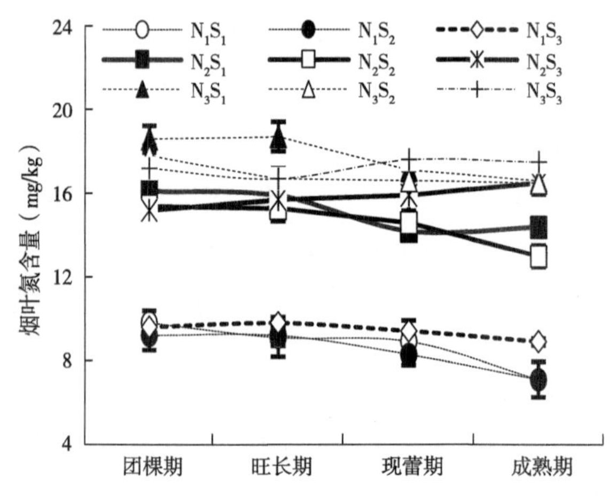

图3-1 不同氮水平与基追比对烟叶氮含量的影响

3.1.2.2 氮水平与基追比对根际土壤铵态氮和硝态氮含量的影响

团棵期时，高氮（N_3）处理根际土壤NH_4^+-N含量显著高于低氮（N_1）和中氮（N_2）处理（图3-2）。同一施氮水平根际NH_4^+-N和NO_3^--N含量随基追比降低而下降；同等基追比下，“移栽—团棵”时根际NH_4^+-N和NO_3^--N随基施氮肥数量增加而增加。旺长时，根际NH_4^+-N和NO_3^--N含量在同一施氮水平下，随基追比降低呈增加趋势。

根际NO_3^--N含量随氮水平而增加，从整个生育期来看，团棵—旺长期各处理根际NO_3^--N含量急剧下降，可能是揭膜后降雨增加导致NO_3^--N淋失；“旺长—现蕾”阶段保持平稳，而中氮（N_2）处理有增加趋势，可能是中氮（N_2）处理无机氮与有机碳输入量相匹配，团棵—旺长期利于微生物繁殖和生长，固定部分速效氮，进入“旺长—现蕾”阶段微生物量氮转化为无机氮，提高根际NO_3^--N含量；烟株现蕾进入成熟期后各处理不同程度”下降。

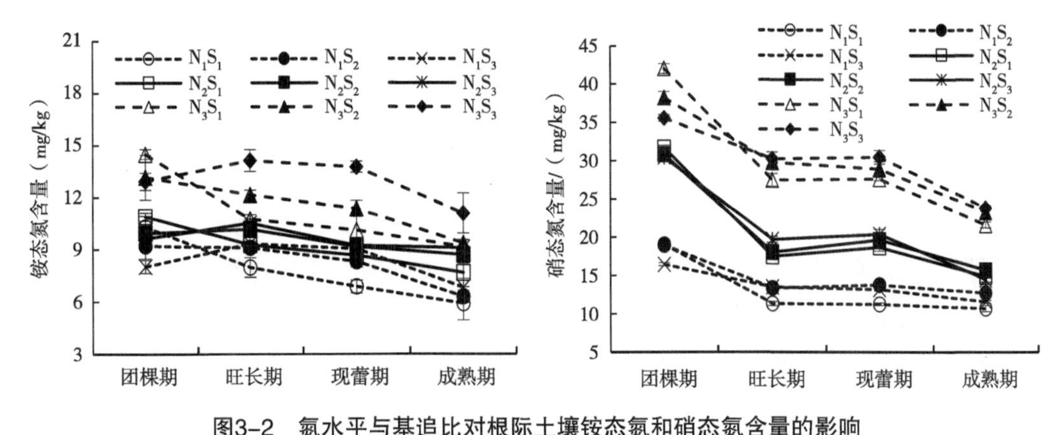

图3-2　氮水平与基追比对根际土壤铵态氮和硝态氮含量的影响

3.1.2.3　氮水平与基追比对根际土壤微生物量碳、氮含量的影响

根际微生物量碳随氮水平增加而增加，且随生育进程增加，如图3-3所示。低氮（N_1）时，不同基追比间微生物量碳在同一生育期内无差异。中氮（N_2）和高氮（N_3）时，土壤微生物量碳随生育进程而增加；现蕾期后高氮（N_3）时基追比为7：3、5：5时微生物量碳显著高于其他处理，表明无机氮有效促进根际微生物对土壤水溶性碳固定，微生物量碳提高。

根际微生物量氮随氮水平增加而增加，且在团棵—现蕾期高氮（N_3）处理微生物量氮显著高于低氮（N_1）和中氮（N_2）处理。低氮（N_1）时不同基追比处理微生物量碳在各生育期间、同一生育期内无差异；中氮（N_2）和高氮（N_3）时微生物量氮随生育进程而增加。同一氮水平下，团棵期时微生物氮随基追比增加而增加；旺长期后，追施氮肥提高微生物量氮，且随基追比增加而增加，表明施入土壤无机氮，部分氮迅速被微生物固持，成为土壤活性氮“库”和“源”，对烟株氮素供应有效调控。而高氮（N_3）显著提高成熟期土壤微生物量氮，且随基追比增加而增加，表明施氮量能够促使成熟期土壤活性氮“库”和“源”丰盈，烤烟正常成熟落黄具有较大风险。

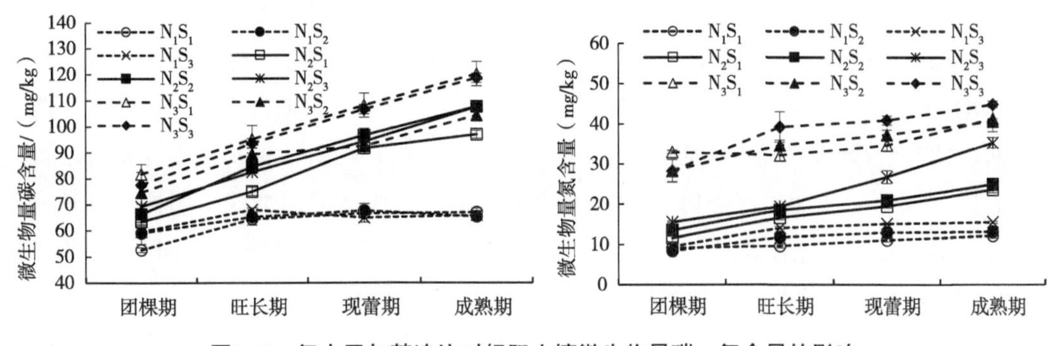

图3-3　氮水平与基追比对根际土壤微生物量碳、氮含量的影响

3.1.2.4　氮水平与基追比对根际土壤脲酶和转化酶活性的影响

随氮水平增加根际土壤脲酶活性显著增强，低氮（N_1）、中氮（N_2）时土壤脲酶活性在成熟期时降低，而高氮（N_3）时整个生育期持续增加，如图3-4所示。低氮（N_1）时脲酶活性较低，反映该施氮水平根际土壤氮素转化较弱，不能满足烟株正常生长发育对氮素需求；高氮（N_3）时因施氮量过大而导致土壤速效氮持续供应过强，不能在成熟期及时“氮素调亏”；而中氮（N_2）时各处理土壤脲酶活性先增加后降低，符合烤烟各生育期对氮素需求，而在此施氮水平下，基追比为7：3时以适当增加追施比（5：5）致使其在“旺长—现蕾”阶段保持相对较高脲酶活性，与该阶段烟株对氮需求规律相吻合。团棵期时无机氮基追比较高时转化酶活性强，而团棵后无机氮的基追比较低其转化酶活性强，表明根际土壤转化酶活性与土壤无机氮含量呈正相关关系，土壤速效氮较高时，微生物活性较强，其繁殖和生长加快，可供微生物利用的土壤碳消耗加剧，促使酶促反应进程加快，转化酶活性增强。

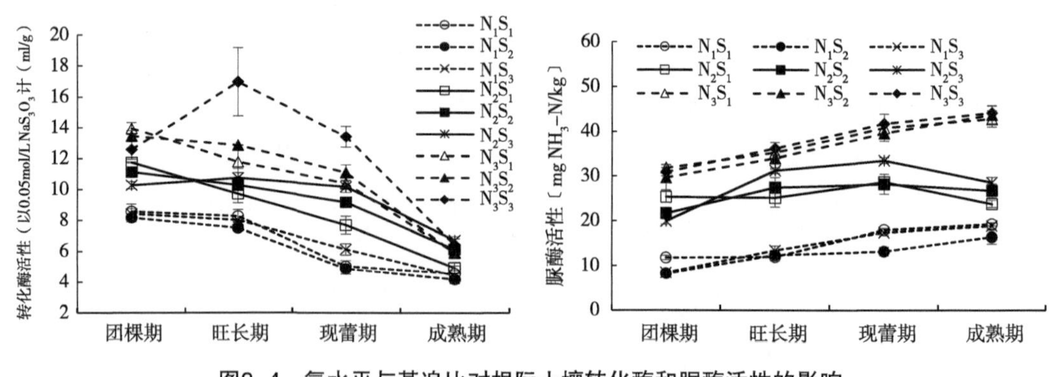

图3-4　氮水平与基追比对根际土壤转化酶和脲酶活性的影响

3.1.3　讨论

3.1.3.1　无机氮施用量及基追比调控烤烟不同生育期根际土壤供氮强度，具有直接性和时效性

不同供氮方式和施氮量对烤烟生长和氮素吸收的影响较大，根际土壤速效氮含量与移栽时基施、团棵时追施的无机氮绝对量呈正相关；随时间推移施入土壤无机氮受土壤生物化学过程影响趋于变大。本试验表明，中氮（N_2）且基追比为5：5处理根际土壤NH_4^+-N在“团棵—旺长”阶段呈缓慢上升趋势，而后缓慢下降至现蕾期，再以较大速率下降至成熟期；NO_3^--N则在“团棵—旺长”急剧下降，“旺长—现蕾”保持平稳并稍有增加趋势，而后在成熟期又能适时下降。充分反映了该施肥方式在大田烟株“团棵—旺长—现蕾”具有持续充足的速效氮供应，而在成熟期适时氮素调亏，较符合优质烟叶生产中烟株对氮素需求规律。

施入土壤的无机氮、有机氮、有机碳在微生物和土壤酶作用下经复杂的生物化学过程，调控烟株不同生育期养分供应。本试验条件下，因无机氮施入量和基追比不同，加之大田生育期环境因子的变化，导致烟株生长发育过程中根际土壤生物化学过程存在差异。各处理在旺长前根际有机质皆表现为不同程度积累，可能是因为“移栽—旺长”阶段特定气候条件导致土壤有机质合成过程强于其矿化分解过程所致。进入旺长后，随气温升高和降水增多，加上团棵期追施无机氮肥的“激发效应”，有机质矿化分解加剧，土壤无机氮浓度较高时（N_3基追比7：3、N_3基追比5：5、N_2基追比7：3），有机质矿化分解加快，表现为土壤有机质含量下降，其中高氮水平（N_3）且增加追施比（5：5）处理在成熟期高温高湿环境下，加剧土壤有机质矿化，土壤速效氮含量增加，不利于烤烟正常成熟落黄，而低氮（N_1）且一次性基施（10：0）最有利于成熟期有机质积累转化，此期根际速效氮含量也相应处于较低水平。

3.1.3.2　无机氮施用量及基追比通过影响土壤生物化学过程调控土壤供氮，具有一定的滞后性

土壤水溶性碳为微生物提供可利用碳源，加速微生物繁殖和生长。无机氮对有机质矿化分解具有“激发效应”，使土壤水溶性碳随无机氮增加而增加。随水溶碳增加，微生物可利用碳和氮充足，根际微生物繁殖生长速度加快，水溶性碳被土壤微生物固定积累，表现为根际水溶性碳随烟株生育进程逐渐下降，但被微生物固定的微生物量碳和氮却随施氮量增加而呈增加趋势。本试验条件下，施入无机氮和有机氮在土壤酶和微生物作用下，通过有机质积累、矿化以及微生物的“蓄水池”作用实现土壤氮素供应调节；在移栽基施和团棵追施后团棵期和旺长期土壤脲酶、转化酶活性随施氮量增加而增强，土壤氮、碳转化趋于活跃，土壤微生物利用碳、氮增加直接促进土壤微生物繁殖与生长，促进微生物量碳、氮积累。在烤烟生育前期（团棵—旺长期）因有机质矿化量小于合成量而表现为随生育进程呈积累状态。进入现蕾期和成熟期后，南方降雨增多，温度升高促使有机质矿化，在大量无机氮（N_3）“激发”下，有机质矿化加剧，表现为脲酶活性持续较高，土壤微生物繁殖和生长旺盛，水溶性碳降低，微生物量碳和氮积累，不利于烤烟正常成熟落黄。而中氮（N_2）时基追比为5：5处理能有效增加烟田土壤当季有机质积累，同时其脲酶活性在烟株大田生育期呈先增加后下降趋势，且在“旺长—现蕾”阶段保持相对较高的脲酶活性，并能在成熟期适时下降，这与该阶段烟株对氮素需求较高的规律最为吻合。

3.1.4　结论

在一定时间内，团棵—旺长烟株根际土壤速效氮与移栽时基施、团棵时追施施入无机氮量呈正相关；随时间推移施入土壤无机氮受土壤微生物过程影响趋于变大。本试验条件下，高氮（168.0kg/hm^2）时因施氮量过大导致根际土壤速效氮持续供应过强，成熟期时不能及时“氮素调亏”而降低烟叶品质；而中氮（108kg/hm^2）时，各处理脲酶活性呈先增加后下降趋势，较符合烟株各生育期对氮素需求，而此施氮水平下，以适当增加追施比

（5：5）使其在“旺长—现蕾”阶段保持相对较高脲酶活性，与该阶段烟株对氮素需求规律相一致。

3.2 不同碳氮比有机肥对沙泥田烤烟根际土壤碳氮转化及酶活性的影响

随着烤烟种植集约化程度不断提高，对土壤高强度、掠夺性利用，导致土壤板结、酸化、耕层浅薄、碳氮比及养分失衡等问题尤为突出（李雪利，2011；赵晓会，2011）。施用有机肥改良土壤及改善烟叶品质已被证实，适量有机碳优化烤烟根际土壤营养环境，提高烤烟前期叶绿素含量，增强光合同化能力与代谢强度，协调烟叶碳、氮代谢，改善烟叶的香气质和提高烟叶香气量（赵铭钦等，2007；彭智良等，2009）。在我国烤烟生产中，每年投入的有机肥中氮素占总施氮量的12.4%，广东烤烟种植每年投入的有机肥中氮素约469t，占总施氮量的11.63%（陶芾等，2007；李春俭等，2007）。

有机肥施用不当导致烤烟生育后期土壤供氮素过多引起其品质下降，过去对有机肥碳氮比的关注没有引起重视（李雪利等，2011；韩锦峰等，1996）。在前期研究中发现，梅州沙泥田土壤速效氮含量普遍较高，土壤C/N失调（偏低），且“施氮量过大，重基肥，轻追肥”的施肥方式，导致氮素供应与烤烟各生育期对氮素需求不协调，烟叶感官品质下降。研究表明，饼肥与化肥配施显著提高土壤微生物量碳和氮，提高土壤脂肪酶、转化酶和脲酶活性，改善烤后烟叶的香气质，提高香气量（刘华山等，2005）。而土壤酶活性与有机肥种类（碳氮比）（张云伟等，2013；王利利等，2013）、腐熟程度（翟优雅等，2014）及土壤类型（王墨浪等，2010）等因素密切有关，通过不同碳氮比的有机肥配施可以调节土壤酶活性及烤烟营养。本研究针对广东梅州沙泥田烟区因土壤碳氮比失调而导致烟叶香气质稍差、香气量不足的问题，探讨不同w（C）/w（N）有机肥配施对烤烟各生育期根际土壤碳氮转化及酶活性的影响，阐明不同碳氮比有机肥介导的土壤酶催化反应对根际土壤养分转化过程的调控机理，以期为合理施用有机肥以改良土壤提供依据。

3.2.1 材料与方法

3.2.1.1 试验材料

供试烤烟品种为“云烟87”，由广东烟草粤北烟叶生产技术中心（广东省烟草南雄科学研究所）提供。试验于2012年度在梅州市蕉岭县广福镇开展，试验田土壤类型为沙泥田，前茬作物为水稻；在上茬水稻收割后、未起垄前，采用5点4分法取20cm耕层土壤样品测定其土壤基本农化性状：pH值6.15，有机质16.8g/kg、速效氮130.46mg/kg、速效磷34.79mg/kg、速效钾96.63mg/kg。供试肥料为硝酸铵（N 30%）、钙镁磷肥（P_2O_5 12%）、硫酸钾（K_2O 50%）、腐熟花生饼肥［N 4.60%，P_2O_5 1.00%，K_2O 1.00%，w（C）/w（N）=10.65］和腐熟猪厩肥［N 0.50%，P_2O_5 0.20%，K_2O 0.25%，w（C）/w（N）=94.5］。

3.2.1.2 试验设计

试验设碳氮比不同的有机肥6个处理（表3-1），每个处理施氮量为169.50kg/hm^2，其中无机氮肥105.00kg/hm^2，有机氮中氮为60.50kg/hm^2，采用当地腐熟花生饼肥和猪厩肥配制不同碳氮比的有机肥，各处理有机肥碳氮比及施用量如表3-1所示。其中有机肥全部作基肥施用，无机氮肥采用基肥（50%）与团棵期追肥（50%）；所有处理的P_2O_5施用量为181.50kg/hm^2，全部作基肥施入；K_2O施用量为385.50kg/hm^2，采用基肥（50%）与现蕾期追肥（50%）。

试验采用随机区组设计，每个小区面积30.0m^2，每小区种植1行，行距×株距=1.2m×0.6m，每处理3次重复，共18个小区。其他栽培及田间管理措施按照当地习惯进行。

表3-1 各处理无机氮、有机氮施用量设置

处理	无机氮（kg/hm^2）	有机氮						
		有机肥碳氮比w（C）/w（N）	花生饼肥			猪厩肥		
			纯氮（kg/hm^2）	含氮量（%）	花生饼（kg/hm^2）	纯氮（kg/hm^2）	含氮量（%）	猪厩肥（kg/hm^2）
T_1	105.00	0	0.00	4.60	0.00	0.00	0.50	0.00
T_2		5	64.50		600.00	0.00		0.00
T_3		15	45.15		420.00	19.35		2 250.00
T_4		25	32.25		300.00	32.25		3 750.00
T_5		36	19.35		180.00	45.15		5 250.00
T_6		52	0.00		0.00	64.50		7 500.00

3.2.1.3 取样方法

在烤烟大田生育期内（团棵期，移栽后30d；旺长期，移栽后45d；现蕾期，移栽后60d；成熟期，移栽后90d）分次采用抖落法取根际土壤样，其中一部分新鲜土样装入自封袋中带回实验室，过2mm筛，置于4℃冰箱贮存，供分析微生物生物量碳和氮、微生物数量；另一部分在室温下风干，过1.0mm和0.25mm筛，用于土壤理化性状和土壤酶活性的测定。

（1）植株氮素测定。在各个生育期采集整株烟株，分为根系、烟叶（各部位混合样），采用用凯氏定氮法测定（鲍士旦，2010）。

（2）土壤Nmin测定。参照鲍士旦方法测定（鲍士旦，2010）。样品采用0.01M $CaCl_2$提取；NO_3^--N的测定采用联氨还原比色法，紫外可见分光光度计540nm下比色。NH_4^+-N的测定采用靛酚蓝比色法，在625nm下比色。土壤Nmin=NH_4^+-N+NO_3^--N，折算为土壤干重含量表示。

（3）土壤全氮、速效钾测定。参照鲍士旦方法测定（鲍士旦，2010）。全氮测定用凯氏定氮法，速效钾采用NH_4OAc-K测定。

（4）土壤酶活性测定。脲酶用靛酚蓝比色法测定。土样5.00g加入1ml甲苯15min后添加10ml不同浓度0.01mol/L、0.025mol/L、0.05mol/L、0.1mol/L、0.2mol/L尿素溶液和20ml pH值6.7柠檬酸缓冲液37℃下培养，培养结束后滤液中被脲酶水解成的氨氮用靛酚蓝比色测定脲酶活性并计算脲酶动力学参数（以NH_4^+计）；土壤转化酶活性采用硫代硫酸钠滴定法测定；土壤磷酸酶（以酚的质量计，37℃）测定采用鲁如坤（2000）的方法；土壤过氧化氢酶采用高锰酸钾滴定法测定；磷酸酶活性采用对硝基苯磷酸盐法测定。

（5）微生物量碳、氮测定。土样微生物量碳和氮采用Joergensen和Mueller（1996）及Vance等（1987）的氯仿熏蒸-K_2SO_4浸提法，浸提液中的微生物量碳采用$K_2Cr_2O_7$加热氧化，$FeSO_4$滴定法；浸提液中的微生物量氮采用凯氏定氮法。每个土样重复3次测定。微生物量碳（BC）=EC/KC，EC表示未熏蒸与熏蒸对照土壤的浸取有机碳的差值，KC为转换系数，取值0.45。

3.2.1.4 数据分析

采用SPSS22.0软件对数据进行单因素显著性检验（SAS Institute Inc.，1989）。用LSD法在P=0.05水平进行多重比较。

3.2.2 **结果与分析**

3.2.2.1 不同碳氮比有机肥对烤烟叶片、根系氮素含量的影响

在团棵期、旺长期时，烟叶氮含量在有机肥w（C）/w（N）=36、15、25处理间无差异，高于同期在有机肥w（C）/w（N）=0、5、52处理时，而后三者同期无显著差异，表明有机肥在w（C）/w（N）=15～36时，在团棵—旺长期烟株能够增加对氮素吸收和积累（图3-5a）；在团棵期至成熟期时有机肥在w（C）/w（N）=25、36、15处理时同期烟叶氮含量无差异，而旺长期至现蕾期时烟叶氮含量显著降低；有机肥在w（C）/w（N）=0、5、52处理时烟叶氮含量在四个生育期内无差异且保持相对稳定，可能是因为未施用有机肥或较低或较高的w（C）/w（N）不利于土壤微生物对氮素固定、转化所致。各处理在成熟期时根系氮含量较现蕾期显著下降（图3-5b），表明有机肥在w（C）/w（N）=15～36处理时能够满足烤烟生育前、中期对氮素的需求，且生育后期能适时脱氮，与优质烤烟“少时富，老来贫”的氮素需求规律相吻合。

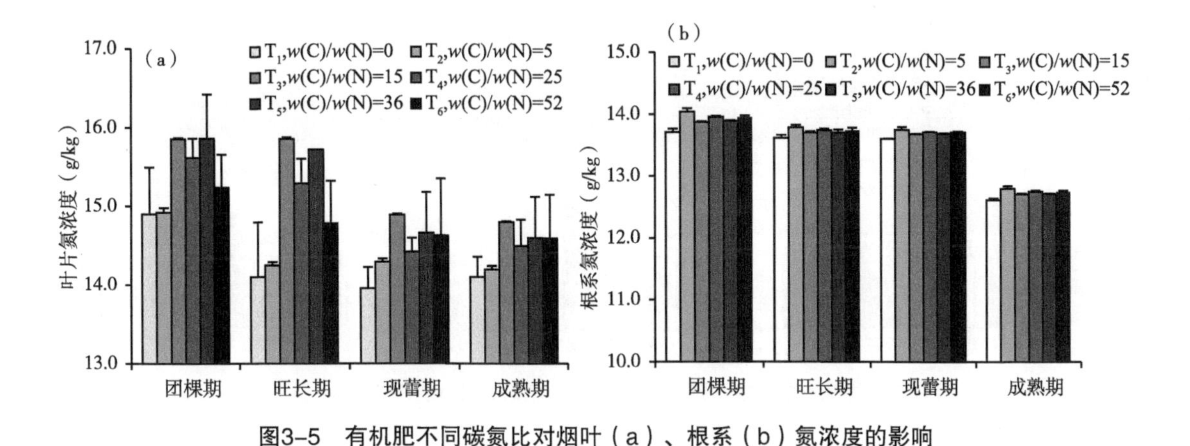

图3-5　有机肥不同碳氮比对烟叶（a）、根系（b）氮浓度的影响

3.2.2.2　不同碳氮比有机肥对烤烟根际土壤速效养分含量的影响

与不施用有机肥相比，施用有机肥一定程度上提高了根际土壤硝态氮和铵态氮含量，且各处理不同生育期内根际土壤硝态氮含量显著高于铵态氮（图3-6a、图3-6b）。有机肥在*w*（C）/*w*（N）=15、25、36处理时土壤Nmin在相同生育期内无差异。*w*（C）/*w*（N）=25处理根际土壤铵态氮随生育期呈降低趋势，而硝态氮呈增加趋势，且在团棵期、旺长期时显著高于现蕾期和成熟期时，但土壤Nmin则随生育期呈降低趋势（图3-6a、图3-6b）。*w*（C）/*w*（N）=36处理根际土壤铵态氮、硝态氮及Nmin表现先增加后降低再增加趋势。C/N=15处理根际铵态氮在整个生育期表现稳定，但硝态氮含量在前三个生育期相对较高，导致烟株根际土壤Nmin在前期较高，而成熟期时该处理土壤Nmin与其他处理无显著差异。从Nmin来看，除了未施用有机肥处理，有机肥在*w*（C）/*w*（N）=5时铵态氮最高；有机肥在*w*（C）/*w*（N）=52处理在团棵期时铵态氮、硝态氮较高；旺长期时硝态氮高，可能是因为根际土壤碳含量较高，能够加速微生物对氮素的矿化。

不同*w*（C）/*w*（N）有机肥输入对根际土壤速效钾含量影响较大（图3-6c），*w*（C）/*w*（N）=0、5处理随着生育根际土壤钾含量有降低的趋势，而*w*（C）/*w*（N）=52时根际土壤速效钾含量在各处理中最高，可能猪厩肥中含钾高，其次是*w*（C）/*w*（N）=36、25、15处理。

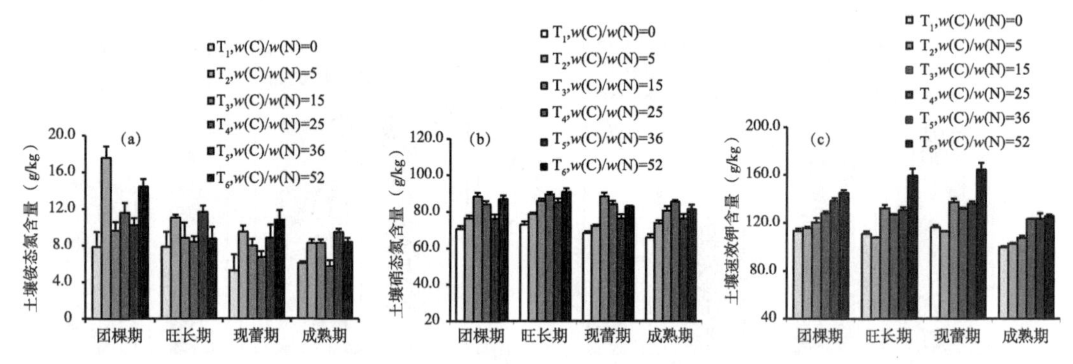

图3-6　有机肥碳氮比对根际土壤铵态氮（a）、硝态氮（b）和速效钾（c）含量的影响

3.2.2.3　不同碳氮比有机肥对烤烟根际土壤酶活性的影响

有机肥在*w*（C）/*w*（N）=0、5处理时整生育期内根际土壤转化酶活性无差异（图3-7a）；有机肥在*w*（C）/*w*（N）=15、52处理时在整个生育期内根际土壤转化酶活性无显著差异，但两者显著高于同生育期有机肥在*w*（C）/*w*（N）=0、5处理；有机肥在*w*（C）/*w*（N）=25、36处理时根际土壤转化酶活性在整个生育期内有降低趋势，但两者在团棵期和旺长期时显著高于其他处理。

有机肥在*w*（C）/*w*（N）=0处理时根际土壤脲酶活性随生育期而增加，且在团棵—现蕾期时显著低于同期其他处理；有机肥在*w*（C）/*w*（N）=5处理根际土壤脲酶活性随生育期无显著变化（图3-7b）；有机肥在*w*（C）/*w*（N）=52处理根际脲酶活性随着生育期有增加趋势；有机肥在*w*（C）/*w*（N）=25、36处理根际脲酶活性在团棵期活性最高，但随生育期呈降低趋势；而有机肥在*w*（C）/*w*（N）=15处理根际脲酶活性在同生育期低于*w*（C）/*w*（N）=25、36处理，且随生育期有降低趋势。表明有机肥在*w*（C）/*w*（N）=25、36处理根际脲酶活性在团棵时根际土壤氮素转化较为活跃，后逐渐降低，与烤烟生长对氮素需求规律吻合。

有机肥在*w*（C）/*w*（N）=0、5、52处理根际磷酸酶活性随生育期无显著变化，且在同生育期内3个处理间无显著差异（图3-7c）；有机肥在*w*（C）/*w*（N）=25、36处理时根际土壤磷酸酶活性在各生育期显著高于其他处理，且在前3个生育期内随生育进程而增加，在成熟期降低；*w*（C）/*w*（N）=15处理根际磷酸酶活性在整个生育期内无显著变化，表明*w*（C）/*w*（N）=25、36处理土壤供磷能力较强。各处理根际过氧化氢酶活性在团棵—现蕾期随着生育期而增强；现蕾期和成熟期时*w*（C）/*w*（N）=25、36处理根际过氧化氢酶活性显著高于其他处理（图3-7d）。

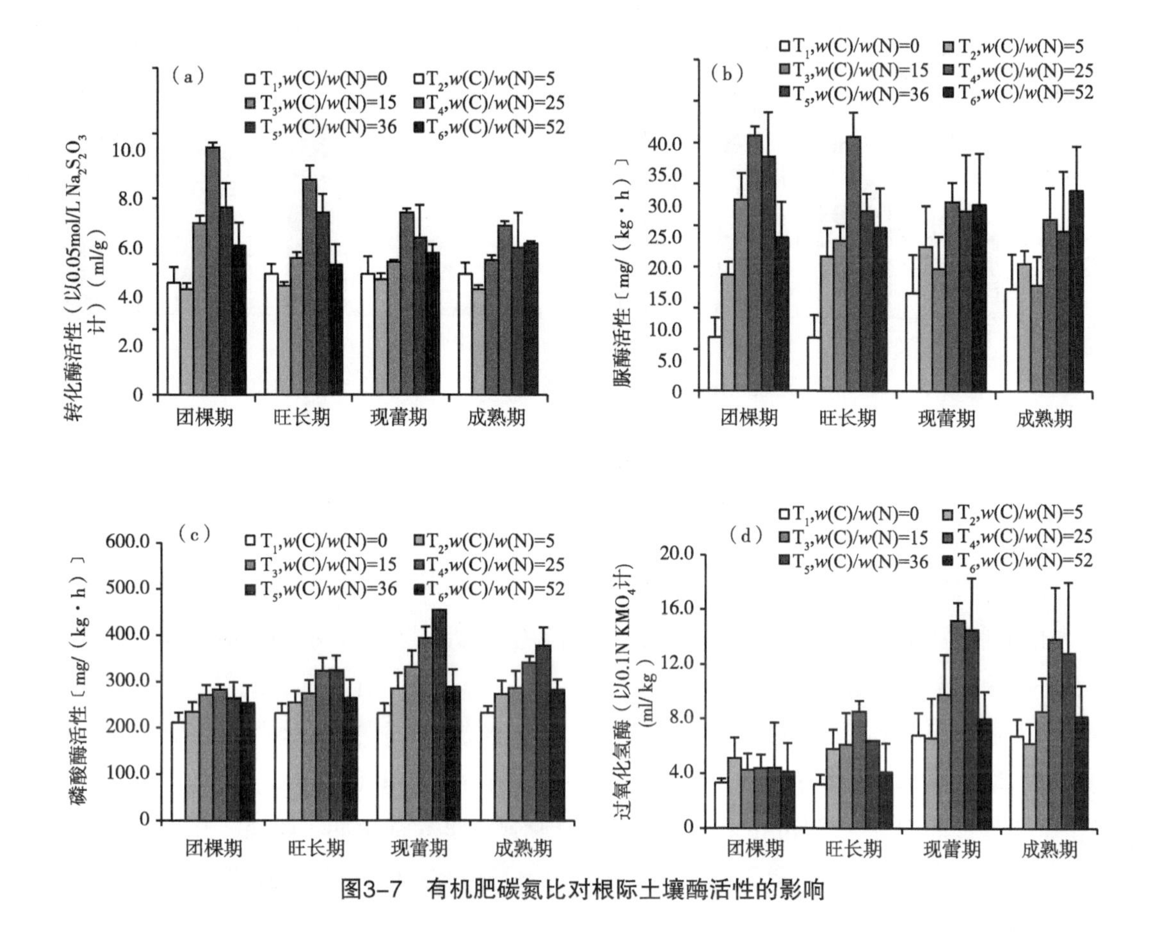

图3-7 有机肥碳氮比对根际土壤酶活性的影响

3.2.2.4 不同碳氮比有机肥对烤烟根际微生物量碳、氮含量的影响

相对于不施用有机肥，施用有机肥显著增加根际土壤微生物碳、氮含量（图3-8a、图3-8b）。在旺长期至成熟期内，有机肥在*w*（C）/*w*（N）=25、36处理微生物量碳显著高于其他处理，且两处理间无显著差异（图3-8a），表明*w*（C）/*w*（N）=25～36处理在烟株生长发育中、后期微生物活性增加。有机肥在*w*（C）/*w*（N）=52、25、36、15处理烟株根际土壤微生物量氮含量随生育进程有增加的趋势，而对照〔*w*（C）/*w*（N）=0〕、*w*（C）/*w*（N）=5处理在烤烟生育期无显著变化（图3-8b）；有机肥在*w*（C）/*w*（N）=36、25处理在旺长期至成熟期时根际土壤微生物量氮无显著差异，且显著高于有机肥在*w*（C）/*w*（N）=52、15处理（图3-8b），表明有机肥在*w*（C）/*w*（N）=25～36处理能够显著提高后期氮素的固持（微生物量氮），降低烤烟后期氮供应，抵御烤烟对氮的奢侈吸收。

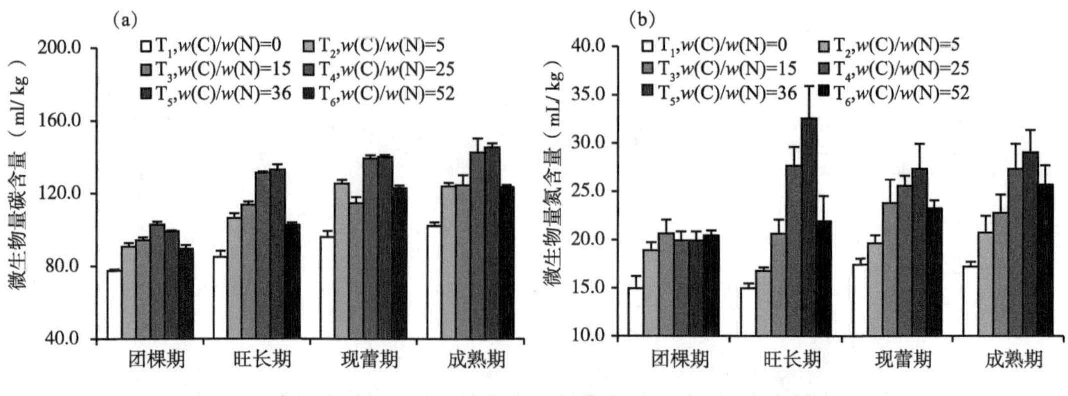

图3-8　有机肥碳氮比对土壤微生物量碳（a）、氮（b）含量的影响

3.2.3　讨论

3.2.3.1　不同*w*（C）/*w*（N）的有机肥对烤烟根际土壤有效养分的影响

随着有机肥输入而施入烟田的有机氮在一定程度上增加烤烟生育期根际土壤Nmin含量，在相同无机氮和有机氮输入前提下，烤烟各生育期根际土壤Nmin在很大程度上取决于有机碳输入量（王墨浪等，2010）。有机肥*w*（C）/*w*（N）比不同，决定了土壤速效养分被微生物固定还是释放，影响到烤烟各生育期养分的供应，导致烤烟生长发育进程和烤后烟叶品质不同（刘世亮等，2007）。本试验结果显示，当*w*（C）/*w*（N）=15～36时，各生育期处理间根际土壤Nmin无显著差异，叶片氮浓度在前中期（团棵、旺长）显著高于其他处理且在旺长期后显著下降，显示进入成熟期后烟株叶片氮代谢适时转入碳代谢，利于烤烟优良品质的形成。

在一定无机氮供应前提下，不同量有机碳输入因微生物的作用而致使土壤中速效氮变化差异较大所致（韩晓日等，2007）。本试验结果表明，增施有机肥可不同程度提高烤烟团棵期至成熟期时根际土壤速效氮含量。*w*（C）/*w*（N）=25处理时烤烟根际土壤NH_4^+-N含量在整个生育期内呈降低趋势，而硝态氮呈增加趋势，且在团棵期、旺长期时显著高于现蕾期和成熟期时，但土壤Nmin随生育进程呈降低趋势，这与烟株吸氮规律比较吻合，也与*w*（C）/*w*（N）=15～36时能有效增加烤烟生育前期对氮素吸收和累积，而在生育后期显著降低的结论一致。

3.2.3.2　不同*w*（C）/*w*（N）的有机肥对烤烟根际土壤微生物碳氮转化的影响

有机肥施用在一定程度上提高土壤有机碳，而有机碳是土壤微生物的重要碳源（裴鹏刚等，2014）。土壤微生物量碳是反映土壤微生物群体大小的重要指标，在某种程度上甚至与烟叶的质量风格特色密切相关，而土壤微生物生物量氮是重要的土壤活性氮的“库”和“源”（薛菁芳等，2007；裴鹏刚等2014）。土壤微生物生物量碳/氮比率高低反映了土壤氮素供应能力，该值较小时土壤氮素的生物有效性较高，土壤*w*（C）/*w*（N）不同将影响烤烟各个生育期内土壤微生物繁殖和生长（李雪利，2011）。本试验结果表明，烤烟不同生育期根际土壤有机质及水溶性碳含量与施入有机肥C/N呈正相关关系，施用*w*（C）/*w*（N）越高的有机肥导致土壤有机质和水溶性碳含量相应增加，而施用不同C/N有机肥可不同程度提高烟株各生育期根际土壤微生物碳、氮量，反映了在一定有机氮输入条件下，不同有机碳输入皆可不同程度增加烤烟各生育期根际土壤微生物的群体和土壤活性氮库，但当微生物量过高时，出现与根系竞争养分现象，因此为了保证烟株的营养需求，应当合理调控土壤微生物生物量（李雪利等，2011）。在本实验条件下，有机肥在*w*（C）/*w*（N）=25处理时烤烟根际土壤Nmin和叶片氮含量变化规律较其他处理更加符合优质烤烟氮素营养特性，这可能与无机氮施用量、供试沙泥田土壤自身特性有关。

3.2.3.3 不同*w*（C）/*w*（N）的有机肥对烟株各生育期根际土壤酶活性的影响

土壤酶参与土壤生物化学过程和物质循环，与微生物一起推动着土壤的代谢过程，许多研究证实有机肥施用可显著提高土壤酶活性（曹仕明等，2014；王利利等，2013）。施有机肥有利于土壤中碳含量的增加和土壤微生物活性提高（张云伟等，2013）。定氮前提下，有机碳输入量不同而导致土壤*w*（C）/*w*（N）存在差异，引起土壤微生物区系及土壤酶活性在烤烟各生育期存在差异。本试验结果显示，总体上有机肥输入会不同程度增加烤烟各生育期根际土壤有机质、水溶性碳含量、微生物量碳和氮含量，且随着C/N增加（有机碳输入量增加）各生育期烤烟根际土壤有机质和水溶性碳含量呈增加趋势，而微生物量碳、氮量则先增加至*w*（C）/*w*（N）=36后下降；从整个生育期来看，在同等施氮量的前提下，*w*（C）/*w*（N）=25～36处理烤烟根际土壤脲酶活性呈现先上升后下降之后趋于稳定的变化规律，利于烟株前期的旺盛生长和后期的氮代谢及时向碳代谢转化。

3.2.4 结论

（1）*w*（C）/*w*（N）=15～36的有机肥能显著提高烤烟生育前期对氮素吸收和累积，降低生育后期氮素吸收和累积；*w*（C）/*w*（N）=25处理时烤烟根际土壤NH_4^+-N含量在整个生育期内呈降低趋势，而硝态氮呈增加趋势，且在团棵期、旺长期时显著高于现蕾期和成熟期，而土壤Nmin随生育期呈降低趋势，这与烟株吸氮规律较吻合。

（2）*w*（C）/*w*（N）=25的有机肥处理的烤烟土壤Nmin和叶片氮含量变化规律更加符合优质烤烟氮素营养特性，这可能与无机氮施用量、沙泥田土壤自身特性有关。

（3）从整个生育期来看，在同等施氮量下，*w*（C）/*w*（N）=25～36的有机肥对烤烟根际土壤脲酶活性呈现先上升后下降，之后趋于稳定变化，有利于烟株前期的旺盛生长和后期氮代谢及时向碳代谢转化。

（4）有机肥在*w*（C）/*w*（N）=25～36处理能够显著提高后期氮素固持（微生物量氮），降低烤烟后期氮供应，抵御烤烟对氮素奢侈吸收。

3.3 有机肥混施对烤烟根际土壤酶活性及微生物碳氮含量的影响

近年来，随着农业生产的集约化、规模化发展，烤烟生产过程中对土壤高强度、掠夺性的利用，导致土壤板结、酸化、耕层浅薄、碳氮比及养分失衡等问题尤为突出。以施用适量有机肥来改良土壤和改善以香气质和香气量为核心的烟叶品质已成为我国烤烟生产中一项重要技术措施。作为一种完全肥料，有机肥含有大量有机物质、植物所需的各种营养元素。据陶芾等测算，我国烤烟生产中年投入烟田有机肥中氮素含量占总施氮量的12.35%，其中南方烟区为9.30%，低于北方烟区的15.40%，广东烟区年投入有机肥氮469t，占总施氮量的11.63%。而我国有超过一半植烟土壤有机质含量偏高（＞25g/kg），而烟株收获后各器官中的氮有60%以上来源于土壤氮。因此，烤烟生产实际中有机肥输入不当很有可能导致大田生育后期土壤供氮较多而引起品质下降。

烤烟生产中常用的有机肥，不仅具有不同的碳氮比，且其有机质、腐殖酸、各种矿质营养、生物活性物质等都存在不同程度的差异。吴峰等研究表明，随着碳氮比的提高，有机肥中总腐殖酸和游离腐殖酸含量增加，水溶性腐殖酸降低；不同碳氮比有机肥中腐殖酸在官能团上存在差别，碳氮比20：1的有机肥中碳水化合物（或多糖）和羧酸等含氧基团要明显多于其他比例有机肥。不同有机物料因其碳氮比差异而导致土壤中不同阶段烟株可利用的速效养分含量不同，进而影响了烟株的生长发育。同时，有机肥通过其自身带有的具生物活性的酶和提供酶促生化反应的基质能提高土壤中多种酶的活性，进而对土壤养分的转化、有效性和能量的代谢产生影响。

研究表明，饼肥与化肥各半配施能够显著提高土壤微生物碳和氮，同时可提高土壤脂肪酶、转化酶和脲酶活性，改善烤后烟叶的香气质，提高香气量。由于有机肥与土壤酶间的相互关系与有机肥的种类、腐熟程度及土壤类型等多种因素有关，通过不同碳氮比的有机肥配施调控土壤酶活性及烟株营养需求成为可能。基于以上问题，本研究通过盆栽试验探讨花生饼肥、猪粪两种有机肥与无机肥配施对烤烟不同生育期根际土壤酶活性以及碳氮转化的影响，阐明有机肥介导的土壤酶催化反应对烤烟根际养分转化过程对烤烟根际营养改善的机理，为南方烟区合理施用有机肥改良土壤和改善烟叶品质提供依据。

3.3.1 材料与方法

3.3.1.1 试验材料与设计

本试验采用盆栽试验，每盆装土10kg。供试土壤为红壤，土壤理化性质：质地中壤、有机质含量1.20%、速效氮86.5mg/kg、速效磷（P_2O_5）16.4mg/kg、速效钾（K_2O）97.0mg/kg、pH值6.11。供试烤烟品种为粤烟97。花生饼肥（N 4.60%，P_2O_5 1.00%，K_2O 1.00%）、猪粪（N 0.50%，P_2O_5 0.20%，K_2O 0.25%）。

本试验设6个处理：①对照，即不施肥；②纯施化肥，无有机肥；③纯施花生饼肥；

④纯施猪粪；⑤花生饼肥+猪粪；⑥花生饼肥+猪粪+化肥；每个处理12盆，共72盆，每盆种植烤烟1株。所用化肥为硝酸铵、过磷酸钙、硫酸钾、硝酸钾。每盆含纯氮1.50g，N：P_2O_5：K_2O=1：1.5：3，各盆随即排列，管理一致。2012年2月20移栽，6月30日收获。

3.3.1.2　测定与分析方法

在烤烟生长的团棵期（30d）、旺长期（48d）、现蕾期（60d）、成熟期（90d）分别采集根际土壤样品。土壤样品采集方法：将根外的土壤去掉，取根际土壤。取样后一部分土壤样品立即进行微生物量碳、氮的测定，一部分土样晾干过筛后测定土壤酶活性。采收结束时测定土壤腐殖质含量，取样方法为将盆里土壤倒出混匀，取样，风干后作为待测样。

（1）土壤酶活性的测定。脲酶采用比色法，其活性用24h后1g土壤中NH_3-N的质量表示。

（2）土壤微生物量碳、氮的测定。采用氯仿熏蒸浸提法（FE）进行，称相当于25g烘干土重的新鲜土样3份，放入真空干燥器内，同时放入盛有无醇氯仿的烧杯。抽真空使氯仿沸腾5min，在25℃下放置24h后，取出烧杯反复抽真空以排除氯仿，随后用100ml0.5mol/LK_2SO_4，振荡30min，过滤后测定提取液的碳、氮，与此同时未灭菌土壤也按同样的方法测定浸提液的碳、氮，土壤中微生物量量碳（MBC）=2.64×Ec，Ec=（K_2SO_4提取灭菌土壤中的有机碳-K_2SO_4提取的未灭菌土壤中的有机碳）。土壤中微生物量量氮（MBN）=2.22×En，En=（K_2SO_4提取灭菌土壤中的有机氮-K_2SO_4提取的未灭菌上壤中的有机氮），其中K_2SO_4提取液中的有机碳用重铬酸钾氧化—硫酸亚铁滴定法测定。

（3）土壤中腐殖酸总碳含量的测定。采用0.1mol/L焦磷酸钠和0.1mol/L氢氧化钠混合液（pH值=13）提取可溶性腐殖质，用重铬酸钾容量法测定碳量，即为胡敏酸和富里酸的总碳量。

3.3.2　结果与分析

3.3.2.1　不同有机肥混施对土壤脲酶、转化酶酶活性的影响

从表3-2可以看出，在四个生育期内6个处理均以团棵期时土壤脲酶活性最高，随生育期而降低。旺长期至现蕾期期间土壤脲酶活性比较稳定，到成熟期时降低。从6个处理比较来看，在4个生育期内，团棵期与现蕾期时花生饼肥+猪粪+化肥处理脲酶活性最高，分别为0.88mg/kg、0.59mg/kg；而旺长期与成熟期时花生饼肥+猪粪+化肥与其他有机肥处理无显著性差异；施用花生饼肥和猪粪能够在一定程度上提高团棵期、旺长期时根际土壤脲酶活性，但是在现蕾期和成熟期时，与对照和单施化肥处理没有显著性差异。

表3-2 不同有机肥混施对根际土壤脲酶活性的影响（mg/kg）

处理	团棵期	旺长期	现蕾期	成熟期
对照	0.48 ± 0.09a	0.42 ± 0.07a	0.44 ± 0.04a	0.36 ± 0.07a
单施化肥	0.49 ± 0.07a	0.44 ± 0.06a	0.45 ± 0.05a	0.35 ± 0.05a
单施花生饼肥	0.66 ± 0.15b	0.66 ± 0.10b	0.50 ± 0.05a	0.41 ± 0.07a
单施猪粪	0.57 ± 0.17ab	0.49 ± 0.13ab	0.45 ± 0.08a	0.41 ± 0.08a
花生饼肥+猪粪	0.67 ± 0.13b	0.57 ± 0.06b	0.44 ± 0.08a	0.42 ± 0.07a
花生饼肥+猪粪+化肥	0.88 ± 0.1c	0.67 ± 0.10b	0.59 ± 0.05b	0.44 ± 0.08a

注：同一栏中的不同字母代表显著性差异（$p < 0.05$）

从表3-3可以看出，从整个生育期来看，6个处理的烤烟根际土壤由团棵期到现蕾期时土壤转化酶活性都是逐渐增强，然后随生育期迅速降低，特别是对照处理时根际土壤转化酶活性降低幅度最大，但是纯施饼肥处理、纯施猪粪处理、花生饼肥+猪粪处理、两种有机肥与化肥配施4个处理始终高于对照和化肥处理时根际土壤转化酶活性。

表3-3 不同有机肥混施对根际土壤转化酶活性的影响（mg/kg）

处理	团棵期	旺长期	现蕾期	成熟期
对照	0.19 ± 0.03a	0.24 ± 0.03a	0.31 ± 0.05a	0.12 ± 0.06a
单施化肥	0.19 ± 0.06a	0.25 ± 0.05a	0.28 ± 0.06a	0.13 ± 0.05a
单施花生饼肥	0.33 ± 0.08b	0.38 ± 0.08b	0.42 ± 0.08ab	0.24 ± 0.06b
单施猪粪	0.26 ± 0.07ab	0.31 ± 0.07ab	0.34 ± 0.05a	0.24 ± 0.07b
花生饼肥+猪粪	0.32 ± 0.08b	0.36 ± 0.06b	0.41 ± 0.10ab	0.22 ± 0.04b
花生饼肥+猪粪+化肥	0.37 ± 0.10b	0.40 ± 0.10b	0.46 ± 0.06b	0.34 ± 0.09b

注：同一栏中的不同字母代表显著性差异（$p < 0.05$）

3.3.2.2 不同有机肥混施对根际土壤微生物量氮含量的影响

表3-4结果表明，施用有机肥的4个处理其根际土壤微生物量氮含量始终高于对照、化肥处理时，且以花生饼肥+猪粪处理的根际土壤微生物量氮含量最高，而6个处理中根际土壤微生物量氮高峰均出现在团棵期时，即烤烟移栽后30d，可能的原因是由于移栽期土壤是风干土，加水湿润后土壤微生物大量繁殖；同时，有机肥、化肥施用也会增加土壤微生物量氮含量。团棵期后，随着烤烟快速生长发育，烤烟所需速效氮量不断增加，一部分微生物量氮释放出来供给烤烟所需，所以根际土壤微生物量氮含量有所降低，各个生育期中花生饼肥、花生饼肥+猪粪两个处理比化肥处理微生物量氮含量提高52%～158%。

表3-4 不同有机肥混施对根际土壤微生物量氮的影响（mg/kg）

处理	移栽	团棵期	旺长期	现蕾期	成熟期
对照	13.6 ± 2.0a	38.3 ± 8.5a	31.2 ± 7.8a	28.1 ± 9.2a	21.2 ± 6.2a
单施化肥	13.6 ± 2.0a	41.4 ± 9.1ab	35.3 ± 8.8a	31.3 ± 7.7a	23.7 ± 7.0a
单施花生饼肥	13.6 ± 2.0a	57.3 ± 10.7b	61.4 ± 8.2b	51.6 ± 10.1bc	40.3 ± 10.6b
单施猪粪	13.6 ± 2.0a	46.3 ± 8.9ab	47.1 ± 10.0ab	46.3 ± 8.2ab	40.4 ± 8.3b
花生饼肥+猪粪	13.6 ± 2.0a	49.4 ± 10.2ab	59.3 ± 13.1b	61.3 ± 9.4c	68.3 ± 12.3c
花生饼肥+猪粪+化肥	13.6 ± 2.0a	45.4 ± 16.3ab	57.3 ± 12.1b	67.3 ± 10.1c	48.3 ± 11.4bc

注：同一栏中的不同字母代表显著性差异（$p < 0.05$）

3.3.2.3 不同有机肥混施对根际土壤微生物量碳的影响

表3-5数据表明，移栽期到团棵期时根际土壤微生物量碳含量大大增加，由移栽前的82.43mg/kg增加到268.31mg/kg，增加3.26倍；根际土壤微生物量碳含量从团棵期到旺长期较为稳定，而进入旺长期由于对照严重缺肥，烟株开始出现缺肥症状，叶子发黄，因而土壤微生物活性也迅速降低，之后根际土壤微生物碳含量一直处于较低水平，至成熟期时最低。而化肥、花生饼肥两个处理随着烤烟的快速生长发育、根系分泌物增加，土壤微生物量碳含量增加，一直到现蕾期达到高峰，之后降低，成熟期降低较多，这是由于饼肥是一种含氮较高、碳/氮比较小有机肥料，在土壤中较易矿化分解，随着烤烟生育期的推后，饼肥在不断地分解，在生长后期微生物能利用的易分解有机碳源已矿化，剩余为较难分解的有机碳，所以成熟期土壤中微生物量碳显著降低。猪粪处理时，烤烟前期生长较慢，烤烟氮素营养供应不足，而土壤微生物量碳含量较为稳定，表明土壤供应的氮素被微生物利用，转化微生物量。花生饼肥+猪粪处理时，烤烟生长稳定，土壤微生物量碳显著高于对照、化肥处理、单施花生饼肥以及单施猪粪处理，提高了74%～229%。由此可见，花生饼肥+猪粪配施可明显增加土壤中微生物量碳含量。

表3-5 不同有机肥处理对根际土壤微生物量碳的影响（mg/kg）

处理	移栽	团棵期	旺长期	现蕾期	成熟期
对照	82.4 ± 9.0a	268.3 ± 11.2c	261.6 ± 7.1d	187.4 ± 6.1d	161.5 ± 17.3e
单施化肥	82.4 ± 9.0a	289.3 ± 14.3c	336.4 ± 15.6c	378.9 ± 12.2b	261.6 ± 27.1cd
单施花生饼肥	82.4 ± 9.0a	317.4 ± 15.1b	479.2 ± 26.7b	351.6 ± 26.7b	230.4 ± 15.1d
单施猪粪	82.4 ± 9.0a	286.3 ± 10.9c	289.4 ± 11.3c	286.1 ± 17.7c	281.3 ± 19.3c
花生饼肥+猪粪	82.4 ± 9.0a	467.8 ± 26.9a	599.3 ± 36.1a	657.3 ± 51.4a	880.3 ± 59.3a
花生饼肥+猪粪+化肥	82.4 ± 9.0a	489.3 ± 22.5a	537.5 ± 32.3a	616.4 ± 42.4a	738.4 ± 48.4b

注：同一栏中的不同字母代表显著性差异（$p < 0.05$）

3.3.2.4 不同施肥处理对根际土壤中腐殖酸总碳含量的影响

烟叶收获后，对照、化肥、花生饼肥、猪粪、花生饼肥+猪粪5个处理根际土壤中腐殖酸总碳含量平均值分别为2.30mg/kg、2.30mg/kg、3.50mg/kg、2.90mg/kg、5.60mg/kg，见表3-6。可见，施用花生饼肥提高土壤中腐殖酸总碳含量，其中比对照和单施化肥处理皆提高了52%；单施猪粪比对照、单施化肥处理提高了26%；但是饼肥+猪粪比对照、单施化肥提高143%；而单施化肥由于烤烟生长吸收养分比对照多，土壤中有机质得到了一定的分解矿化，所以种植前与种植后其胡敏酸与富里酸的比值增加。纯施花生饼肥与猪粪之间无显著性差异，但是花生饼肥+猪粪配合处理与其他处理间差异显著。

表3-6 有机肥混施对根际土壤胡敏酸（HA）及富里酸（FA）含量的影响（g/kg）

处理	HA		FA		HA/FA	
	种植前	收获后	种植前	收获后	种植前	收获后
对照	0.16 ± 0.01a	0.16 ± 0.02a	0.07 ± 0.02a	0.07 ± 0.02a	2.29c	2.29b
单施化肥	0.15 ± 0.02a	0.15 ± 0.06a	0.11 ± 0.03a	0.08 ± 0.03a	1.36a	1.88a
单施花生饼肥	0.18 ± 0.03a	0.27 ± 0.04bc	0.06 ± 0.02a	0.08 ± 0.02a	3.00d	3.38d
单施猪粪	0.16 ± 0.02a	0.19 ± 0.04ab	0.11 ± 0.03a	0.10 ± 0.03ab	1.45a	1.90a
花生饼肥+猪粪	0.18 ± 0.03a	0.35 ± 0.06c	0.09 ± 0.02a	0.12 ± 0.02b	2.00b	2.91c
花生饼肥+猪粪+化肥	0.16 ± 0.02a	0.46 ± 0.04d	0.09 ± 0.02a	0.13 ± 0.03b	2.00b	3.54d

注：同一栏中的不同字母代表显著性差异（$p < 0.05$）

3.3.3 讨论

土壤酶促作用直接影响到土壤有机物质的转化、合成过程及土壤养分供应，土壤酶活性是土壤肥力的重要指标。本试验研究表明，施用花生饼肥、花生饼肥+猪粪、花生饼肥+猪粪+化肥可明显提高土壤转化酶和脲酶活性，土壤转化酶活性高峰出现在现蕾期，而脲酶活性则以团棵期最高。施用花生饼肥可显著提高土壤转化酶和脲酶活性。可见施用花生饼肥有利于土壤有机物质的转化，保证作物生长发育所需的营养供应。这是因为第一，花生饼肥经发酵后本身可带入土壤大量的酶类；第二，土壤中的有机物质是酶促作用的基质；第三，花生饼肥与化肥配施，烤烟生长旺盛，根系活性强，植物根能分泌一系列酶类；第四，根系分泌物直接影响到根际环境，也影响到酶活性。

土壤微生物是土壤的重要组成部分和最活跃的部分，是所有进入土壤的有机物质的分解者和转化者，参与有机质的矿质化、腐殖化过程，与土壤有机质的含量密切相关。有机肥能够调控根际土壤碳氮比，协调土壤可溶性氮与可溶性碳，优化根际微生物数量，提高各种酶类活性，促进碳氮比的协调。在本试验条件下，施用花生饼肥与猪粪混合施用可以显著提高土壤微生物量碳、氮含量，以纯施用花生饼肥最高，另外是花生饼肥与化肥配施，在烤烟不同生育时期内，土壤微生物量碳和微生物量氮含量动态变化不同，土壤微生物量碳在现蕾期达到最高值，而土壤微生物量氮含量高峰出现在团棵期；施用花生饼肥可使土壤腐殖质含量得到一定的提高，但增加量较小。

土壤微生物量碳与土壤有机质含量具有很好相关性，施用有机物料对其影响很大。本试验研究结果表明，施用花生饼肥可以显著提高土壤微生物量碳、氮含量，增强碳、氮的调节能力。花生饼肥与化肥配施比单施化肥时土壤微生物碳、氮含量分别提高79.9%～97.1%和29.7%～75.0%，土壤微生物量碳含量在烤烟生长的现蕾期达到最高值，而土壤微生物量氮含量高峰出现在团棵期，表明在移栽期初期土壤中无机氮含量较高，其中一部分被微生物固定，随着烟草的生长发育土壤微生物氮逐渐降低，另一部分微生物量氮又被释放出来，供烟草生长发育需要，反映土壤微生物量氮在协调土壤氮素供应方面的重要作用。其他学者与得出，当氮肥作为基肥施用时，由于作物苗期从土壤中吸收的氮素非常少，易导致氮素损失，而此时土壤中发生的微生物和黏土矿物对氮的固定对防止氮素损失具有非常重要的意义，随着作物的生长这些固定的养分又被释放出来供作物吸收利用。

不同施肥处理对根际土壤中腐殖酸总碳含量的影响较大。在本试验条件下，施用花生饼肥可以提高土壤中腐殖酸总碳含量，其中以单施花生饼肥比对照、单施化肥处理提高了52.2%；单施猪粪比对照、单施化肥处理提高了26.1%；但是饼肥+猪粪比对照、单施化肥提高143.5%；而单施化肥由于烤烟生长吸收养分比对照多，土壤中有机质得到了一定的分解矿化，所以种植前与种植后其胡敏酸与富里酸的比值增加。

本试验研究结果表明，长期过量施用化肥种植烤烟的土壤上，混合施用一定比例的不同碳氮比的猪粪与花生饼肥，不但能够调控根际土壤土壤酶活性、改善土壤微生物量碳、氮，同时增加烤烟根际土壤腐殖酸含量，提高土壤质量，有利于改善烤烟品质。

3.4 有机肥施用对紫色土地烤烟根际土壤酶活性及速效氮的影响

根际（Rhizosphere）是指围绕于植物活根周围很小的土壤微域，是土壤—植物根系—微生物三者相互作用的场所，其范围与植物种类、土壤类型、土壤含水量、根系的特定分布及其产物等因子有关。自1904年德国科学家 Lorenz Hiltner 提出根际概念以来，由于其在植物营养研究中的重要地位，人们对植物根际营养和根际环境的研究方法、营养环境、生物活性等方面展开了大量的研究和讨论，目前这方面的研究已经成为植物—土壤学领域最活跃最前沿的研究领域。

土壤中的酶能促进土壤有机物质和矿质化合物的转化，在碳、氢、磷、硫等重要营养元素的生物学循环中起重要作用。许多学者认为土壤酶是表征土壤中物质、能量代谢旺盛程度和土壤质量水平的一个重要指标，酶活性的强弱与营养元素水平显著相关，可用其作为评价土壤肥力的指标。

烟田施用有机物（肥）可改善烟田土壤小气候环境，利于土壤有机、无机复合体性质的改善和水稳性团粒结构的形成，从而使土壤疏松多孔，抗压力显著减少，土壤容重变小，土壤通气性和持水性增强；使土壤熟化程度提高，耕性变好，增加土壤微生物数量和土壤酶活性，从总体上改善了植烟土壤的物理化学和生物特性，进而促进了烟株的生长发育、增加烟叶产量、提高烟叶的香气量和化学品质。本试验研究了几种有机肥施入烟田后对烤烟不同生育期根际土壤酶活性及速效养分的影响，以期为烤烟合理施用有机肥提供理论依据。

3.4.1 材料与方法

3.4.1.1 试验材料

试验于2013年在广东省烟草南雄科学研究所试验基地进行，试验田土壤为紫色土地水田，其基本农化性状为、pH值7.60、有机质3.575%、全氮0.204%、全磷0.084%、全钾1.667%、水解氮157.8mg/kg、速效磷20.5mg/kg、速效钾100.0mg/kg。

供试有机肥分别为花生饼肥和玉米芯（均充分腐熟），生物有机肥由广州市奥宏有机农业产品有限公司提供，3种有机肥的养分含量见表3-7。供试烤烟品种为“K326”。

表3-7 供试有机肥主要养分含量

有机肥	全氮（%）	全磷（%）	全钾（%）
花生饼	4.072	0.358	0.721
生物有机肥	4.373	2.163	1.954
玉米芯	0.265	0.037	0.364

3.4.1.2 试验方法

（1）试验设计。试验设4个处理，分别为T_1：不施有机肥；T_2：施用花生饼肥40kg/666.7m^2；T_3：施用生物有机肥40kg/666.7m^2；T_4：施用玉米芯40kg/666.7m^2。每处理3次重复，每小区植烟50株。4个处理化肥施用量一致，总化学氮施用量为9kg纯N/666.7m^2，N：P_2O_5：K_2O=1：0.8：2。有机肥在移栽前作基肥一次性穴施。试验田于2008年2月20日移栽，种植密度为行距×株距=1.2m×0.6m。

（2）取样测定。于移栽后第30d、第45d、第60d、第75d和采收完毕时进行取样。每次每小区随机挖取3株烟采用抖落法获取根际土壤，然后混匀带回实验室。取部分根际鲜土立即按鲁如坤方法测定铵态氮和硝态氮含量，余下根际土风干过2mm筛后用于测定土壤酶活性，土壤转化酶、过氧化氢酶、蛋白酶、碱性磷酸酶和脲酶活性分别用3，5-二硝基水杨酸比色法、0.1mol/L $KMnO_4$滴定法、茚三酮比色法、磷酸苯二钠法及靛酚蓝比色法测定。在移栽后第75d取根际土时，同时取烟株根系末端白嫩根立即带回实验室用TTC法测定根系活力。

采用SPSS17.0进行数据统计（LSD），用Excel 2007作图。

3.4.2　结果与分析

3.4.2.1　土壤酶活性变化

（1）转化酶。转化酶又叫蔗糖酶或β-呋喃果糖苷酶，它能裂解蔗糖分子中果糖基的β-葡萄糖苷碳原子处的化合键，使蔗糖水解成葡萄糖和果糖，其活性与土壤有机质、氮、磷含量、微生物数量及土壤呼吸强度等有关，对增加土壤中易溶性营养物质起着重要作用。它不仅能够表征土壤生物学活性强度，也可以作为评价土壤熟化强度和土壤肥力水平的重要指标。从图3-9可以看出，各处理烟株根际土壤转化酶活性皆呈先上升后下降趋势，且在移栽后第60d达到最大值。其中T_3处理烟株根际土壤转化酶活性全期高于其他各处理，在移栽后第60d达到最大值时，其活性极显著高于处理T_1（P=0.001）、处理T_2（P=0.003）和处理T_4（P=0.001），其他各处理间差异不显著。

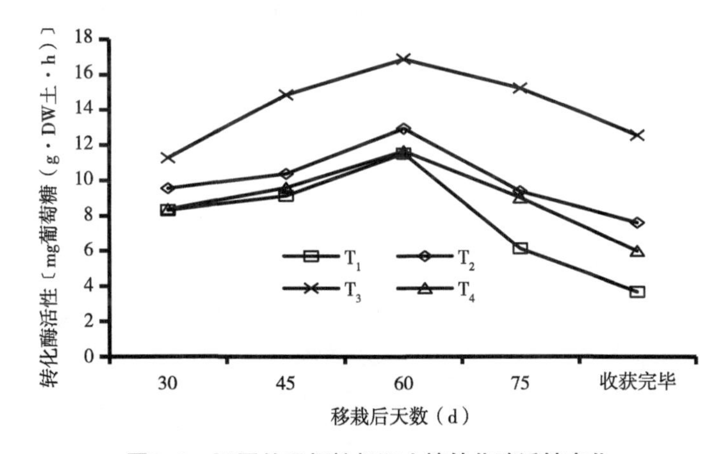

图3-9　不同处理烟株根际土壤转化酶活性变化

（2）过氧化氢酶。过氧化氢酶几乎存在于所有的生物体内，它能酶促分解H_2O_2，从而解除H_2O_2对土壤微生物及作物根系的危害，其活性与土壤有机质含量及土壤微生物数量密切相关，因此其也可表征土壤总的生物学活性及肥力状况。从图3-10可以看出，各处理烟株根际过氧化氢酶活性皆呈“M”型变化，且全期活性强度大小顺序为T_3处理>T_2处理>T_4处理>T_1处理。在两个峰顶时（移栽后第45d/旺长期和移栽后第75d/成熟期），前者T_3处理显著高于T_4处理（P=0.021），极显著高于T_1处理（P=0.008），T_3与T_2间差异不显著；后者T_3处理极显著高于T_1处理（P=0.000）、T_2处理（P=0.002）和T_4处理（P=0.001），T_1处理显著低于处理T_2（P=0.013）和处理T_4（P=0.046）。

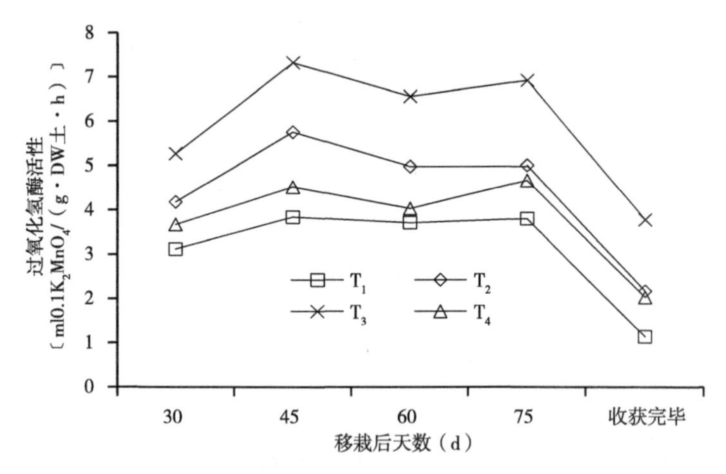

图3-10　不同处理烟株根际土壤过氧化氢酶活性变化

（3）蛋白酶。蛋白酶能将蛋白质和多肽水解为氨基酸，进而被植物吸收和利用，因此它对土壤潜在的供氮能力具有重要意义。本试验研究表明，烟田施用不同有机肥可不同程度影响烟株根际土壤蛋白酶活性，在烟株大田生育期，不同处理烟株根际蛋白酶活性均先增加至移栽后第60d时达最大，然后开始持续下降，如图3-11所示。在全期烟株根际土壤蛋白酶活性T_3处理>T_2>T_4>T_1；在移栽后第60d时，除T_2处理和T_4处理间差异达显著（P=0.036）外，其他各处理间差异皆达到极显水平；在移栽后第75d时，T_2处理显著高于T_1（P=0.021），T_4处理和T_1处理间（P=0.214）、T_2处理和T_4处理间（P=0.140）差异不显著，T_3处理极显著高于其他各处理。

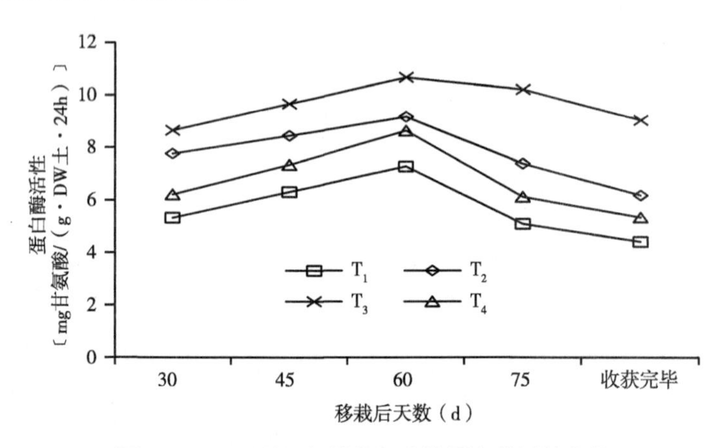

图3-11　不同处理烟株根际土壤蛋白酶活性变化

（4）脲酶。脲酶存在于大多数细菌、真菌和高等植物里。它是一种酰胺酶，能酶促脲素分子中肽键的水解，生成氨和碳酸供植物吸收和利用，其活性与土壤有机质含量、微生物数量、全氮和速效氮含量呈正相关，人们常用土壤脲酶活性来表征土壤的氮素状况。图3-12结果显示，各处理烟株根际土壤脲酶活性均在移栽后第45d达到最大值，然后开始持续下降，直至烟叶采收完毕。在最高时（移栽后第45d），处理T_3显著高于T_4

（P=0.015）；处理T_1极显著低于处理T_2（P=0.007）和T_3（P=0.002）。

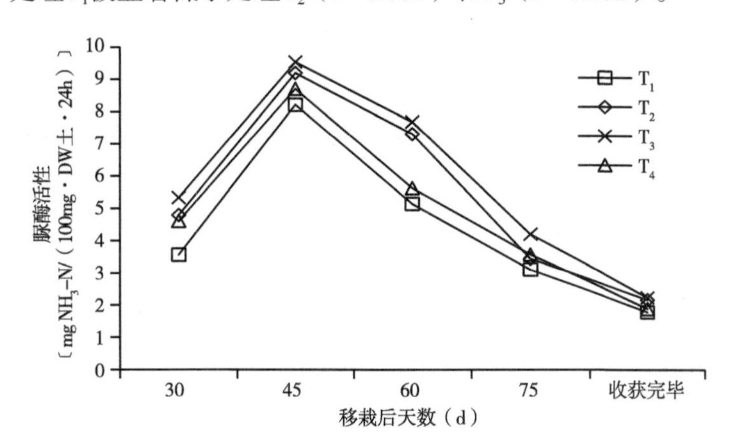

图3-12　不同处理烟株根际土壤脲酶活性变化

（5）碱性磷酸酶。磷酸酶是一种水解有机磷化合物的酶，可加速有机磷的脱磷速度，与土壤速效磷含量呈正相关，其活性是评价土壤磷素生物转化方向与强度的指标。研究表明，在偏碱性土壤中，碱性磷酸酶活性比中性、酸性磷酸酶活性更能反映土壤磷酸酶的活性状况。本试验测定了烟株不同大田生育期根际土壤碱性磷酸酶活性，如图3-13所示，各处理烟株根际土壤碱性磷酸酶活性在烟株大田生育期呈先增加，至移栽后第45d时达最大值，然后开始持续下降，直至烟叶采收完毕，在此过程中，每个时期烟株根际土壤碱性磷酸酶活性皆是处理T_3>处理T_2>处理T_4>处理T_1。在移栽后第45d时，T_3处理烟株根际土壤碱性磷酸酶活性极显著高于T_1（P=0.000）和T_4（P=0.001），T_2处理极显著高于T_1（P=0.004），T_3处理显著高于T_2（P=0.043），T_2处理显著高于T_4（P=0.014），处理T_1和T_4间差异不显著（P=0.326）。

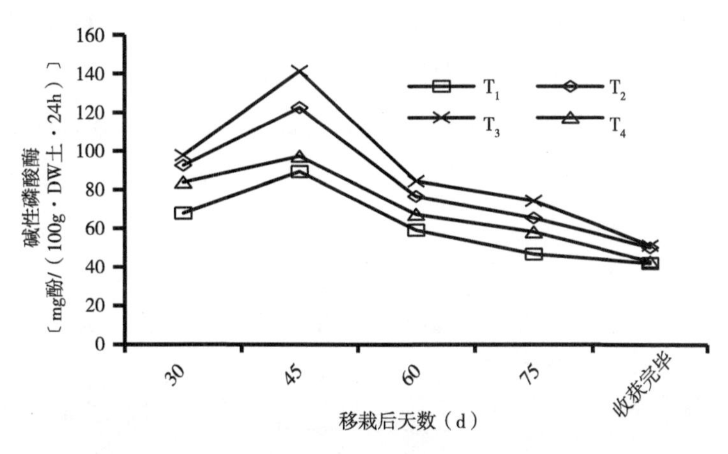

图3-13　不同处理烟株根际土壤碱性磷酸酶活性变化

3.4.2.2　土壤速效氮

（1）铵态氮。不同处理烟株根际土壤铵态氮含量变化见图3-14，从图3-14可以看出，各处理烟株根际土壤铵态氮含量皆呈先上升后下降趋势，但是，不同处理烟株根际土壤铵态氮含量最高峰出现时期不同，其中处理T_1出现在移栽后第45d，T_3出现在移栽后第60d，T_2和T_4同时出现在移栽后第75d。在移栽后第45d时（旺长期），各处理烟株根际土壤铵态氮含量大小顺序为$T_3>T_2>T_1>T_4$，T_3显著高于T_2（$P=0.028$），极显著高于T_1（$P=0.002$）和T_4（$P=0.001$），其他各处理间差异不显著；在收获完毕后，各处理烟株根际土壤铵态氮含量大小顺序为$T_2>T_4>T_3>T_1$，除T_3和T_4间差异为显著水平外，其他各处理间差异均达到极显著水平。

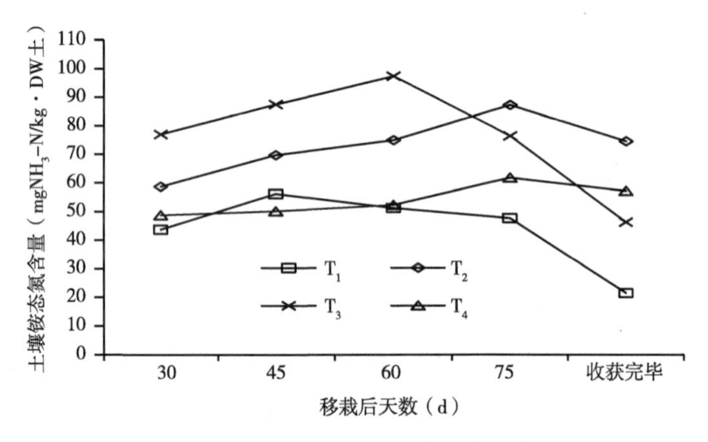

图3-14　不同处理烟株根际土壤铵态氮含量变化

（2）硝态氮。不同处理烟株根际土壤硝态氮含量变化情况见图3-15，从中可以看出，处理T3在移栽后75d前维持较高的含量，然后急剧下降；处理T_2和T_4在移栽后75d内呈上升趋势，然后急剧下降；处理T_1则在移栽后第45d时达到最高值。在移栽后第45d（旺长期）时，各处理烟株根际硝态氮含量高低顺序为：处理$T_3>T_1>T_2>T_4$，但方差分析结果显示，仅处理T_3和处理T_4间差异达到显著水平（$P=0.029$）；在烟株收获完毕后，各处理烟株根际土壤硝态氮含量高低顺序为处理$T_4>T_2>T_3>T_1$，方差分析结果显示，处理T4和T_3（$P=0.028$）间、处理T_1和T_2间（$P=0.024$）达到显著水平，处理T_1和T_4间（$P=0.002$）达到极显著水平。

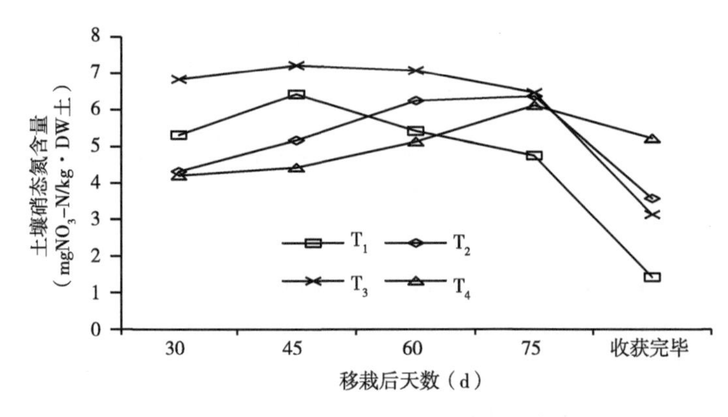

图3-15　不同处理烟株根际土壤硝态氮含量变化

3.4.2.3 成熟期烟株根系活力

图3-16为烟株移栽后第75d时各处理烟株根系活力，从图中可以看出，烤烟施用不同有机肥对烟株成熟期根系活力有显著影响，其中处理T_3根系活力显著高于其他各处理，处理T_2烟株根系活力显著高于处理T_1和T_4，而处理T_1和T_4间烟株根系活力无则显著差异。

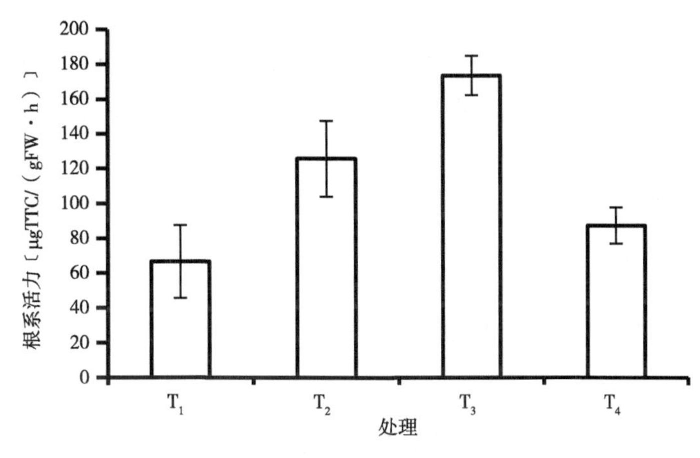

图3-16 不同处理烟株根系活力

3.4.2.4 烟株根际各土壤酶活性与烟株根际土壤速效氮含量关系

利用大田烟株不同生育期根际土壤酶活性及铵态氮和硝态氮含量进行相关分析，其结果见表3-8。从表2可以看出，烤烟大田期烟株根际土壤铵态氮和硝态氮含量与根际土壤转化酶、过氧化氢酶、蛋白酶、碱性磷酸酶及脲酶活性呈极显著相关关系。

表3-8 烟株根际各土壤酶与烟株根际土壤速效氮含量关系

相关因子	转化酶	过氧化氢酶	蛋白酶	碱性磷酸酶	脲酶
铵态氮	0.647**	0.668**	0.622**	0.416**	0.391**
硝态氮	0.520**	0.521**	0.460**	0.430**	0.373**

注：**在置信度（双测）为0.01时，相关性是显著的

3.4.3 讨论与结论

本试验结果显示，在南雄烟区紫色土地（水）田施用有机肥可不同程度提高烤烟大田期烟株根际土壤酶活性，这与刘添毅、武雪萍、刘华山研究结果一致。这可能是有机肥的施入一方面可带来外源酶；另一方面伴随有机肥施入而进入土壤的大量碳源为微生物活动提供了良好的环境，而土壤中微生物数量与土壤酶活性呈正相关，进而提高了土壤酶活性，这也与本试验中生物有机肥处理提高烟株根际土壤酶活性最大的结论相一致；同时，

伴随有机肥施入而进入土壤的大量酶促反应的基质也直接地促进了烟株根际土壤酶活性。

土壤酶参与有机质的分解和腐殖质的形成，是土壤生物活性的综合表现，它催化土壤中的生物化学反应，影响着土壤养分的形成、累积。本试验结果表明，施用有机肥对烟株根际土壤速效氮含量产生不同程度的影响且与土壤酶活性呈极显著相关关系，这可能是有机肥的施入改变了烟株根际土壤有效养分、微生物种类及数量、土壤酶活性，再加尚受烟株根系生理活性而影响微生物的生命活动所产生的酶，进一步改变了烟株根际土壤有效养分含量，而生物有机肥本身带有大量微生物，因此其处理烟株根际土壤速效氮含量变化幅度最大。

本试验结果还表明，施用花生饼肥或生物有机肥可显著提高成熟期烟株根系活力，这对延缓烟株衰老，确保烟叶的田间耐熟性具有积极的实践意义。

3.5　有机肥C/N优化及钾肥运筹对烤烟钾含量及香气品质的影响

烟叶香气量不足是影响中国烟叶产量和质量提高的制约因素之一，烟叶致香物质含量与其香气质量密切相关。烤烟的香气成分是由遗传因素、生态环境和栽培技术共同作用的结果。香气物质成分非常复杂，不同致香物质具有不同的化学结构和性质，对烟叶香气的质、量、型有不同的贡献，有些香气物质含量虽不高，却对烟叶香气质量贡献很大。肥料种类及用量是影响烤烟致香物质含量的重要因素，施肥不合理，不仅影响产量，而且不利于品质的形成。化肥用量逐年增加，造成烟田土壤板结、有机质下降、营养元素比例失调，使烟叶香气不足、烟碱含量过高和化学成为不协调，致使烟叶不能适应卷烟工业的需求，而施肥技术不合理，仍是烟叶香气效果不佳的直接因素。

烟叶品质与土壤肥力和施肥状况密切相关。为改善烟叶油分和香气，彰显风格特色，提高烟叶安全性，施用有机肥日益受到重视和青睐。有机肥施用是种植烤烟以来长期形成的习惯，一定程度上影响着烟叶品质。烤烟追求优质适产，有机肥对改善烟叶质量起到了积极的作用，如增加烟叶感官评吸质量和内在化学成分提高等，但在一些化学成分上却出现负面影响，如烟叶的烟碱含量增加，特别是上部烟叶。加之在烤烟集约化生产过程中，长期大量施用单一有机肥和化肥，导致土壤碳氮比失调，过多地施用有机肥会导致烟叶贪青晚熟，烟碱含量偏高；用量不足则不能达到改良土壤和改善烟叶品质的目的。国内关于有机肥施肥方式及碳氮比调节对不同部位烟叶致香物质含量影响作用机理缺乏相关研究。

烟草是一种奢钾作物，在N、P、K三要素中，对钾累积最高。烟叶含钾量是评价烟叶品质的重要指标之一，钾对烟叶外观和内在品质均有良好影响，含钾量高的烟叶色泽呈深橘黄色，香气足，吃味好，富有韧性，填充性强，阴燃持火力和燃烧性好。我国烟叶平均含钾量为1.81%，大大低于国外优质烟叶4%～6%的含钾量。本研究针对植烟土壤碳氮比失调，有机肥过多施用，钾肥不合理施用导致烟叶产量和质量下降的关键问题，通过两种有机肥（猪粪、花生饼肥）合理搭配，探讨沙泥田土壤有机肥碳氮比调节及钾肥运筹对烟叶不同部位钾离子含量及烟叶品质和中性香气成分含量的影响，阐明有机肥碳氮比调节及钾肥供应在根际土壤钾素供应及烟叶钾吸收对烟叶香气品质的调控技术，以期为华南沙泥田土壤烤烟种植过程中有机肥及钾素管理提供科学依据。

3.5.1 **材料与方法**

3.5.1.1 试验材料

供试烤烟品种为“云烟87”，由广东烟草粤北烟叶生产技术中心（广东省烟草南雄科学研究所）提供。试验于2012年在梅州市蕉岭县广福镇开展，土壤类型为沙泥田，土壤基本理化性质：pH值6.15、有机质16.8g/kg、速效氮130.46mg/kg、速效磷34.79mg/kg、速效钾96.63mg/kg。供试肥料为硝酸铵（N30%）、钙镁磷肥（P_2O_5 12%）、硫酸钾（K_2O 50%）、腐熟花生饼肥［N 4.60%，P_2O_5 1.00%，K_2O 1.00%，w（C）/w（N）=10.65］和腐熟猪厩肥［N 0.50%，P_2O_5 0.20%，K_2O 0.25%，w（C）/w（N）=94.5］。

3.5.1.2 试验设计

试验设9个处理，采用裂区设计，主处理为腐熟花生饼肥和猪厩肥配制不同碳氮比[w（C）/w（N）]的有机肥，设3个C水平，C_1：花生饼肥420.0kg/hm^2，猪厩肥2 250kg/hm^2；C_2：花生饼肥300.0kg/hm^2，猪厩肥3 750kg/hm^2；C_3：花生饼肥180kg/hm^2，猪厩肥5 250kg/hm^2；副处理为3个K（K_2O）水平，$K_{低}$，120.0kg/hm^2；$K_{中}$，240.0kg/hm^2；$K_{高}$，480.0kg/hm^2，每处理重复3次，共27个小区。有机肥全部作基肥施用，无机氮肥施用量为105.0kg/hm^2，采用基肥与追肥施用，基、追肥分别占氮肥用量40%、60%；所有处理的P_2O_5施用量为钙镁磷肥1 512.45kg/hm^2，全部作基肥施入；钾肥作追肥施用；第一次是基施，移栽前条施，覆膜；第二次施肥为提苗肥，移栽后10～15d，用水淋施，氮肥占总用量5%，钾肥占用量10%；第三次施肥为团棵揭膜培土时，移栽后30～40d，结合揭膜培土干施，氮肥占总用量30%，钾肥占用量60%；第四次施肥为旺长期，移栽后40～45d，根据天气情况淋施，氮肥占总用量20%，钾肥占用量20%；第五次施肥为打顶期开片肥，移栽后55～65d，根据天气情况淋施，氮肥占总用量5%，钾肥占总用量10%。每个小区面积30.0m^2，每小区种植1行，植烟30株以上，行距×株距=1.20m×0.60m，要求每处理（行）株数相同，株间整齐一致，试验田设置保护行。根据小区面积（株数）计算施肥量，其他栽培及田间管理措施按照当地习惯进行。

3.5.1.3 取样及测定方法

在烤烟大田生育期内（团棵期，移栽后30d；旺长期，移栽后45d；现蕾期，移栽后60d；成熟期，移栽后90d）分次采用抖落法取根际土壤样，其中一部分新鲜土样装入自封袋中带回实验室，过2mm筛，置于4℃冰箱贮存，供分析微生物数量；另一部分在室温下风干，过1.0mm和0.25mm筛，用于土壤理化性状的测定。同时取烟株，把烟叶、茎、根系分开，烘干，测定干重，在成熟期时按照烟叶收获方法测定。

（1）烟叶钾含量测定。烟叶钾含量用H_2SO_4-H_2O_2法消煮，火焰光度计法测定。

（2）土壤速效钾、缓效钾含量测定。土壤速效钾含量采用1mol/L NH_4OAc-K浸提，火焰光度法测定；土壤缓效钾含量采用1mol/L HNO_3浸提，火焰光度法测定[。

（3）解钾菌数量测定。解钾菌计数采用硅酸盐细菌培养基，采用平板涂布法，每个处理3次重复，同时测定土壤水分，最后将CFU值换算为以每克干土为基准。

（4）总糖、还原糖、淀粉、烟碱、总氮和氯含量。采用连续流动法测定。

（5）烟叶主要致香物质含量测定。测定的主要致香物质包括：①烤烟中质体色素降解产物：6-甲基-5-庚烯-2-酮、*β*-大马酮、香叶基丙酮、氧化异佛尔酮、二氢猕猴桃内酯、巨豆三烯酮-A、巨豆三烯酮-B、巨豆三烯酮-C、巨豆三烯酮-D、3-羟基-*β*-二氢大马酮、法尼基丙酮、新植二稀。②烤烟中棕色化反应产物：糠醛、糠醇、2-乙酰呋喃、5-甲基糠醛、3，4-二甲基-2，5-呋喃二酮、2-乙酰基吡咯。③中苯丙氨酸类降解产物：苯甲醛、苯甲醇、苯乙醛、苯乙醇。

测定步骤及方法：准确称取10.00g干烟样粉末，置于500ml圆底烧瓶中，加入500μl的内标，350ml蒸馏水和100g无水硫酸钠。加热蒸馏，当馏分到170ml时停止加热，加入20ml10%酒石酸溶液混匀，然后用60ml二氯甲烷萃取3次，萃取液经无水硫酸钠干燥后，50℃浓缩至1ml，用气质联用仪（GC/MS）进行分析。

3.5.1.4 数据分析

采用SPSS22.0软件对数据进行单因素显著性检验（SAS Institute Inc.，1989）。用LSD法在P=0.05水平进行多重比较。

3.5.2 结果与分析

3.5.2.1 有机肥C/N优化下钾肥运筹对烤烟生物量的影响

从图3-17a可以看出，相同碳处理下，随施钾量增加烟株总生物量增加（$P<0.05$）；但不同碳处理之间，C_1、C_2处理时植株总生物量无显著性差异，两者显著高于C_3处理；从根系生物量来看，C_2处理显著高于C_1处理，后者处理高于C_3处理；相同碳处理下，随施钾量增加根系生物量增加；从植株茎秆生物量来看，相同碳处理下，随施钾量增加茎秆生物量呈增加趋势，但是相同钾施肥水平下，不同碳处理之间茎秆生物量无显著性差异。

从整株烟叶生物量来看（图3-17a），C_2处理显著高于C_1处理，后者处理高于C_3处理；相同碳处理下，随施钾量增加烟叶生物量增加（图3-17a）；从收获后上部叶（B2F）及中部叶（C3F）生物量来看（图3-17b），在C_1、C_3处理下，随钾施用量增加，上部叶（B2F）生物量增加，但$K_{高}$供应上部叶生物量高于$K_{低}$处理时（图3-17b）；在C_3处理下，供钾水平对上部叶（B2F）及中部叶（C3F）无显著性影响。3种碳处理之间对上部叶（B2F）及中部叶（C3F）生物量影响表现为C_1与C_2处理之间无显著性差异，但两者显著高于C_3处理时。上述结果表明，华南植烟土壤碳氮比调节优化下，供钾水平对烟叶生物量及不同部位烟叶产量影响较大，表现为在中量碳条件下，提高钾肥水平能够提高烟叶产量和质量，而高碳处理对烟叶生产具有一定程度的下降。

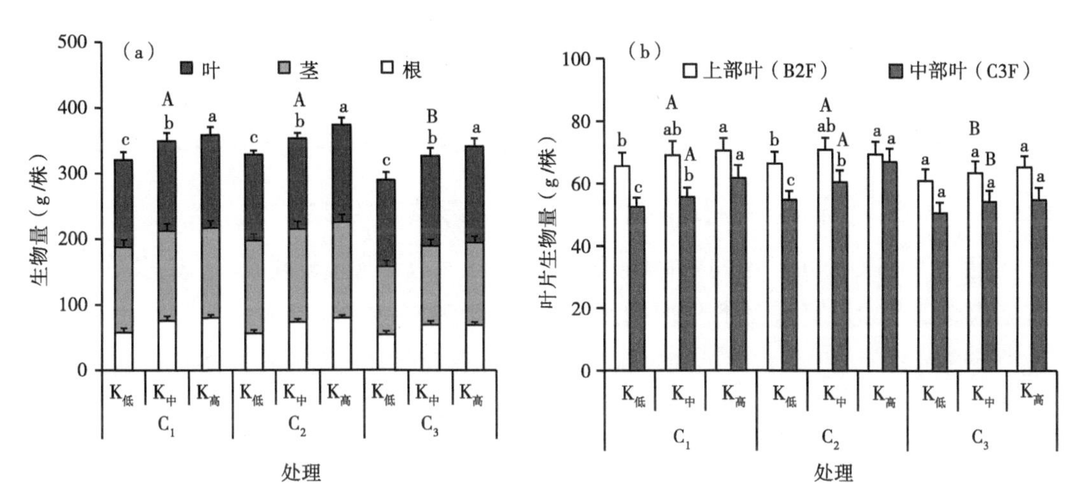

图3-17 有机肥优化下钾肥运筹对烤烟生物量（a）及不同部位烟叶（b）干重的影响

3.5.2.2 有机肥C/N优化下钾肥运筹对烤烟钾离子含量的影响

在相同碳水平下，随生育期其烟叶钾离子含量呈降低趋势（图3-18a）；在相同碳水平下，随钾供应量增加，烟叶钾离子含量呈增加趋势；在相同钾量供应下，C_1、C_2水平处理其烟叶钾离子含量无显著性差异，但在现蕾期、成熟期时，与C_1水平相比，C_2水平处理$K_{中}$、$K_{高}$供应其烟叶钾离子含量显著增加，但前者显著高于C_3水平时（图3-18a）。

从烟叶不同部位钾离子含量来看，碳处理下中部叶、上部叶钾离子含量大小依次为，$C_2>C_3>C_1$处理时（图3-18b）；在C_2处理时，随钾水平增加，中部烟叶钾离子含量增加，但是上部叶钾离子含量在$K_{中}$供应与$K_{高}$供应无显著性差异；在C_3处理时，$K_{低}$供应中部叶及上部叶钾离子含量显著低于$K_{中}$和$K_{高}$供应，但是后两者无显著性差异；在C_1处理时，无论中部叶或上部叶，其钾离子含量随着供钾水平增加而增加。在C_1水平时，中部叶与上部叶钾离子含量无显著性差异（图3-18b）；在C_2水平时，$K_{低}$供应其中部叶钾离子含量显著高于上部叶钾离子含量，在$K_{中}$、$K_{高}$供应时，中部叶与上部叶钾离子含量无显著性差异；在C_3水平时，3个钾水平下，中部叶钾离子含量显著高于上部叶钾离子含量（图3-18b）。

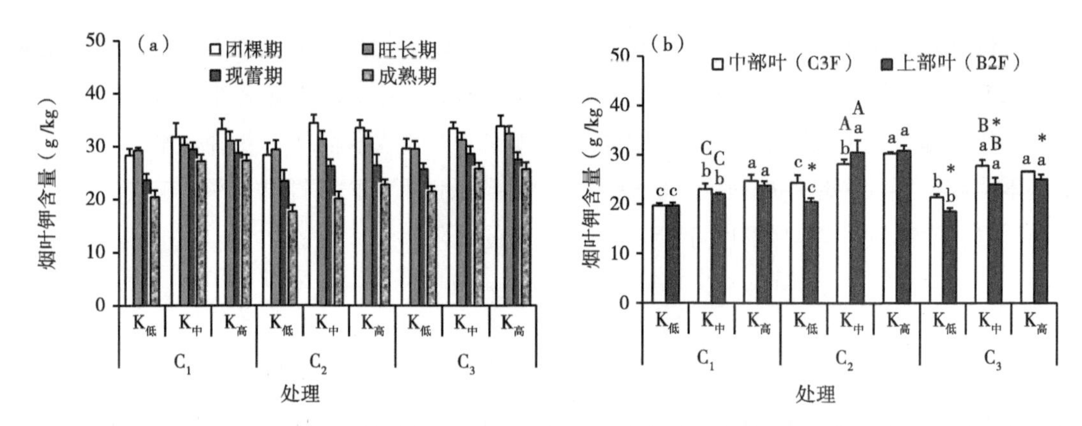

图3-18 有机肥C/N优化及钾肥运筹对烤烟不同生育期内烟叶（a）及烘烤后上中部叶（b）钾含量的影响

3.5.2.3 有机肥C/N优化下钾肥运筹对烤烟土壤钾离子含量的影响

从图3-19a可以看出，不同生育期烤烟根际土壤速效钾含量变化。C_2、C_3水平处理4个生育期内烤烟根际土壤速效钾含量变化趋势一致；但在后3个时期内，C_2水平处理根际土壤速效钾含量显著高于C_3水平处理时。C_1水平时，现蕾期时土壤速效钾含量显著高于其他3个生育期时，而后3个生育期之间无显著性差异，但该处理其现蕾期、成熟期根际土壤速效钾含量显著高于C_2、C_3水平时。在C_1水平时，$K_{中}$与$K_{低}$水平相比，变化趋势一致，但$K_{中}$水平其根际土壤速效钾含量显著高于$K_{低}$水平时，而$K_{高}$水平时，除了团棵期，其他3个生育期内根际土壤速效钾水平显著高于其他两个钾水平处理。

从图3-19b可以看出，不同生育期烤烟根际土壤缓效钾含量变化趋势。在相同碳水平下，随钾水平供应的增加，根际土壤缓效钾含量呈增加趋势；但在相同钾水平运筹下，4个生育期内根际土壤缓效钾含量无显著性差异，但在C_2水平下，$K_{中}$运筹使根际土壤缓效钾含量显著高于C_1水平，后者显著高于C_3水平时。

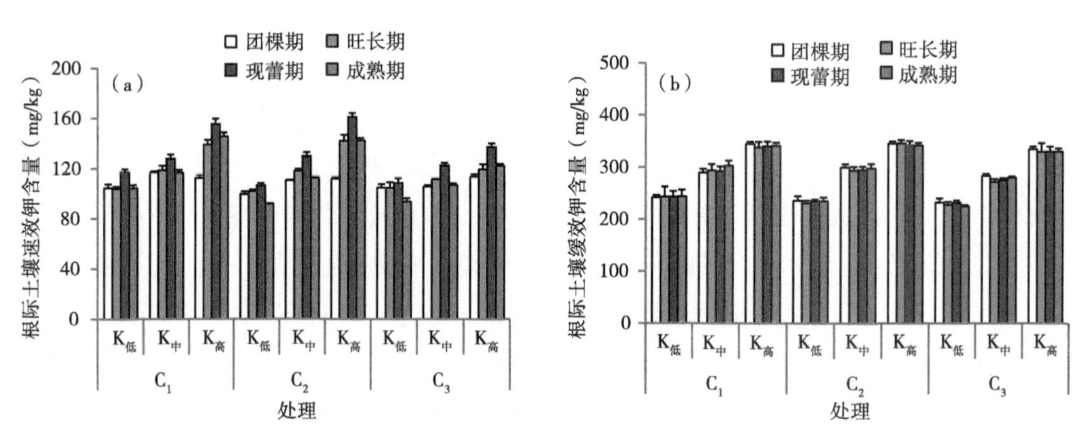

图3-19 有机肥优化下钾肥运筹对烤烟根际土壤钾含量的影响

3.5.2.4　有机肥C/N优化下钾肥运筹对烤烟根际土壤解钾菌的影响

从图3-20可以看出，烤烟根际土壤解磷钾数量的变化。根际土壤解磷钾数量的变化趋势从团棵期到旺长期根际土壤解磷钾数量呈增加趋势，但$K_{低}$水平下根际土壤解磷钾数量显著低于$K_{中}$、$K_{高}$水平时根际土壤解磷钾数量；随生育期延长，C_2水平时$K_{中}$、$K_{高}$处理根际土壤解磷钾数量呈增加趋势，但其他处理时根际土壤解磷钾数量有降低趋势，且C_2水平时$K_{中}$、$K_{高}$处理显著高于其他处理，而在C_3处理时$K_{中}$、$K_{高}$处理与C_1处理$K_{中}$、$K_{高}$处理之间根际土壤解磷钾数量无显著性差异，但显著高于$K_{低}$处理时根际土壤解磷钾数量，而后三者处理根际土壤解磷钾数量无显著性差异。从现蕾期到成熟期，根际土壤解磷钾数量有降低的趋势。但是现蕾期各个处理根际土壤解磷钾数量之间比较发现，其大小趋势与现蕾期一致。

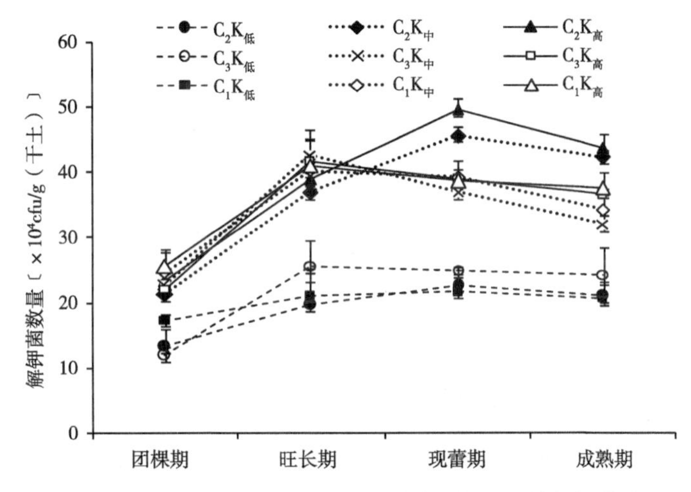

图3-20　有机肥C/N优化下钾肥运筹对烤烟根际土壤解钾菌的影响

3.5.2.5　有机肥C/N优化下钾肥运筹对烤后烟叶常规化学成分含量的影响

烟叶总糖、总氮和烟碱等常规化学成分含量是影响烟叶感官质量和香气风格的重要因素。烟叶中糖和烟碱的比例常被作为烟区强度和柔和评价的基础，二者的平衡是形成均衡烟气的重要因素。糖含量过高，烟碱含量过低，烟气香味平淡、缺乏劲头；若糖含量过低，烟碱含量过高，烟气劲头强烈，刺激性增大。一般认为优质烟中总糖含量一般为18%～22%，还原糖为16%～20%，总氮为1.5%～3.5%，氮碱比为0.8～0.9，糖碱比则为10，烟碱含量在1.5%～3.5%为宜。从表3-9可以看出，有机肥C/N优化下钾肥供应对烤后不同部位烟叶常规化学成分含量的影响。结果表明，各处理土壤烟叶的糖分含量差异显著，C_2处理下$K_{中}$、$K_{高}$施肥对烟叶化学成分最适合上述优质烟叶，其总糖含量范围在24.74%～26.37%，还原糖24.99%～25.62%，总氮1.68%～1.90%，氮碱比0.76～0.84，糖碱比11.11～11.59，烟碱含量2.0%～2.8%，表明有机肥碳氮比优化下，配合施用一定的钾量可以有效地提高烤烟叶片的改善总氮、总烟碱和蛋白质含量，改善糖碱比，氮碱比趋于合理，提高烟叶钾含量，从而改善烟叶品质。表明钾肥供应并配施适量有机肥可提高烟叶生长后期烟叶中钾的含量，改善烟叶的燃烧性。

表3-9　有机肥C/N优化下钾肥运筹对烤后烟叶常规化学成分含量的影响

部位	处理		总糖（%）	还原糖（%）	总烟碱（%）	总氮（%）	氯离子（%）	钾离子（%）	蛋白质（%）	还原糖/碱	（总）氮/碱	还原糖/总糖
C3F	C_1	$K_{低}$	22.36	22.25	2.03	1.82	0.17	1.85	6.62	10.96	0.90	1.00
		$K_{中}$	25.37	26.88	2.17	1.63	0.16	2.51	7.06	12.39	0.75	1.06
		$K_{高}$	25.87	25.51	2.71	1.79	0.15	2.57	6.89	9.41	0.66	0.99
C3F	C_2	$K_{低}$	23.40	21.23	2.00	1.77	0.14	2.05	6.53	10.62	0.89	0.91
		$K_{中}$	25.39	22.75	2.11	1.67	0.13	2.56	6.64	10.78	0.79	0.90
		$K_{高}$	25.27	25.73	2.18	1.72	0.12	2.89	6.69	11.80	0.79	1.02
	C_3	$K_{低}$	23.23	22.36	2.01	1.66	0.12	1.67	6.60	11.12	0.83	0.96
		$K_{中}$	24.74	24.99	2.25	1.90	0.12	2.21	7.04	11.11	0.84	1.01
		$K_{高}$	26.37	25.62	2.21	1.68	0.19	2.38	7.18	11.59	0.76	0.97
B2F	C_1	$K_{低}$	23.90	22.40	2.52	1.62	0.15	2.15	6.70	8.89	0.64	0.94
		$K_{中}$	22.30	22.00	2.76	1.81	0.15	2.78	6.63	7.97	0.66	0.99
		$K_{高}$	22.40	21.70	2.71	1.85	0.16	2.87	6.76	8.01	0.68	0.97
	C_2	$K_{低}$	23.90	22.03	2.34	1.91	0.17	2.44	6.62	9.41	0.82	0.92
		$K_{中}$	22.14	22.06	2.14	1.77	0.14	2.92	6.65	10.31	0.83	1.00
		$K_{高}$	24.90	22.09	2.20	1.86	0.17	3.03	6.68	10.04	0.85	0.89
	C_3	$K_{低}$	25.40	23.12	2.27	1.88	0.16	1.86	6.71	10.19	0.83	0.91
		$K_{中}$	24.90	23.15	2.35	1.84	0.15	2.31	6.74	9.85	0.78	0.93
		$K_{高}$	24.40	23.80	2.31	1.83	0.16	2.48	6.77	10.30	0.79	0.98

3.5.2.6　有机肥C/N优化下钾肥运筹对烤后烟叶中性香气成分含量的影响

致香物质是评价烟叶质量的一个重要指标，根据提取方法的不同，可将致香物质分为酸性致香物质、中性致香物质和碱性致香物质3类。其中，中性致香物质（不包括新植二烯）占烟叶致香物质总量的87%左右，酸性致香物质占12%，碱性致香物质只占11%，因此，中性致香物质处于主导地位。

本研究结果表明，所有处理中上中部烟叶能够检测出的28种中性致香成分，有类胡萝卜素类15种、类西柏烷类3种、苯丙氨酸类5种、棕色化产物类5种。低、中、高碳处理下，烟叶中性致香物质的种类基本相同，但低钾处理时中性致香物质总含量低于中钾、高钾处理时（除新植二烯外），且部位间有明显的差异（表3-10、表3-11）。研究表明，有机肥可以提高烟叶中中性致香成分总量。在所测定的28种主要中性致香物质中，上部叶中性致香物质略低于中部叶外，中性致香物质总量在3个钾水平处理相比，$K_{中}$、$K_{高}$水平处理时有不同程度提高，同时C_2处理时烟叶上部叶中性致香物质提高幅度最大，这可能是由于C_2有机肥（碳氮比）处理时有机肥在分解过程中，除释放养分外，根际土壤微生物活性还产生多种活性物质，既能促进烟株体内代谢，又有利于致香物质的积累。由此可见，中碳（碳氮比）处理下，提高施钾水平对提高烟叶中性致香物质含量效果最好，特别是对于上部叶烟叶中性致香物质含量提高最佳。

表3-10　有机肥C/N优化下钾肥运筹对烤后中部烟叶（C3F）中性香气成分含量的影响（μg/g）

中性香气成分	C_1			C_2			C_3		
	$K_{低}$	$K_{中}$	$K_{高}$	$K_{低}$	$K_{中}$	$K_{高}$	$K_{低}$	$K_{中}$	$K_{高}$
糠醛	15.10	15.40	15.20	14.60	15.60	15.70	14.30	15.00	14.90
糠醇	2.68	2.70	2.77	2.27	2.67	2.88	2.57	2.68	2.63
2-乙酰呋喃	2.14	2.00	2.00	1.62	2.31	2.21	2.11	2.22	2.17
5-甲基糠醛	2.33	2.34	2.33	2.11	2.35	2.36	2.38	2.34	2.39
苯甲醛	2.30	2.32	2.32	2.23	2.21	2.54	2.26	2.29	2.29
6-甲基-5-庚烯-2-酮	1.86	1.84	1.82	1.55	1.67	1.89	1.96	2.02	1.98
苯甲醇	4.69	4.62	4.75	4.37	4.58	4.68	4.76	4.86	4.86
3，4-二甲基-2，-5-呋喃二酮	0.67	0.77	0.79	0.57	0.85	0.79	0.54	0.66	0.61
苯乙醛	3.53	3.38	3.43	3.56	3.85	3.99	3.14	3.34	3.28
2-乙酰基吡咯	1.77	1.79	1.71	1.55	1.78	1.77	1.78	1.89	1.85
芳樟醇	2.87	2.95	2.93	2.54	2.66	2.79	3.03	3.11	3.09
苯乙醇	2.65	2.76	2.67	2.53	2.54	2.56	2.63	2.79	2.74
氧化异佛尔酮	0.39	0.39	0.42	0.52	0.42	0.33	0.31	0.39	0.37
吲哚	1.60	1.57	1.59	1.51	1.30	2.10	1.53	1.59	1.59
4-乙烯基-2-甲氧基苯酚	6.53	6.99	6.64	6.50	6.18	6.87	5.43	6.65	6.55
茄酮	100.00	102.30	100.60	99.50	104.10	100.60	99.40	97.30	105.00
β-大马酮	27.70	33.90	36.80	27.50	35.90	34.40	27.40	31.30	35.70
香叶基丙酮	2.68	2.59	2.63	2.47	2.82	2.18	2.87	2.87	2.87
脱氢-*β*-紫罗兰酮	0.14	0.13	0.13	0.11	0.17	0.15	0.14	0.14	0.14
二氢猕猴桃内酯	3.43	3.39	3.38	3.45	3.58	3.72	3.26	3.29	3.29
巨豆三烯酮1	1.46	1.84	1.73	1.44	1.46	1.49	1.48	1.46	1.47
巨豆三烯酮2	8.69	8.91	8.29	8.43	9.34	9.26	8.35	8.39	8.39
巨豆三烯酮3	2.94	2.94	2.88	2.42	2.22	3.03	3.13	3.45	3.39

（续表）

中性香气成分	C1			C2			C3		
	$K_{低}$	$K_{中}$	$K_{高}$	$K_{低}$	$K_{中}$	$K_{高}$	$K_{低}$	$K_{中}$	$K_{高}$
三羟基-β-二氢大马酮	1.20	1.86	1.60	1.41	1.10	1.20	1.14	1.21	1.17
巨豆三烯酮4	12.11	12.09	12.65	12.40	12.98	12.43	11.57	11.66	11.63
螺岩兰草酮	0.10	0.24	0.25	0.09	0.06	0.06	0.12	0.18	0.14
法尼基丙酮	10.90	11.20	12.00	11.40	11.70	11.90	10.20	10.20	10.20
新植二烯	1 450	1 411	1 326	1 468	1 462	1 499	1 421	1 428	1 426
合计（除新植二烯外）	222.5	233.2	234.2	218.6	236.5	233.9	217.7	223.2	234.6

表3-11　有机肥C/N优化下钾肥运筹对烤后上部烟叶（B2F）中性香气成分含量的影响（μg/g）

中性香气成分	C1			C2			C3		
	$K_{低}$	$K_{中}$	$K_{高}$	$K_{低}$	$K_{中}$	$K_{高}$	$K_{低}$	$K_{中}$	$K_{高}$
糠醛	11.24	12.36	12.49	11.32	12.96	13.57	10.89	10.99	11.11
糠醇	2.39	2.82	3.04	2.24	2.49	2.45	2.13	2.44	2.37
2-乙酰呋喃	1.67	2.01	2.36	1.58	1.99	2.27	1.63	1.98	2.32
5-甲基糠醛	2.13	2.26	2.24	2.11	2.18	2.18	2.12	2.21	2.29
苯甲醛	2.13	2.28	2.34	2.13	2.21	2.12	2.21	2.29	2.29
6-甲基-5-庚烯-2-酮	1.48	1.81	1.84	1.52	1.55	1.61	1.45	1.69	1.74
苯甲醇	4.13	4.48	4.43	4.19	4.46	4.49	4.18	4.33	4.38
3，4-二甲基-2，-5-呋喃二酮	0.41	0.97	0.92	0.57	0.68	0.68	0.55	0.58	0.66
苯乙醛	3.23	3.29	3.35	3.56	3.55	3.48	3.25	3.41	3.47
2-乙酰基吡咯	1.41	1.52	1.63	1.55	1.56	1.57	1.48	1.54	1.46
芳樟醇	2.37	2.58	2.58	2.54	2.57	2.55	2.36	2.59	2.57
苯乙醇	2.48	2.69	2.67	2.53	2.57	2.54	2.43	2.79	2.79
氧化异佛尔酮	0.50	0.52	0.52	0.52	0.52	0.52	0.47	0.52	0.52
吲哚	1.46	1.64	1.59	1.31	1.52	1.53	1.51	1.68	1.59
4-乙烯基-2-甲氧基苯酚	6.18	6.51	6.54	6.12	6.40	6.18	6.19	6.52	6.35
茄酮	89.79	96.14	92.49	80.36	90.71	93.06	80.74	97.09	93.44
β-大马酮	30.91	34.63	38.36	27.23	34.95	34.68	29.70	33.46	37.18
香叶基丙酮	1.64	2.33	2.01	1.37	2.56	2.74	1.19	2.27	2.96
脱氢-β-紫罗兰酮	0.14	0.13	0.13	0.14	0.14	0.14	0.14	0.14	0.14
二氢猕猴桃内酯	3.43	3.39	3.38	2.13	3.20	3.27	3.26	3.29	3.29

（续表）

中性香气成分	C_1			C_2			C_3		
	$K_{低}$	$K_{中}$	$K_{高}$	$K_{低}$	$K_{中}$	$K_{高}$	$K_{低}$	$K_{中}$	$K_{高}$
巨豆三烯酮1	1.48	1.61	1.45	1.67	1.71	1.74	1.57	1.61	1.74
巨豆三烯酮2	8.63	8.82	9.01	8.49	8.68	8.87	8.06	9.15	9.24
巨豆三烯酮3	2.16	2.16	2.16	2.17	2.11	2.17	2.16	2.16	2.16
三羟基-*β*-二氢大马酮	1.32	1.46	1.46	1.31	1.32	1.41	1.14	1.31	1.46
巨豆三烯酮4	12.45	12.13	13.8	11.21	12.39	12.57	13.24	13.19	13.27
螺岩兰草酮	0.17	0.20	0.15	0.09	0.08	0.06	0.08	0.08	0.17
法尼基丙酮	9.68	11.85	11.89	9.43	11.59	11.74	9.23	11.38	11.54
新植二烯	1 451	1 411	1 326	1 468	1 499	1 462	1 421	14 28	1 426
合计（除新植二烯外）	205.0	222.6	224.8	189.4	216.7	220.2	193.4	220.7	222.5

3.5.3　讨论

烟草香味物质的形成是一种生理生化过程，这一过程受内部遗传基因、外部环境条件、栽培措施和调制、陈化等过程的综合影响，不同生态环境、品种和栽培措施均会影响烟叶致香物质的种类、含量和最终香气物质的协调性。烤烟追求优质适产，有机肥对改善烟叶质量起到了积极的作用，施用有机肥改善烤烟土壤理化性状，增加土壤微生物活性，增强烟草生理代谢能力，改善烟叶化学成分之间的协调性，提高烟叶的香气质量。有机肥中有益菌类能提高土壤多种酶活性，促进土壤有机物质的转化、合成过程，有利于烟株的生长发育。有机肥能协调烟叶中氮、磷、钾营养的分配比例，提高上部烟叶钾的含量，有利于提高烟叶品质。本研究表明，猪粪碳氮比较大，但与碳氮比低的饼肥混合施用，有机肥中碳水化合物施入土壤中能迅速分解，促进烤烟根系的生长和代谢，使烟株生长健壮，提高烟叶干物质积累；且易于对后期根际土壤解钾菌调控，进而促进烤烟对钾离子的吸收，并对烟叶成熟落黄有较好的作用，有利于糖类、芳香物质的积累。

化肥和有机肥的配施能更合理地满足烟株生长的需求，在猪粪与花生饼肥配比施用，对烟叶的生长发育效果较好，外观质量得到改善，烟叶商品等级提高，上等烟比例提高。本研究表明，有机肥碳氮比调节下，供钾水平对烟叶生物量及不同部位烟叶产量影响较大，表现为中碳水平，增加钾量提高烟叶产量，而高碳降低烟叶产量；相同碳水平处理烟叶钾含量随钾供应呈增加趋势；不同部位烟叶钾含量为$C_2>C_3>C_1$处理；由此可见，增施中等量有机肥可以提高烟叶产量、上等烟比例。李祖莹等研究表明，施用有机肥可以有效地提高烤烟叶片的总氮、总烟碱和蛋白质含量，使糖碱比下降，氮碱比趋于合理，从而改善烟叶品质。配施适量有机肥可提高烟叶生长后期的饱和脂肪酸、类胡萝卜素、乙醚提取物含量，降低不饱和脂肪酸的含量，并能提高烟叶中钾的含量，改善烟叶的燃烧性。本研究表明，在C_2水平时，$K_{中}$、$K_{高}$处理烟叶化学成分符合优质烟叶，总糖含量在24.74%~26.37%，还原糖24.99%~25.62%，总氮1.68%~1.90%，氮碱比0.76~0.84，糖碱比11.11~11.59，烟碱含量2.0%~2.8%，表明有机肥碳氮比优化下，中、高钾可以有效调控烟叶总氮、总烟碱和蛋白质含量，改善糖碱比，氮碱比趋于合理，提高烟叶钾含量，从而改善烟叶品质。

据中国农业科学院烟草研究所证实，烟草吸收钾素比其他任何元素都高，一般是氮素的1.4倍，磷素的3.5倍。充足的钾素供应是获得优质适产烟叶的重要条件，钾素在烟草体内以游离状态存在，是烟草体内60多种酶的活化剂，可增加糖类和各种色素类物质合成能力，促进芳香物质的合成和积累，有效改善烟叶的香气质和提高香气量，提升烟叶的安全。研究表明，烤烟钾含量与烟叶的中性香气物质、非挥发性有机酸和挥发性有机酸呈显著正相关关系，施用钾肥可提高烟叶钾含量，进而提高烟叶的香气量、改善香气质。本研究表明，从中性致香成分及总量来看，所有处理均测定出28种主要中性致香物质，其上部叶中性致香物质总量略低于中部叶，而随钾肥施用量的增加中性致香物质总量一定程度的增加；花生饼肥300.0kg/hm^{2}与猪厩肥3 750kg/hm^{2}混合施用（C_2处理）时$K_{中}$、$K_{高}$施用显著提高其中性致香物质总量，上部叶中中性致香物质提高幅度最大，这可能是由于中碳有机肥（碳氮比）处理时有机肥在分解过程中，除释放养分外，根际土壤微生物活性还产生多种活性物质，既能促进烟株体内代谢，又有利于致香物质的积累。由此可见，C_2（碳氮比）处理下，提高施钾量对提高烟叶中性致香物质含量效果最好，特别对上部叶烟叶中性致香物质含量提高最佳。

3.5.4 结论

植烟土壤有机肥碳氮比调节下，供钾水平对烟叶生物量及不同部位烟叶产量影响较大，表现为C_2水平，增加钾量提高烟叶产量，而C_3降低烟叶产量；相同碳水平处理烟叶钾含量随钾供应呈增加趋势；不同部位烟叶钾含量为$C_2>C_3>C_1$处理；土壤解钾菌在团棵期至旺长期呈增加趋势，现蕾期到成熟期呈降低趋势；C_2水平，$K_{中}$、$K_{高}$处理解钾菌随生育期呈增加趋势，且显著高于其他处理；C_2水平，$K_{中}$、$K_{高}$处理烟叶化学成分符合优质烟叶，总糖含量在24.74%~26.37%，还原糖24.99%~25.62%，总氮1.68%~1.90%，氮碱比0.76~0.84，糖碱比11.11~11.59，烟碱含量2.0%~2.8%，表明有机肥碳氮比优化下，$K_{中}$、$K_{高}$可以有效调控烟叶总氮、总烟碱和蛋白质含量，改善糖碱比，氮碱比趋于合理，提高烟叶钾含量，从而改善烟叶品质；在$K_{中}$（240.0kg/hm^2）、$K_{高}$（480.0kg/hm^2）（K_2O）处理一定程度上提高了烟叶致香物质含量，花生饼肥300.0kg/hm^{2}与猪厩肥3 750kg/hm^2（C_2处理）混合施用使上部叶中致香物质提高幅度最大。由此可见，通过花生饼肥300.0kg/hm^{2}与猪厩肥3 750kg/hm^2（中碳C_2处理）的碳氮比优化下，施钾量增加对提高烟叶中性致香物质效果最佳，特别对上部叶。

3.6 有机肥优化下提高沙泥田烤烟香气品质的钾、镁、硼供应技术研究

烤烟是典型的叶用型经济作物，对镁、硼的需要量较高，土壤供应不足，会影响烤烟的生长发育。镁是烤烟生长的必需营养元素，国内外学者把镁列为仅次于氮、磷、钾之后的第四大必需营养元素。在烤烟的生理生化反应中，镁在光合作用和生理代谢过程中起着重要作用，如参与光合作用、糖酵解、三羧酸循环、呼吸作用、硫酸盐还原等过程的酶都需要Mg^{2+}来激活，镁还参与ATP酶的激活。镁与烟草生长发育状况密切相关。研究表明，单株镁累积量与根系活力和单株根系总活力之间均呈正相关关系。适量镁供应能促进烟株根系发育，有效提高烟株对矿质营养的吸收利用，有利于烟株生长发育。Mg、B是烤烟生长必需元素，Mg、B不足或过剩会引起烤烟生理机能失调，生长发育不良，抗病性降低。

镁是合成烟株叶片中叶绿素的组成成分之一，在植株光合、呼吸作用中，离子态的镁（Mg^{2+}）对各种磷酸变位酶和磷酸激酶起到活化作用，此外，还能促进DNA和RNA的合成。镁主要存在于幼嫩器官和组织中，当烟株缺镁时，叶绿素无法生成，缺镁症状易从底、脚叶中显现，叶脉仍绿而叶脉间失绿变黄、变白，严重时形成褐色斑点并坏死。施用镁肥能有效促进烟株生长发育，改善农艺性状，利于根系生长，增加株高和茎粗。不仅如此，施镁对烟株生理特性也有明显改善作用，能有效提高生育期内烟叶中的叶绿素含量、根系活力，增进烟株代谢，增强光合强度和蒸腾强度，最终提高烟叶的产量和品质。增施适量镁肥能改善烟叶外观质量，提高上等烟叶比例，降低烟碱和总氮水平，提高烟叶中的总糖含量、糖碱比、施木克值和（Ca+Mg）值，提升烟草的燃烧品质，提高生产效益。此外，施镁能促进烤烟干物质的积累和烟株对钙、氯、硼、铜、锌等中微量元素的吸收，但对钾的吸收则具有一定的抑制作用。李永忠等的盆栽试验表明，供镁能促进烟株对硝态氮的吸收和积累，极显著提高烟叶中的镁含量，显著降低钾、钙含量。雷永和等在玉溪烟区的研究表明，烟叶含钾量与土壤交换性镁呈极显著负相关。

硼是烟叶灰分中的微量元素之一，硼也是烟草必需的微量元素，对烤烟的生理功能起着非常重要的调节作用。硼在烟株体内参与多种生理生化过程，如蛋白质代谢、生物碱的合成、同化产物的运输以及钙钾等营养物质之间的相互作用，并由此对烟叶的产量和品质产生影响。硼以BO_3^-形态进入烟株体内，参与尿嘧啶和叶绿素的合成，影响碳水化合物运输和蛋白质代谢运输。硼素营养不足或过剩都会引起烟草生理机能失调，生长发育不良，抗病性降低。

近年来，镁、硼元素的施用在烤烟生产上受到了高度重视，镁、硼元素对烟株生长发育、产量和质量的影响，已成为当前烤烟平衡施肥技术试验的一项重要内容。改善烤烟营养状况，为烤烟生长提供全面、均衡的营养是提高烤烟品质和可用性的重要措施，并已成为烤烟生产者的共识。烟叶中B、Mg等中、微量矿质元素对评吸总分、香气质、香气量及杂气起着重要作用。在烤烟生产中科学有效地使用中微肥应成为当前均衡烤烟营养、提高烤烟品质的重要措施之一。

2012—2013年对大埔和蕉岭植烟土壤养分普查，结果表明，微量元素中硼普遍比较缺乏，而中量元素中镁有大部分的缺乏。根据梅州烟区植烟土壤镁、硼含量相对缺乏的实际情况，在前期有机肥优化技术研究的基础上，进一步探讨烤烟钾肥与镁、硼供应的技术，研究其对改善烟叶香气质量的作用，明确梅州烟区不同供钾肥基肥与镁、硼肥施用的技术。本试验选择有代表性的缺肥田块进行相应的硼、镁用量试验，以期探索以上营养元素对烤烟生长和产质量形成的作用效果及适宜用量范围，为指导当地烤烟生产提供科学依据。

3.6.1 材料与方法

3.6.1.1 试验材料

供试烤烟品种为“云烟87”。试验在梅州市蕉岭县开展，安排在梅州市蕉岭县广福镇林辉梅种植专业户，试验田土壤类型为沙泥田，地块平整，土壤质地疏松，交通便利，排灌方便，前茬作物为水稻。在试验田未起垄前，采用5点取样法取20cm耕层土壤，用4分法采集混合土样0.5kg测定其土壤基本农化性状：土壤pH值6.15、有机质1.68g/kg、速效氮130.46mg/kg、速效磷34.79mg/kg、速效钾96.63mg/kg。

供试肥料为硝酸磷铵（N 30%、P_2O_5 6.00%）、过磷酸钙（P_2O_5 12%）、硫酸钾（K_2O 50%）、花生饼肥（N 4.60%，P_2O_5 1.00%，K_2O 1.00%）、猪粪（N 0.50%，P_2O_5 0.20%，K_2O 0.25%）。

3.6.1.2 试验设计

试验设8个处理，3个重复，随机区组设计。详细见表3-12。

表3-12　各处理氮、磷、钾及中微量元素施用量

<table>
<tr><th rowspan="3">处理</th><th rowspan="3">无机氮（kg/亩）</th><th colspan="6">有机氮</th><th rowspan="3">P_2O_5（kg/亩）</th><th rowspan="3">K_2O（kg/亩）</th><th rowspan="3">硫酸钾（kg/亩）</th><th colspan="2">中微量肥料（kg/亩）</th></tr>
<tr><th colspan="3">花生饼肥</th><th colspan="3">猪粪</th><th rowspan="2">镁</th><th rowspan="2">硼</th></tr>
<tr><th>纯氮（kg/亩）</th><th>含氮量（%）</th><th>花生饼（kg/亩）</th><th>纯氮（kg/亩）</th><th>含氮量（%）</th><th>猪粪（kg/亩）</th></tr>
<tr><td>T_1</td><td rowspan="8">8.70</td><td rowspan="8">0.92</td><td rowspan="8">4.60</td><td rowspan="8">20.00</td><td rowspan="8">1.25</td><td rowspan="8">0.50</td><td rowspan="8">250.00</td><td rowspan="8">12.10</td><td rowspan="4">16</td><td rowspan="4">32</td><td>0</td><td>0</td></tr>
<tr><td>T_2</td><td>0</td><td>0.1</td></tr>
<tr><td>T_3</td><td>2</td><td>0</td></tr>
<tr><td>T_4</td><td>2</td><td>0.1</td></tr>
<tr><td>T_5</td><td rowspan="4">24</td><td rowspan="4">48</td><td>0</td><td>0</td></tr>
<tr><td>T_6</td><td>0</td><td>0.1</td></tr>
<tr><td>T_7</td><td>2</td><td>0</td></tr>
<tr><td>T_8</td><td>2</td><td>0.1</td></tr>
</table>

试验田间小区排布示意图见图3-21。

<table>
<tr><td colspan="26">保护行</td></tr>
<tr><td>保护行</td><td>1</td><td>2</td><td>3</td><td>4</td><td>5</td><td>6</td><td>7</td><td>8</td><td>2</td><td>4</td><td>6</td><td>8</td><td>7</td><td>5</td><td>3</td><td>1</td><td>7</td><td>8</td><td>1</td><td>3</td><td>5</td><td>6</td><td>2</td><td>4</td><td>保护行</td></tr>
<tr><td colspan="26">保护行</td></tr>
<tr><td></td><td colspan="8">区组 I</td><td colspan="8">区组 II</td><td colspan="8">区组 III</td><td></td></tr>
</table>

图3-21 试验田间小区排布

3.6.1.3 施肥方法

详细试验施肥方法见表3-13至表3-17。根据小区面积（株数）自行计算施肥量。氮肥分基肥和追肥施用，硝酸铵分基肥40.00%（11.60kg/亩）、提苗肥5.00%（1.45kg/亩）、团棵期30.00%（8.70kg/亩）、旺长期20.00%（5.80kg/亩）、现蕾期5.00%（1.45kg/亩）；磷肥全部基肥施用；钾肥追肥施用，分提苗肥、团棵期、旺长期、现蕾期施用；其中32.00kg/亩K_2SO_4水平施用分10.00%（3.2kg/亩）、40.00%（12.80kg/亩）、20%（6.40kg/亩）、20%（6.40kg/亩）；48.00kg/亩K_2SO_4水平施用分10.00%（4.80kg/亩）、30.00%（14.40kg/亩）、30.00%（14.40kg/亩）、30.00%（14.40kg/亩）；中、微量元素镁、硼肥基肥一次施用。其他注意事项：每小区种植1行，植烟30株以上，要求每处理（行）株数相同，株间整齐一致。行距×株距=1.30m×55m。其他栽培及田间管理措施按照当地习惯进行。对试验田起垄、移栽、施肥、揭膜、培土、打药、灌溉、采收等农事操作予以详细记载。

表3-13 各处理第一次施肥量

<table>
<tr><td rowspan="2">处理</td><td colspan="2">有机肥（kg/亩）</td><td rowspan="2">硝酸磷铵（kg/亩）</td><td rowspan="2">过磷酸钙（kg/亩）</td><td rowspan="2">硫酸钾（kg/亩）</td><td>硫酸镁（kg/亩）</td><td>硼肥（kg/亩）</td></tr>
<tr><td>花生饼</td><td>猪粪</td><td>（按照含纯镁20%）</td><td>（按照含纯硼12%）</td></tr>
<tr><td colspan="8">第一次（基施，移栽前条施，覆膜））实物计算</td></tr>
<tr><td>1</td><td rowspan="4">20.00</td><td rowspan="4">250.00</td><td rowspan="4">11.60（40%）（每株烟11.68g）</td><td rowspan="4">86.33（100%）（每株烟86.94g）</td><td>0.00（0%）（每株烟0g）</td><td>0.00（100%）（每株烟0g）</td><td>每株烟0g</td></tr>
<tr><td>2</td><td>0.00（0%）（每株烟0g）</td><td>0.00（100%）（每株烟0g）</td><td>每株烟0.85g</td></tr>
<tr><td>3</td><td>0.00（0%）（每株烟0g）</td><td>10.00（100%）（每株烟10.07g）</td><td>每株烟0g</td></tr>
<tr><td>4</td><td>0.00（0%）（每株烟0g）</td><td>10.00（100%）（每株烟10.07g）</td><td>每株烟0.85g</td></tr>
</table>

（续表）

处理	有机肥（kg/亩）		硝酸磷铵（kg/亩）	过磷酸钙（kg/亩）	硫酸钾（kg/亩）	硫酸镁（kg/亩）	硼肥（kg/亩）
	花生饼	猪粪				（按照含纯镁20%）	（按照含纯硼12%）
第一次（基施，移栽前条施，覆膜））实物计算							
5	20.00	250.00	11.60（40%）（每株烟11.68g）	86.33（100%）（每株烟86.94g）	0.00（0%）（每株烟0g）	0.00（100%）（每株烟0g）	每株烟0g
6					0.00（0%）（每株烟0g）	0.00（100%）（每株烟0g）	每株烟0.85g
7					0.00（0%）（每株烟0g）	10.00（100%）（每株烟10.07g）	每株烟0g
8					0.00（0%）（每株烟0g）	10.00（100%）（每株烟10.07g）	每株烟0.85g

表3-14　各处理第二次施肥量

处理	有机肥（kg/亩）		硝酸磷铵（kg/亩）	过磷酸钙（kg/亩）	硫酸钾（kg/亩）	硫酸镁（kg/亩）	硼肥（kg/亩）
	花生饼	猪粪				（按照含纯镁20%）	（按照含纯硼12%）
第二次（提苗肥，移栽后10～15d，用水淋施）							
1	0.00（0%）	0.00（0%）	1.45（5%）（每株烟1.46g）	0.00（0%）	3.20（10%）（每株烟3.22g）	0.00（0%）	0.00（0%）
2					3.20（10%）（每株烟3.22g）		
3					3.20（10%）（每株烟3.22g）		
4					3.20（10%）（每株烟3.22g）		
5					4.80（10%）（每株烟4.83g）		
6					4.80（10%）（每株烟4.83g）		
7					4.80（10%）（每株烟4.83g）		
8					4.80（10%）（每株烟4.83g）		

表3-15 各处理第三次施肥量

<table>
<tr><th rowspan="2">处理</th><th colspan="2">有机肥（kg/亩）</th><th rowspan="2">硝酸磷铵（kg/亩）</th><th rowspan="2">过磷酸钙（kg/亩）</th><th rowspan="2">硫酸钾（kg/亩）</th><th>硫酸镁（kg/亩）</th><th>硼肥（kg/亩）</th></tr>
<tr><th>花生饼</th><th>猪粪</th><th>（按照含纯镁20%）</th><th>（按照含纯硼12%）</th></tr>
<tr><td colspan="8">第三次（团棵揭膜培土时，移栽后30～40d，结合揭膜培土干施）</td></tr>
<tr><td>1</td><td rowspan="8">0.00（0%）</td><td rowspan="8">0.00（0%）</td><td rowspan="8">8.70（30%）（每株烟8.76g）</td><td rowspan="8">0.00（0%）</td><td>12.80（40%）（每株烟12.89g）</td><td rowspan="8">0.00（0%）</td><td rowspan="8">在处理2、4、6、8用100g硼砂配成0.2%溶液，按相应的处理分别喷施叶片1次，每亩喷液量为50L</td></tr>
<tr><td>2</td><td>12.80（40%）（每株烟12.89g）</td></tr>
<tr><td>3</td><td>12.80（40%）（每株烟12.89g）</td></tr>
<tr><td>4</td><td>12.80（40%）（每株烟12.89g）</td></tr>
<tr><td>5</td><td>14.40（40%）（每株烟14.50g）</td></tr>
<tr><td>6</td><td>14.40（40%）（每株烟14.50g）</td></tr>
<tr><td>7</td><td>14.40（40%）（每株烟14.50g）</td></tr>
<tr><td>8</td><td>14.40（40%）（每株烟14.50g）</td></tr>
</table>

表3-16 各处理第四次施肥量

<table>
<tr><th rowspan="2">处理</th><th colspan="2">有机肥（kg/亩）</th><th rowspan="2">硝酸磷铵（kg/亩）</th><th rowspan="2">过磷酸钙（kg/亩）</th><th rowspan="2">硫酸钾（kg/亩）</th><th>硫酸镁（kg/亩）</th><th>硼肥（kg/亩）</th></tr>
<tr><th>花生饼</th><th>猪粪</th><th>（按照含纯镁20%）</th><th>（按照含纯硼12%）</th></tr>
<tr><td colspan="8">第四次（旺长期，移栽后40～45d，根据天气情况淋施）</td></tr>
<tr><td>1</td><td rowspan="5">0.00（0%）</td><td rowspan="5">0.00（0%）</td><td rowspan="5">5.80（20%）（每株烟5.84g）</td><td rowspan="5">0.00（0%）</td><td>6.40（20%）（每株烟6.45g）</td><td rowspan="5">0.00（0%）</td><td rowspan="5">0.00（0%）</td></tr>
<tr><td>2</td><td>6.40（20%）（每株烟6.45g）</td></tr>
<tr><td>3</td><td>6.40（20%）（每株烟6.45g）</td></tr>
<tr><td>4</td><td>6.40（20%）（每株烟6.45g）</td></tr>
<tr><td>5</td><td>14.40（30%）（每株烟14.50g）</td></tr>
</table>

（续表）

处理	有机肥（kg/亩）		硝酸磷铵（kg/亩）	过磷酸钙（kg/亩）	硫酸钾（kg/亩）	硫酸镁（kg/亩）	硼肥（kg/亩）
	花生饼	猪粪				（按照含纯镁20%）	（按照含纯硼12%）
第四次（旺长期，移栽后40～45d，根据天气情况淋施）							
6	0.00（0%）	0.00（0%）	5.80（20%）（每株烟5.84g）	0.00（0%）	14.40（30%）（每株烟14.50g）	0.00（0%）	0.00（0%）
7					14.40（30%）（每株烟14.50g）		
8					14.40（30%）（每株烟14.50g）		

表3-17　各处理第五次施肥量

处理	有机肥（kg/亩）		硝酸磷铵（kg/亩）	过磷酸钙（kg/亩）	硫酸钾（kg/亩）	硫酸镁（kg/亩）	硼肥（kg/亩）
	花生饼	猪粪				（按照含纯镁20%）	（按照含纯硼12%）
第五次（打顶期开片肥，移栽后55～65d，根据天气情况淋施）							
1	0.00	0.00	1.45（5%）（每株烟1.46g）	0.00（0%）	6.40（20%）（每株烟6.45g）	0.00（0%）	0.00（0%）
2					6.40（20%）（每株烟6.45g）		
3					6.40（20%）（每株烟6.45g）		
4					6.40（20%）（每株烟6.45g）		
5					14.40（30%）（每株烟14.50g）		
6					14.40（30%）（每株烟14.50g）		
7					14.40（30%）（每株烟14.50g）		
8					14.40（30%）（每株烟14.50g）		

3.6.1.4 测定指标与方法

各个生育期（团棵期，移栽后30d左右；旺长期，移栽后45d左右；现蕾期，移栽后6d左右；成熟期，移栽后90d左右）分次取距根际土壤样，新鲜土样装入自封袋中带回实验室，在室温下风干，过2mm筛，用于土壤理化性状的测定。

测定根际土壤速效钾、缓效钾含量；根际土壤有效态硼、镁含量；土壤基本性质分析测定参照《土壤农化分析》进行；各个生育期不同处理烤烟根系、烟株、烟叶生物量及其氮、钾、镁、硼含量；测量各个生育期中部叶片长宽、株高，并计量有效叶片数；烤后烟叶进行化学成分（总糖、还原糖、淀粉、烟碱、总氮和氯含量测定，采用连续流动法测定）；烤烟烤后烟叶主要致香物质含量测定；各处理每次采收进行挂牌，单收单烤，计产计质，取C3F和B2F烟叶样品送广东省烟草南雄科学研究所进行检测分析，烤烟烤后进行分级计产，计算产值。

（1）烟叶钾、土壤速效钾缓效钾含量测定。烟叶钾含量用H_2SO_4–H_2O_2法消煮，火焰光度计法测定。土壤速效钾采用1mol/L NH_4OAc-K浸提，火焰光度法测定；土壤缓效钾采用1mol/L HNO_3浸提，火焰光度法测定。

（2）土壤、烟叶样品硼、镁含量测定。于烤烟各生育期采集不同处理的土壤和烟叶样品，分析各试验土壤样品对应的交换性镁、有效锰、有效硼含量，分析各试验烟叶样品对应的镁、硼含量。

（3）烤烟烟叶常规化学成分。总糖、还原糖、淀粉、烟碱、总氮含量采用连续流动法测定。

3.6.1.5 数据分析

采用SPSS10软件的单因子方差分析各处理间的差异显著性。

3.6.2 结果与分析

3.6.2.1 施用镁、硼对烤烟根系活力的影响

由表3–18可知，各处理的根系活力总体来说，增加钾肥能够提高根系活力，同时增加硼肥能够提高根系活力，而增加镁肥对根系活力影响较小。不同生育期根系活力比较，根系活力由大到小依次为旺长期最大，现蕾期次之，在成熟期时T_1、T_2、T_3、T_4与团棵期差异不显著，但是T_5、T_6、T_7、T_8时显著高于团棵期，表明施用钾肥能够促进根系活力，而增加硼肥能够维持根系活力。由此可见，施用钾肥与硼肥能有效降低烟株根系活力的减弱，以施用0.1kg/亩硼肥效果最佳，随钾施用量的增加效果最佳。

表3–18 施用镁、硼对烤烟根系活力的影响［mg/（g·h）］

处理	团棵期	旺长期	现蕾期	成熟期
T_1	5.40 ± 0.43	12.34 ± 0.53	8.41 ± 0.44	4.2 ± 0.48

（续表）

处理	团棵期	旺长期	现蕾期	成熟期
T_2	6.32 ± 0.45	12.25 ± 0.64	9.53 ± 0.56	7.30 ± 0.62
T_3	5.45 ± 0.56	12.56 ± 0.43	8.73 ± 0.35	5.80 ± 0.51
T_4	8.87 ± 0.64	15.47 ± 0.37	9.94 ± 0.47	8.30 ± 0.42
T_5	5.52 ± 0.35	13.56 ± 0.44	9.63 ± 0.54	6.20 ± 0.51
T_6	8.65 ± 0.66	15.68 ± 0.52	11.78 ± 0.35	8.50 ± 0.63
T_7	6.46 ± 0.57	14.77 ± 0.33	9.82 ± 0.69	8.20 ± 0.72
T_8	9.71 ± 0.48	17.55 ± 0.49	10.45 ± 0.59	9.10 ± 0.21

3.6.2.2 施用镁、硼对烤烟镁、硼含量的影响

由表3-19可知，烟株各部位的硼含量由大到小依次为叶>茎>根；镁含量由大到小依次为叶>根>茎。不同处理之间来看，随着硼肥施用量的增加，各处理烟株的硼含量随硼肥施用量的提高而提高。由表3-19可知，烟株各部位的镁吸收量基本为叶>根>茎。各处理的根、茎部和整株的镁吸收量随镁肥施用量的增加而增加，同时在一定程度上，随着钾肥施用量的增加，叶部的硼、镁吸收量增加。由此可见，施用镁、硼肥能提高烟株各部位的镁、硼吸收量，且与钾肥施用呈正相关关系。

表3-19 施用镁、硼对烤烟镁、硼含量的影响

处理	镁（mg/kg）			硼（mg/kg）		
	根	茎	叶	根	茎	叶
T_1	2.1 ± 0.4	1.4 ± 0.3	2.1 ± 0.4	30.2 ± 3.8	39.6 ± 4.3	50.7 ± 6.4
T_2	2.3 ± 0.5	1.5 ± 0.4	2.3 ± 0.6	36.3 ± 2.6	48.8 ± 5.9	62.3 ± 6.9
T_3	2.8 ± 0.3	1.5 ± 0.3	3.3 ± 0.5	33.8 ± 4.1	42.5 ± 5.3	53.7 ± 5.8
T_4	2.3 ± 0.4	1.7 ± 0.7	4.4 ± 0.7	40.3 ± 5.2	53.7 ± 6.7	75.7 ± 7.8
T_5	2.2 ± 0.5	1.6 ± 0.4	3.3 ± 0.4	33.2 ± 3.1	43.6 ± 5.4	53.3 ± 8.4
T_6	2.5 ± 0.6	1.8 ± 0.2	3.8 ± 0.5	39.5 ± 4.6	54.8 ± 7.2	69.8 ± 7.8
T_7	2.6 ± 0.7	2.7 ± 0.3	4.2 ± 0.9	34.2 ± 3.7	45.7 ± 6.3	58.2 ± 8.9
T_8	3.1 ± 0.8	2.5 ± 0.9	4.5 ± 0.9	44.1 ± 6.8	58.5 ± 5.9	87.5 ± 8.9

3.6.2.3 施用镁、硼对烤烟钾含量的影响

硼促进烟叶提前落黄成熟采收，对烤烟生产具有重要意义。广东省烟区，特别是梅州烟区钾含量低，施用硼肥提高烟叶钾含量，将大大有利于烟叶品质的提高。因为硼能够促进烟株由营养生长向生殖生长转化，导致了营养物质在体内的提前重新分配，影响了烤烟体内钾含量及其分布。由表3-20可知，烟株各部位的钾素含量由大到小依次为叶>茎>根；不同生育期处理之间来看，随着镁、硼肥施用量的增加，各处理烟株的钾含量随硼、镁肥施用量的提高而提高。在高钾施用量时，施用镁肥能够提高根、茎部和叶的钾吸收量，在一定程度上，随着镁肥施用量的增加，能够提高由现蕾期到成熟期叶部的钾吸收量。由此可见，施用高钾量肥时，镁肥能提高烟株钾吸收量，进而能够维持由于不同部位钾的转移而带来的钾浓度的降低（例如上、中、下烟叶钾的转移过程）。

表3-20 施用镁、硼对烤烟钾含量的影响

处理	现蕾期钾含量（60d）（mg/kg）				成熟期钾含量（90d）（mg/kg）			
	根	茎	叶		根	茎	叶	
			上	24.3 ± 1.7			上	19.7 ± 2.2
T_1	20.1 ± 3.4	19.6 ± 2.3	中	27.2 ± 1.8	19.3 ± 2.8	19.4 ± 4.3	中	20.6 ± 2.3
			下	26.0 ± 2.3			下	20.5 ± 1.8
			上	25.2 ± 1.5			上	22.1 ± 1.7
T_2	20.9 ± 3.1	19.3 ± 2.4	中	27.1 ± 1.8	20.3 ± 2.8	18.8 ± 1.9	中	24.1 ± 1.5
			下	26.6 ± 1.6			下	22.7 ± 1.9
			上	24.4 ± 1.7			上	20.9 ± 2.4
T_3	19.8 ± 2.3	19.8 ± 3.3	中	26.5 ± 1.4	19.3 ± 2.1	22.5 ± 2.1	中	24.1 ± 2.2
			下	26.7 ± 2.2			下	22.6 ± 1.1
			上	26.7 ± 1.9			上	23.1 ± 2.0
T_4	20.5 ± 3.4	20.9 ± 2.7	中	28.2 ± 1.4	20.6 ± 3.2	23.7 ± 1.9	中	24.2 ± 2.4
			下	27.4 ± 1.7			下	24.1 ± 1.9
			上	29.3 ± 1.7			上	26.4 ± 2.9
T_5	22.6 ± 3.8	26.6 ± 2.4	中	34.2 ± 1.7	23.6 ± 3.1	23.6 ± 2.3	中	29.2 ± 2.4
			下	36.0 ± 2.9			下	28.0 ± 2.3
			上	29.5 ± 2.5			上	27.7 ± 1.8
T_6	24.5 ± 2.6	27.8 ± 3.2	中	35.2 ± 2.6	22.4 ± 3.5	24.8 ± 3.1	中	28.2 ± 1.9
			下	33.9 ± 2.9			下	28.7 ± 2.2
			上	35.2 ± 2.9			上	28.7 ± 2.6
T_7	23.6 ± 2.7	27.7 ± 2.3	中	34.8 ± 2.2	26.2 ± 2.9	27.7 ± 2.8	中	29.9 ± 2.7
			下	34.9 ± 2.6			下	28.9 ± 2.3

（续表）

处理	现蕾期钾含量（60d）（mg/kg）				成熟期钾含量（90d）（mg/kg）			
	根	茎	叶		根	茎	叶	
T_8	23.1 ± 2.8	27.5 ± 2.4	上	35.6 ± 2.6	26.1 ± 3.5	27.5 ± 2.6	上	29.8 ± 1.8
			中	36.7 ± 2.5			中	30.7 ± 2.5
			下	35.3 ± 2.6			下	30.7 ± 2.3

3.6.2.4 施用镁、硼对烤烟产量及其上等烟叶比例的影响

从表3-21可知，与缺镁、硼处理相比，随着硼、镁肥施用量的增加，烤烟的生物产量、经济产量、产值、中上等烟比例与均价均提高，其中经济产量与产值达显著水平。这是因为烟株缺镁、硼导致烟叶叶绿素形成以及氮的同化和代谢受阻，进而影响烟叶的产量和品质，同时缺镁、硼会使烟叶难以烘烤，烤后呈暗灰色或浅棕色，无光泽，油分差，无弹性，最终影响烟叶产值；与低钾供应处理相比，高钾供应处理烤烟的生物产量、经济产量、产值、中上等烟比例与均价均提高，其中产值、中上等烟比例与均价提高达显著水平。

表3-21 施用镁、硼对烤烟烟叶产量及其上等烟叶比例的影响

处理	产量（g/株）	产值（元/株）	上中等烟比例（%）
T_1	127.5	1.51	80.94
T_2	135.4	1.76	86.57
T_3	132.7	1.71	83.63
T_4	135.6	1.76	88.45
T_5	136.3	1.79	87.69
T_6	138.8	1.88	88.81
T_7	144.6	1.96	90.74
T_8	154.3	2.15	92.57

3.6.2.5 施用镁、硼对烤烟常规化学成分的影响

烟叶化学成分要有适宜的含量，一般优质烟叶的总糖含量要求达到18%～22%，还原糖16%～18%，还原糖与总糖的比值0.9，总氮含量1.5%～3.5%，烟碱含量1.5%～3.5%，蛋白质8%～10%，糖碱比10%～15%，氮碱比0.8～0.9。由表3-22可知，蛋白质含量、烟碱含量、总糖含量均在优质烟叶范围内；但是随着高钾量输入，硼、镁施肥量增加后，还原糖含量、烟碱含量和总氮含量均有所变化，烟叶趋于优质烟叶，而氮碱比含量渐进0.8～0.9；糖碱比也降低，接近10%～11%，处于优质烟叶。

表3-22　施用镁、硼对烤烟常规化学成分的影响

处理	蛋白质（%）	烟碱（%）	总糖（%）	还原糖（%）	总氮（%）	糖碱比	氮碱比
T_1	7.71	2.14	24.26	20.27	1.97	13.67	0.92
T_2	8.92	2.25	23.55	20.34	2.14	12.69	0.95
T_3	8.53	2.26	22.47	19.89	2.09	12.39	0.89
T_4	8.79	2.37	21.64	18.33	2.03	13.21	0.82
T_5	9.02	2.26	21.47	18.28	2.08	11.50	0.89
T_6	8.85	2.28	21.74	17.54	2.04	10.35	0.84
T_7	9.46	2.27	20.59	17.27	2.07	10.68	0.81
T_8	9.71	2.15	20.76	17.43	1.90	10.80	0.83

3.6.3　讨论

烟草生长发育状况与镁素供应密切相关，因为在烤烟生理生化反应过程中，镁在光合作用和生理代谢过程中起着重要作用，如参与光合作用、糖酵解、三羧酸循环、呼吸作用等过程的酶都需要Mg^{2+}来激活，镁还参与ATP酶的激活。研究结果表明，缺硼烤烟长势较差，生育期较迟，根系生长欠发达，减产明显。与缺硼处理相比，供应硼肥能够在一定程度上，提高烤烟根系深度、根系幅度，这主要是因为梅州蕉岭供试土壤有效硼含量为0.17mg/kg，远远低于植烟土壤速效硼含量的临界水平（有效硼含量为0.25mg/kg），属严重缺硼；而供试土壤交换性镁含量为3.85mg/kg，而土壤有效镁含量<20mg/kg为供镁能力低，20～50mg/kg为供镁能力中等，>50mg/kg为供镁能力高，因此供试土壤的供镁能力为较低，供镁处理能够提高烤烟生长发育及其产量和质量，但由于供试土壤交换性镁含量低于土壤交换性镁的临界值，因而经济产量和产值明显下降。由此可见，在我国南方酸性土壤区，合理施用镁肥及硼肥，有利于促进烤烟生长发育与根系发达，提高烟叶叶绿素含量与叶面积，增强烤烟的光合强度，促使干物质迅速积累，显著提高烤烟的产量与产值。

硼也是烟草必须的微量元素，对烤烟的生理功能起着非常重要的调节作用。硼参与蛋白质代谢、生物碱合成、物质运输以及钙、钾等主要元素有关的相互转化作用，并由此对烟叶的产量和品质产生影响。硼以BO_3^{3-}形态进入烟株体内，参与尿嘧啶和叶绿素的合成，影响碳水化合物运输和蛋白质代谢运输。硼营养不足或过剩都会引起烟草生理机能失调，生长发育不良，抗病性降低。施用硼肥能明显增加生育期内烟叶的叶绿素含量，提高光合强度和蒸腾速率，增强硝酸还原酶的活性及过氧化物酶的活性，促进烤烟生长，增加烟叶产量，提高烟叶上中等烟比例和经济效益。

在试验条件下，在有机肥施用和钾肥优化供应前提下，增施镁、硼肥后，烟叶叶片相

应的钾、镁、硼养分含量均有不同程度的增加，总糖、烟碱、糖碱比有增加的趋势，表明镁、硼可以在一定程度上促进总糖、烟碱含量增加，硼促进烟株由营养生长向生殖生长的转化，导致了营养物质（例如，钾的循环过程）在体内的提前重新分配，在酸性土壤上施用硼、镁肥料，在营养生长向生殖生长的转化过程中，对总糖、烟碱影响的深度程度的差异有多大，与环境条件相关。

由此可见，在我国南方梅州蕉岭酸性土壤区，由于硼、镁含量较低，导致烟叶的产量、质量下降，合理施用镁肥及硼肥，有利于促进烤烟生长发育与根系发达，提高烟叶叶绿素含量与叶面积，增强烤烟的光合强度，促使干物质迅速积累，显著提高烤烟的产量与产值。

3.6.4 结论

（1）梅州蕉岭地区，梅州蕉岭供试土壤有效硼含量为0.17mg/kg，远远低于植烟土壤速效硼含量的临界水平（有效硼含量为0.25mg/kg），属严重缺硼；而供试土壤交换性镁含量为3.85mg/kg，而土壤有效镁含量<20mg/kg为供镁能力低，20 ~ 50mg/kg为供镁能力中等，>50mg/kg为供镁能力高，因此供试土壤的供镁能力为较低，因此需要补充一定的镁肥和硼肥。

（2）为了烤烟产量与质量的协同提高，在有机肥施肥基础上，通过钾肥的优化耦合技术，建议钾肥供应在16.0 ~ 24.0kg/亩，同时供应硼肥在0.1kg/亩（合计硼砂2.0kg/亩）左右为宜，而镁肥在2.0kg/亩（合计硫酸镁10.0kg/亩）左右为宜。在此配方技术条件下，梅州蕉岭地区能够取得优质烟叶生产。

3.7 施用有机物料耦合培土覆盖对烤烟大田生育进程及物质积累的影响

目前，中国烟叶生产长期过度依赖化学肥料以及对土壤高强度、掠夺性使用，造成植烟土壤质量退化严重，主要表现在土壤板结、养分及C/N失调等问题，直接导致大田烟株根系较弱、有效生育期不足、地上部发育不充分、烟叶田间耐熟性较差等一系列问题，严重制约着中国烟叶生产“三化”水平的进一步提升和可持续发展。研究表明，适量施用有机物料可降低土壤容重，提高土壤酶活性和纤维素分解强度，增加土壤速效养分及活性有机碳含量，改善土壤有机质质量，进而促进烟株根系的生长发育，协调烟株地上部分碳氮代谢过程，最终改善原烟的物理性状和化学成分的协调性，增加其香气物质含量。当前中国烤烟生产实践中多数产区采用的“伸根期覆盖地膜”的栽培措施可有效提高烟株大田生育前期的土壤温度及含水量，促进烟株早生快发，而“团棵期揭膜后中耕培土”则可培育大田烟株大量不定根，增加根系生长量，提高根系吸收活性，进而促进地上部生长发育，提高和改善原烟产质量。针对南方烟区后期“高温逼熟”等问题，在大田前期地膜覆盖基础上提出了揭膜中耕培土后覆盖稻草的烟垄覆盖技术，以便提高烟株成熟期根系活力，延缓叶片衰老，进而提高烟叶的田间耐熟性和香气量。

由于当前中国烟叶生产正处于从传统烟草农业向现代烟草农业转型期，因机械化水平尚不能满足规模化种植的需求，尤其是南方丘陵和山地烟区，受机械化水平低和劳动力不足的限制，揭膜、中耕、培土等传统的大田管理技术措施逐渐丢弃，在土壤退化的前提下，烟株根系不发达、有效生育期偏短、烟叶发育不充分及田间耐熟性差等一系列问题趋于严重，制约了中国烟叶“风格特色化”水平的提升。本试验通过综合施用有机物料和培土覆盖措施，探讨其对大田烟株生育进程及物质积累的影响，以期为生产实践中采用合理施用有机物料结合培土覆盖措施，有效延长烤烟大田生育期，促进叶片充分发育，提升烟叶田间耐熟性提供理论依据。

3.7.1 材料与方法

3.7.1.1 试验材料

供试烤烟品种为烤烟“粤烟97”，由广东省烟草南雄科学研究所（广东烟草粤北烟叶生产技术中心）提供。试验地点设在广东省烟草南雄科学研究所试验基地。供试土壤为由紫色页岩发育而来的牛肝土田，常年“水—旱”交替耕作，前茬作物为水稻，土壤基本农化性状为：pH值7.21、有机质21.60g/kg、速效氮98.64mg/kg、速效磷27.21mg/kg、速效钾156.43mg/kg。供试肥料为腐熟猪厩肥（N：P_2O_5：K_2O=0.50：0.20：0.25）、腐熟花生饼肥（N：P_2O_5：K_2O=4.60：1.00：1.00）、烟草专用复合肥（N：P_2O_5：K_2O=13：9：14）和硫酸钾（含K_2O50%），供试有机物料为市售草炭土。

3.7.1.2 试验设计

试验采用裂区设计，主处理为培土覆盖方法，设2个水平，分别为培土覆盖（A_1）与不培土覆盖（A_2）；副处理为有机物料（草炭土）施用量，设3个水平，分别为0.00kg/hm^2（B_1）、7 462.69kg/hm^2（B_2）、14 925.37kg/hm^2（B_3），每处理3次重复。其中培土覆盖处理为在烟株团棵时揭膜中耕培土并覆盖水稻秸秆（7 462.69kg/hm^2）；不培土覆盖处理为不揭膜培土和覆盖水稻秸秆；草炭土施用方法为按照各处理施用量，移栽前在烟垄中间混匀条施。

3.7.1.3 田间管理

（1）移栽方法。试验于2014年2月17日移栽。采用小苗膜下移栽，移栽行距×株距=1.20m×0.60m。

（2）施肥方法。各处理皆按照每0.067hm^{2}施用40.00kg菜籽饼肥+250.00kg猪厩肥（腐熟）的量一次性基施有机肥；各处理施用烟草专用复合肥746.27kg/hm^2、硫酸钾746.27kg/hm^2，无机肥料折算纯氮施用量为97.01kg/hm^2，N：P_2O_5：K_2O=1.0：0.7：2.0，烟草专用复合肥基肥：追肥=4：6，硫酸钾在打顶后一次性对水淋施。其他栽培措施按当地规范化措施进行。

3.7.1.4 调查分析

（1）叶龄调查。将有5～6片真叶的膜下移栽小苗在移栽前去除底脚叶2～3片，留5cm以上长度的叶片2～4片进行移栽，并自下而上按叶位顺序进行定叶位。移栽后以新出生叶片长度达5cm定义为出叶，调查记录各处理烟株各片叶出叶时间和成熟采收日期，据此计算叶龄。每小区定位标记5株进行调查。

（2）农艺性状调查。按照YC/T142—2010进行调查各小区团棵期、现蕾期、初烤期、终烤期等生育期。在烟株圆顶时（5月9日）每小区选取代表性烟株小心挖取整株（保留烟株各器官完整）1株，洗净根系，吸（晾）干水分，测量烟株株高、茎围、叶片数等生物学性状以及最大叶片长度和宽度；各烟株按照根、茎、叶器官分开无损杀青，烘干后称量各器官干重，分别粉碎保存以测定各器官N、P、K积累量。

3.7.2 结果与分析

3.7.2.1 不同处理对大田烟株生育进程的影响

从表3-23和表3-24可以看出，施用有机物料（B）可有效促进大田烟株早生快发，不同程度上缩短了大田烟株的伸根期，与不施用有机物料处理（B_1）相比，施用7 462.69kg/hm^{2}有机物料处理（B_2）和施用14 925.37kg/hm^{2}有机物料处理（B_3）伸根期分别缩短2d和6d。培土覆盖（A）和施用有机物料（B）处理皆可不同程度延长大田烟株旺长期、成熟期和整个大田生育期，其中培土覆盖处理（A_1）较不培土覆盖处理（A_2）分别平均延长旺长期、成熟期和整个大田生育期2d、4d、6d；而与处理B_1相比，B_2和B_3处理分别平均延长旺长期5d和13d、成熟期2d和6d、大田生育期5d和13d。由此可见，在本试验条件下，施用有机物料结合培土覆盖措施的应用可有效促进大田烟株早生快发，缩短伸根期，延长旺长期，在优化大田烟株生长发育进程的同时，促进烟株叶片充分发育，进而提升其田间耐熟性，成熟期及整个大田生育期也相应延长。

表3-23 不同处理对烟株大田生育期及采收期的影响（月—日）

处理		生育期			采收时间				
培土覆盖	施用有机物料	移栽期	团棵期	现蕾期	第一次	第二次	第三次	第四次	第五次
A_1	B_1	2-17	3-26	4-18	5-16	5-20	6-13	6-15	6-20
	B_2		3-24	4-22	5-18	5-23	6-15	6-19	6-27
	B_3		3-20	4-26	5-20	5-27	6-19	6-22	7-06
A_2	B_1		3-26	4-17	5-14	5-18	6-12	6-10	6-17
	B_2		3-24	4-20	5-16	5-21	6-14	6-14	6-21
	B_3		3-20	4-24	5-18	5-25	6-17	6-18	6-28

表3-24 不同处理对烟株大田生育各期天数的影响（d）

处理		生育期				
培土覆盖	施用有机物料	伸根期	旺长期	成熟期	采烤期	大田生育期
A_1	B_1	37	23	63	35	123
	B_2	35	29	66	40	130
	B_3	31	37	71	47	139
A_2	B_1	37	22	61	38	120
	B_2	35	27	62	36	124
	B_3	31	35	65	41	131
平均	A_1	34	30	67	41	131
	A_2	34	28	63	38	125
	B_1	37	23	62	37	122
	B_2	35	28	64	38	127
	B_3	31	36	68	44	135

3.7.2.2 不同处理对大田烟株各部位叶龄的影响

本试验不同措施处理的烟株不同叶位叶龄调查结果见表3-25。从表3-25可以看出，总体上下部叶（3～7叶位）叶龄在50d以下，中部叶（8～13叶位）在60d左右，上部叶（14叶位及以上）叶龄在65～70d。与不培土覆盖处理（A_2）相比，培土覆盖处理（A_1）分别平均增加下、中、上部叶叶龄2d、3d、3d；与不施用有机物料处理（B_1）相比，B_2（7 462.69kg/hm^2）处理有机物料处理分别平均增加下、中、上部叶叶龄2d、2d、1d，B_3（14 925.37kg/hm^2）处理分别平均增加下、中、上部叶叶龄4d、6d、5d。由此可见，在本试验条件下，培土覆盖和施用有机物料皆可不同程度延长大田烟株各部位叶片的叶龄。

表3-25 不同处理对烟株各叶位叶龄的影响（d）

处理		自下而上各叶位叶龄																	
培土覆盖	施用有机物料	3	4	5	6	7	8	9	10	11	12	13	14	15	16	17	18	19	20
A_1	B_1	45	43	42	41	56	55	52	60	59	58	63	61	60	69	68	67	66	65
	B_2	48	46	45	43	58	56	54	66	61	59	66	64	61	72	70	69		
	B_3	49	47	46	45	63	59	58	67	65	62	73	69	67	76	73	72	72	71
A_2	B_1	45	44	41	40	53	52	50	57	55	53	60	58	57	68	66	64		
	B_2	45	44	42	42	55	54	51	60	57	55	64	61	59	70	67	63		
	B_3	46	46	45	43	60	58	55	63	61	60	70	68	66	74	71	67	65	

（续表）

处理		自下而上各叶位叶龄																	
培土覆盖	施用有机物料	3	4	5	6	7	8	9	10	11	12	13	14	15	16	17	18	19	20
平均	A_1	47	45	44	43	59	57	55	64	62	60	67	65	63	72	70	69	69	68
	A_2	45	45	43	42	56	55	52	60	58	56	65	62	61	71	68	65	65	
	B_1	45	44	42	41	55	54	51	59	57	56	62	60	59	69	67	66	66	65
	B_2	47	45	44	43	57	55	53	63	59	57	65	63	60	71	69	66		
	B_3	48	47	46	44	62	59	57	65	63	61	72	69	67	75	72	70	69	71

		下部叶（3～7）	中部叶（8～13）	上部叶（≥14）
平均	A_1	48	61	68
	A_2	46	58	65
	B_1	45	57	65
	B_2	47	59	66
	B_3	49	63	70

3.7.2.3 不同处理对大田烟株农艺性状的影响

表3-26结果显示，与处理A_2（不培土覆盖）相比，培土覆盖处理（A_1）显著地增加烟株有效叶片数、茎高、茎围、最大叶的长和宽；随着有机物料施用量的增加，大田烟株的有效叶片数、茎高、茎围、最大叶的长和宽呈增加趋势，其中B_2（7 462.69kg/hm^2）和B_3（14 925.37kg/hm^2）处理有效叶片数极显著多于B_1（不施用有机物料）处理，B_3处理烟株茎高、最大叶长和宽显著高于B_1处理。由此可见，在本试验条件下，通过培土覆盖和施用有机物料措施的应用有效地改善了大田烟株根系生长发育环境，进而促进了大田烟株地上部的生长发育，不同程度优化了农艺性状，但培土覆盖和施用有机物料对大田烟株农艺性状无交互效应，二者独立起作用。

表3-26　不同处理对烤烟大田烟株农艺性状的影响

农艺性状	培土覆盖	施用有机物料				A×B	
		B_1	B_2	B_3		*F*	*P*
有效叶片数（片）	A_1	18.67 ± 0.58	20.33 ± 0.58	20.33 ± 0.00	19.67 ± 1.01a		
	A_2	18.33 ± 1.53	18.33 ± 1.15	19.67 ± 0.58	18.89 ± 1.17b	4.200	0.057
	$\bar{B}$	18.50 ± 1.38bB	19.33 ± 0.82aA	20.00 ± 0.41aA			

（续表）

农艺性状	培土覆盖	施用有机物料				A×B	
		B_1	B_2	B_3		*F*	*P*
茎高（cm）	A_1	112.33 ± 4.73	118.33 ± 2.52	120.67 ± 11.50	117.11 ± 7.36a	0.557	0.593
	A_2	108.00 ± 7.00	109.33 ± 6.66	114.33 ± 5.51	110.56 ± 6.27b		
	$\bar{B}$	110.17 ± 7.78b	113.83 ± 4.79ab	117.50 ± 8.78a			
茎围（cm）	A_1	10.00 ± 0.00	10.00 ± 0.00	10.33 ± 0.58	10.11 ± 0.33a	0.709	0.520
	A_2	9.83 ± 0.12	9.83 ± 0.58	10.13 ± 0.58	9.76 ± 0.43b		
	$\bar{B}$	9.97 ± 0.08a	9.83 ± 0.41a	10.00 ± 0.63a			
最大叶长（cm）	A_1	66.67 ± 2.52	69.00 ± 1.00	69.67 ± 4.04	68.44 ± 2.79a	1.242	0.339
	A_2	65.00 ± 2.00	67.00 ± 4.36	68.00 ± 1.73	66.67 ± 2.87b		
	$\bar{B}$	65.83 ± 2.16b	68.00 ± 3.58ab	68.33 ± 3.14a			
最大叶宽（cm）	A_1	26.33 ± 1.00	27.67 ± 2.60	30.50 ± 4.62	28.17 ± 3.34a	1.159	0.362
	A_2	26.00 ± 1.15	26.67 ± 4.36	27.00 ± 3.01	26.56 ± 2.72b		
	$\bar{B}$	26.17 ± 1.03b	27.17 ± 3.74ab	28.75 ± 3.53a			

注：同一指标下数据后标不同大、小写字母者分别表示差异达极显著（1%）或显著（5%）水平。行间字母表示培土处理（A）间比较，列间字母表示增碳处理（B）间比较

3.7.2.4　不同处理对大田烟株各器官干物质积累的影响

从图3-22a和图3-22b可以看出，与A_2处理相比，培土覆盖处理（A_1）可显著增加烟株根和茎器官的干物质积累，分别平均增加5.90g/株和3.82g/株；随着有机物料的增加，烟株根和茎器官的干物质积累呈增加趋势，与B_1处理相比，B_3处理烟株根和茎器官干物质积累增加量皆达显著水平，分别平均增加3.87g/株和7.02g/株。与A_2处理相比，A_1处理并不能显著增加烟株叶器官干物质积累，但随着有机物料施用量的增加，烟株叶器官干物质积累呈持续增加趋势，与B_1处理相比，B_3处理烟株叶片干物质积累达显著水平，平均增加7.12g/株（图3-22c）。从整株干物质积累来看（图3-22d），与处理A_2相比，处理A_1显著增加整株干物质积累，平均增加13.57g/株；与B_1相比，B_2和B_3处理整株干物质积累量皆显著增

加，分别增加7.07g/株和18.00g/株。以上充分说明了在本试验条件下，培土覆盖和施用有机物料处理可有效地促进大田烟株地上部和地下部的协调生长发育，不同程度地增加大田烟株各器官干物质积累，而较高的物质积累为延长大田烟株有效生育期和提升烟叶田间耐熟性奠定了物质基础。

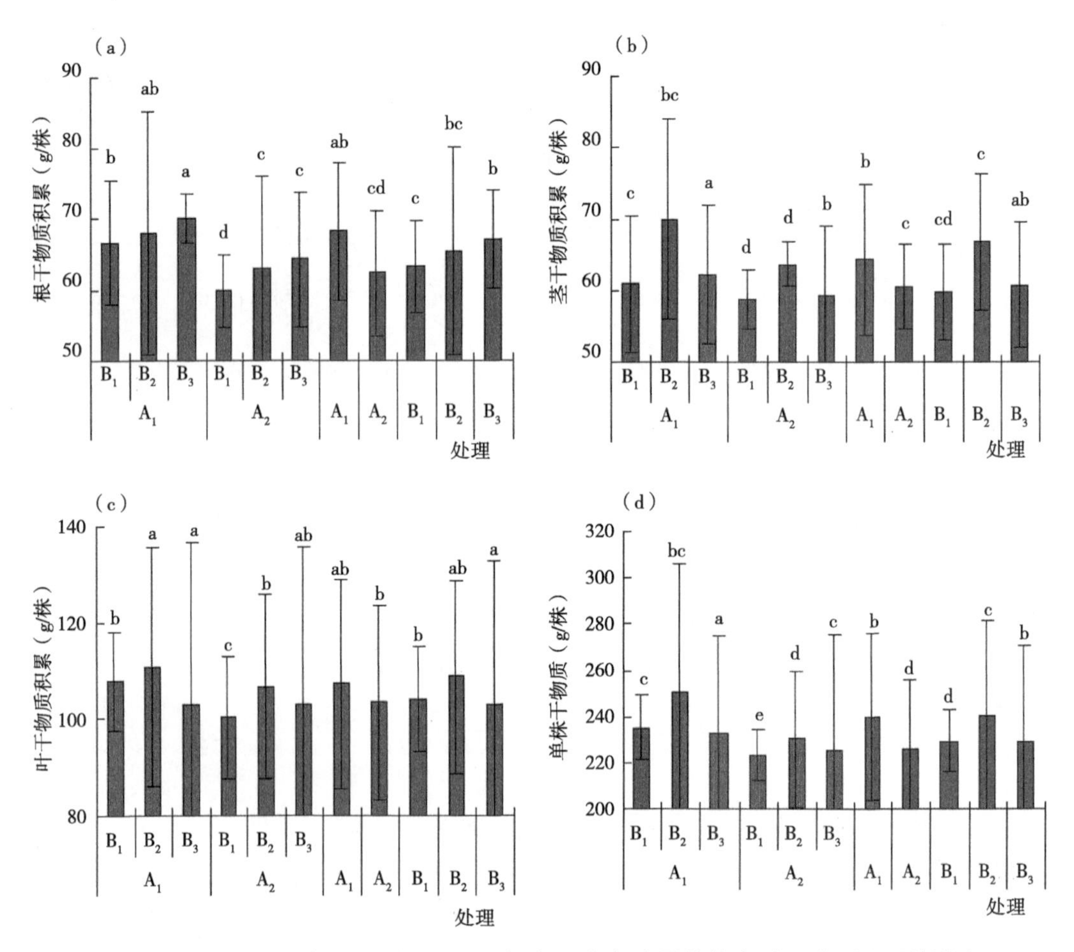

图3-22　不同处理对烟株根（a）、茎（b）、叶（c）及整株（d）干物质积累的影响

3.7.2.5　不同处理对大田烟株各器官氮、磷、钾积累的影响

从图3-23可以看出，与不培土覆盖处理（A_2）相比，培土覆盖处理（A_1）的烟株根、茎器官和整株氮积累显著增加，分别平均增加0.12g/株、0.13g/株和0.33g/株；随着有机物料施用量的增加，烟株各器官及整株的氮积累量呈增加趋势，与B_1处理相比，B_3处理的根、茎器官氮素积累增加量达显著水平；B_2处理叶器官氮素积累量显著增加，而B_2与B_3处理间无显著差异；B_1、B_2、B_3处理间整株氮素积累差异显著。

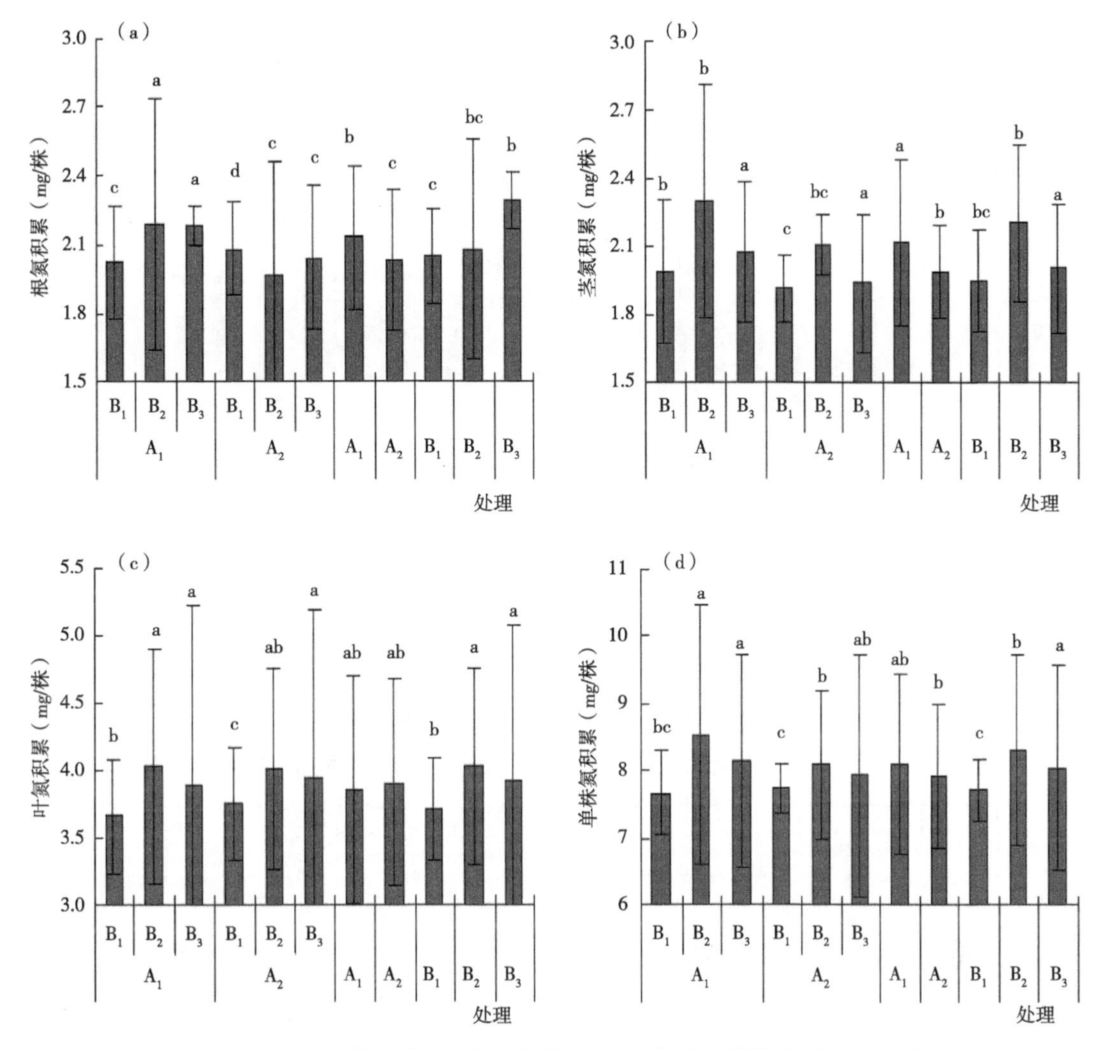

图3-23　不同处理对烟株根（a）、茎（b）、叶（c）及整株（d）氮积累的影响

图3-24结果显示，与不培土覆盖处理（A_2）相比，培土覆盖处理（A_1）烟株茎和叶器官磷的积累，对根器官和整株磷的积累无显著影响；随着有机物料施用量的增加，大田烟株根、茎、叶各器官及整株磷素积累量呈增加趋势，与B_1处理相比，根和茎器官及整株的B_3处理磷积累增加量达到显著水平，而叶器官B_2处理磷积累量显著高于B_1处理。

从大田烟株各器官钾积累量（图3-25）来看，与不培土覆盖处理（A_2）相比，培土覆盖处理（A_1）仅仅显著增加了大田烟株根系钾的积累量；与氮、磷积累规律类似，随着有机物料施用量的增加，大田烟株各器官及整株钾积累量呈增加趋势，其中B_2处理根和茎器官钾积累量显著高于B_1处理，B_2和B_3处理间无显著差异；而叶片和整株钾积累量B_3处理显著高于B_2处理，后者显著高于B_1处理。

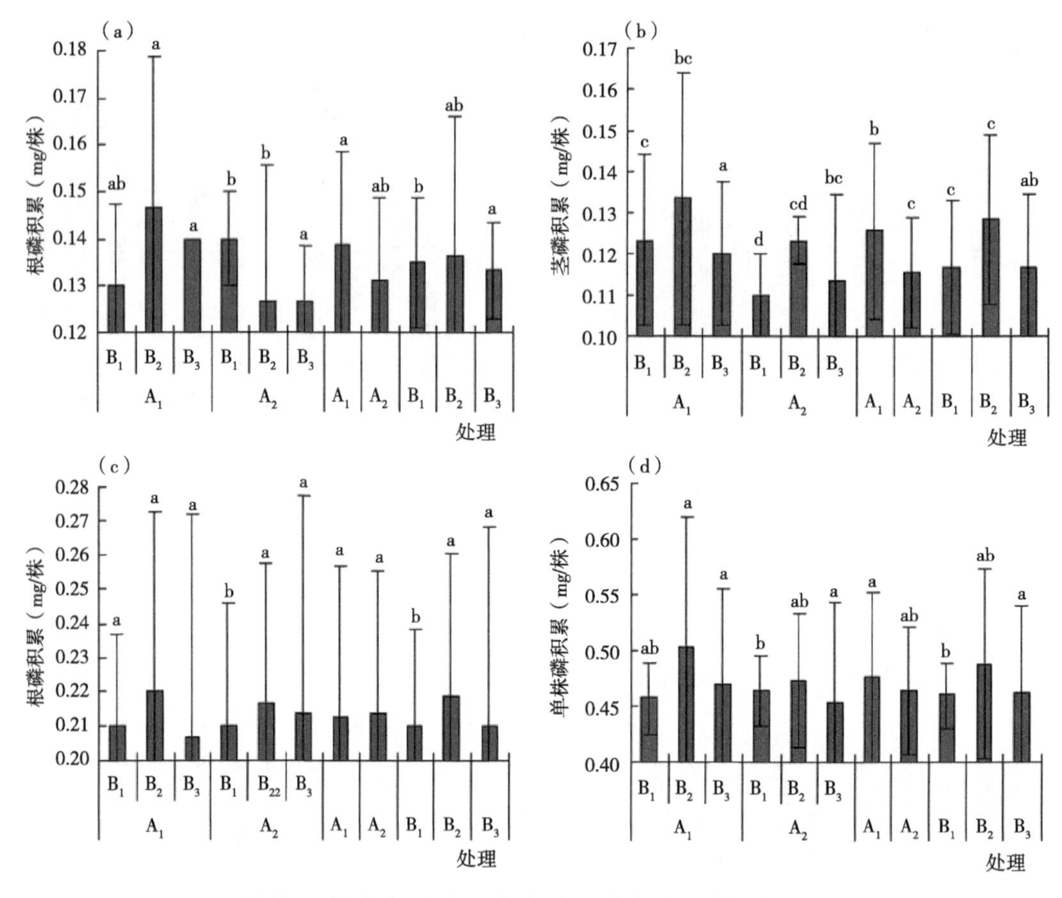

图3-24　不同处理对烟株根（a）、茎（b）、叶（c）及整株（d）磷积累的影响

3.7.3　讨论

成熟度是烟叶品质的核心，与烟叶的色、香、味密切相关，在烟叶生产中，培育成熟烟叶、提升烟叶的田间成熟度则是解决采收成熟度和调制成熟度问题的前提和基础，而烟叶田间耐熟性的核心是营养问题，只有采取合理的栽培技术措施，实现空间和土壤营养协调平衡的烟田，烟株个体和群体生长发育良好，才能真正实现田间成熟。由于烟草根系是烟株主要的吸收器官，在某种程度上决定着烟株养分吸收、积累的数量和地上部生长发育的状况，而烟草根系生长发育状况与土壤环境密切相关。许多研究表明，施用有机物料、培土覆盖可有效改善植烟土壤理化性状、烟株根系发育状况、烟株地上部生长发育并最终反应到原烟的产量、质量。本试验研究表明，施用适量有机物料耦合烟垄培土覆盖措施有效地改善了大田烟株根系生长发育环境，促进了烟株各器官对矿质营养的吸收和积累，进而促进了大田烟株地上部的生长发育，不同程度优化了烤烟大田生长发育进程及延长大田烟株各部位叶片的叶龄，即提升了烟叶的田间耐熟性。

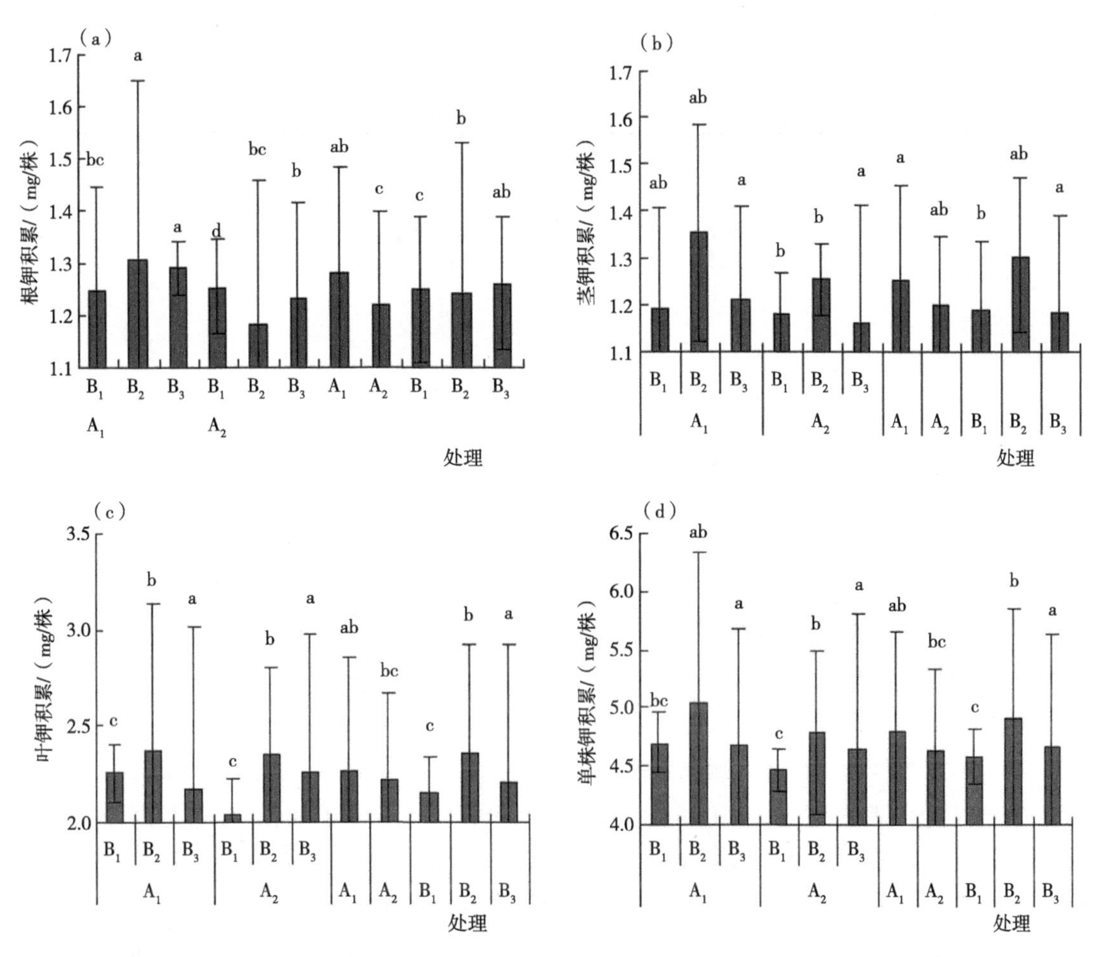

图3-25 不同处理对烟株根（a）、茎（b）、叶（c）及整株（d）钾积累的影响

3.7.4 结论

本试验条件下，施用14 925.37kg/hm^{2}有机物料耦合培土和覆盖措施可有效促进大田烟株早生快发，缩短伸根期，延长旺长期，在优化大田烟株生长发育进程的同时，促进烟株叶片充分发育，进而提升其田间耐熟性，成熟期及整个大田生育期也相应延长。

4　钾肥运筹对沙泥田烤烟钾素吸收及香气质的影响

烟草（*Nicotiana tabacum* L.）是需钾量较高的叶用经济作物，对钾营养反应较为敏感。据中国农业科学院烟草研究所证实，烟草吸收钾素比其他任何元素都高，一般是氮素的1.4倍，磷素的3.5倍。充足的钾素供应是获得优质烟叶的重要条件。分期追施钾肥对烤烟叶生长和叶片品质有较好的作用，分期追施钾肥可以增强烟株后期根系活力，有利于烟株均衡利用土壤养分，提高光合速率，增加干物质积累，尤其提高上部叶片的产量和品质。在不同土壤条件下钾肥的施用效果不同，其肥效很大程度上依赖土壤钾素的背景值。南方土壤以1∶1型黏土矿物为主，加之南方降水较多，其土壤对钾素晶格固定降低前期追施钾素利用率，同时土壤中存在阳离子拮抗作用或较低土壤pH值降低烟株根系对钾素的有效吸收。前期干旱也使得土壤钾素难以利用，而分期施用钾肥可以有效补给烟株生长后期钾素的需求，提高烟叶含钾量。打顶后降雨增多，追施钾肥可以促进烟株的快速生长和加宽，使叶片厚度降低，改善上部叶片的可用性，从而提高烟草的品质。

本试验在配施有机肥条件下，探讨华南沙泥田土壤不同钾肥水平及基肥与追肥比例对烤烟各生育期根际土壤钾供应及烟叶钾吸收的影响，阐明基于碳氮比优化下钾肥用量及基追比调节对华南沙泥田烤烟烟叶钾素吸收及香气物质改善提供钾素管理依据。

4.1　材料与方法

4.1.1　试验材料

供试烤烟品种为“云烟87”，由广东烟草粤北烟叶生产技术中心（广东省烟草南雄科学研究所）提供。试验于2012年在梅州市蕉岭县广福镇开展，土壤类型为沙泥田，土壤基本理化性质：pH值6.15、有机质16.8g/kg、速效氮130.46mg/kg、速效磷34.79mg/kg、速效钾96.63mg/kg。供试肥料为硝酸铵（N 30%）、钙镁磷肥（P_2O_5 12%）、硫酸钾（K_2O 50%）、腐熟花生饼肥［N 4.60%，P_2O_5 1.00%，K_2O 1.00%，w（C）/w（N）=10.65］和腐熟猪厩肥［N 0.50%，P_2O_5 0.20%，K_2O 0.25%，*w*（C）/*w*（N）=94.5］。

4.1.2 试验设计

采用裂区设计，主处理为施钾量（K_2O），设3个水平，K_1（48.0kg/hm^2）、K_2（108kg/hm^2）、K_3（168.0kg/hm^2）。副处理为钾肥基追比，设3个水平S_1：（7∶3）；S_2（5∶5）；S_3（3∶7），每处理重复3次。无机氮130.5kg/hm^2，采用基肥与团棵期追肥；有机氮64.5kg/hm^2，全部作基肥施用，在移栽前条施后覆膜时施用，采用当地腐熟花生饼肥和猪厩肥配制碳氮比的有机肥*w*（C）/*w*（N）=25，猪厩肥3 750kg/hm^2、花生饼肥300kg/hm^2；P_2O_5 181.5kg/hm^2，所有处理的P_2O_5施用量为钙镁磷肥1 512.45kg/hm^2，全部作基肥施入。

试验采用随机区组设计，每个小区面积30.0m^2，每小区种植1行，行距×株距=1.2m×0.6m，每处理3次重复，共18个小区。其他栽培及田间管理措施按照当地习惯进行。

4.1.3 取样及测定方法

在烤烟大田生育期内（团棵期，移栽后30d；旺长期，移栽后45d；现蕾期，移栽后60d；成熟期，移栽后90d）分次采用抖落法取根际土壤样，其中一部分新鲜土样装入自封袋中带回实验室，过2mm筛，置于4℃冰箱贮存，供分析微生物数量；另一部分在室温下风干，过1.0mm和0.25mm筛，用于土壤理化性状的测定。同时取烟株，把烟叶、茎、根系分开，烘干，测定干重，在成熟期时按照烟叶收获方法测定。

4.1.3.1 烟叶钾含量测定

烟叶钾含量用H_2SO_4–H_2O_2法消煮，火焰光度计法测定。

4.1.3.2 土壤速效钾、缓效钾含量测定

土壤速效钾含量采用1mol/L NH_4OAc-K浸提，火焰光度法测定；土壤缓效钾含量采用1mol/L HNO_3浸提，火焰光度法测定。

4.1.3.3 总糖、还原糖、淀粉、烟碱、总氮和氯含量

采用连续流动法测定。

4.1.3.4 烟叶主要致香物质含量测定

（1）测定的主要致香物质。①烤烟中质体色素降解产物：6-甲基-5-庚烯-2-酮、β-大马酮、香叶基丙酮、氧化异佛尔酮、二氢猕猴桃内酯、巨豆三烯酮-A、巨豆三烯酮-B、巨豆三烯酮-C、巨豆三烯酮-D、3-羟基-β-二氢大马酮、法尼基丙酮、新植二稀。②烤烟中棕色化反应产物：糠醛、糠醇、2-乙酰呋喃、5-甲基糠醛、3，4-二甲基-2，5-呋喃二酮、2-乙酰基吡咯。③烤烟中苯丙氨酸类降解产物：苯甲醛、苯甲醇、苯乙醛、苯乙醇。

（2）测定步骤及方法。准确称取10.00g干烟样粉末，置于500ml圆底烧瓶中，加入500μl的内标，350ml蒸馏水和100g无水硫酸钠。加热蒸馏，当馏分到170ml时停止加热，加入20ml10%酒石酸溶液混匀，然后用60ml二氯甲烷萃取3次，萃取液经无水硫酸钠干燥后，50℃浓缩至1ml，用气质联用仪（GC/MS）进行分析。

4.1.4 数据分析

采用 SPSS22.0 软件对数据进行单因素显著性检验（SAS Institute Inc.，1989）。用LSD法在P=0.05水平进行多重比较。

4.2 结果与分析

4.2.1 钾肥施用量及基追比对烤烟生物量的影响

从图4-1a可以看出，在有机肥优化前提下，烟叶根系生物量随着钾施肥水平的增加而增加，表明施钾量的增加在一定程度上提高了烤烟根系活力。钾肥基追比对根系生长有显著性影响，尤其是在低钾水平下，随钾肥后移，根系生物量有显著提高趋势，即7∶3处理高于5∶5处理，高于3∶7处理。图4-1b显示出烤烟茎秆生物量的变化，在团棵期、旺长期时，不同施钾量茎秆生物量无显著性差异；但是在现蕾期、成熟期时，施钾水平对茎秆的生物量有显著性影响，随着施用钾量增加而增加；从钾肥基追比处理来看，现蕾期、成熟期时，低钾水平处理时随着基追比的增加茎秆生物量增加；在中高钾施用水平下，现蕾期、成熟期茎秆生物量在3个基追比处理之间无显著性差异。从图4-1c可以看出，烤烟烟叶生物量在旺长期、现蕾期以及成熟期时，随着施用钾水平的增加而增加，而随着钾肥基追比的增加，烟叶生物量有降低的趋势。

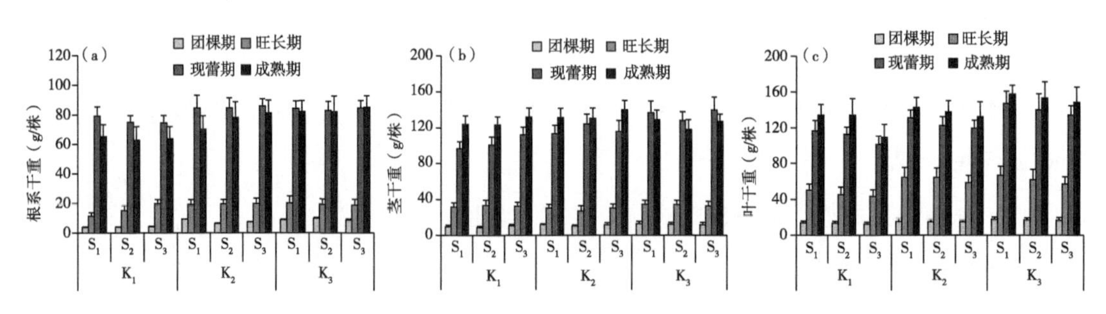

图4-1 钾肥施用量及基追比调控对烤烟生物量的影响

4.2.2 钾肥施用量及基追比调控对烤烟烟叶钾离子含量的影响

图4-2表明，随着生育期延长，烟叶中钾离子含量有降低的趋势；但是随着施用钾量的增加，烟叶中钾含量增加；生育前期不同基追比处理的烟叶钾离子含量差异不明显。而在现蕾期与成熟期时，3个施钾水平烟叶钾离子含量随着基追比7∶3、5∶5、3∶7有增加的趋势。

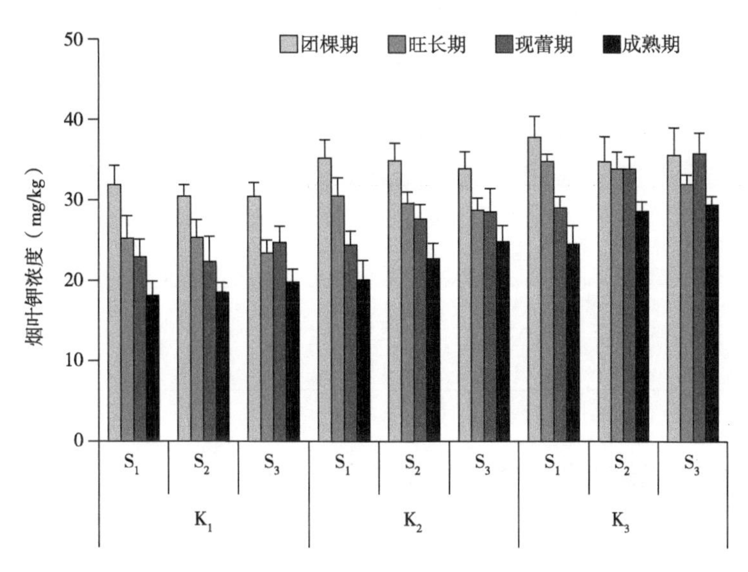

图4-2　钾肥施用量及基追比调控对烤烟烟叶钾离子含量的影响

从钾肥施用量及基追比调控对烤烟现蕾期、成熟期烟叶不同部位钾离子含量的影响来看（表4-1），低钾水平供应时，3个基追比水平对下、中、上部叶钾离子含量无显著性影响，但成熟期时烟叶3个部位的钾离子含量显著性降低；中、高钾水平供应时，现蕾期时下部叶烟叶钾离子含量最高，中部叶次之，上部叶最低，而成熟期时是上部烟叶钾离子含量最高，中部叶次之，下部叶最低。表明低钾水平时，烟叶整体钾水平较低，后期钾素向上部叶转移较少；而在中钾、高钾水平下，随着钾肥后移，基追比5：5和3：7处理成熟期钾离子从下部叶到中、上部叶转移，有效供应上部叶钾离子需求。

表4-1　钾肥施用量及基追比对烤烟现蕾期、成熟期烟叶不同部位钾离子含量影响（mg/kg）

生育期	处理		下部叶（X2F）	中部叶（C3F）	上部叶（B2F）
现蕾期（60d）	K_1	S_1	22.4 ± 2.2	21.1 ± 2.2	22.3 ± 2.2
		S_2	22.8 ± 3.1	21.5 ± 3.1	22.2 ± 3.1
		S_3	24.2 ± 2.0	22.3 ± 2.0	22.9 ± 2.0
	K_2	S_1	27.2 ± 1.7	24.8 ± 1.7	23.3 ± 1.7
		S_2	27.1 ± 1.8	25.9 ± 1.8	24.8 ± 1.8
		S_3	31.0 ± 2.9	27.4 ± 2.9	26.0 ± 2.9
	K_3	S_1	31.5 ± 1.4	30.0 ± 1.4	28.6 ± 1.4
		S_2	32.4 ± 1.5	30.1 ± 1.5	29.7 ± 1.5
		S_3	35.3 ± 2.6	32.8 ± 2.6	31.3 ± 1.6
成熟期（90d）	K_1	S_1	17.4 ± 2.0	17.5 ± 1.3	18.8 ± 1.7
		S_2	18.0 ± 0.6	18.8 ± 0.8	18.9 ± 0.8
		S_3	18.3 ± 1.2	17.9 ± 0.5	20.9 ± 0.9

（续表）

生育期	处理		下部叶（X2F）	中部叶（C3F）	上部叶（B2F）
成熟期（90d）	K_2	S_1	19.1 ± 1.8	22.7 ± 1.0	21.0 ± 1.0
		S_2	20.9 ± 1.4	23.6 ± 2.1	24.0 ± 1.1
		S_3	25.2 ± 2.0	23.9 ± 1.2	24.9 ± 0.8
	K_3	S_1	22.1 ± 1.6	23.2 ± 1.1	25.3 ± 1.3
		S_2	25.3 ± 1.2	25.9 ± 1.4	28.5 ± 1.5
		S_3	27.4 ± 1.8	28.7 ± 0.5	29.0 ± 1.9

4.2.3 钾肥施用量及基追比调控对土壤供钾能力的影响

如图4-3a所示，根际土壤速效钾含量随供钾水平提高而增加。低钾水平下，不同基追比之间根际土壤速效钾含量无显著性差异，而现蕾期、成熟期时，3∶7基追比供应时根际土壤速效钾含量低于7∶3、5∶5，表明低钾水平供应时，供钾水平不足；中钾水平供应时，旺长期、现蕾期时根际土壤速效钾含量最高。从3个基追比处理来看，在成熟期时，3∶7基追比供应时根际土壤速效钾含量低于7∶3、5∶5；高钾水平供应时，根际土壤速效钾含量在4个生育期无显著差异，但基追比显著影响现蕾期根际土壤速效钾含量，基追比3∶7最高，7∶3次之，而5∶5最低。

从根际土壤交换性钾水平来看（图4-3b），高钾水平现蕾期、成熟期根际土壤交换性钾含量显著高于低钾、中钾水平，而后两者之间无显著性差异；但在团棵期和旺长期根际土壤缓效钾含量在不同供钾水平和基追比之间无显著性差异。

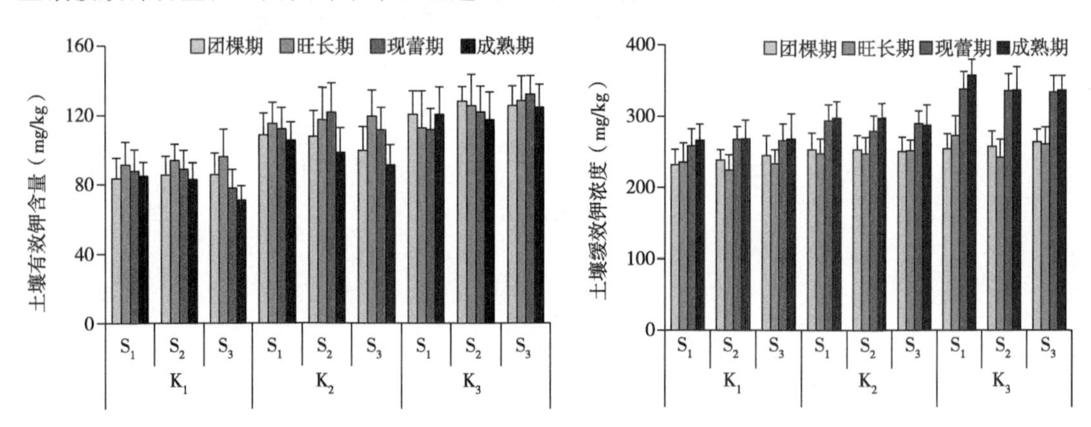

图4-3 钾肥施用量及基追比调控对烤烟根际土壤钾含量的影响

4.2.4 钾肥施用量及基追比调控对烤后烟叶常规化学成分含量的影响

如表4-2所示，从各个处理的烤烟中总糖含量（22%～29%）、还原糖（21%～27%）、总氮（1.6%～2.1%）、氮碱比（0.63～0.92）、糖碱比（8～12）、烟碱含量

（2.01%～2.54%）比较来看，有机肥碳氮比优化下，钾用量及其基追比可以有效地调控烤烟叶片的总氮、总烟碱和蛋白质含量，改善糖碱比，氮碱比趋于合理，从而改善烟叶品质，表明钾肥供应并基追比的调控可提高烟叶生长后期烟叶中钾的含量，改善烟叶的燃烧性。

表4-2 钾肥施用量及基追比调控对烤后烟叶常规化学成分含量的影响

烟叶部位	处理		总糖（%）	还原糖（%）	总烟碱（%）	总氮（%）	氯离子（%）	钾离子（%）	蛋白质（%）	还原糖/碱	氮/碱	还原糖/总糖
C3F	K_1	S_1	24.40	22.90	2.01	1.84	0.16	1.69	6.32	11.39	0.92	0.94
		S_2	22.90	23.60	2.23	1.79	0.16	1.75	6.74	10.58	0.80	1.03
		S_3	25.40	26.30	2.52	1.82	0.16	1.98	6.15	10.44	0.72	1.04
	K_2	S_1	26.90	23.00	2.41	1.88	0.16	2.27	6.57	9.54	0.78	0.86
		S_2	28.40	24.70	2.46	1.91	0.16	2.64	6.99	10.04	0.78	0.87
		S_3	28.90	26.40	2.39	1.84	0.16	2.67	7.99	11.05	0.77	0.91
	K_3	S_1	25.40	23.10	2.41	1.86	0.16	2.66	8.20	9.59	0.77	0.91
		S_2	25.20	24.40	2.32	1.85	0.16	2.62	7.78	10.52	0.80	0.97
		S_3	24.42	23.70	2.29	1.67	0.16	2.92	6.19	10.35	0.73	0.97
B2F	K_1	S_1	23.90	22.03	2.54	1.92	0.17	2.28	6.50	8.67	0.76	0.92
		S_2	22.14	22.06	2.54	1.85	0.17	2.39	6.88	8.69	0.73	1.00
		S_3	24.90	22.09	2.54	1.60	0.17	2.29	6.54	8.70	0.63	0.89
	K_2	S_1	25.40	23.12	2.32	1.84	0.17	2.30	6.62	9.97	0.79	0.91
		S_2	24.90	23.15	2.35	2.08	0.17	2.30	7.00	9.85	0.89	0.93
		S_3	24.40	23.80	2.31	1.86	0.15	2.39	6.44	10.30	0.81	0.98
	K_3	S_1	23.90	22.40	2.25	1.91	0.17	2.43	9.04	9.96	0.85	0.94
		S_2	22.30	22.00	2.23	2.01	0.13	2.45	8.33	9.87	0.90	0.99
		S_3	22.40	21.70	2.27	1.97	0.13	2.50	7.92	9.56	0.87	0.97

4.2.5 钾肥施用量及基追比调控对烤后烟叶中性香气成分含量的影响

本研究表明，在所有处理下，能够检测出的28种中性致香成分，有类胡萝卜素类15种、类西柏烷类3种、苯丙氨酸类5种、棕色化产物类5种。由表4-3、表4-4可知，3个钾水平处理下，烟叶中性致香物质的种类基本相同，但低钾处理时中性致香物质总含量低于中钾、高钾处理时（除新植二烯外），并且部位间也有明显的差异。在所测定的28种主要中性致香物质中，上部叶中性致香物质略低于中部叶，且中、高钾处理时中性致香物质含量有不同程度提高；同时3个钾水平下，随着基追比7：3、5：5、3：7处理时中部叶中性致香物质显著提高；但是低钾水平时，3个基追比处理的上部叶中性致香物质含量无显著性差异，而中、高钾供应时，随基追比7：3、5：5、3：7处理上部叶中性致香物质含量有小幅或显著增加，表明中高钾水平处理下，提高后期施钾比例（基追比调控）对提高烟叶尤其是上部叶烟叶中性致香物质含量效果显著，提高了上部叶的品质。

表4-3　钾肥施用量及基追比调控烤后中部烟叶（C3F）中性香气成分含量（μg/g）

香气物质	K_1			K_2			K_3		
	S_1	S_2	S_3	S_1	S_2	S_3	S_1	S_2	S_3
糠醛	14.80	14.60	14.20	14.90	15.70	15.70	21.20	21.50	19.70
糠醇	2.63	2.90	2.17	2.64	2.71	2.72	3.31	3.79	3.85
2-乙酰呋喃	1.12	1.10	1.16	1.65	1.63	1.65	2.54	1.92	1.75
5-甲基糠醛	2.39	2.70	2.15	2.60	2.35	2.50	2.77	2.95	2.83
苯甲醛	2.66	2.30	2.94	3.36	3.25	2.99	3.78	5.11	4.21
6-甲基-5-庚烯-2-酮	1.78	1.82	1.72	1.87	1.77	1.79	2.17	2.43	2.98
苯甲醇	5.17	4.99	4.99	5.47	5.38	5.69	6.53	6.31	7.62
3，4-二甲基-2，5-呋喃二酮	0.80	0.71	0.74	0.85	0.84	0.81	0.94	0.89	0.97
苯乙醛	4.23	4.76	4.88	4.05	5.51	4.58	4.62	4.87	4.11
2-乙酰基吡咯	1.89	1.78	1.77	1.74	1.62	1.78	1.84	1.91	1.86
芳樟醇	2.74	2.66	2.79	3.13	3.13	2.98	3.18	3.24	3.47
苯乙醇	3.29	3.14	3.16	3.28	3.28	3.32	3.52	3.53	3.98
氧化异佛尔酮	0.31	0.30	0.33	0.32	0.31	0.33	0.39	0.39	0.42
吲哚	1.70	1.64	1.48	1.32	1.38	1.39	1.42	1.52	1.57
4-乙烯基-2-甲氧基苯酚	5.86	7.33	7.04	3.55	6.56	5.48	3.29	3.99	5.36
茄酮	97.30	97.30	94.40	95.40	104.60	112.00	113.90	121.30	125.60
β-大马酮	33.40	31.30	34.00	35.20	35.50	35.40	35.60	35.90	35.10
香叶基丙酮	2.38	2.46	2.18	3.13	3.23	3.43	5.28	5.63	7.36
脱氢-*β*-紫罗兰酮	0.12	0.11	0.13	0.14	0.13	0.13	0.13	0.13	0.13
二氢猕猴桃内酯	3.46	3.61	3.56	3.53	3.59	3.61	3.34	3.39	3.38
巨豆三烯酮1	2.38	2.53	1.93	2.56	2.64	2.47	2.45	2.84	2.73
巨豆三烯酮2	10.60	10.60	10.40	11.10	11.50	10.60	12.10	11.50	12.90
巨豆三烯酮3	2.25	2.34	2.38	2.76	2.67	2.31	3.11	2.94	2.88
三羟基-*β*-二氢大马酮	1.48	1.42	1.56	1.35	1.78	1.45	2.15	1.86	1.60
巨豆三烯酮4	10.20	12.30	10.10	13.20	13.00	12.90	12.70	12.10	12.70
螺岩兰草酮	0.16	0.18	0.19	0.23	0.23	0.23	0.23	0.24	0.25
法尼基丙酮	12.35	12.65	12.29	15.19	16.78	18.29	17.32	17.16	16.98
新植二烯	1 468	1 462	1 499	1 421	1 399	1 198	1 511	1 411	1 326
合计（除新植二烯外）	227.50	229.60	224.60	234.50	250.90	256.50	269.70	279.30	286.20

表4-4 钾肥施用量及基追比调控烤后上部烟叶（B2F）中性香气成分含量（μg/g）

香气物质	K_1			K_2			K_3		
	S_1	S_2	S_3	S_1	S_2	S_3	S_1	S_2	S_3
糠醛	21.11	21.68	22.25	22.89	23.29	23.76	23.13	23.10	23.67
糠醇	2.98	2.98	2.97	2.84	2.95	2.97	4.54	4.79	4.89
2-乙酰呋喃	1.12	1.10	1.16	1.65	1.63	1.65	2.54	1.92	1.75
5-甲基糠醛	2.52	2.57	2.55	2.68	2.65	2.65	2.79	2.99	2.98
苯甲醛	2.76	2.83	3.11	3.37	3.29	3.21	3.78	3.01	3.21
6-甲基-5-庚烯-2-酮	1.99	2.08	1.98	1.97	1.91	1.94	2.21	2.48	3.03
苯甲醇	5.17	4.99	4.99	5.47	5.38	5.69	6.53	6.31	7.62
3，4-二甲基-2，5-呋喃二酮	0.80	0.71	0.74	0.85	0.84	0.81	0.94	0.89	0.97
苯乙醛	4.11	5.42	4.23	4.15	4.21	4.18	4.22	3.67	4.32
2-乙酰基吡咯	1.76	1.77	1.82	1.84	1.92	1.79	1.88	1.87	1.78
芳樟醇	2.75	2.64	2.87	3.11	3.11	3.05	3.12	3.12	3.22
苯乙醇	3.23	2.84	3.12	3.11	3.12	3.21	3.22	3.23	3.18
氧化异佛尔酮	0.35	0.33	0.37	0.39	0.30	0.34	0.36	0.31	0.31
吲哚	1.67	1.67	1.59	1.47	1.49	1.42	1.47	1.53	1.59
4-乙烯基-2-甲氧基苯酚	3.75	3.78	3.65	3.84	3.74	3.91	3.93	3.98	3.87
茄酮	78.46	78.34	78.67	83.25	84.45	91.24	95.56	97.65	98.65
β-大马酮	23.43	24.56	24.73	25.45	26.43	26.78	26.34	26.89	26.58
香叶基丙酮	2.43	2.49	2.43	3.11	3.12	3.13	4.16	4.27	5.39
脱氢-β-紫罗兰酮	0.12	0.11	0.13	0.14	0.13	0.13	0.13	0.13	0.13
二氢猕猴桃内酯	2.12	2.11	2.26	2.42	2.67	2.68	3.11	3.21	3.23
巨豆三烯酮1	2.43	2.44	2.33	2.64	2.56	2.58	2.57	2.74	2.79
巨豆三烯酮2	12.14	12.67	12.76	12.64	12.68	12.42	12.82	12.78	12.79
巨豆三烯酮3	2.61	2.66	2.69	2.76	2.79	2.88	2.99	2.96	3.11
三羟基-β-二氢大马酮	1.51	1.55	1.57	1.56	1.69	1.70	2.55	1.99	1.86
巨豆三烯酮4	9.36	9.99	10.01	11.54	12.36	12.76	12.98	12.99	12.76
螺岩兰草酮	0.19	0.17	0.21	0.22	0.21	0.22	0.21	0.21	0.21
法尼基丙酮	13.95	13.95	13.95	15.56	16.67	17.57	17.89	17.99	17.34
新植二烯	1 672	1 369	1 087	1 266	1 381	1 163	1 501	1 422	1 393
合计（除新植二烯外）	204.8	208.4	209.1	220.9	225.6	234.7	246.0	247.0	251.2

4.3 讨论

4.3.1 钾肥用量及基追比对沙泥田烤烟钾吸收的影响

烟叶含钾量是衡量烟叶品质优劣的一个重要指标，其高低与烟叶品质密切相关。杨铁钊、徐晓燕等研究表明，钾肥过量、过早施入，质地较重的土壤对钾固定增多，而质地较轻的土壤遇强降雨，会导致钾的流失，都降低钾肥利用率。杨铁钊等研究表明，烤烟对钾的积累主要在移栽后30～40d（团棵期），而在移栽后90～110d（成熟期）钾积累缓慢，最后出现负增长现象；而郑宪滨等研究指出，只有持续有效供给烤烟充足钾素，才能使烟叶含钾量保持较高水平。戴勋、王毅等研究表明，团棵期、打顶期分次追施钾肥比团棵期一次等量追施的烟叶品质更好，且随钾肥追施量增加，烟叶总糖量不断增加，烟碱呈降低趋势。本研究结果表明，钾用量及其基追比可以有效地调控烟叶总氮、总烟碱和蛋白质含量，增加钾肥供应及钾肥适当后移可以改善烟叶糖碱比和氮碱比，从而提高烟叶品质，表明钾肥供应和基追比的调控可提高烟叶生长后期烟叶中钾含量，改善烟叶的燃烧性。

本研究发现，随着生育期延长，烟叶中钾含量呈降低趋势，但随着施钾量增加，烟叶中钾含量增加；3个钾水平下，在现蕾期与成熟期烟叶钾含量随基追比7：3、5：5、3：7有增加趋势，特别是高钾水平处理时，烟叶钾含量最高，这与张翔、张明发、戴勋等研究一致，表明烤烟在生长后期可能仍具有一定的钾积累能力，打顶后追施一定量的钾肥可提高成熟期烟叶的含钾量和钾肥利用率这一结论相吻合。低钾水平供应时，烟叶整体钾供应水平受到限制，3个基追比处理其现蕾期、成熟期烟叶钾向中、上部叶片转移较少；而中、高钾供应时，基追比7：3处理其成熟期烟叶钾离子向中、上部叶片转移较少，但基追比5：5和3：7处理其成熟期烟叶钾离子从下部叶到中、上部叶转移，有效供应上部叶钾离子需求，这与不同生育期根际土壤速效钾和交换性钾含量的变化也是一致的。

4.3.2 钾肥用量及基追比对沙泥田烤烟香气改善的影响

烟草香味物质的形成是一种生理生化过程，受到遗传基因、环境条件、栽培措施和调制、陈化等过程的综合影响。在钾肥总量不变的条件下，增加追肥比例可显著增加烟叶致香物质含量。何永秋，叶协锋等研究表明在普通施钾肥基础上配施缓效钾肥、腐殖酸钾肥、生物钾肥均可提高烟叶中性致香成分。刘国顺等研究也显示，提高钾肥施用量可提高中部叶中性致香物质含量。代晓燕等研究表明，增施钾肥不仅影响中性致香物质总量、棕色化降解产物和类西柏烷类降解产物量，还可明显提高上部叶类胡萝卜素降解产物、芳香类氨基酸降解产物及新植二烯等致香物质含量。本研究发现，在3个钾水平处理下，烟叶中性致香物质的种类基本相同，但低钾处理时中性致香物质总量低于中、高钾处理时（除新植二烯外），且部位间也有明显的差异。在所测定的28种主要中性致香物质中，上部叶中性致香物质略低于中部叶。在三个钾水平下，随基追比7：3、5：5、3：7处理的中部叶中性致香物质含量显著提高。对于上部叶来说，低钾水平时，不同基追比处理之间无显著性差异，而中、高钾供应时，在一定程度上随基追比7：3、5：5、3：7处理其上部叶中性致香物质含量小幅或显著增加。由此可见，中、高钾水平处理下，提高后期施钾水平（基追比调控）可以显著提高烟叶尤其是上部烟叶中性致香物质含量。

4.4 结论

（1）有机肥优化前提下，随施钾量增加，根际土壤速效钾、烟叶生物量和烟叶含钾量均有提高趋势；且随钾肥后移（基追比下降），现蕾期与成熟期烟叶钾含量呈增加趋势；尤其在中、高钾供应时，提高后期施钾水平可有效提高下部叶片钾向中、上部叶片转移和再分配，满足成熟期烟叶整体钾需求。

（2）钾用量及基追比有效调控烟叶总氮、总烟碱和蛋白质含量，改善糖碱比，氮碱比趋于合理，提高后期烟叶中钾含量，改善烟叶燃烧性，改善烟叶品质。

（3）低钾处理烟叶中性致香物质总量低于中、高钾处理，上部叶中性致香物质低于中部叶；中、高钾处理，提高后期施钾水平（基追比调控）对提高烟叶尤其是上部叶片中性致香物质含量效果显著。

5 不同烤烟品种对磷素吸收动力学参数特征研究

磷是重要的生命元素，是烤烟体内许多有机化合物的组成成分，与烤烟的新陈代谢和生长发育状况密切相关，在细胞膜结构、物质代谢及信号传导、光合作用等方面都起着极为重要的作用。为了获得足够的磷营养，作物需要通过根系和根际过程有效利用土壤磷，根系主导的吸收过程是磷利用效率的关键，是保障作物高产、资源高效和环境保护的枢纽。研究表明，植物只能吸收利用无机态的正磷酸盐（$H_2PO_4^-$−P、$H_2PO_4^{2-}$−P、PO_4^{3-}−P）。大量研究已证明，植物对离子的吸收由高亲和力和低亲和力两个系统组成。由于土壤速效磷含量通常很低，植物主要通过高亲和力吸收系统吸收土壤中速效磷。低磷胁迫下，植物根系形态生理发生一系列变化，目前与磷酸盐吸收转运直接相关的基因就是5个烟草高亲和磷转运蛋白基因。而烟草吸磷能力是由土壤速效磷水平和自身的遗传因素共同决定的，不同烤烟品种的磷效率可能存在一定的差异。

一般认为植物从土壤中吸收磷是逆浓度梯度的主动耗能吸收过程，属于$H_2PO_4^-/H^+$共运机理，因此土壤磷浓度的改变必然影响烤烟的生理生长。植物对磷的亲和力通过对磷吸收水平进行有效的检测，而吸收动力学参数（K_m，V_{max}）可在一定程度上衡量植物根系对离子的吸收能力。张焕朝等研究认为植物之间或同种植物的不同品种之间，根系的吸收动力学特性不同，这说明植物根系的吸收动力学特性具有遗传性。Claassen、Drew等研究结果表明，根系吸收动力学特性是不同植物及相同植物不同品种间效率差异的一个重要因素，不同基因型植物根系对营养离子的吸收特性具有较大的差异。

华南红壤对磷的固定能力很强，导致土壤速效磷含量很低。在华南烟草生产中，烟农一次性或高浓度磷肥施用现象突出，且不考虑烤烟品种而盲目施肥，造成资源浪费及烤烟品质量的下降。本试验通过不同烤烟品种在不同磷浓度培养下，研究不同品种烤烟根系对磷素的吸收能力及其对磷浓度的适应范围，分析其吸收动力学参数特征，以期为理解不同品种烤烟对不同磷浓度下磷素吸收特征提供依据。

5.1　材料与方法

5.1.1　试验材料

供试不同基因型烤烟品种“K326”“粤烟97”和“粤烟98”，由广东省烟草南雄科学研究所（广东烟草粤北烟叶生产技术中心）提供。

5.1.2　试验设计

试验安排在广东省烟草南雄科学研究所试验基地，采用盆栽沙培试验。于2015年8月17日进行漂浮育苗，于2015年10月19日进行移栽，移栽到盛有石英砂的塑料盆，每盆3株，塑料盆规格为上沿直径23.5cm，高25cm，体积为0.01m^3，石英砂总重6kg。移栽后用营养液进行浇灌，营养液采用单子叶营养液，基本营养液配方（mol//L）：$Ca(NO_3)_2 \cdot 4H_2O$ 2.0×10^{-3}，K_2SO_4 0.75×10^{-3}，KCl 0.1×10^{-3}，KH_2PO_4 0.25×10^{-3}，$MgSO_4 \cdot 7H_2O$ 0.65×10^{-3}，H_3BO_3 1.0×10^{-6}，$MnSO_4 \cdot H_2O$ 1.0×10^{-6}，$ZnSO_4 \cdot 7H_2O$ 1.0×10^{-6}，$CuSO_4 \cdot 5H_2O$ 1.0×10^{-7}，$(NH_4)_6Mo_7O_{24} \cdot 4H_2O$ 5.0×10^{-9}，EDTA-NaFe 0.1×10^{-3}。

沙培试验初始营养液为1/2浓度的上述营养液，三叶一心后为完全营养液。之后连续10d进行不同磷浓度梯度水平营养液浇灌处理。磷浓度（$H_2PO_4^-$-P）梯度水平为：0.05mmol/L、10mmol/L、20mmol/L。处理10d后对不同基因型烤烟幼苗进行磷素（$H_2PO_4^-$-P）吸收动力学参数测定。

5.1.3　磷的吸收动力学参数测定

磷的吸收速率参数测定采用（$H_2PO_4^-$-P）浓度梯度法。$H_2PO_4^-$-P浓度分别为1mmol/L、2mmol/L、4mmol/L、6mmol/L、8mmol/L、10mmol/L；把经磷饥饿处理2d的植株洗净移入100ml烧杯中（每杯1株），每个磷吸收浓度重复3次，吸收2h之后取出，冲洗根系，分别称根系和地上部鲜重，采用紫外分光光度计法测定吸收前后溶液中$H_2PO_4^-$-P浓度的变化，根据吸收前后溶液$H_2PO_4^-$-P浓度的变化量计算单位鲜根重在单位时间内的$H_2PO_4^-$-P净吸收量，即根系对磷的净吸收速率。

采用Michaelis-Menten方程的Hofstee转换式处理数据，求出吸收动力学参数V_{max}（最大吸收速率）和K_m（表观米氏常数）。

5.1.4　吸收速率计算及处理

磷素吸收速率计算，即单位烤烟根系鲜重吸收磷素速率，用下式计算：$V=(C_0-C_t) \times U/(t \times m)$。式中：$V$为磷素吸收速率［μmol（g/h）］；$C_0$为试验开始时培养液中磷素浓度（μmol/L）；$C_t$为试验结束时培养液中磷素浓度（μmol/L）；$U$为营养液体积（L）；$t$为试验时间（h）；$m$为烤烟根系鲜重（g）。数据采用DPS和Excel 2010软件进行分析及作图。

5.2 结果与分析

5.2.1 不同浓度$H_2PO_4^-$-P处理对不同基因型烤烟根系、地上部生长的影响

图5-1表明，不同浓度$H_2PO_4^-$-P处理的“K326”“粤烟97”其根系、地上部鲜重均无显著差异（$P<0.05$）；与高磷（20mmol/L）处理相比，“粤烟98”其根系鲜重低磷（0.05mmol/L）及中磷（10mmol/L）处理时均不显著差异，但低磷与中磷处理之间差异显著（$p<0.05$），其地上部鲜重在磷处理间差异不显著。中、高磷处理时，“粤烟98”根系鲜重显著高于“K326”“粤烟97”时，而低磷处理时差异不显著。中磷处理时，“粤烟98”地上部鲜重显著高于“K326”“粤烟97”时，低、高磷处理时差异不显著。

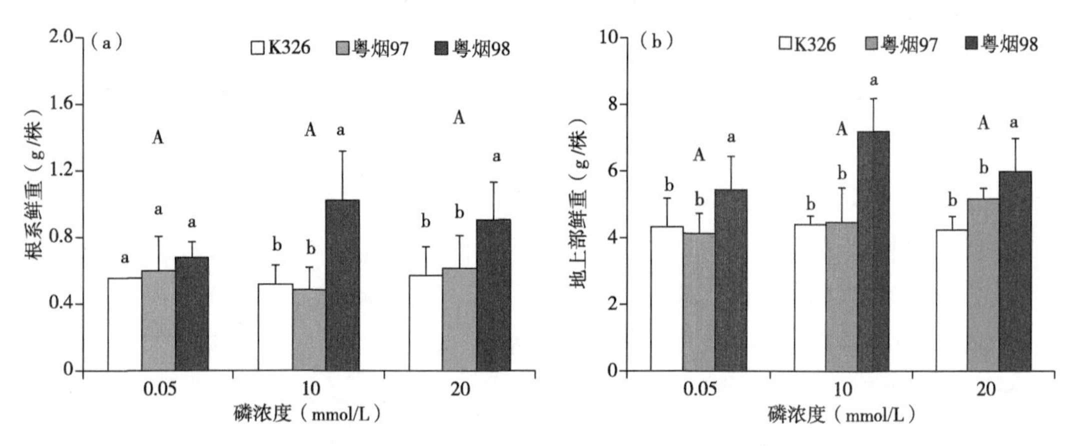

图5-1 不同浓度$H_2PO_4^-$-P对不同品种烤烟根系（a）和地上部（b）生长的影响

5.2.2 不同浓度$H_2PO_4^-$-P处理对不同基因型烤烟根系、地上部磷含量的影响

由图5-2可以看出，3个基因型烤烟其根系和地上部磷含量均随磷浓度增大而增加，但品种间增加幅度有所差异。在相同磷浓度处理下，根系磷含量在基因型间无显著差性异，但地上部磷含量在中磷处理时“粤烟97”与“粤烟98”差异显著，其他基因型间差异不显著（$p<0.05$）。

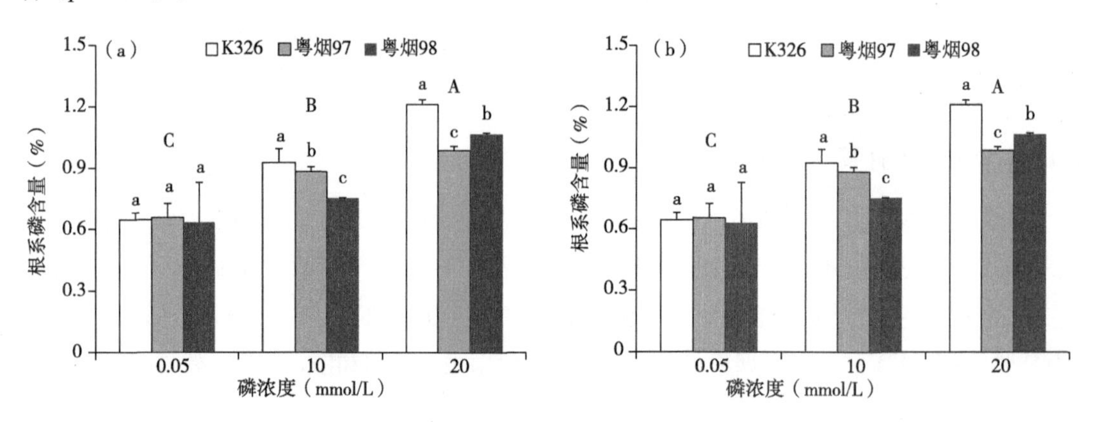

图5-2 不同浓度$H_2PO_4^-$-P对不同品种烤烟根系（a）和地上部（b）磷含量的影响

5.2.3　不同浓度$H_2PO_4^-$-P处理对不同基因型烤烟磷素吸收速率的影响

各基因型烤烟对$H_2PO_4^-$-P的吸收速率随溶液$H_2PO_4^-$-P浓度增大而增加。各基因型烤烟$H_2PO_4^-$-P吸收曲线均符合Michaelis-Menten方程；低浓度磷（0.05mmol/L）处理时，$H_2PO_4^-$-P的吸收速率表现为“K326”＞“粤烟97”＞“粤烟98”（图5-3a）；中浓度磷（10mmol/L）处理时，$H_2PO_4^-$-P的吸收速率表现为“K326”≈“粤烟97”＞“粤烟98”（图5-3b）；高浓度磷（20mmol/L）处理时，$H_2PO_4^-$-P的吸收速率表现为“K326”对＞“粤烟97”≈“粤烟98”（图5-3c）。

当烤烟K_m值最小，即其亲和力最大时，“粤烟97”对$H_2PO_4^-$-P的吸收速率显著高于“K326”“粤烟98”；当烤烟K_m值最大，即其亲和力最小时，“K326”对$H_2PO_4^-$-P的吸收速率显著高于“粤烟97”，后者显著高于“粤烟98”。中、高磷浓度时各基因型烤烟根系对磷素吸收速率增加。低磷浓度“K326”对$H_2PO_4^-$-P的吸收速率增加，而“粤烟97”“粤烟98”磷素吸收速率无显著性影响。

由图5-3可以看出，在磷浓度下“K326”对$H_2PO_4^-$-P吸收速率均高于其他基因型，其吸收速率表现为低磷处理［63.29μmol/（g·FW·h）］＞中磷处理［56.82μmol/（g·FW·h）］＞高磷处理［47.17μmol/（g·FW·h）］；K_m值反而在高磷处理时最小，其亲和力最大。“粤烟97”其对$H_2PO_4^-$-P的吸收速率表现为中磷处理［69.44μmol/（g·FW·h）］＞低磷处理［28.09μmol/（g·FW·h）］＞高等磷处理［15.75μmol/（g·FW·h）］，且K_m值最小，吸收速率最大。“粤烟98”对$H_2PO_4^-$-P的吸收速率表现为高磷处理［15.67μmol/（g·FW·h）］＞低磷处理［14.16μmol/（g·FW·h）］＞中磷处理［11.78μmol/（g·FW·h）］，且K_m值最小，其吸收速率最大。上述结果表明，不同磷浓度处理对不同基因型烤烟其$H_2PO_4^-$-P的吸收速率影响较大。

5.2.4　不同浓度$H_2PO_4^-$-P处理对不同基因型烤烟磷素吸收动力学特征的影响

按照Michaelis-Menten方程的Hofstee转换式处理数据，得到不同磷处理对不同基因型烤烟$H_2PO_4^-$-P吸收的最大速率（V_{max}）和米氏常数（K_m）。上述两个参数可表征养分离子吸收动力学过程及特点。V_{max}表示离子吸收所能达到的最大速率，V_{max}愈大，离子吸收的内在潜力愈大。K_m表示根系吸收位点对离子的亲和力大小，K_m愈小，亲和力愈大。

由表5-1可知，无论是低磷处理还是高磷处理，“K326”对$H_2PO_4^-$-P吸收的最大速率V_{max}值均高于同浓度磷处理的“粤烟97”“粤烟98”的最大吸收速率V_{max}值，但K_m值变化不同。低磷处理，与“K326”相比，“粤烟97”“粤烟98”最大吸收速率V_{max}值分别降低1.25倍、3.50倍，但“粤烟97”的亲和力增加30%，“粤烟98”亲和力降低24%。中磷处理，与“K326”相比，“粤烟97”最大吸收速率V_{max}值增加9%，但亲和力降低50%，而“粤烟98”最大吸收速率V_{max}值降低3.8倍，但亲和力增加17%。高磷处理，与“K326”

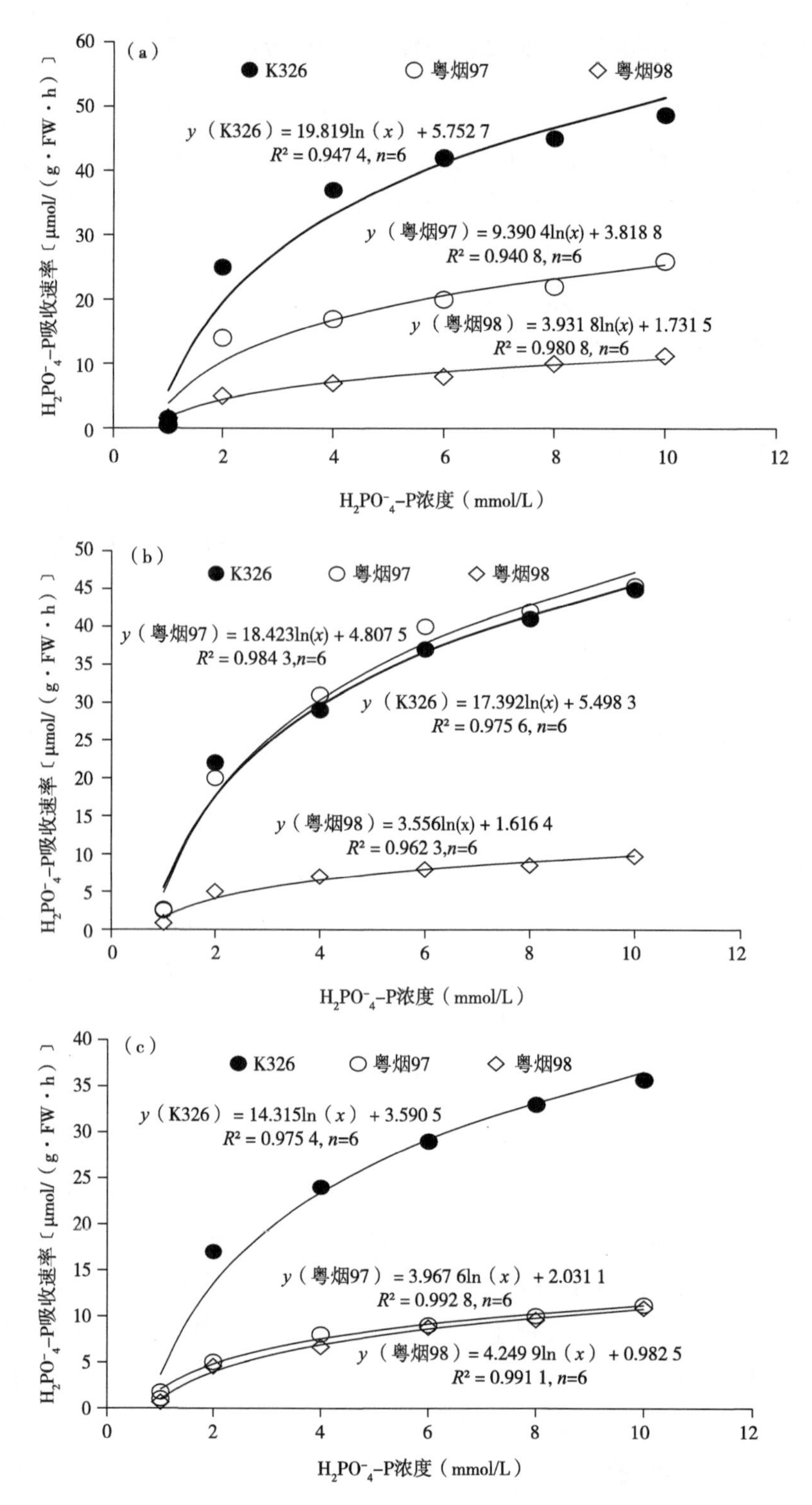

图5-3 不同浓度$H_2PO_4^-$-P处理对不同基因型烤烟磷素吸收动力学曲线

a：0.05mmol/L；b：10mmol/L；c：20mmol/L

相比，“粤烟97”“粤烟98”最大吸收速率V_{max}值均降低2.0倍，但“粤烟97”亲和力降低3%，“粤烟98”亲和力降低13.7%。

上述结果表明，不同浓度$H_2PO_4^-$-P处理对不同基因型烤烟磷素吸收参数影响较大。“K326”随磷浓度增加其$H_2PO_4^-$-P最大吸收速率V_{max}值降低，但K_m值减小，其亲和力增大。“粤烟97”“粤烟98”对$H_2PO_4^-$-P吸收的最大速率V_{max}值在中、高磷处理时，且K_m值最小，其亲和力最大。低、高磷处理时“粤烟97”对$H_2PO_4^-$-P吸收的最大速率V_{max}值大于“粤烟98”，但低磷浓度时“粤烟97”对磷素的亲和力小于“粤烟98”。

表5-1　不同浓度$H_2PO_4^-$-P处理对不同基因型烤烟磷素吸收动力学参数

品种	$H_2PO_4^-$-P浓度（mmol/L）	V_{max} [μmol/（g·FW·h）]	K_m（mmol/L）	R^2
K326	0.05	63.29	0.329 2	0.996 7
	10	56.82	0.306 1	0.976 3
	20	47.17	0.227 9	0.994 6
粤烟97	1	28.09	0.470 9	0.926 9
	10	69.44	0.203 4	0.996
	20	15.75	0.235 4	0.99 3
粤烟98	0.05	14.16	0.265 5	0.969 8
	10	11.78	0.367 1	0.992 5
	20	15.67	0.200 4	0.992 7

注：R^2表示$1/V$与$1/S$的相关系数；V指$H_2PO_4^-$-P最大吸收速率；S指底物浓度

5.3　讨论

植物根系吸收生理学特性的表征主要是通过吸收动力学参数来描述。V_{max}主要体现离子载体的运转速度，而K_m主要体现离子与载体之间的亲和性。本研究表明，经过不同浓度磷处理后，不同基因型烤烟对磷素吸收符合离子吸收动力学模型，其动力学参数表现为烤烟品种”K326”随磷浓度的增加V_{max}值增大，K_m值增加，“粤烟97”在中磷浓度处理时V_{max}值最大，K_m值最小，“粤烟98”在高磷浓度处理时V_{max}值最大，K_m值最小。

长期缺磷和高磷处理时3个基因型烤烟对$H_2PO_4^-$-P的吸收速率具有较大差异。孙海国、张福锁等研究表明，低磷胁迫下根系磷吸收能力的增加及植株磷利用效率的提高是植物适应低磷胁迫的重要基础。刘灵、廖红等通过研究表明，低磷条件下植物通过增加磷素在体内的高效转运和合理利用提高其磷利用效率。于福同、贾宏昉等研究表明，在缺磷条件下，植物通过诱导合成负责高亲和力吸收系统的磷转运蛋白来提高对土壤中速效磷的吸收能力。本研究表明，低磷处理能够增加烤烟品种“K326”对$H_2PO_4^-$-P的吸收速率，但其亲和力降低；低磷处理降低“粤烟97”对$H_2PO_4^-$-P的吸收速率，而亲和力降低；低磷处理增加“粤烟97”对$H_2PO_4^-$-P的吸收速率，但其亲和力有所增加。李志洪等研究表明，高磷胁迫影响碳水化合物的分配与利用，磷胁迫初期，受磷胁迫信号诱导，同化产物向根系转运量增加。本研究表明，高磷处理降低“K326”对$H_2PO_4^-$-P的吸收速率，但其亲和力有所增加；高磷处理降低“粤烟97”对$H_2PO_4^-$-P的吸收速率，也降低其亲和力；高磷处理增加“粤烟98”对$H_2PO_4^-$-P的吸收速率，也增加其亲和力。

何文涛等在研究中指出，不同植物品种（基因型）对磷胁迫的适应能力和适应机制存在着差异，并导致植物在低磷下其磷素吸收和利用效率的遗传多样性。本研究表明，3个基因型烤烟经过高、中、低磷浓度处理后，发现3个基因型烤烟对磷素适应能力有所差别，“K326”能够适应较低的磷浓度环境，对高磷浓度表现不适应性，表现为高磷处理明显降低其对$H_2PO_4^-$-P的吸收速率；“粤烟97”能够适应中磷浓度，对过高、过低磷环境不适应性，表现为高、低磷浓度处理其对$H_2PO_4^-$-P的吸收速率及亲和力均下降；“粤烟98”对高、低磷浓度处理其对$H_2PO_4^-$-P的吸收速率均高于中磷浓度处理，更为适应较高的磷环境。

5.4 结论

（1）不同磷浓度处理后，各品种烤烟对$H_2PO_4^-$-P的吸收符合离子吸收动力学模型，其吸收动力学参数表现为$H_2PO_4^-$-P浓度处理后，V_{max}值与K_m值随浓度增加各品种间存在较大差异，“K326”“粤烟97”“粤烟98”的V_{max}值分别在低、中、高磷浓度为最大，而K_m值分别在高、中、高磷浓度处为最小，亲和力最大。

（2）低磷浓度（0.05mmol/L）处理时，“K326”对$H_2PO_4^-$-P的吸收速率＞“粤烟97”＞“粤烟98”；中磷浓度（10mmol/L）处理时，“K326”对$H_2PO_4^-$-P的吸收速率≈“粤烟97”＞“粤烟98”；高磷浓度20mmol/L）处理时，“K326”对$H_2PO_4^-$-P的吸收速率＞“粤烟97”≈“粤烟98”。

（3）经过高、中、低磷浓度处理后，3个基因型烤烟对磷素适应能力有所差别，“K326”适应低磷环境，对高磷环境表现不适应性；“粤烟97”适应中磷环境，对过高、过低磷环境不适应性；“粤烟98”对高、低磷浓度处理其对$H_2PO_4^-$-P的吸收速率均高于中磷浓度，更为适应较高的磷环境。

6 不同生育期水分亏缺对烤烟干物质积累与代谢酶活性的影响

烤烟是一种以质量为主、兼顾产量的特殊叶用经济作物。合理的栽培管理措施是烟叶产量、质量形成的关键，不仅影响烟株生长发育状况，而且对烟叶质量风格特色有重要影响。土壤水分是优质烟生产的关键因素之一，对烤烟生长发育、生理生化过程、烟叶的产量、质量及肥料利用率都有十分显著的影响。水分胁迫与烟草生长及品质关系密切，它能够使烤烟分生组织细胞分裂受到抑制，蛋白质等大分子物质产生量减少，植株正常代谢紊乱，植株生长矮小，降低烟叶的品质。而土壤水分亏缺对烤烟生理特性及品质的负面影响很难逆转，适宜的土壤含水量，使土壤水分和空气湿度得到合理的调节，烟株体内水分达到动态平衡，生理上正常代谢，烟株的正常生长发育，有利于烟叶产量和品质的形成。

烟叶既是光合作用又是储存光合产物的主要器官，且收获烟叶是烤烟种植的主要目的。而烤烟属高耗水作物，其烟叶田间蒸腾系数约500，在灌溉充足条件下田间蒸腾系数甚至高达1 000。研究表明，烤烟主要生育时期对水分的需求存在差异，旺长期耗水量最大，成熟期次之，而在旺长期及其成熟期易遭受伏旱，不利于烤烟后期生长和实现稳产。尽管广东烤烟产区水资源虽较丰富，但由于区域分布不均，且土壤保水性差，土壤水有效性低。而不同生育期内水分管理对烤烟烟叶生长及其代谢酶活性研究却鲜见报道。本试验通过盆栽试验研究了不同生育期内水分亏缺管理对烤烟干物质积累的影响及其烟叶生理代谢酶活性的调控，以期为制定合理的水分管理，开发南雄浓香型风格特色优质烟叶生产技术体系提供理论依据。

6.1 材料与方法

6.1.1 试验材料

供试烤烟品种为“粤烟98”，由广东省烟草南雄科学研究所提供，采用盆栽试验，每盆装土20.0kg，其中泥炭土4.0kg、红沙泥6.0kg、紫砂土10.0kg混合均匀待装盆。混合土壤含水量9.85%，最大田间持水量（θf）为27.83%。

6.1.2 试验设计

本试验设5个处理：T_1，正常施肥下正常供水，伸根期55%～65%θf，旺长期75%～80%θf，成熟期65～70%θf；T_2，正常施肥下伸根期亏水，伸根期20%～30%θf，旺长期75%～80%θf，成熟期65%～70%θf；T_3，正常施肥下旺长期亏水，伸根期55%～65%θf，旺长期30%～40%θf，成熟期65%～70%θf；T_4，正常施肥下成熟期亏水，伸根期55%～65%θf；旺长期75%～80%θf，成熟期20%～30%θf；T_5，不施肥下正常供水，伸根期55%～65%θf，旺长期75%～80%θf，成熟期65%～70%θf。每个处理植烟24盆，每盆植烟1株，共120盆（株），每盆（株）施用烟草专用复合肥（N：P_2O_5：K_2O=13.0：9.0：14.0）76.92g；施用硫酸钾（含K_2O44.5%）20.74g；每盆（株）总施N 10.00g、P_2O_5 6.92g、K_2O 20.00g。土壤装盆时，各中肥料一次性与土壤混匀施入。试验于2013年3月6日移栽前所有处理灌水至田间持水量的90%，即每盆浇水3.5L。

6.1.3 测定方法

试验分别于4月1日（团棵期）、4月18日（旺长期）、5月8日（成熟期）每个处理随机取烟株3盆（株）作为3次重复，用剪刀把烟株分为根、茎、烟叶，并用去离子水洗净，用吸水纸吸干后测定各器官鲜重，然后120℃杀青，60℃烘干至恒重，分别测定各器官的干重。同时试验过程中，分别于4月18日、5月28日、5月8日、6月14日每个处理分别随机取选取3盆（株），各株自上而下取第10片功能叶，然后分别测定叶绿素含量、硝酸还原酶活性以及淀粉酶活性。采用80%丙酮提取测定其叶绿素含量；采用α-萘胺比色法测定硝酸还原酶，以每克鲜重组织每小时还原生成NO_2^--N的量表示酶活性；3,5-，二硝基水杨酸法测定淀粉酶活性，以每克鲜重组织每分钟产生麦芽糖的毫克数表示酶活性。

6.1.4 数据统计与分析

所有数据采用SAS™软件（Version 8.02；SAS Institute，Cary，NC）进行单因素显著性检验，用LSD法在$P = 0.05$水平进行多重比较。

6.2 结果与分析

6.2.1 不同生育期水分胁迫对烟株物质积累的影响

表6-1所示，与伸根期正常水肥（T_1、T_3、T_4）处理相比，伸根期适度亏水（T_2）处理对团棵期根系干物质积累无显著影响，但显著增加茎干物质积累、降低叶及整株干物质积累；与正常水肥处理（T_1）相比，旺长期适度亏水（T_3）处理对根、叶及整株干物质积累无显著影响，但显著降低茎干物质积累；而团棵期适度亏水（T_2）对根、茎、叶及整株

干物质积累显著低于处理T_1，表明伸根期亏水对干物质积累效应具有一定滞后性。在成熟期时（5月8日），与正常水肥处理（T_1）相比，适度亏水处理（T_4）显著降低根、茎及整株干物质积累量。整个生育期不施肥处理（T_5）烟株各器官及整株干物质积累皆显著低于正常水肥处理（T_1）。

表6-1　不同生育期水分胁迫对烟株各器官干物质积累的影响

时间（月-日）	处理	干物质积累（g/株）				各器官干物质积累比例（%）		
		根	茎	叶	总和	根	茎	叶
4-1	T_1	1.94b[a]	1.89b	15.29c	19.12c	10.15c	9.88b	79.97a
	T_2	1.70b	2.08c	15.04b	18.82b	9.03b	11.05c	79.91a
	T_3	1.65b	1.41b	16.73c	19.79c	8.34a	7.12a	84.54a
	T_4	1.77b	1.89b	16.17c	19.83c	8.93a	9.53b	81.54a
	T_5	0.85a	0.79a	6.65a	8.29a	10.25c	9.53b	80.22a
4-18	T_1	4.31c	8.56d	20.12c	32.99c	13.06bc	25.95b	60.99a
	T_2	2.10a	5.18c	14.18b	21.46b	9.79a	24.14b	66.08b
	T_3	4.57c	4.90b	21.07c	30.54c	14.96c	16.04a	68.99b
	T_4	3.08b	4.73b	17.16bc	24.97b	12.33b	18.94ab	68.72b
	T_5	1.94a	3.12a	13.53a	18.59a	10.44ab	16.78a	72.78c
5-8	T_1	19.86c	21.23c	48.05b	89.14c	22.28b	23.82a	53.90a
	T_2	13.44b	18.69b	47.52b	79.65b	16.87a	23.47a	59.66b
	T_3	18.08c	19.40bc	49.74b	87.22c	20.73b	22.24a	57.03ab
	T_4	12.94b	18.33b	47.94b	79.21b	16.34a	23.14a	60.52b
	T_5	10.97a	16.68a	37.06a	64.71a	16.95a	25.78b	57.27ab

注：表中数据为4次测量的平均结果。[a]同一列中同一时间不同水平胁迫处理后面的不同字母表示在$P=0.05$水平差异显著

伸根期适度亏水，团棵时表现为茎干物质积累增加而叶及整株干物质积累下降，此后即使恢复正常水肥管理，旺长期结束时烟株各器官及整株干物质积累量仍显著低于对照处理；至成熟期时，叶干物质积累与对照处理无显著差异，但根、茎及整株干物质积累仍显著低于对照。表明团棵期亏水对中后期各器官干物质积累影响具有滞后性，且对根、茎干物质积累的抑制效应无法弥补。旺长期适度亏水显著降低茎干物质积累，但对根、叶及整株干物质积累无显著影响；此后恢复正常水肥管理，成熟期时烟株各器官干物质积累与对照无显著差异，说明旺长期适度亏水仅仅对旺长期茎干物质积累有显著抑制效应，但随着供水恢复，对烟株生育后期各器官干物质积累抑制效应消失。与对照相比，成熟期适度亏水显著降低根、茎及整株干物质积累，但对叶干物质积累无显著影响，但该时期是烟叶质

量形成的重要时期，可能对烟叶质量风格特色产生一定的影响。

6.2.2 不同生育期水分胁迫对烟株叶绿素含量的影响

从图6-1可以看出，与对照处理（T_1）相比，在旺长期末，伸根期适度亏水处理（T_2）显著降低叶绿素含量，而旺长期适度亏水处理（T_3）对叶绿素含量无显著影响；对照处理相比，团棵期（T_2）和成熟期适度亏水（T_4）显著降低叶绿素含量，而旺长期适度亏水（T_3）则对旺长期烟株叶绿素含量无显著影响；随着成熟期延后，在5月28日时，各处理烟株叶片叶绿素含量高低顺序为$T_1>T_2>T_3>T_4$，其中T_1、T_3和T_4间达到显著水平；至6月14日，处理T_2和T_3叶绿素含量显著高于处理T1和T4。从烟叶田间耐熟性角度来看，团棵期、旺长期适度亏水是有益的，而全生育期正常水分供应和成熟期亏水则加速烟株叶片变黄衰老进程。

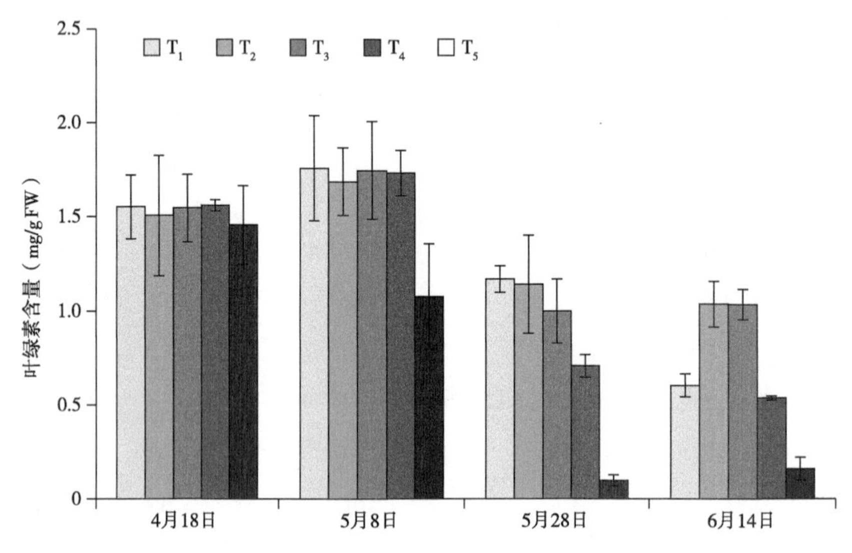

图6-1 不同生育期水分胁迫对烟叶叶片叶绿素含量的影响

6.2.3 不同生育期水分胁迫对烟株烟叶硝酸还原酶活性的影响

图6-2结果显示，与对照处理（T_1）相比，在旺长期末（4月18日），伸根期适度亏水处理（T_2）显著降低叶片硝酸还原酶活性，而旺长期适度亏水处理（T_3）则对此期烟株叶片硝酸还原酶活性无显著影响；在成熟前期（5月8日）时，团棵期和成熟期适度亏水处理（T_2和T_4）烟株叶片硝酸还原酶活性与对照处理无显著差异，而旺长期适度亏水处理（T_3）硝酸还原酶活性显著低于对照处理；在烟株进入成熟中后期时，对照处理（T_1）硝酸还原酶活性急剧下降，其中在5月28日时，团棵期和旺长期适度亏水处理（T_2和T_3）硝酸还原酶活性显著高于其他各处理，在成熟后期（6月14日）时，处理T_3烟株叶片仍然保持着较高的硝酸还原酶活性，这充分说明旺长期适度亏水对提升烟株叶片田间耐熟性有显著效应。

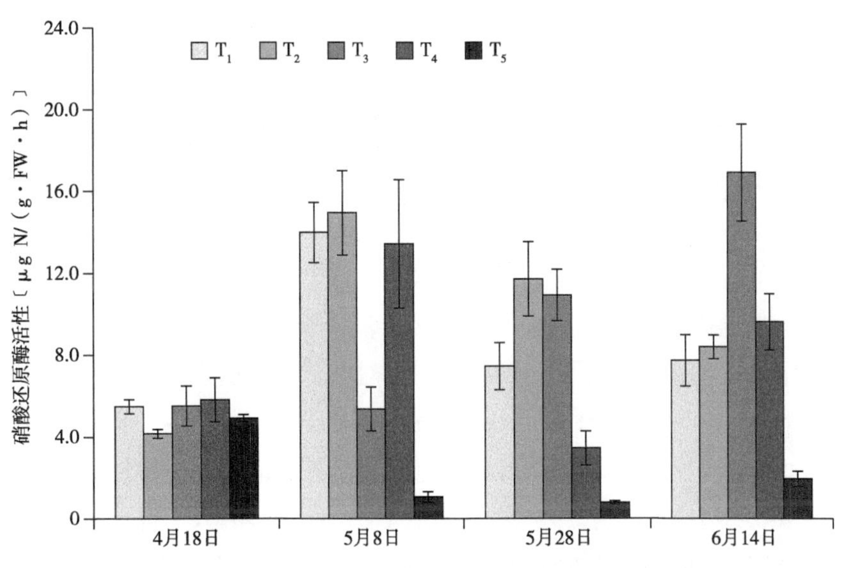

图6-2 不同生育期水分胁迫对烟叶硝酸还原酶活性的影响

6.2.4 不同生育期缺水处理对烟叶淀粉酶活性的影响

从图6-3可以看出，4月18日时，团棵期适度亏水处理（T_2）时叶片淀粉酶活性显著低于对照处理（T_1），而旺长期适度亏水处理（T_3）对旺长期叶片淀粉酶活性无显著差异；至成熟前期（5月8日）、中期（5月28日）和后期（6月14日），旺长期适度亏水处理（T_3）时各生育期叶片淀粉酶活性显著低于其他各处理，表明烟株叶片淀粉降解缓慢，烟叶田间耐熟性较强。

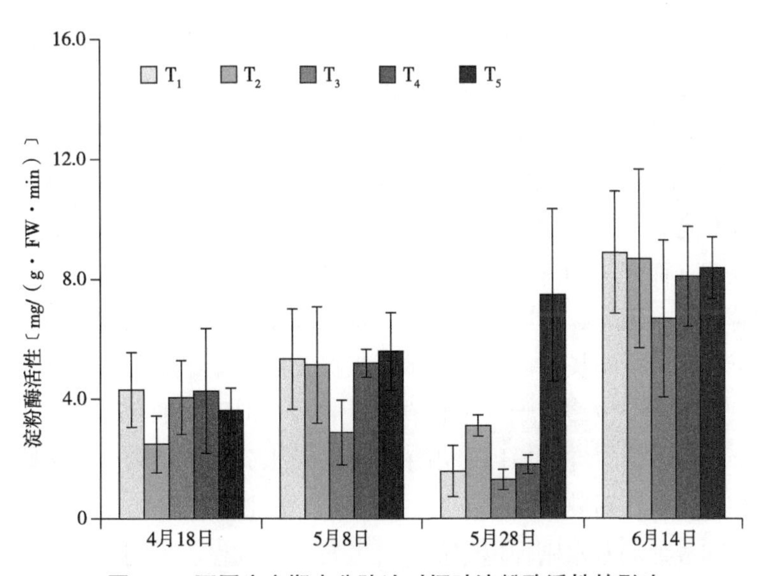

图6-3 不同生育期水分胁迫对烟叶淀粉酶活性的影响

6.3 讨论

6.3.1 不同生育期水分亏缺对烟株各器官干物质积累的影响

烤烟干物质积累量是衡量烟株生长发育状况的重要指标。在伸根期适度亏水处理，在该生育期内抑制整株干物质积累，而促进茎干物质积累，但是对后期根系和茎的干物质积累的抑制效应不可逆。而在旺长期内适度亏水，在该生育期内抑制茎干物质积累，若其后恢复供水则对烟株各器官及整株干物质积累无显著性影响。在成熟期适度亏水，在该生育期显著抑制烟株根、茎及整株干物质的积累，而对叶干物质积累无显著影响，即可能对烟叶产量无显著影响。本研究结果显示，亏水处理不利于烤烟根、茎、叶的生物量积累，对烟叶的影响尤为明显，不同生育期内亏水及其后复水处理的烟叶生物量均有极显著降低，说明成熟期土壤亏水对烤烟生长影响最大，并且对烟叶的影响大于根、茎。研究表明，不同生育期内亏水对烟株各器官物质积累及分配影响具有一定的滞后性，且可逆性不尽相同，这说明不同生育期保持适宜土壤水分能促使烟株生长和正常生理代谢，改善光合特性，促进光合产物的积累与分配，提高烟叶的产量和品质。

6.3.2 不同生育期亏水对烟株生理代谢酶活性的影响

烟叶生理代谢对水分胁迫的反应体现在叶绿素含量、硝酸还原酶活性及其淀粉酶活性等指标的变化。叶绿素含量高低是反映其光合能力的重要指标之一，而硝酸还原酶（NR）是一种光诱导酶，其活性的高低关系到烟株对光合产物的转化与利用合成。淀粉酶对碳水化合物代谢起重要作用，可将叶绿体中积累的淀粉转化为单糖，直接关系到烟叶中淀粉积累，进而影响整个光合碳固定的强度和其他以单糖分解和转化为基础的代谢过程。从本试验结果来看，与对照处理相比，团棵期、成熟期适度亏水显著降低叶绿素含量，而旺长期适度亏水则对旺长期烟株叶绿素含量无显著影响。研究表明，叶绿素含量和硝酸还原酶活性以旺长期适度亏水处理烟株叶片在成熟后期处于较高水平，而淀粉酶活性处于较低水平，这充分说明了此期烟叶光合作用、碳水化合物合成及氮素同化代谢能力较强，延缓了叶片衰老，提升了烟叶的田间耐熟性。由于伸根期亏水可造成大田烟株中后期不可逆的抑制效应，而旺长期适度亏水对烟株生长发育的抑制效应可逆，且对延缓烟株叶片衰老具有显著效应。因此，在实践生产中，应高度重视伸根期和成熟期水分管理，确保烟株此期不受干旱，但在旺长期可适度亏水，以提升烟株叶片成熟期的田间耐熟性。

研究表明，土壤水分较多对烟叶生长有增大趋势，但影响烟叶落黄；干旱不利于烟叶生长，导致烟叶品质下降，究其原因是由于土壤有效水分和有效营养离子降低，使烟株生长受到抑制。从烟叶田间耐熟性角度来看，团棵期、旺长期适度亏水是有益的，而全生育期正常水分供应和成熟期亏水则加速烟株叶片变黄衰老进程。不同生育期亏水对成熟期烟株叶片保持较高的生理活性具有不同的效应，这种效应对改善烟叶田间耐熟性具有积极的参考意义。

7 南雄烟区主栽烤烟品种成熟期丙二醛含量变化规律研究

烟草烟叶在成熟过程中，其生物学特性、生理生化特性和主要化学组成不断发生变化，而这些变化直接影响着不同成熟度烟叶的烘烤特性和烤后烟叶质量。不同成熟度烟叶内含物积累的多少，对调制后原烟产量、质量有重要影响，成熟度已成为国际烟叶市场上普遍采用的质量要素。迄今为止，对烤烟成熟度已经做了大量研究工作，对认识烟叶成熟度与化学特性以及内在质量的关系起到了重要作用。通过测定烟叶成分等方法能够确定其烟叶成熟度，如美国主要通过提前分析烟叶化学成分来判定烟叶的采收成熟度，津巴布韦采用彩色图片比对以及通过抽屉试验对各指标进行量化来确定采收成熟度，而日本普遍采用比色卡比对来指导烟叶采收。目前，国内判断采收成熟度的方法主要以烟叶颜色、主支脉变白程度、茎叶夹角等大田外观特征为主，而这些外观特征主要由主观判断，受人为影响因素较大，不能够实际确定烟叶成熟度。

烟叶成熟度不同，其化学成分组成不同，而化学成分决定了烟叶的内在质量，它们对烟叶和烟气的感官质量有重要影响，所以分析研究烟叶成熟过程中这些成分组成的变化一直是广大烟草工作者感兴趣的课题，其中大多数是对不同成熟度烟叶香气物质组成的分析研究，而对于烤烟成熟过程中其生理物质变化及其规律性研究较少。因此，通过研究大田、离体状态下烤烟烟叶丙二醛含量及其变化规律，可以确定烤烟烟叶的成熟度及不同烤烟品种间耐熟性的强弱。本试验探讨了不同烤烟品种成熟期内丙二醛含量及其变化规律，揭示不同烤烟烟叶的成熟度与丙二醛含量及其变化规律相关性差异，旨在探讨烤烟烟叶成熟过程中的生理特征变化和化学成分的变化，为研究不同烤烟品种，尤其是对于华南南雄烟区烤烟采收成熟度及其不同品种烤烟的田间耐熟性差异提供数据支撑。

7.1 材料与方法

7.1.1 试验材料

供试烤烟品种为“K326”“粤烟97”和“粤烟98”，由广东省烟草南雄科学研究所

（广东烟草粤北烟叶生产技术中心）提供。

7.1.2 实验设计

试验安排在广东省烟草南雄科学研究所试验基地，供试土壤为牛肝土田，前茬作物为水稻。移栽期为2015年2月10日，移栽行株距为1.2m × 0.6m。供试每个烤烟品种为1个处理，共3个处理，每处理3次重复，共9个小区，每小区植烟数量应足够取样，采用随机区组设计。在各小区现蕾打顶时（进入成熟期），每小区再次选定代表性烟株，测定上（自下而上第17 ~ 18片叶）、中（自下而上第11 ~ 12片叶）部叶片成熟衰老生理参数（丙二醛）。同时，摘取上、中部叶片进行离体烟叶自然衰老研究。

7.1.3 实验方法

7.1.3.1 测定方法

丙二醛含量测定：采用分光光度法，取叶片用清水洗净，滤纸吸干表面水分，去中脉、叶基和叶尖，剪碎混后，称取0.5g样品，加10%三氯乙酸（TCA）2ml和少量石英砂研磨后，再加8ml进一步研磨，所得匀浆经4 000r/min离心10min。取上清液2ml（对照加2ml蒸馏水），加0.67%硫代巴比妥酸（TBA）2ml混合后，置沸水浴中反应15min，迅速冷却后再离心一次。用752型紫外可见分光光度计（上海光谱仪器有限公司生产）分别比色测定上清液的吸光度值，按公式：

C（μmol/L）=6.45 ×（A532−A600）−0.56A450

算出*MDA*浓度，再进一步计算单位鲜叶组织中*MDA*含量（μmol/g）=$C \times V$（提取液体积）/W（叶鲜质量）。

7.1.3.2 烤烟离体烟叶样品处理

离体叶片自然衰老处理：摘取各烤烟品种成熟期长势相同的上、中部叶片各8片，叶片置于纸板上并用保鲜膜封住上部以减缓衰老速度，同时每隔2d测定叶片丙二醛含量。

7.1.4 数据处理

所有数据采用Excel 2007软件对数据进行统计分析和作图。

7.2 结果与分析

7.2.1 上部叶丙二醛含量随时间变化关系

7.2.1.1 大田状态下上部烟叶丙二醛含量随时间变化关系

由图7−1可知，大田状态下3个烤烟品种上部叶MDA含量都呈现前期平稳后呈直线逐渐增加的趋势，烤烟品种“K326”上部叶呈“S”型变化趋势，其拐点为第3周，MDA含量为11.86μmol/g，其采收时间为第5周，此时MDA含量达到最大，为20.59μmol/g；烤烟品种“粤烟97”上部叶呈逐渐增大的指数型分布，其采收时间为第4周，MDA含量为18.75μmol/g；烤烟品种“粤烟98”上部叶也呈逐渐增大的指数型分布，其采收时间为第4周，MDA含量为21.35μmol/g；三个烤烟品种的平均变化速率为0.49μmol/（g·d）、0.55μmol/（g·d）、0.68μmol/（g·d）。

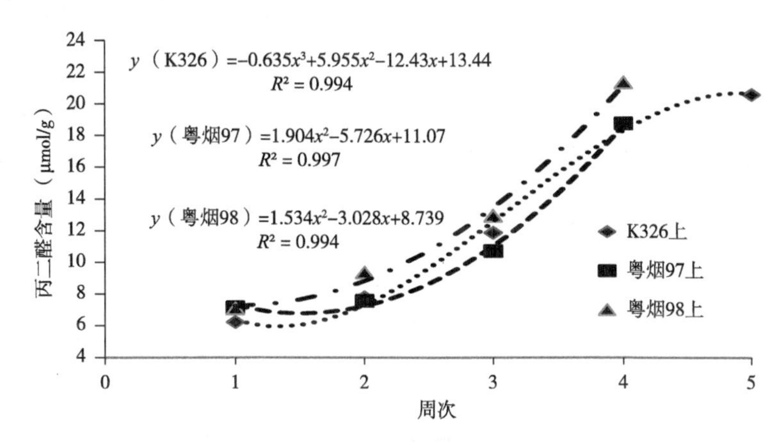

图7-1 大田状态下不同烤烟品种上部叶丙二醛含量变化关系

7.2.1.2 离体状态下烟叶上部叶丙二醛含量随时间变化关系

由图7-2可知，离体状态下，3个烤烟品种上部叶MDA含量呈逐渐增加趋势，烤烟品种“K326”“粤烟97”“粤烟98”都是呈现先缓慢增加后快速增加的“S”型变化趋势，其拐点在第8d，大小分别为19.61μmol/g、16.66μmol/g、20.09μmol/g；由大田状态下丙二醛含量关系可知，烤烟烟叶采收时的MDA含量为20μmol/g左右，在离体第10d烤烟品种“K326”的MDA含量为19.45μmol/g，在离体第8d烤烟品种“粤烟97”“粤烟98”的MDA含量分别为16.66μmol/g、20.09μmol/g，其平均增长率分别为1.19μmol/（g·d）、1.34μmol/（g·d）、1.69μmol/（g·d）；第8d之后3个烤烟品种的平均变化速率分别为2.86μmol/（g·d）、3.30μmol/（g·d）、3.95μmol/（g·d）。

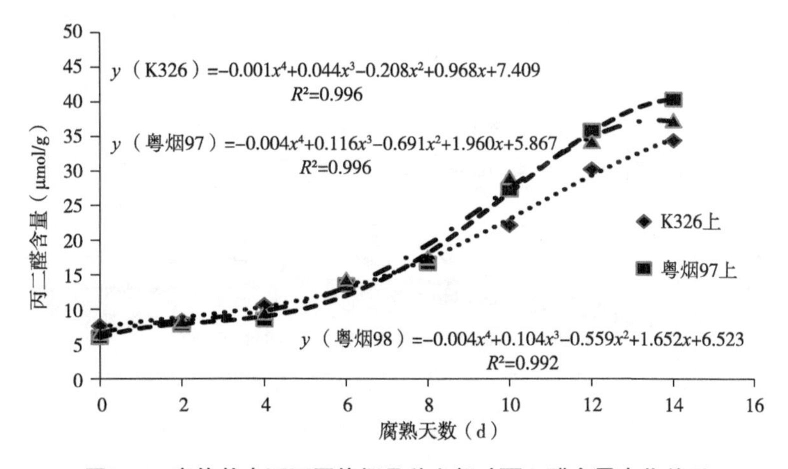

图7-2 离体状态下不同烤烟品种上部叶丙二醛含量变化关系

7.2.2 中部叶丙二醛含量随时间变化关系

7.2.2.1 烟叶大田状态下中部叶丙二醛含量随时间变化关系

由图7-3可知，大田状态下，3个烤烟品种中部叶MDA含量都呈现逐渐增加的趋势，烤烟品种“K326”和“粤烟98”都呈明显的指数形式，开始增长缓慢之后快速增长，烤烟品种“粤烟97”也呈现类指数形式增长，但在一定程度上偏向于直线形式增长；第一周烤烟品种“K326”“粤烟97”“粤烟98”其MDA含量分别为9.74μmol/g、9.82μmol/g、8.74μmol/g，当烤烟烟叶采收时烟叶MDA含量分别为19.74μmol/g、12.55μmol/g、12.98μmol/g，其平均增长速率为0.48μmol/（g·d）、0.23μmol/（g·d）、0.35μmol/（g·d）。

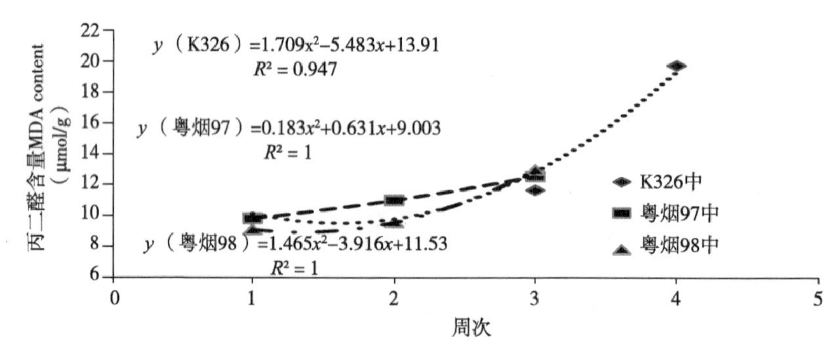

图7-3 大田状态下不同烤烟品种中部叶丙二醛含量变化关系

7.2.2.2 烟叶离体状态下中部叶丙二醛含量随时间变化关系

由图7-4可知，离体状态下，3个烤烟品种（“K326”“粤烟97”“粤烟98”）中部叶变化趋势都呈“S”型，其拐点都在第8d，大小分别为22.04μmol/g、17.45μmol/g、28.46μmol/g；根据大田状态下中部叶采收时其MDA含量可知，3个烤烟品种分别在第6d、第4d、第2d MDA含量为18.50μmol/g、13.17μmol/g、11.03μmol/g，其平均增长率分别为1.62μmol/（g·d）、1.16μmol/（g·d）、3.32μmol/（g·d）；第8d之后3个烤烟品种的平均变化速率分别为3.36μmol/（g·d）、2.69μmol/（g·d）、3.78μmol/（g·d）。

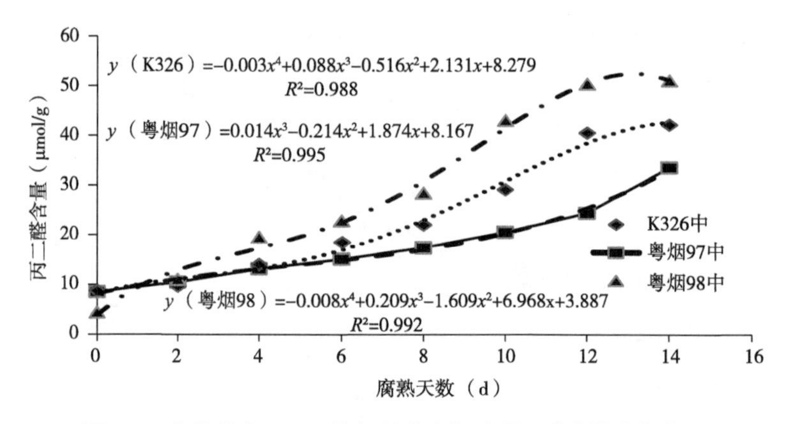

图7-4 离体状态下不同烤烟品种中部叶丙二醛含量变化关系

7.3　讨论

在生长发育过程中，烟叶内物质是一个动态的变化过程，而随着烟叶的生长发育烟叶本身的生理状态也随之变化，植物组织的衰老与生物膜的破坏有着重要的联系，尤其是随着叶片的衰老，烟叶细胞会发生较大的变化，质膜的完整性和原有特性发生着改变，而丙二醛是膜脂过氧化的最终分解产物，丙二醛的积累可以对膜和细胞造成一定的伤害，其含量可以反映植物遭受逆境伤害的程度，而产生大量的丙二醛（MDA），最直接的特征在于叶片的快速衰老。离体烟叶自然状态下逐渐腐烂，其物质成分变化能够在短时间内达到活体烟叶成熟衰老标准，为研究烤烟从成熟到过熟过程中其生理变化的规律提供依据。

通过本试验研究可以得出，大田上部叶"K326"呈"S"型变化，"粤烟97""粤烟98"呈类指数型变化，采收时MDA含量分别为21.35μmol/g、18.75μmol/g、20.59μmol/g，3个烤烟品种的平均变化速率为0.49μmol/（g·d）、0.55μmol/（g·d）、0.68μmol/（g·d）；离体上部叶"K326"呈类指数型变化，"粤烟97"和"粤烟98"呈"S"型变化，达到采收值时的平均增长率分别为1.19μmol/（g·d）、1.34μmol/（g·d）、1.69μmol/（g·d）；大田中部叶3个烤烟品种都成类指数型变化，采收时烟叶MDA含量为19.74μmol/g、12.55μmol/g、12.98μmol/g，平均增长速率为0.48μmol/（g·d）、0.23μmol/（g·d）、0.35μmol/（g·d）；离体中部叶都呈"S"型变化，达到采收值时的平均增长率分别为1.62μmol/（g·d）、1.16μmol/（g·d）、3.32μmol/（g·d）。同时，可以确定上、中部烤烟烟叶采收时MDA的含量范围，上部叶采收时烤烟品种"K326""粤烟97""粤烟98"的MDA含量为20μmol/g，中部叶采收时烤烟品种"K326""粤烟97""粤烟98"的MDA含量分别为20μmol/g、13μmol/g、13μmol/g。

综合分析表明，离体烟叶在短时间内MDA含量达到大田状态下成熟采收时的含量水平，而离体后的烟叶上、中部叶MDA含量都呈现"S"型变化趋势，当达到采收值时正好处于离体烟叶"S"型变化趋势的拐点，即离体烟叶MDA含量变化拐点之前变化趋势与大田状态下MDA含量的变化趋势一致，可以确定烟叶整个生理成熟期MDA含量的变化规律。大田状态下，烤烟上部叶丙二醛含量变化速率为"粤烟98">"粤烟97">"K326"，烤烟中部叶丙二醛含量变化速率为"K326">"粤烟98">"粤烟97"；离体状态下，达到采收前，烤烟上部叶丙二醛含量变化速率为"粤烟98">"粤烟97">"K326"，烤烟中部叶丙二醛含量变化速率为"粤烟98">"K326">"粤烟97"；之后，烤烟上部叶丙二醛含量变化速率为"粤烟98">"粤烟97">"K326"，烤烟中部叶丙二醛含量变化速率为"粤烟98">"K326">"粤烟97"；由此可以得出，不同烤烟品种其达到成熟水平时丙二醛含量的变化范围，以及对应大田状态下与离体自然腐熟状态下其丙二醛含量变化速率的快慢规律，从而可以为准确的判定烤烟不同部位烟叶的成熟水平即烤烟的成熟度及耐熟性提供准确的数据支撑。

7.4 结论

（1）3个烤烟品种大田状态下的丙二醛含量的变化趋势与离体烤烟烟叶前期变化趋势基本一致，都呈现先缓慢增加后快速增加的类指数形式。

（2）3个烤烟品种上部叶丙二醛含量的变化速率在大田与离体状态下存在高度的一致性，其离体状态下速率为大田状态下的2.4倍，而烤烟中部叶在大田状态下与离体状态下丙二醛含量的变化速率存在一定的差异。

（3）3个烤烟品种离体状态下达到采收值，即第8d之后上、中部叶丙二醛含量变化速率关系保持不变。

（4）不同烤烟品种在烤烟成熟（适熟、成熟、过熟）过程中丙二醛含量及其变化规律可以指示其成熟度。

8　南雄烟区气候条件与烟叶产量构成及主要化学成分关系研究

气候因子中光照、气温、降雨等对烟株的正常生长发育及风格特色的塑造具有重要的作用，这些因素通过影响烤烟某些香气物和次生代谢物的合成、碳水化合物和能量代谢、抗逆响应、信号转导与基因表达，从而对烤烟内在化学成分及质量风格产生不同程度的影响，且对烟叶的内在化学成分及风格特色影响程度大于品种和土壤因子。由于生态因素是烟叶品质特点和风格区域特色形成的基础条件，近些年来，随着我国卷烟工业对烟叶原料风格特色化要求的逐步增强，云南、贵州、四川、湖南、福建、湖北等烟叶产区都对本产区的气候条件与烟叶的化学成分及风格特色的关系从不同角度进行了分析，为各自产区根据不同气候条件采取相应栽培技术措施，趋利避害，生产出满足工业质量风格特色需求的优质烟叶提供理论依据。

广东南雄烟区地处广东省北部，属于我国东南烟草种植区中湘南粤北桂东北丘陵山地烤烟区，是我国典型的浓香型烤烟产区，现已规划建成5个国家级基地单元，年产浓香型特色优质烟叶30万担左右。张小全等早期对南雄烟区气象因素与烟叶质量特点进行了较为系统的分析，推测大田前期气温较低、光照时数短，旺长和成熟期气温较高、光照时数较长的气候特点可能是南雄烟叶浓香型风格特色形成的气象因素。谢晓斌等近年在分析南雄烟区近25年气象数据和300份土壤样品养分数据的基础上，提出了南雄烟区烟叶生产中主要的土壤及气象障碍因子。迄今为止，对南雄烟区气象条件与烟叶产量构成及主要化学成分之间关系方面的研究尚未见报道。由于我国南方烟区烟叶化学成分的主导气象影响因子是日照时数和降水量，本研究选择气温、日照和降水这3个气象因子，在探讨南雄烟区烤烟大田生育期气象特点的基础上，研究其与烟叶产量构成及主要内在化学成分的关系，以期为优化烟叶结构、稳定和彰显烟叶浓香型风格特色提供参考。

8.1 材料与方法

8.1.1 样品与数据的采集

8.1.1.1 气象数据

南雄烟区烤烟大田生育期逐旬气温、日照、降水数据（1988—2014年）由广东省南雄市气象局提供。根据南雄烟区烟叶生产实际情况，按照YC/T 142—2010规定，大田期以伸根期（3月上旬至4月上旬）、旺长期（4月中旬至4月下旬）和成熟期（5月上旬至7月下旬）进行划分，以旬和生育期进行气象资料的整理和统计分析。

8.1.1.2 烟叶样品

2011—2014年连续每年在广东南雄6个基地单元分别选择代表本基地单元生产水平的烟田设置取样点，种植烤烟品种为“粤烟97”。每个取样点植烟面积要求不少于666.7m^2。各取样点在烟株打顶后随机选取均匀一致的烟株10株进行挂牌定株定叶位。定义自下而上1～8片叶为下部叶，9～13片叶为中部叶，14片及以上为上部叶。

8.1.2 烟叶样品检测方法

标记的各片烟叶样品在平衡到含水率16%～18%后逐片称量单叶重后，以取样点为单位制样，分别分析测定中、上部叶的总糖和还原糖、总氮、总烟碱和钾离子含量。

8.1.3 数据的整理与统计

采用SPSS22.0中Correlate中Bivariate模块和Rgression中linear模块进行相关和逐步回归分析。

8.2 结果与分析

8.2.1 广东南雄烟区气象基本特征

南雄烟区26年（1988—2014年）气象资料统计结果（表8-1）表明，南雄烟区烤烟大田伸根期、旺长期、成熟期平均气温分别为15.74℃、21.30℃、25.64℃。其中，伸根期平均气温年度间变异较大为9.32%，且随着生育进程，年度间变异趋于减弱；由于烤烟缓苗期伸根期气温在18～28℃、旺长期气温在20～28℃、成熟期气温在20～25℃，有利于优质烟叶的生长发育，因此南雄烟区烤烟大田伸根期气温相对偏低，而成熟期相对偏高的特点可能是造成南雄烟区伸根期较长（40～45d）、成熟期“高温逼熟”的主要原因。

表8-1 广东南雄烟区烤烟大田生育各期主要气象因子描述性统计

气象因子	生育期	平均值	最小值	最大值	变异系数（%）	国外优质烟区气象因子平均值		
						美国	巴西	津巴布韦
温度（℃）	伸根期	15.8 ± 1.5	12.1	18.9	9.32	20.7	16.4	21.1
	旺长期	21.3 ± 1.5	18.2	23.6	6.80	24.4	18.9	20.8
	成熟期	25.6 ± 0.5	24.7	26.6	2.11	22.1	21.1	20.3
	大田期	21.6 ± 0.6	20.5	23.0	2.72	22.0	18.8	20.7
日照时数（h）	伸根期	89.5 ± 25.1	41.8	141.7	28.1	—	—	—
	旺长期	64.7 ± 22.3	31.4	109.6	34.5	—	—	—
	成熟期	260.4 ± 54.1	148.6	354.9	20.8	—	—	—
	大田期	414.6 ± 60.2	306.8	561.1	14.5	1 104.0	696.0	768.0
降水量（mm）	伸根期	235.8 ± 94.9	103.7	538.1	40.2	111.8	89.8	138.3
	旺长期	129.0 ± 64.8	21.7	304.4	50.2	163.8	124.6	151.7
	成熟期	448.8 ± 149.7	237.8	851.4	33.4	122.7	162.9	114.2
	大田期	813.6 ± 184.8	488.9	1 213.8	22.7	593.5	657.0	689.4

从日照时数来看（表8-1），南雄烟区烤烟大田伸根期、旺长期、成熟期平均日照时数分别为89.5h、64.7h、260.4h，整个大田期日照时数为414.6h，其中伸根期、旺长期和成熟期年度间变异较大，变异系数皆超过20%。

降水量统计结果（表8-1）显示，南雄烟区烤烟大田伸根期、旺长期、成熟期平均降水量分别为235.8mm、129.0mm、448.8mm，伸根期降水相对较多和旺长期相对较少，这可能南雄烟区烤烟伸根期较长而旺长期较短有关。整个大田期降水量813.6mm且主要分布在成熟期，占降水量的55.2%。表8-1结果还显示，各生育期降水量年度间变异较大，各阶段生育期变异系数皆大于30%，整个大田期大于20%。

从整个生育期逐旬气象因子变化（图8-1）来看，南雄烟区大田期各旬气温逐渐稳步增加，从3月上旬平均气温13.13℃上升到6月下旬27.88℃，每旬平均气温上升1.23℃。日照时数除在3月中旬、4月上旬和6月中旬较上旬明显下降外，整个大田期总体上呈逐旬增加趋势。南雄烟区烤烟大田期降水时间分布不均匀，3月上、中旬（伸根前期）旬降水在50mm以下，此后各旬降水皆大于60mm，其中在3月下旬（伸根中期）、5月上旬（旺长后期）、6月中旬（成熟后期）各旬降水皆大于80mm。

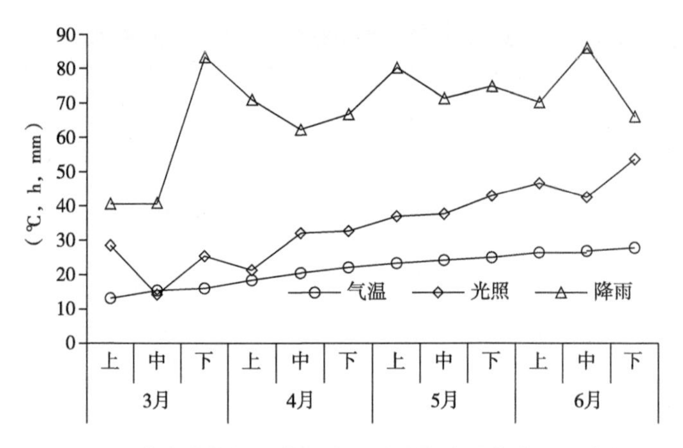

图8-1　广东南雄烟区烤烟大田生育期主要气象因子变化

8.2.2　广东南雄烟区烤烟产量构成情况

广东南雄烟区近4年来烟叶的产量构成情况见表8-2，近4年南雄烟区烤烟平均单叶重及单株产量保持稳定，分别在11.50～11.90g/片和195.00～220.00g/株；与2011年相比，2012年下部叶平均单叶重极显著增加，2013年和2014年无显著差异，但显著高于2011年，中、上叶平均单叶重近4年无显著变化。从各部位产量比例来看，2011年、2013年和2014年下部叶产量比例年间无显著差异，但极显著低于2012年；中部叶产量比例2012年和2013年皆超过30%，显著高于2011年及2014年；2012年上部叶产量比例较2011年极显著下降，达26.8个百分点，而后3年南雄烟区上部叶产量比例呈逐年上升趋势，其中2013年较2012年显著增加，2014年较2012年增加水平达极显著水平。

表8-2　广东南雄烟区烤烟产量构成

年份	单叶重（g/片）				产量（g/株）	产量构成（%）		
	整株	下部叶	中部叶	上部叶	整株	下部叶	中部叶	上部叶
2011	11.76±1.97a	5.33±1.12aA	11.02±2.25a	19.60±3.72a	219.61±42.35a	18.45±2.22aA	23.75±2.71aA	57.80±2.70cC
2012	11.86±1.43a	8.41±0.53cB	12.91±1.61a	17.56±2.58a	201.68±36.35a	35.55±6.87bB	33.44±6.72bBC	31.01±12.67aA
2013	11.64±2.02a	6.84±1.50bA	13.25±2.58a	18.96±3.78a	195.57±39.35a	25.61±9.85aA	34.37±3.00bC	40.02±9.02bAB
2014	11.57±1.35a	6.71±0.97b	11.87±2.39a	17.89±2.29a	219.94±29.46a	24.52±3.06aA	27.19±5.23aAB	48.29±7.41bcBC
CV（%）	1.10	18.46	8.28	5.11	5.96	27.21	17.12	25.85

8.2.3 广东南雄烟区烤烟化学成分变化

表8-3结果显示，2011—2013年南雄烟区中、上部叶总糖、还原糖含量呈持续增加趋势，其中2013年较2011年中部叶总糖和还原糖、上部叶还原糖增加达极显著水平，分别增加4.81个百分点、6.79个百分点、6.43个百分点；2014年较2013年皆不同程度下降，其中中部叶总糖和还原糖、上部叶还原糖极显著下降，分别下降5.93个百分点、6.44个百分点和5.89个百分点，而上部叶总糖含量则显著下降了6.37个百分点。

表8-3 广东南雄烟区烤烟化学成分

部位	年份	总糖（%）	还原糖（%）	总烟碱（%）	总氮（%）	钾离子（%）	（总）糖/碱	（总）氮/碱	还原糖/总糖
中部叶	2011	25.14 ± 2.46abA	20.86 ± 1.93aA	2.21 ± 0.42aA	1.75 ± 0.04bB	2.09 ± 0.26aA	11.92 ± 3.17abAB	0.82 ± 0.16aAB	0.83 ± 0.04aA
	2012	27.48 ± 1.89bcAB	22.78 ± 1.29aA	1.79 ± 0.36aA	1.54 ± 0.05aA	2.42 ± 0.25aA	16.02 ± 4.01cB	0.89 ± 0.21bB	0.83 ± 0.02aA
	2013	29.95 ± 1.50cB	27.65 ± 1.45bB	2.26 ± 0.19aAB	1.77 ± 0.10bBC	2.14 ± 0.14aA	13.38 ± 1.67bcAB	0.79 ± 0.06aAB	0.92 ± 0.02cB
	2014	24.02 ± 6.21aA	21.21 ± 5.34aA	2.98 ± 0.95bB	1.86 ± 0.10cC	2.21 ± 0.63aA	9.26 ± 4.51aA	0.67 ± 0.17aA	0.89 ± 0.04bB
	CV（%）	9.88	13.54	21.38	7.83	6.56	22.33	11.58	5.19
上部叶	2011	18.58 ± 2.35abA	15.60 ± 2.05aA	2.94 ± 0.58aA	1.94 ± 0.03bB	2.21 ± 0.26aA	6.70 ± 2.13abA	0.69 ± 0.15aA	0.84 ± 0.03aA
	2012	21.83 ± 4.02bcAB	19.28 ± 3.60abAB	2.90 ± 0.40aA	1.79 ± 0.12aA	1.99 ± 0.20aA	7.74 ± 2.02bA	0.63 ± 0.10aA	0.88 ± 0.02bB
	2013	24.09 ± 2.09bcAB	22.03 ± 2.05bB	3.12 ± 0.27aAB	1.95 ± 0.14bB	2.16 ± 0.30aA	7.80 ± 1.19bA	0.63 ± 0.05aA	0.91 ± 0.02cB
	2014	17.72 ± 5.30aA	16.14 ± 5.18aA	3.87 ± 0.99bB	2.27 ± 0.14cC	2.10 ± 0.31aA	5.27 ± 3.21aA	0.62 ± 0.19aA	0.90 ± 0.03bcB
	CV（%）	14.34	16.37	14.09	10.17	4.48	17.23	4.98	3.51

2011年、2012年、2013年中、上部叶总烟碱含量保持稳定，而2014年则显著高于前3年且极显著高于2011年和2012年，其中中部叶总烟碱含量较2011年、2012年、2013年分别增加0.77个百分点、1.19个百分点和0.72个百分点，上部叶则分别增加0.93个百分点、0.97个百分点和0.75个百分点；2012年中、上部叶总氮含量极显著低于其他3年，而2011年和2013年中、上部叶总氮含量无显著差异；2014年中部叶总氮显著高于其他3年且极显著高于2011年和2012年，而上部叶则极显著高于其他3年。4年中、上部叶钾离子含量无显著差异（表8-3）。

从烟叶化学成分的协调性（表8-3）来看，自2012年中部叶总糖/总烟碱较2011年显著增加后，2013年、2014年呈持续下降趋势，其中2014年显著低于2013年，极显著低于2012年；上部叶总糖/总烟碱2011—2013年呈持续增加趋势，但不显著，2014年较2013年显著下降。中部叶总氮/总烟碱2011年、2013年、2014年无显著差异，但显著低于2012年；上部叶总氮/总烟碱近4年无显著变化。2013年和2014年中、上部叶还原糖/总糖极显著，显著高于2011年和2012年，反映了近两年来原烟成熟度的显著提升。

8.2.4　广东南雄烟区烟叶产量构成与气象因子的关系

南雄烟区烟叶产量构成因素与各生育期气象因子间相关关系达显著水平的各因素与因子见表8-4，单株产量与伸根期日照时数和4月上旬的降水量显著负相关；整株单叶重与5月下旬降水量显著负相关；下部叶单叶重与4月下旬、旺长期和整个大田期降水量显著正相关，与成熟期气温呈极显著正相关关系，与3月中旬降水量显著负相关；中部叶单叶重与4月上旬降水量显著正相关，与5月中旬降水量显著负相关；上部叶单叶重与5月中、下旬日照时数显著正相关。

各部位产量比例统计结果（表8-4）显示，下部叶产量比例与成熟期气温和旺长期降水量极显著正相关，与大田期降水量显著正相关；中部叶产量比例与伸根期降水量显著正相关，与4月上旬降水量极显著正相关，与5月中旬降水极显著负相关；上部叶产量比例与成熟期气温、4月下旬降水量和伸根期降水量显著负相关，与3月中旬降水显著正相关。

表8-4　广东南雄烟区烤烟产量构成因素与气象因子相关关系分析

气象因子	生育期	单株产量	单叶重				产量比例		
			整株	下部叶	中部叶	上部叶	下部叶	中部叶	上部叶
气温	成熟期			0.999**			0.994**		−0.953*
日照时数	伸根期	−0.970*							
	5月中旬					0.969*			
	5月下旬					0.979*			
降水量	3月中旬			−0.956*					0.968*
	4月上旬	−0.955*			0.979*			0.994**	
	4月下旬			0.968*					−0.986*
	5月中旬				−0.989*			−0.977*	
	5月下旬		−0.986*						
	伸根期							0.968*	−0.982*
	旺长期			0.971*			0.992**		
	大田期			0.979*			0.989*		

注：*代表显著性差异（$P<0.05$）；**代表显著性差异（$P<0.01$），全书同

就3—6月12个旬和4个生育期的气温、日照时数和降水量共48个气象因子对烤烟产量

构成各因素进行逐步回归分析形成最优线性回归模型，见表8-5。从表8-5可以看出，引入单株产量回归方程的有伸根期日照时数、5月上旬气温和6月中旬气温共3个气象因子，由于回归方程中各自变量的标准回归系数即为各自变量对因变量的直接通径系数，其中伸根期日照直接作用最大，其次为5月上旬气温和6月中旬气温，且伸根期日照和5月上旬气温为负作用；对整株单叶重直接作用大小顺序为5月下旬降水量>4月上旬降水量>伸根期气温，且全部为负作用；对下部叶单叶重直接作用最大的为成熟期气温，其次为3月中旬日照时数和3月中旬气温，其中成熟期气温和3月中旬日照时数为正作用，3月中旬的气温为负作用；影响中部叶单叶重的气象因子主要为降水量，直接作用大小顺序为5月中旬降水量>6月中旬降水量>3月中旬降水量，其中5月中旬降水量为负作用，6月中旬和3月中旬降水量为正作用；上部叶单元重线性回归方程依直接作用大小顺序为5月下旬日照时数>6月下旬日照时数>3月下旬日照时数，其中5月下旬日照时数为正作用，6月下旬和3月下旬日照时数为负作用。

从各部位产量比例线性回归模型（表8-5）来看，下部叶产量比例有旺长期降水量、成熟期气温和5月下旬降水量3个气象因子引入线性回归模型，直接作用大小顺序为旺长期降水量>成熟期气温>5月下旬降水量，全部为正作用；中部叶产量比例与降水量有关，直接作用大小顺序为4月上旬降水量>5月下旬降水量>5月中旬降水量，其中4月上旬和5月下旬降水量为正作用，5月中旬降水量为负作用；引入上部叶产量比例模型的仅4月下旬降水量1个气象因子，为负作用。

表8-5　广东南雄烟区气象因子对烤烟产量构成因素逐步回归模型

产量构成因素	回归模型	标准回归系数（直接通径系数）
单株产量	$Y=210.635-0.346\,2X_{\text{伸根期日照时数}}-1.487\,1X_{\text{5月上旬气温}}+2.365\,3X_{\text{6月中旬气温}}$	−0.696 5；−0.315 9；0.203 4
整株单叶重	$Y=12.045-0.004\,5X_{\text{5月下旬降水量}}-0.000\,5X_{\text{4月上旬降水量}}-0.004\,0X_{\text{伸根期气温}}$	−1.030 7；−0.142 7；−0.041 2
下部叶单叶重	$Y=-66.437+2.816\,7X_{\text{成熟期气温}}+0.006\,8X_{\text{3月中旬日照时数}}-0.007\,8X_{\text{3月中旬气温}}$	1.006 2；0.060 4；−0.015 1
中部叶单叶重	$Y=13.574-0.019\,2X_{\text{5月中旬降水量}}+0.009\,0X_{\text{6月中旬降水量}}+0.466X_{\text{3月中旬降水量}}$	−0.820 9；0.181 2；0.112 5
上部叶单叶重	$Y=16.869+0.059\,7X_{\text{5月下旬日照时数}}-0.017\,7X_{\text{6月下旬日照时数}}-0.009\,4X_{\text{3月下旬日照时数}}$	0.997 6；−0.335 6；−0.193 9
下部叶产量比例	$Y=-121.817+0.043\,5X_{\text{旺长期降水量}}+5.408\,0X_{\text{成熟期气温}}+0.014\,8X_{\text{5月下旬降水量}}$	0.700 1；0.343 5；0.061 5
中部叶产量比例	$Y=22.691+0.133\,4X_{\text{4月上旬降水量}}+0.188X_{\text{5月下旬降水量}}-0.004\,7X_{\text{5月中旬降水量}}$	1.001 1；0.108 5；−0.039 7
上部叶产量比例	$Y=65.981-0.203\,1X_{\text{4月下旬降水量}}$	−8.279 3

8.2.5 广东南雄烟区烤烟主要化学成分与气象相关性分析

烟叶化学成分与大田各生育期气象因子的相关关系分析达显著水平各成分和因子见表8-6至表8-8。从表8-6可以看出，中部叶总糖、还原糖和总氮含量与气温相关关系分析达显著水平，其中总糖含量与4月中旬的气温显著负相关；还原糖含量与3月中旬气温显著正相关，与6月中旬气温显著、极显著负相关；总氮含量与5月上旬气温显著负相关。上部叶还原糖和钾离子含量、总糖/总烟碱、总氮/总烟碱、还原糖/总糖含量与气温间关系达显著水平，其中还原糖含量与3月中旬气温显著正相关；钾离子含量与成熟期气温显著负相关；总糖/总烟碱与4月中旬的气温显著负相关；总氮/总烟碱与5月中旬、大田期的气温显著负相关，与3月下旬气温极显著负相关，与6月上旬气温显著负相关；还原糖/总糖与4月下旬气温显著负相关，与5月下旬气温极显著负相关。

表8-6 广东南雄烟区烤烟主要化学成分与各生育期气温的相关关系分析

部位	化学成分	3月		4月		5月			6月		生育期		
		中旬	下旬	中旬	下旬	上旬	中旬	下旬	上旬	中旬	旺长期	成熟期	大田期
中部叶	总糖			−0.963*									
	还原糖	0.971*								−0.998**	−0.973*		
	总氮					−0.976*							
上部叶	还原糖	0.981*											
	钾离子											−0.958*	
	总糖/总烟碱			−0.955*									
	总氮/总烟碱		−0.997**				−0.951*		0.969*				−0.964*
	还原糖/总糖				−0.971*			0.999**					

注：*代表显著性差异（$P<0.05$）；**代表显著性差异（$P<0.01$）

表8-7结果显示，中部叶总糖、还原糖和钾离子含量与日照时数间相关关系分析达显著水平，其中总糖含量与3月上、中旬及伸根期日照时数显著正相关；还原糖含量与伸根期日照时数显著正相关；钾离子含量与4月中旬日照时数显著负相关，与5月上旬日照时数极显著正相关。上部叶总糖、还原糖和钾离子含量，总氮/总烟碱和还原糖/总糖与与日照时数间相关关系达显著水平，其中总糖和还原糖与伸根期日照时数分别呈显著和极显著正相关关系；钾离子含量与5月上旬日照时数显著负相关，与5月下旬日照时数显著正相关；4月下旬日照时数与总氮/总烟碱显著正相关，与还原糖/总糖极显著负相关。

表8-7 广东南雄烟区烤烟化学成分与各生育期日照时数相关关系分析

部位	化学成分	3月		4月		5月		生育期
		上旬	中旬	中旬	下旬	上旬	下旬	伸根期
中部叶	总糖	0.955*	0.972*					0.978*
	还原糖							0.970*
	钾离子			−0.968*		0.995**		
上部叶	总糖							0.981*
	还原糖							0.997**
	钾离子					−0.970*	0.968*	
	总氮/总烟碱				0.954*			
	还原糖/总糖				−0.991**			

注：*代表显著性差异（P<0.05）；**代表显著性差异（P<0.01）

降水量显著影响中部叶总烟碱、总氮、钾离子含量及总氮/总烟碱和还原糖/总糖（表8-8），其中5月下旬降水量与中部叶总烟碱和总氮含量显著正相关；钾离子含量与3月上旬和大田期降水量显著正相关，与6月中、下旬降水量极显著正相关；5月下旬降水量与总氮/总烟碱显著负相关；还原糖/总糖与3月下旬降水量显著正相关，与6月上旬降水量极显著正相关。上部叶还原糖、钾离子含量以及还原糖/总糖与降水量显著相关。其中还原糖含量与5月中旬降水量显著负相关；钾离子含量与6月中旬和大田期降水量显著负相关，与6月下旬降水量极显著负相关；5月上旬降水量与上部叶还原糖/总糖显著负相关。

表8-8 广东南雄烟区烤烟化学成分与各生育期降水量的相关关系分析

部位	化学成分	3月		5月			6月			生育期
		上旬	下旬	上旬	中旬	下旬	上旬	中旬	下旬	大田期
中部叶	总烟碱					0.950*				
	总氮					0.972*				
	钾离子	0.964*						0.999**	0.993**	0.986*
	总氮/总烟碱					−0.967*				
	还原糖/总糖		0.953*				0.992**			
上部叶	还原糖				−0.967*					
	钾离子							−0.988*	−0.998**	−0.982*
	还原糖/总糖			−0.981*						

注：*代表显著性差异（P<0.05）；**代表显著性差异（P<0.01）

烤烟大田各生育期气象因子对烟叶各化学成分分别进行逐步回归分析形成最优线性回归模型见表8-9。从表8-9可以看出，中部叶总糖、还原糖、总烟碱、总氮、钾离子、总氮/总烟碱和还原糖/总糖与不同生育期气象因子可建立线性回归模型。其中，伸根期日照时数、4月中旬气温和3月中旬气温引入总糖的线性回归模型，直接作用大小顺序为伸根期日照时数>4月中旬气温>3月中旬气温，伸根期日照时数为正作用，4月中旬和3月中旬气温为负作用；还原糖与6月中旬气温、3月上旬降水量和4月中旬日照时数有关，它们直接作用大小顺序为6月中旬气温>3月上旬降水量>4月中旬日照时数，3月上旬降水量为正作用，6月中旬气温和4月中旬日照时数为负作用；总烟碱最优线性回归模型引入了5月下旬降水量、6月上旬日照时数和6月下旬气温3个气象因子，直接作用大小顺序为5月下旬降水量>6月上旬日照时数>6月下旬气温，5月下旬降水量为正作用，6月上旬日照时数和6月下旬气温为负作用；总氮含量的最优线性回归模型引入了5月上旬气温、5月中旬日照时数和5月上旬日照时数3个气象因子，全部为负作用，直接作用大小顺序为5月上旬气温>5月中旬日照时数>5月上旬日照时数；钾离子含量与6月中旬降水量、3月下旬日照时数和旺长期降水量有关，直接作用大小顺序为6月中旬降水量>3月下旬日照时数>旺长期降水量，6月中旬降水量和旺长期降水量为正作用，3月下旬日照时数为负作用；有5月下旬降水量、大田期日照时数及6月下旬气温3个气象因子依直接作用大小顺序引入总氮/总烟碱的线性回归方程，5月下旬降水量为负作用，大田期日照时数和6月下旬气温为正作用；还原糖/总糖与5月中旬降水量、6月上旬降水量及6月下旬日照时数有关，其直接作用大小顺序为5月中旬降水量>6月上旬降水量>6月下旬日照时数，5月中旬及6月上旬降水量为正作用，6月下旬日照时数为负作用。

上部叶总糖、还原糖和钾离子含量，总糖/总烟碱、总氮/总烟碱、还原糖/总糖与不同生育期气象因子可建立线性回归模型（表8-9）。其中，仅伸根期日照时数1个气象因子引入总糖含量的线性回归模型，对总糖含量具有正作用；还原糖含量线性回归模型中依直接作用大小顺序引入了伸根期日照时数、5月下旬日照时数和4月上旬气温共3个气象因子，其中伸根期日照时数和4月上旬气温为正作用，5月下旬日照时数为负作用；钾离子含量线性回归模型中依直接作用大小顺序引入了6月下旬降水量、旺长期日照时数和6月下旬日照时数3个气象因子，6月下旬降水量为负作用，旺长期和6月下旬日照时数为正作用；总糖/总烟碱影响因子是气温，依直接作用大小分别为4月中、上旬和6月下旬气温，4月中旬气温为负作用，4月上旬和6月下旬气温为正作用；总氮/总烟碱线性回归模型依直接作用大小分别为3月下旬和5月上旬气温和旺长期日照时数，3个因子全部为负作用；还原糖/总糖线性回归模型依直接作用大小顺序引入了5月下旬气温，5月上旬和成熟期日照时数，其中5月下旬气温和5月上旬日照时数为正作用，成熟期日照时数为负作用。

表8-9　广东南雄烟区烤烟化学成分与各生育期气候因子回归模型

部位	化学成分	回归模型	标准回归系数（直接通径系数）
中部叶	总糖	Y=36.592+0.090 9$X_{伸根期日照时数}$−0.660 0$X_{4月中旬气温}$−0.225 8$X_{3月中旬气温}$	0.865 9；−0.358 8；−0.210 2
	还原糖	Y=106.102−2.966 5$X_{6月中旬气温}$+0.002 4$X_{3月上旬降水量}$−0.002 9$X_{4月中旬日照时数}$	−1.016 0；0.053 9；−0.015 8
	总烟碱	Y=4.156+0.016 5$X_{5月下旬降水量}$−0.011 0$X_{6月上旬日照时数}$−0.081 9$X_{6月下旬气温}$	0.978 6；−0.226 8；−0.124 9
	总氮	Y=2.931−0.048 9$X_{5月上旬气温}$−0.002 3$X_{5月中旬日照时数}$−0.000 7$X_{5月上旬日照时数}$	−0.955 9；−0.280 3；−0.124 1
	钾离子	Y=2.048+0.007 7$X_{6月中旬降水量}$−0.000 7$X_{3月下旬日照时数}$+0.000 003 074$X_{旺长期降水量}$	1.083 8；−0.092 6；0.002 4
	总氮/总烟碱	Y=0.621−0.003 2$X_{5月下旬降水量}$+0.000 4$X_{大田期日照时数}$+0.006 5$X_{6月下旬气温}$	−1.009 8；0.217 3；0.055 3
	还原糖/总糖	Y=0.797+0.000 2$X_{5月中旬降水量}$+0.001 0$X_{6月上旬降水量}$−0.000 012 78$X_{6月下旬日照时数}$	0.174 8；1.113 7；−0.005 1
上部叶	总糖	Y=9.413+0.115 3$X_{伸根期日照时数}$	0.981 4
	还原糖	Y=6.926+0.120 3$X_{伸根期日照时数}$−0.013 3$X_{5月下旬日照时数}$+0.019 4$X_{4月上旬气温}$	1.008 7；−0.070 0；0.007 7
	钾离子	Y=2.186−0.009$X_{6月下旬降水量}$+0.000 4$X_{旺长期日照时数}$+0.000 069 23$X_{6月下旬日照时数}$	−0.890 0；0.121 4；0.013 1
	总糖/总烟碱	Y=14.115−1.580 0$X_{4月中旬气温}$+1.105 0$X_{4月上旬气温}$+0.280 0$X_{6月下旬气温}$	−1.908 0；1.114 1；0.184 5
	总氮/总烟碱	Y=0.905 6−0.012 8$X_{3月下旬气温}$−0.001 4$X_{5月上旬气温}$−0.001$X_{旺长期日照时数}$	−1.058 7；−0.116 4；−0.082 0
	还原糖/总糖	Y=0.423+0.018 1$X_{5月下旬气温}$+0.000 055 50$X_{3月上旬日照时数}$−0.000 018 11$X_{成熟期日照时数}$	0.969 4；0.059 5；−0.014 3

8.3　讨论与结论

8.3.1　广东南雄烟区气候因子与烤烟产量构成的影响

整个烤烟大田生育期平均气温为21.62℃，略高于巴西（18.80℃）和津巴布韦（20.70℃），而低于美国（22.00℃）。与国外优质烟区相比，南雄烟区整个大田期日照时数比美国（110 4.00h）、津巴布韦（768.00h）、巴西（696.00h）分别分别少689.41h、353.41h、281.41h；也略低于国内文献[25]对优质烤烟生产对大田期（500～700h）和成熟期（280～300h）日照时数的要求。与国外优质烟区相比，整个大田期降水量明显高于美国

（593.5mm）、巴西（657.0mm）和津巴布韦（689.4mm）。

南雄烟区烤烟大田期平均气温20.5～23.0℃，日照时数306.8～561.1h，降水量488.9～121 3.8m，总体上适宜优质烤烟生产，但具有烤烟大田生育期前期温度相对较低，后期相对较高；日照时数相对偏少；降水量相对偏多，且分布不均匀的特点。伸根期较低的气温、偏少的日照和较多的降雨，极易导致烟株根系发育不良，叶片同化有机物量相应减少，表现为该期烟株生长缓慢，生育期相对偏长，不能“早生快发”。伸根期低温诱导，烟株易“早花”，表现为旺长期偏短，烟叶干物质积累不足。成熟期较高的气温和偏多的降雨，再加上前期较低干物质积累基础，易导致烟叶田间耐熟性差，表现为成熟期田间鲜烟“吊不住”；成熟期降水量和日照时数年度间高变异性，反应了成熟期往往遭遇高温强光或多雨寡日照天气情况，易出现“高温逼熟”或“多雨涝烘”现象，原烟质量风格特色的稳定性下降。

烟株生长发育过程中不同阶段和不同叶位的光、温、水、热效应不同，最终影响到烟叶的产量及其构成、烟叶质量。本研究结果表明，南雄烟区近4年原烟的单叶重和单株产量基本保持稳定，平均为11.50～11.90g/片和195.00～220.00g/株，但各部位产量比例年度间变异较大，这可能与大田烟株不同生长发育阶段气候条件年度间变异较大有关。相关及多元线性逐步回归分析结果显示，影响广东南雄烟区原烟产量及其构成的气候因素主要是降水量、其次为日照时数和气温，其中单株产量、整株单叶重、中部叶单叶重及上部叶产量比例主导气候因子分别是伸根期日照时数、5月下旬降水量、5月中旬降水量和4月下旬降水量，都为负效应；上、下部叶单叶重及下、中部叶产量比例主导气候因子分别是成熟期气温、5月下旬日照时数、旺长期及4月上旬降水量，都为正效应。

8.3.2 广东南雄烟区烤烟气候因子对烤烟烟叶主要化学成分的影响

不同的烟区，气候条件不同对烟叶化学成分的影响程度不尽相同。研究表明，在贵州烟区，6月的日照时数与中、上部烟叶的总糖、还原糖、淀粉、钾含量呈正相关，与烟碱、总氮含量呈负相关；7月的降水量与烟叶的总糖、还原糖、烟碱和氯含量呈负相关，与钾含量呈正相关，7月的气温与上、下部烟叶总氮含量呈正相关，与下部烟叶总糖、还原糖含量和上、下部烟叶蛋白质含量呈负相关。河南、湖南浓香型烟区较强的太阳辐射、较长的日照时数、较适宜的降水量可能是该区域烟叶香气质好、香气量足、吃味醇厚、浓香型风格突出的主要生态学外因。本研究结果表明，中部叶总糖、还原糖和钾离子含量与日照时数间相关关系分析达显著水平，其中总糖含量与3月上、中旬及伸根期日照时数显著正相关；还原糖含量与伸根期日照时数显著正相关；钾离子含量与4月中旬日照时数显著负相关，与5月上旬日照时数极显著正相关。上部叶总糖、还原糖和钾离子含量，总氮/总烟碱和还原糖/总糖与与日照时数间相关关系达显著水平，其中总糖和还原糖与伸根期日照时数分别呈显著和极显著正相关关系；钾离子含量与5月上旬日照时数显著负相关，与5月下旬日照时数显著正相关；4月下旬日照时数与总氮/总烟碱显著正相关，与还原糖/总糖极显著负相关。

对湖南浓香型产区烟叶质量风格特色与气象因素为分析表明，采烤期70d积温、烟季≥35℃天数，烟季第2月、3月、5月日照百分率和日照时数，采烤期日照百分率和烟季日照总时数、日照百分率，在一定范围内，减小旺长期降水量和昼夜温差，提高伸根期、旺长期平均气温和≥10℃活动积温，有利于优质烟叶品质的形成；谢晓斌等分析了广东南雄烟区生态条件后认为，南雄烟区全生育期较高的有效积温和成熟期高温、强光照可能是南雄烟叶浓香型风格特色形成的有利气象条件。本研究结果显示，中部叶总糖含量与4月中旬的气温显著负相关；中部叶、上部叶还原糖含量与3月中旬气温显著正相关，而中部叶与6月中旬气温显著、极显著负相关；总氮含量与5月上旬气温显著负相关；上部叶钾离子含量与成熟期气温显著负相关；上部叶总糖/总烟碱与4月中旬的气温显著负相关；上部叶总氮/总烟碱与5月中旬气温显著负相关，与3月下旬气温极显著负相关，与6月上旬气温显著负相关；还原糖/总糖与4月下旬气温显著负相关，与5月下旬气温极显著负相关。

刘春奎和时鹏在湖北恩施烟区研究结果表明，在一定范围内，降水量、日照时数和积温的增加有利于烟叶中总糖的积累，但不利于含氮化合物的积累；在一定范围内，降水量的增多会增加烟叶中氯的含量，但是不利于钾离子积累；本研究表明，5月下旬降水量与中部叶总烟碱和总氮含量显著正相关；钾离子含量与3月上旬和大田期降水量显著正相关，与6月中、下旬降水量极显著正相关；5月下旬降水量与总氮/总烟碱显著负相关；还原糖/总糖与3月下旬降水量显著正相关，与6月上旬降水量极显著正相关。上部叶还原糖、钾离子含量以及还原糖/总糖与降水量显著相关。其中还原糖含量与5月中旬降水量显著负相关；钾离子含量与6月中旬和大田期降水量显著负相关，与6月下旬降水量极显著负相关；5月上旬降水量与上部叶还原糖/总糖显著负相关。

参考文献

安瞳昕，吴伯志. 2004. 坡耕地玉米双垄种植及地表覆盖保持耕作措施研究[J]. 西南农业学报，17（b05）：94-100.

鲍士旦. 2000. 土壤农化分析[M]. 北京：中国农业出版社.

蔡宪杰，王信民，尹启生. 2005. 成熟度与烟叶质量的量化关系研究[J]. 中国烟草学报，11（4）：42-46.

曹仕明，廖浩，张翼，等. 2014. 施用腐熟秸秆肥对烤烟根系土壤微生物和酶活性的影响[J]. 中国烟草学报（2）：75-79.

曾曙才，吴启堂. 2007. 华南赤红壤无机复合肥氮磷淋失特征[J]. 应用生态学报，18（5）：1 015-1 020.

晁逢春. 2003. 氮对烤烟生长及烟叶品质的影响[D]. 北京：中国农业大学.

陈爱国，王树声，申国明，等. 2007. 鲁东南烟区气象生态因子与烤烟成熟期内在成分的关系研究[C]. 中国烟草学会理事会会议暨学术年会. 94-101.

陈冠雄，徐慧，张颖，等. 2003. 植物——大气N_2O的一个潜在排放源[J]. 第四纪研究，23（5）：504–511.

陈红华，陈秋会，李富强，等. 2010. 增施不同的有机物质对烤烟物理性状和氨基酸含量的影响[J]. 中国农学通报，26（21）：186-189.

陈剑秋. 2006. 包膜控释肥对烤烟生长及烟叶品质的影响（硕士论文）[D]. 泰安：山东农业大学.

陈江华，李志宏，刘建利，等. 2004. 全国主要烟区土壤养分丰缺状况评价[J]. 中国烟草学报，10（3）：18-22.

陈茂建，胡小曼，杨焕文，等. 2011. 烤烟新品种PVH19的种植密度产质量效应[J]. 中国农学通报，27（9）：261-264.

陈能场，徐胜光，吴启堂，等. 2009. 植物地上部氮素损失及其机理研究现状与展望[J]. 植物生态学报，33（2）：414–424.

陈奇恩. 2002. 中国塑料薄膜覆盖农业[J]. 中国工程科学，4（4）：12-15.

陈伟，王三根，唐远驹，等. 2008. 不同烟区烤烟化学成分的主导气象影响因子分析[J]. 植物营养与肥料学报（1）：144-150.

陈银建，周冀衡，何伟，等. 2010. 不同时间培土对烤烟不定根发育及活性的影响[J]. 湖南农业科学（17）：28-32.

陈泽鹏，詹振寿，郭治兴，等. 2006. 广东植烟土壤肥力综合评价[J]. 中国烟草科学（1）：35-37.

代晓燕，张芊，王建安，等. 2014. 不同钾肥施用量及基追施比对烤烟中性致香物质含量的影响[J]. 中国烟草科学，35（1）：26-31.

戴冕. 2000. 我国主产烟区若干气象因素与烟叶化学成分的关系研[J]. 中国烟草学报，6（1）：27-34.

戴晓艳，须湘成，陈恩凤. 1990. 不同肥力棕壤和黑土各粒级微团聚体氮素矿化势[J]. 沈阳农业大学学报，21（4）：327-330.

戴勋，王毅，刘彦中，等. 2009. 不同钾肥追施量对烤烟K326生长及产质量的影响[J]. 中国烟草科学，30（1）：19-22.

单德鑫，杨书海，李淑芹，等. 2007. ^{15}N示踪研究烤烟对氮的吸收及分配[J]. 中国土壤与肥料（2）：43-45

邓建华，李向阳，逄涛，等. 2011. 云南烤烟化学品质的气象生态基础分析[J]. 西南农业学报（2）：513-518.

邓小华，谢鹏飞，彭新辉，等. 2010. 土壤和气象及其互作对湖南烤烟部分中性挥发性香气物质含量的影响[J]. 应用生态学报（8）：2 063-2 071.

丁根胜，王允白，陈朝阳，等. 2009. 南平烟区主要气象因子与烟叶化学成分的关系[J]. 中国烟草科学（4）：26-30.

丁效东，闫慧峰，张士荣，等. 2016. 有机肥C/N优化下氮肥运筹对烟株根际无机氮和酶活性的影响[J]. 中国烟草科学，37（1）：26-31.

丁效东，张士荣. 2015. NaCl对大麦硝态氮吸收动力学特征的影响[J]. 中国生态农业学报，23（11）：1 423-1 428.

杜家菊，陈志伟. 2010. 使用SPSS线性回归实现通径分析的方法[J]. 生物学通报，45（2）：4-6.

樊军，郝明德．2003．黄土高原旱地轮作与施肥长期定位实验研究I长期轮作与施肥对土壤酶活性的影响[J]．植物营养与肥料学报，9（1）：9-13．

高汉杰，陈汉新，彭世阳，等．2002．烟叶成熟度鉴别方法与实用五段式烘烤新工艺应用研究的回顾[J]．中国烟草科学，23（4）：40-42．

宫长荣，赵振山，陈江华，等．1999．烟叶成熟度、烘烤环境条件与烟叶品质的关系：跨世纪烟草农业科技展望和持续发展战略研讨会论文集[C]．北京：中国商业出版社，307-316．

顾学文，王军，谢玉华，等．2012．种植密度与移栽期对烤烟生长发育和品质的影响[J]．中国农学通报，28（22）：258-264．

关松荫．1986．土壤酶及其研究法[M]．北京：农业出版社．

关松荫．1989．土壤酶活性影响因子的研究——Ⅰ．有机肥料对土壤中酶活性及氮磷转化的影响[J]．土壤学报（1）：72-78．

郭红祥，刘卫群，姜占省．2002．施用饼肥对烤烟根系土壤微生物的影响[J]．河南农业大学学报，36（4）：344-347．

国家烟草质量监督检验中心．2002．YC/T 159—2002，烟草及烟草制品，水溶性糖的测定，连续流动法[S].北京：中国标准出版社．

国家烟草质量监督检验中心．2002．YC/T 160—2002，烟草及烟草制品，总植物碱的测定，连续流动法[S].北京：中国标准出版社．

国家烟草质量监督检验中心．2002．YC/T 161—2002，烟草及烟草制品，总氮的测定，连续流动法[S].北京：中国标准出版社．

国家烟草质量监督检验中心．2007．YC/T 217—2007，烟草及烟草制品，钾的测定，连续流动法[S].北京：中国标准出版社．

韩锦峰，宫长荣，高致明．1987．烤烟成熟度与叶组织细胞结构及烘烤热反应研究初探[J]．河南农业大学学报，21（4）：405-409．

韩锦峰，宫长荣，黄海堂，等．1990．烤烟叶片成熟度的研究I．烤烟叶片成熟和衰老过程中某些生理生化变化的研究[J]．中国烟草科学（1）：25-28．

韩锦峰，郭培国，等．1992．应用^{15}N示踪法探讨烟草对氮素利用的研究[J]．河南农业大学学报，26（3）：224-227．

韩锦峰，史宏志，官春云，等．1996．不同施氮水平和氮素来源烟叶碳氮比及其与碳氮代谢的关系[J]．中国烟草学报（1）：19-25．

韩锦峰，汪耀富，张新堂．1992．土壤水分对烤烟根系发育和根系活力的影响[J]．中国烟草（3）：14-17．

韩锦峰．2003．烟草栽培生理[M]．北京：中国农业出版社．

韩锦锋，汪耀富，林学梧．1994．烤烟叶片成熟度与细胞膜脂过氧化及体内保护酶活性关系的研究[J]．中国烟草学报，2（1）：20-24．

韩晓日，郑国砥，刘晓燕，等．2007．有机肥与化肥配合施用土壤微生物量氮动态、来源和供氮特征[J]．中国农业科学，40（4）：765-772．

何文寿．2004．宁夏不同基因型春小麦磷营养的差异[J]．作物学报，30（2）：131-137．

何永秋，刘国顺，杨永锋，等．2013．不同钾肥配施对烤烟石油醚提取物和中性致香物质的影响[J]．中国烟草学报，19（2）：10-14．

胡国松，赵元宽，曹志洪，等．1997．我国主要产烟省烤烟元素组成和化学品质评价[J]．中国烟草学报，3（1）：36-44．

胡国松，郑伟，王震东．2000．烤烟营养原理[M]．北京：科学出版社．

胡文玉，陈贵，张立军．1987．叶片衰老与细胞透性关系[J]．沈阳农业大学学报（2）：49-52．

黄刚，王发鹏，丁福章，等．2008．不同保水措施对烟地土壤水分及烤烟生长的影响[J]．中国农学通报，24（9）：265-268．

黄中艳，王树会，朱勇，等．2007．云南烤烟5项化学成分含量与其环境生态要素的关系[J]．中国农业气象（3）：312-317．

贾宏昉，尹贵宁，黄化刚，等．2014．低磷胁迫对烤烟云烟87糖代谢及营养元素吸收的影响机理初探[J]．中国农业科技导报，16（3）：36-41．

贾宏昉，张洪映，尹贵宁，等．2014．OsPT8过量表达提高转基因烟草的耐低磷能力[J]．生物技术通报（7）：106-111．

贾琪光，宫长荣．1988．烟叶生长发育过程中主要化学成分含量与成熟度关系的研究[J]．烟草科技（6）：40-43

蒋志宏，代远刚，周立新，等．2012．不同培土措施对烤烟光合作用·不定根发育和根系多胺含量的影响[J]．安徽农业科学，40（22）：11 189-11 192．

巨晓棠，晁逢春，李春俭，等．2003．土壤后期供氮对烤烟产量和烟碱含量的影响[J]．中国烟草学报，9（s1）：48-53.
匡传富．2010．湖南郴州植烟区耕地状况分析及对策[J]．湖南农业科学（15）：59-61.
兰宇，韩晓日，战秀梅，等．2013．施用不同有机物料对棕壤酶活性的影响[J]．土壤通报，44（1）：110-115.
李春俭，张福锁，李文卿，等．2007．我国烤烟生产中的氮素管理及其与烟叶品质的关系[J]．植物营养与肥料学报，13（2）：331-337.
李春俭，张福锁．2006．烤烟生产养分综合养分管理理论与实践[M]．北京：中国农业大学出版社.
李佛琳，赵春江，刘良云，等．2007．烤烟鲜烟叶成熟度的量化[J]．烟草科技（1）：54-58.
李合生．2003．植物生理生化实验原理和技术[M]．北京：高等教育出版社.
李建伟，郑少清，石俊雄，等．2003．不同氮素组合对烟叶硝酸还原酶和酸性转化酶的影响[J]．耕作与栽培（2）：51-52.
李姣．2013．不同有机肥对烤烟根际土生物活性及烟叶品质的影响[D]：郑州：河南农业大学.
李静，张锡洲，李廷轩，等．2013．烟草钾素营养特性及提高烟叶含钾量的主要途径[J]．湖南农业科学（22）：17-19.
李娟，赵秉强，李秀英，等．2008．长期有机无机肥料配施对土壤微生物学特性及土壤肥力的影响[J]．中国农业科学，44（1）：144-152.
李军萍．2009．影响烤烟香气物质综合因素的研究进展[J]．河北农业科学，13（12）：56-59.
李楠，陈冠雄．1993．植物释放N_2O速率及施肥的影响[J]．应用生态学报，4（3）：295–298.
李倩．2013．几种有机肥原料对土壤生化性质和作物生长的影响 [D]．泰安：山东农业大学.
李生秀，李宗让，田霄鸿，等．1995．植物地上部分氮素的挥发损失[J]．植物营养与肥料学报，1（2）：19–25.
李生秀．1992．植物体氮素的挥发损失—Ⅰ.小麦生长后期地上部分氮素的损失[J]．西北农林科技大学学报（自然科学版）（sl）：1–6.
李雪利，叶协锋，顾建国，等．2011．土壤C/N比对烤烟碳氮代谢关键酶活性和烟叶品质影响的研究[J]．中国烟草学报，17（3）：32-36.
李雪利．2011．添加腐熟秸秆调节土壤碳氮比对烤烟碳氮代谢及品质影响的研究[D]．郑州：河南农业大学.
李玥莹，陈冠雄，徐慧，等．2003．苗期玉米、大豆在土壤–植物系统N2O排放中的贡献[J]．环境科学，24（6）：38–42.
李玥莹，杨宇，张旭东，等．2004．光照、碳源和还原力对大豆玉米苗期氧化亚氮释放量的影响[J]．应用生态学报，15（10）：1 851–1 854.
李跃武，陈朝阳，江豪，等．2002．烤烟品种云烟85烟叶的成熟度/成熟度与叶片组织结构、叶色、化学成分的关系[J]．福建农林大学学报，31（1）：16-21
李志洪，陈丹，曹国军，等．1995．磷水平对不同基因型玉米根系形态和磷吸收动力学的影响[J]．吉林农业大学学报（4）：40-43.
李志洪，陈丹．1999．缺磷对不同基因型玉米根系分泌有机酸以及活化难溶性磷的影响[J]．植物生理学报（6）：455-457.
李中民，杨铁钊，段旺军，等．2011．不同基因型烟草苗期对硝态氮和铵态氮吸收动力学特征研究[J]．江苏农业科学，39（2）：155-157.
李祖莹，肖林长，方先兰，等．2011．创丰生物有机肥对烤烟生长、产量及品质的影响[J]．江西农业学报，23（6）：40-42.
梁新强，陈英旭，李华，等．2006．雨强及施肥降雨间隔对油菜田氮素径流流失的影响[J]．水土保持学报，20（6）：14-17.
林清火，罗微，屈明，等．2005．尿素在砖红壤中的淋失特征Ⅱ——NO_3-N的淋失[J]．农业环境科学学报，24（4）：638-642.
凌寿军．2001．推迟采收对烤烟淀粉含量及产质量的影响[J]．中国烟草科学，22（4）：29-31.
刘春奎．2008．湖北恩施烟区气象因素和烤烟质量综合评价[D]．郑州：河南农业大学.
刘芳．1994．小麦吸收肥料氮和土壤氮的探讨[J]．核农学报，15（2）：81-84.
刘国顺，刘韶松，贾新成，等．2005．烟田施用有机肥对土壤理化性状和烟叶香气成分含量的影响[J]．中国烟草学报，11（3）：29-33.
刘国顺，罗贞宝，王岩，等．2006．绿肥翻压对烟田土壤理化性状及土壤微生物量的影响[J]．水土保持学报，20（1）：95-98.

刘国顺，彭智良，黄元炯，等．2009．N、P互做对烤烟碳氮代谢关键酶活性的影响[J]．中国烟草学报，15（5）：33-37.
刘国顺，张春华，代李鹏，等．2009．不同氮磷钾配施对烤烟石油醚提取物和中性致香物质的影响[J]．土壤，41（6）：974-979.
刘国顺．2003．烟草栽培学[M]．北京：中国农业出版社.
刘海轮，张振平，常丽．2002．烤烟成熟采收标准与质量关系的研究[J]．西北农林科技大学学报（自然科学版），30（2）：32-36.
刘宏斌，张云贵，李志宏，等．2005．长期施肥条件下华北平原农田硝态氮淋失风险的研究．植物营养与肥料学报，11（6）：711-716.
刘华山，韩锦峰，曾涛，等．2005．饼肥与化肥配施对烤烟根际土壤酶活性的影响[J]．中国烟草科学，26（1）：14-16.
刘建新．2004．不同农田土壤酶活性与土壤养分相关关系研究[J]．土壤通报，35（4）：523-525.
刘灵，廖红，王秀荣，等．2008．不同根构型大豆对低磷的适应性变化及其与磷效率的关系[J]．中国农业科学，41（4）：1 089-1 099.
刘世亮，刘增俊，杨秋云，等．2007．外源糖调节不同碳氮比对烤烟生理生化特性及化学成分的影响[J]．华北农学报，22（6）：161-164.
刘添毅，李春英，熊德中，等．2000．烤烟有机肥与化肥配合施用效应的探讨[J]．中国烟草科学（4）：23–26.
刘卫群，郭群召，张福锁，等．2004．氮素在土壤中的转化及其对烤烟上部叶烟碱含量的影响[J]．烟草科技（5）：36-39.
刘卫群，姜占省，郭红祥，等．2003．芝麻饼肥用量对烤烟根际土壤生物活性影响[J]．烟草科技（6）：31-34.
刘文祥，颜合洪，周益，等．2007．烟草钾素营养与提高烤烟烟叶含钾量的研究进展[J]．作物研究（s1）：736-740.
刘小虎，贾庆宇，安婷婷，等．2005．不同施肥处理对棕壤腐殖酸组成和性质的影响[J]．土壤通报，36（3）：298-332.
刘雪琴．2007．有机肥对烤烟产量和品质的影响[D]．重庆：西南大学.
刘燕，阙劲松，于良君，等．2013．烤烟致香物质含量的主要影响因素及其提高的可能途径[J]．中国农学通报，29（22）：83-89.
龙怀玉，刘建利，徐爱国，等．2003．我国部分烟区与国际优质烟区烤烟大田期间某些气象条件的比较[J]．中国烟草学报（3）：41-47.
鲁如坤．2000．土壤农业化学分析方法[M]．北京：中国农业科技出版社.
鲁耀，郑波，段宗颜，等．2014．不同有机物料在植烟土壤中的腐解及活性有机碳、氮含量的变化[J]．西南农业学报，27（4）：1 616-1 620.
栾双，范志新，曹亦夫，等．2001．寒冷地区烤烟氮磷钾的吸收动态[J]．中国烟草学报，7（2）：17-21.
吕大树，吕红灵，王玉平，等．2013．不同类型烟草有机肥料成分的差异分析[J]．江西农业学报（9）：53-56.
马新明，刘国顺，王小纯，等．2002．烟草根系生长发育与地上部相关性的研究[J]．中国烟草学报，8（3）：26-29.
马新明，王小纯，倪纪恒，等．2003．不同土壤类型烟草根系发育特点研究[J]．中国烟草学报，9（1）：39-44.
马兴华，张忠锋，荣凡番，等．2009．高低土壤肥力条件下烤烟对氮素吸收、分配和利用的研究[J]．中国烟草科学，30（1）：1-4.
马宗国，卢绪奎，万丽，等．2003．小麦秸秆还田对水稻生长及土壤肥力的影响[J]．作物杂志（5）：37-38.
孟源，陆引罡，周建云，等．2015．利用15N示踪技术探讨烤烟在不同轮作方式下对氮素肥料的吸收与分配[J]．江苏农业科学，43（4）：99-102.
聂荣邦，李海峰．1991．烤烟不同成熟度鲜烟叶组织结构研究[J]．烟草科技（3）：37-39.
裴鹏刚，张均华，朱练峰，等．2014．秸秆还田的土壤酶学及微生物学效应研究进展[J]．中国农学通报，30（18）：1-7.
彭智良，黄元炯，刘国顺，等．2009．不同有机肥对烟田土壤微生物以及烟叶品质和产量的影响[J]．中国烟草学报，15（2）：41-45.
秦松，刘大翠，刘静，等．2007．土壤肥力对烟叶化学成分及品质的影响[J]．土壤通报，38（5）：901-905.
秦艳青，李春俭，赵正雄，等．2007．不同供氮方式和施氮量对烤烟生长和氮素吸收的影响[J]．植物营养与肥料学报，13（3）：436-442.

邱莉萍，刘军，王益权，等. 2004. 土壤酶活性与土壤肥力的关系研究[J]. 植物营养与肥料学报，10（3）：277-280.
冉邦定，刘敬业，李天福，等. 1993. 成熟度、施氮量、留叶数与烟叶组织结构和比叶重的关系[J]. 中国烟草科学，13（2）：2-4.
冉邦定，刘敬业，李天福. 1993. 烤烟 K326 成熟期五种酶动态的研究[J]. 中国烟草学报，1（2）：13-20.
任祖淦，陈玉水，张逸清，等. 1996. 有机无机肥料配施对土壤微生物和酶活性的影响[J]. 植物营养与肥料学报，2（3）：279-283.
时鹏，申国明，向德恩，等. 2012. 恩施烟区主要气象因子与烤烟烟叶化学成分的关系[J]. 中国烟草科学（4）：13-16.
时向东，刘喜庆，王振海，等. 2013. 利用^{15}N示踪研究烤烟对氮素的吸收和分配规律[J]. 中国烟草学报（6）：55-58.
司友斌，王慎强，陈怀满. 2000. 农田氮、磷的流失与水体富营养化[J]. 土壤，32（4）：188-193.
宋震震，李絮花，李娟，等. 2014. 有机肥和化肥长期施用对土壤活性有机氮组分及酶活性的影响[J]. 植物营养与肥料学报，24（3）：525-533.
苏帆，付利波，陈华，等. 2008. 应用^{15}N研究烤烟对饼肥氮素的吸收利用规律[J]. 中国生态农业学报，16（2）：335-339.
孙福山，王丽卿. 2002. 烟叶成熟度及烘烤指标与烟叶质量关系的研究[J]. 中国烟草科学，23（3）：25-27.
孙海国，张福锁. 2000. 小麦根系生长对缺磷胁迫的反应[J]. 植物学报，42（9）：913-919.
孙健，李志宏，张云贵，等. 2011. 非豆科作物套种时间对减少烤烟后期氮素吸收量的研究[J]. 植物营养与肥料学报，17（5）：1 243-1 249.
孙梅霞，汪耀富，张全民，等. 2000. 烟草生理指标与土壤含水量的关系[J]. 中国烟草科学（2）：30-33.
唐经祥，孙敬权，任四海. 2000. 烤烟地膜覆盖栽培存在的问题及对策[J]. 烟草科技（9）：42-44.
唐莉娜，陈顺辉. 2008. 不同种类有机肥与化肥配施对烤烟生长和品质的影响[J]. 中国农学通报，24（11）：258-262.
唐莉娜，熊德中. 2002. 土壤酸度的调节对烤烟根系生长与烟叶化学成分含量的影响[J]. 中国生态农业学报，10（4）：65-67.
陶芾，滕婉，李春俭，等. 2007. 我国烤烟生产体系中的养分平衡[J]. 中国烟草科学，28（3）：1-5.
汪邓明，周冀衡. 1998. 综合栽培措施对烟草根系特征参数及叶片质量的影响[J]. 土壤肥料（4）：28-31.
汪耀富，蔡寒玉，李进平，等. 2007. 不同供水条件下土壤水分与烤烟蒸腾耗水的关系[J]. 农业工程学报，23（1）：19-23.
汪耀富，阎栓年，于建军，等. 1994. 土壤干旱对烤烟生长的影响及机理研究[J]. 河南农业大学学报，28（3）：250-255.
汪耀富，张福锁. 2003. 干旱和氮用量对烤烟干物质和矿质养分积累的影响[J]. 中国烟草学报，9（1）：19-23.
王百群，余存祖，戴鸣钧，等. 1994. 水分淋洗下土壤各形态氮在剖面中的分布与移动[J]. 水土保持研究，1（5）：7-14.
王朝辉，田霄鸿，李生秀. 2001. 冬小麦生长后期地上部分氮素的氨挥发损失[J]. 作物学报，27（1）：661-667.
王洪云，王德勋，单沛祥，等. 2011. 烟草膜下滴灌试验研究[J]. 中国烟草科学，32（5）：42-46.
王怀珠，汪健，胡玉录，等. 2005. 茎叶夹角与烤烟成熟度的关系[J]. 烟草科技，8：32-34.
王怀珠，汪健，胡玉录，等. 2005. 茎叶夹角在判断烤烟成熟度中的作用[J]. 湖北农业科学，4：79-81.
王军，王益奎，李鸿莉，等. 2004. 水分胁迫对烟草生长发育的影响研究进展[J]. 广西农业科学，35（6）：440-442.
王军，谢玉华，罗慧红，等. 2007. “前膜后草”覆盖栽培对烟田土壤环境及烟株牛长发育的影响[J]. 广东农业科学（5）：29-32.
王军，詹振寿，谢玉华，等. 2007. 施用生物有机物对烤烟生长发育的影响[J]. 安徽农业科学，35（11）：3 287-3 288.
王军，詹振寿，谢玉华，等. 2009. 有机物料对植烟土壤速效养分含量的影响[J]. 中国烟草科学，30（2）：31-35.
王利利，董民，张璐，等. 2013. 不同碳氮比有机肥对有机农业土壤微生物生物量的影响[J]. 中国生态农业学报（9）：1 073-1 077.
王墨浪，晋艳，杨宇虹，等. 2010. 不同土壤类型饼肥矿化过程中土壤酶活性及理化指标的变化[J]. 中国烟草学报（5）：60-64.
王墨浪，晋艳，杨宇虹，等. 2010. 不同土壤类型饼肥矿化过程中土壤酶活性及理化指标的变化[J]. 中国烟草学报，16（5）：60-64.
王鹏，曾玲玲，王发鹏，等. 2009. 黄壤上烤烟氮素积累、分配及利用的研究[J]. 植物营养与肥料学报，15（3）：677-682.

王荣萍．2005．田间及模拟条件下氮的矿化与淋溶[D]．重庆：西南农业大学．

王瑞新，韩富根．2003．烟草草化学品质分析 [M]．北京：中国农业出版社．

王同朝，刘作新，高致明，等．2002．分期追施钾肥对烤烟生长和品质的影响[J]．河南农业大学学报，36（4）：348-351．

王岩，刘国顺．2006．绿肥中养分释放规律及对烟叶品质的影响[J]．土壤学报，43（2）：273-279．

王彦亭，谢剑平，李志宏．2010．中国烟草种植区划[M]．北京：科学出版社．

王艳丽，王京，刘国顺，等．2015．磷胁迫对烤烟高亲和磷转运蛋白基因表达及磷素吸收利用的影响[J]．西北植物学报，35（7）：1 403-1 408．

王英．2002．不同状态有机物料对土壤腐殖质及作物产量的影响[J]．土壤通报，34（2）：73-76．

韦成才，张立新，高梅，等．2014．施用有机物料对烤烟光合特性、氮钾含量及农艺性状的影响[C]．中国烟草学会2014年学术年会论文集．

吴峰，薛骅骎，何楷，等．2014．不同碳氮比物料有机肥中腐殖酸含量、化学组成与结构特征研究[J]．安徽农业大学学报，41（4）：675-678．

武雪萍，刘增俊，赵跃华，等．2005．施用芝麻饼肥对植烟根际土壤酶活性和微生物碳、氮的影响[J]．植物营养与肥料学报，11（4）：541-546．

武雪萍．2003．饼肥有机营养对土壤生化特性和烤烟品质作用机理的研究 [D]：太谷：山西农业大学．

习向银，赵正雄，李春俭．2008．肥料氮和土壤氮对烤烟氮素吸收和烟碱合成的影响[J]．土壤学报，45（4）：750-753．

习向银．2005．烟碱氮素来源和供氮对烤烟生长、氮素吸收、烟碱含量的影响 [D]：北京：中国农业大学．

向德恩，时鹏，申国明，等．2011．不同移栽期对恩施烤烟产量和质量的影响[J]．中国烟草科学，32（s1）：57-62．

谢莉．2010．有机肥对植烟土壤微生物活性及烤烟产量品质的影响[D]．重庆：西南大学．

谢晓斌，陈永明，王军，等．2014．南雄烟区生态条件分析[J]．中国烟草科学，35（4）：75-78．

邢承华，章永松，林咸永，等．2006．饱和铵贮库施肥法对降低土壤氮素挥发和淋失的作用研究[J]．浙江大学学报（农业与生命科学版），32（2）：155-161．

徐强，程智慧，孟焕文，等．2007．玉米线辣椒套作对线辣椒根际、非根际土壤微生物、酶活性和土壤养分的影响[J]．干旱地区农业研究，25（3）：94-99．

徐胜光，陈能场，周建民，等．2009．分蘖期水稻地上部和空气间的NO_x（NO、NO_2）交换作用[J]．植物营养与肥料学报，15（6）：1 357-1 363．

徐天养，赵正雄，李忠环，等．2008．中耕培土后覆盖秸秆对烤烟生长及养分吸收和产质量的影响[J]．中国烟草学报，14（4）：18-22．

徐晓燕，马毅杰，张瑞平．2003．土壤中钾的转化及其与外源钾的相互关系的研究进展[J]．土壤通报，34（5）：489-492．

徐晓燕，孙五三，李章海，等．2004，烤烟根系合成烟碱的能力及pH值对其根系和品质的影响[J]．安徽农业大学学报，31（3）：315-319．

徐宇航，王守华，张念，等．2013．烤烟成熟期控水对烟叶碳氮代谢关键酶活的影响[J]．中国农学通报，29（13）：95-99．

许晨曦．2012．不同种类肥料对烤烟生长发育及品质的影响[D]．郑州：河南农业大学．

许自成，刘国顺，刘金海，等．2005．铜山烟区生态因素和烟叶质量特点[J]．生态学报，25（7）：1 748-1 753．

薛菁芳，高艳梅，汪景宽，等．2007．土壤微生物量碳氮作为土壤肥力指标的探讨[J]．土壤通报，38（2）：247-250．

闫慧峰，石屹，李乃会，等．2013．烟草钾素营养研究进展[J]．中国农业科技导报，15（1）：123-129．

严昶升．1988．土壤肥力研究方法[M]．北京：农业出版社．

颜合洪，胡雪平，张锦韬，等．2005．不同施钾水平对烤烟生长和品质的影响[J]．湖南农业大学学报（自然科学版），31（1）：20-23．

杨芳，何园球，李成亮，等．2006．不同施肥条件下旱地红壤磷素固定及影响因素的研究[J]．土壤学报，43（2）：267-272．

杨红，邵孝侯，汪耀富，等．2010．水分胁迫对烤烟影响的研究进展[J]．安徽农业科学，38（32）：18 041-18 042．

杨红武，周冀衡，赵松义，等．2008．基追肥比例对烤烟生长及产质量影响的研究[J]．作物研究，22（3）：184-188．

杨宏敏，陆引罡．1996．烤烟对氮素的吸收及分配[J]．土壤通报，27（1）：42-45．

杨树勋. 2003. 准确判断烟叶采收成熟度初探[J]. 中国烟草科学，24（4）：34-36.
杨铁钊，林彩丽，丁永乐. 2001. 不同基因型烟草对氮素营养响应的差异研究[J]. 烟草科技（6）：32-35.
杨铁钊，彭玉富. 2006. 富钾基因型烤烟钾积累特征研究[J]. 植物营养与肥料学报，12（5）：750-753.
杨铁钊，杨志晓，林娟，等. 2009. 不同烤烟基因型根际钾营养和根系特性研究[J]. 土壤学报，46（4）：646-651.
杨宇虹，晋艳，杨丽萍，等. 2007. 有机肥的不同配置对烤烟生长的影响[J]. 中国农学通报，23（2）：290-293.
杨云高，王树林，等. 2012. 生物有机肥对烤烟产质量及土壤改良的影响[J]. 中国烟草科学，33（4）：70-74.
杨志晓，张小全，毕庆文，等. 2009. 不同覆盖方式对烤烟成熟期根系活力和叶片衰老特性的影响[J]. 华北农学报，24（2）：153-157.
叶协锋，朱海滨，凌爱芬，等. 2008. 不同钾肥对烤烟叶片钾和中性香气成分及非挥发性有机酸含量的影响研究[J]. 土壤通报，39（2）：338-343.
易建华，彭新辉，邓小华，等. 2010. 气象和土壤及其互作对湖南烤烟还原糖、烟碱和总氮含量的影响[J]. 生态学报，30（16）：4 467-4 475.
殷红慧，赵正雄，王丽萍，等. 2006. 地膜覆盖下烤烟干物质积累和氮、钾养分吸收分配规律的研究[J]. 浙江农业科学，1（1）：63-67.
于福同，张爱民，陈受宜，等. 2001. 一个高亲和力水稻根系磷转运蛋白候选基因片段的克隆[J]. 遗传学报，28（2）：144-151.
于华堂，王卫康，冯国桢，等. 1985. 烟叶分级教程[M]. 北京：科学技术文献出版社.
于建军，邵惠芳，刘艳芳，等. 2009. 四川凉山烤烟叶片巨豆三烯酮含量与生态因子的关系[J]. 生态学报，29（4）：1 668-1 674.
宇万太，周桦，马强等. 2010. 氮肥施用对作物吸收土壤氮的影响—兼论作物氮肥利用率[J]. 土壤学报，47（1）：90-96.
袁仕豪，易建华，蒲文宣，等. 2008. 多雨地区烤烟对基肥和追肥氮的利用率[J]. 作物学报，34（12）：2 223-2 227.
袁有波，邵孝侯，刘玉青，等. 2010. 水肥优化耦合理论在烟草生产中的应用[J]. 江西农业学报，22（6）：111-113.
翟优雅，阮志，张立新，等. 2014. 施用秸秆对烤烟土壤酶活性及烤烟氮和钾含量的影响[J]. 中国烟草科学（5）：45-49.
张福珠，熊先哲，戴同顺. 1984. 应用^{15}N研究土壤-植物系统氮素淋失动态[J]. 环境科学，5（1）：21-24.
张广普. 2013. 烟叶香味物质含量的生态差异及其气象因子响应分析[D]：郑州：河南农业大学.
张焕朝，王改萍，徐锡增，等. 2003. 杨树无性系根系吸收$H_2PO_4^-$动力学特征与磷营养效率[J]. 林业科学，39（6）：40-46.
张璐，沈善敏. 1997. 有机物料中有机碳、氮矿化进程及土壤供氮能力研究[J]. 土壤通报，28（2）：71-73.
张明发，朱列书. 2009. 烤烟不同生育期供钾水平对叶片钾含量的影响[J]. 中国烟草科学，30（1）：23-25.
张启明，苑举民，何宽信，等. 2014. "前膜后草"覆盖栽培对旱地紫色土地烤烟产质量及中性香气物质的影响[J]. 土壤，46（3）：539-543.
张生杰，黄元炯，任庆成，等. 2010. 氮素对不同品种烤烟叶片衰老、光合特性及产量和品质的影响[J]. 应用生态学报（8）：668-674.
张树堂. 2012. 一次性采收上部烟叶的成熟度及成熟特征研究[J]. 中国农业科技导报，14（5）：123-129.
张翔，马聪，毛家伟，等. 2012. 钾肥施用方式对烤烟钾素利用及土壤钾含量的影响[J]. 中国土壤与肥料（5）：50-53.
张小全，王军，陈永明，等. 2011. 广东南雄烟区主要气象因素与烤烟品质特点分析[J]. 西北农业学报，20（3）：75-80.
张晓娇，刘国顺，叶协锋，等. 2013. 不同用量有机物料与复合肥配施对烟草根系生长发育的影响[J]. 江西农业学报，25（8）：12-16.
张亚丽，张兴昌，邵明安，等. 2004. 秸秆覆盖对黄土坡面矿质氮素径流流失的影响[J]. 水土保持学报，18（1）：85-88.
张艳艳，苑举民，石屹，等. 2012. 烟草常用有机肥主要成分分析及质量评价研究[J]. 中国农学通报，28（18）：154-159
张永安，王瑞强，杨述元，等. 2006. 生态因子与烤烟中性挥发性香气物质的关系研究[J]. 安徽农业科学，34（18）：4 652-4 654.
张云伟，徐智，汤利，等. 2013. 不同有机肥对烤烟根际土壤微生物的影响[J]. 应用生态学报，24（9）：2 551-2 556.
张志良，翟伟菁. 2003. 植物生理学实验指导[M]. 北京：高等教育出版社.

赵铭钦，陈红华，刘国顺，等．2007．增施不同有机物质对烤烟烟叶香气质量的影响[J]．华北农学报，22（5）：51-55.

赵铭钦，李晓强，韩静，等．2008．不同基因型烤烟中性致香物质含量的研究[J]．中国烟草学报，14（3）：46-50.

赵铭钦，刘金霞，黄永成，等．2007．不同起垄方式与钾肥施用方法对烤烟中性致香物质含量的影响[J]．西北农林科技大学学报，35（9）：58-62.

赵铭钦，王付锋，张志逢，等．2009．增施不同有机物质对烤烟叶片质体色素及其降解产物的影响[J]．华北农学报，24（6）：149-152.

赵萍萍，王宏庭，郭军玲，等．2010．氮肥用量对夏玉米产量、收益、农学效率及氮肥利用率的影响[J]．山西农业科学，38（11）：43-46.

赵茜，宣岩芳，曹林奎．2009．农田土壤氮素流失规律及其控制技术研究进展[J]．上海交通大学学报（农业科学版），27（4）：424-428.

赵世杰．2002．植物生理学实验指导[M]．北京：中国农业科学技术出版社.

赵晓会．2011．不同培肥及改良措施对烟田土壤性质及烟草品质影响的研究 [D]. 杨凌：西北农林科技大学.

郑华，石俊雄，蔡敏，等．2009．菜籽饼与化肥配施对烤烟根际土壤酶活性的影响[J]．贵州农业科学，37（10）：109-115.

郑宪滨，张正杨，邢国强，等．2008．追施钾肥对烤烟叶片和土壤钾含量的影响[J]．安徽农业科学，36（1）：225-226.

智磊．2012．基于^{15}N同位素的烤烟氮素吸收分配规律研究[D]．郑州：河南农业大学.

中国农业科学院烟草研究所．2005．中国烟草栽培学[M]．上海：上海科学技术出版社.

周冀衡，汪邓民，吕国新，等．1998．不同烤烟品种苗期对钾素响应能力的研究[J]．中国烟草科学，19（2）：8-12.

周冀衡，汪邓明．1995．培土与施肥对烟草植株根系发育及氮钾吸收速率的影响[J]．中国烟草学报，2（4）：46-51.

周昆，周清明，胡晓兰．2008．烤烟香气物质研究进展[J]．中国烟草科学，29（2）：58-61.

周翔．2008．山东烟区生态因子与烟叶品质的关系[D]．北京：中国农业科学院.

朱兆良，文启孝．1992．中国土壤氮素[M]．南京：江苏科学技术出版社.

朱尊权．2000．烟叶的可用性与卷烟的安全性[J]．烟草科技（8）：3-6.

邹琦．2003．植物生理生化实验指导[M]．北京：中国农业出版社.

左天觉．1994．烟草的生产、生理和生物化学[M]．上海：远东出版社.

Al Omran A M，Sheta A S，Falatah A M，et al．2005．Effect of drip irrigation on squash （Cucurbita pepo）yield and water-use efficiency in sandy calcareous soils amended with clay deposits[J]．Agric Water Manage，73（1）：43-55.

Bjorkman K，Karl D M．1994．Bioavailability of inorganic and organic phosphorus compounds to assemblages of microorganisms in Hawaiian coastal waters[J]．Marine Ecology Progress Series，111（3）：265-273.

Bowen P，Frey B．2002．Response of plasticultured bell pepper to staking，irrigation frequency，and fertigated nitrogen rate[J]．HortScience，37（1）：95-100.

Bremer E ，Kuikman P．1997．Influence of competition for nitrogen in soil on net mineralization of nititrogen[J]．Plant andSoil，190（1）：119-126.

Ceccon P．1995．N in drainage waters as influenced by soil depth and N fertilizer：a study in lysimeters[J]．European Journal of Agronomy，4（3）：289-298.

Claassen N，Barber S A．1974．A method for characterizing the relation between nutrient concentration and flux into roots of intact plants[J]．Plant Physiology，54（4）：564-568.

Court W A ，Elliot J M，Hendel J G．1984．Influence of applied nitrogen fertilization on certain lipids，terpenses，and other characteristics of flue-cured tobacco[J]．Tobacco Sci（28）：69-72.

Dali R，Nayaka Y，Jagadeesh B，et al．2007．Long-term application of compost influences microbial biomass and enzyme activities in a tropical Aeric Endoaquept planted to rice under flooded condition[J]．Soil Biology & Biochemistry，39（8）：1 897-1 906.

Desikan R，Griffiths R，Hancock J，et al．2002．A new role for an old enzyme：Nitrate reductase-mediated nitric oxide generation is required for abscisic acid-induced stomatal closure in Arabidopsis thaliana[J]．Proceedings of the National Academy of Sciences of the United States of America，99（25）：16 314-16 318.

Dick W A．1984．Influence of Long-term tillage and crop rotation combination on soil enzyme[J]．Soil Science Society of America Journal，48（3）：569-574．

Diez J A，Caballero R，Roman R，et al．2000．Integrated fertilizer and irrigation management to reduce nitrate leaching in Central Spain[J]．Journal of Environmental Quality，29（5）：1 539-1 547．

Drew M C，Saker L R．1984．Uptake and long-distance transport of phosphate，potassium，and chloride in relation to internal ion concentration in barley：evidence of nonallosteric regulation[J]．Planta，160（6）：500-507．

Franklin D，Truman C，Potter T，et al．2007．Nitrogen and phosphorus runoff losses from variable and constant intensity rainfall simulations on loamy sand under conventional and strip tillage systems[J]．Journal of Environmental Quality，36（6）：846-854．

Goenaga R J，Long R C，Volk R J．1989．Uptake of nitrogen by flue-cured tobacco during maturation and senescence．I．Partitioning of nitrogen derived from soil and fertilizer sources[J]．Plant Soil，120（1）：133-139．

Harper L A，Sharpe R R，Langdale G W，et al．1987．Nitrogen cycling in a wheat crop：Soil，plant，and aerial nitrogen transport[J]．Agronomy Journal，79（6）：965-973．

Hatch D J，Chadwick D R，Jarvis S C，et al．2004．Controlling Nitrogen Flows and Losses[M]．New Haven：Wageningen Academic Publishers.

Hwang K J，Kim C W，Kim C H．1981．Studies on the change of chemical of flue-cured tobacco with maturity[C]．Coresta Congress，Agro-Photo Groups．

Ineson P，Benhamd G，Poskitt J．2002．Effects of climate change on nitrogen dynamics in upland soils. II. A soil warming study[J]．Global Change Biology，4（2）：153-161．

Joergensen R G，Mueller T．1996．The fumigation-extraction method to estimate soil microbial biomass：Calibration of the kEN value[J]．Soil Biology and Biochemistry，28（1）：33-37．

Ju X T，Chao F C，Li C J，et al．2008． Yield and nicotine content of flue-cured tobacco as affected by soil nitrogen mineralization[J]．Pedosphere，18（2）：227-235．

Kumari G，Mishra B，Kumar R，et al．2011．Long-term effect of manure，fertilizer and lime application on active and passive pools of soil organic carbon under maize-wheat cropping system in an Alfisol[J]．Journal of the Indian Society of Soil Science，59（3）：245-250．

Lamm F R，Trooien T P．2003．Subsurface drip irrigation for corn productivity：a review of 10 years of research in Kansas[J]．Irrig Sci，22（3–4）：195-200．

Lars B，Nils B．1986．Effects of different applications of fertilizer N on leaching losses and distribution of inorganic N in the soil[J]．Plant and Soil，93（3）：333-345．

Larsson C M，Ingemarsson B．1989．Molecular aspects of nitrate uptake in higher plants[M]．New York：Oxford University Press.

Leggewie G，Wilunzter L，RIesmeier J M．1997．Two cDNAs from potato are able to complement a phosphate uptake-deficient yeast mutant：identification of phosphate transporter from high plants[J]．Plant Cell，9（3）：381-392．

Liang B，Yang X，Murphy D V，et al．2013．Fate of 15N-labeled fertilizer in soils under dry land agriculture after 19 years of different fertilizations[J]．Biology and Fertility of Soils，49（8）：1-10．

Lo’pez-Bellido L，Rafael J，Lo’pez-Bellido，et al．2005．Nitrogen efficiency in wheat under rainfed mediterranean conditions as affected by split nitrogen application[J]．Field Crops Research，94（1）：86-97．

Lu Y，Conrad R．2005．In Situ Stable Isotope Probing of methanogenic archaea in the Rice Rhizosphere[J]．Science．309（7）：13-13．

Mahmood T，Kaiser W M，Ali1 R，et. al．2005．Ammonium versus nitrate nutrition of plants stimulates microbial activity in the rhizosphere[J]．Plant and Soil，277（1-2）：233-243．

Marchetti R，Castelli F，Contillo R．2006．Nitrogen requirements for flue-cured tobacco[J]．Agro J，98（3）：666-674．

Mars J C，Crowley J K．2003．Mapping mine wastes and analyzing areas affected by selenium-rich water runoff in southeast Idaho using AVIRIS imagery and digital elevation data[J]. Remote Sensing of Environment，84（3）：422-436.

Moseley J M. 1963，The relationship of maturity of the leaf at harvest and certain properties of the cured leaf of flued-cured tobacco[J].Tobacco Science（7）：67-75.

Moustakas N K，Ntzanis H. 2005. Dry matter accumulation and nutrient uptake in flue-cured tobacco（*Nicotiana tabacum* L.）[J]. Field Crops Research，94（1）：1-13.

Muf K. 1995. The temperature dependence of soilorganic matter decomposition and the effect of global warming onsoil organic C storage[J]. Soil Biol Biochem，27（27）：753-760.

Mumba P P，Banda H L. 1990. Nicotine content of flue-tobacco（*Nicotiana tabacum* L.）at different stages of growth[J]. Tobacco Sci（30）：179-183.

Nadelhoffer K J ，Giblin A E ，Shaverr G R. 1996. Effects of temperature and substrate quality on element mineralizationin six arctic soilis[J]. Ecology，72（1）：242-253.

Ni W Z，Zhu Z L. 2004. Evidence of N2O emission and gaseous nitrogen losses through nitrification-denitrification induced by rice plants （*Oryza sativa* L.）[J]. Biology and Fertility of Soils，40（3）：211-214.

NolteC R. 1995. Test tobacco leaf maturity by electronic conduction[C]. Coresta.2-9.

Peedin G F. 1995. Effects of nitrogen rate and ripeness at harvest on some agronomic and chemical characteristics of flue-cured tobacco some agronomic and chemical characteristics of flue-cured tobacco[C]. Congress，Agro-Photo Groups.

Pleysier J L，Juo A S R. 1981. Leaching of fertilizer ions in a Ultisol from high rainfall tropics：Leaching trough undisturbed soil columns[J]. Soil Science Society of America Journal，45（4）：754-760.

RamosM C，Martinez-Casasnovas J A. 2006. Nutrient losses by runoff in vineyards of the Mediterranean Alt Penedes region（NE Spain）[J]. Agriculture，Ecosystems & Environment，113（1）356-363.

Rideout J W，Gooden D T，Fortnum B A. 1998. Influence of nitrogen application rate and method on yield and leaf chemistry of tobacco grown with drip irrigation and plastic mulch[J]. Tobacco Sci（42）：46-51.

Rockel P，Strube F，Rockel A，et al. 2002. Regulation of nitric oxide （NO） production by plant nitrate reductase in vivo and in vitro[J]. Journal of Experimental Botany，53（366）：103-110.

Roman R，Caballero R，Bustos A，et al. 1996. Water and solute movement under conventional corn in Central Spain. I. Water balance[J]. Soil Science Society of America Journal，60 （5）：1 536-1 540.

Romic D，Romic M，Borosic J，et al. 2003. Mulching decreases nitrate leaching in bell pepper （*Capsicum annuum* L.） cultivation[J]. Agric Water Manage，60（2）：87-97.

Scott J T，Condron L M. 2003. Dynamics and availability of phosphorus in the rhizosphere of a temperate silvopastoral system. Biology and Fertility of Soil，39（2）：65-73.

Sriramamurthy C，Krishnamurthy V. 1999. Influence of N and K fertilization on quality characteristics of irrigated tobacco in Alfisols[J]. Tobacco Research，25（1）：44-47.

Stanford G，Epstein E. 1974. Nitrogen mineralization - Water Relations in Soils[J]. Soil Sci Soc Amer Proc，38（1）：103-107.

Sturite I，Uleberg M V，Henriksen T M，et al. 2006. Accumulation and loss of nitrogen in white clover（*Trifolium repens* L.） plant organs as affected by defoliation regime on two sites in Norway[J]. Plant and Soil，282（1-2）：165-182.

Takahashi S，Yagi A. 2002，Losses of fertilizer-derived N from transplanted rice after heading[J]. Plant and Soil，242（2）：245-250.

Teklemariam T A，Sparks J P. 2006. Leaf fluxes of NO and NO_2 in four herbaceous plant species：The role of ascorbic acid[J]. Atmospheric Environment，40（12）：2 235-2 244.

Thomson I K. 2001. Net mineralization of soil N and ^{15}N-ryegrass residues in diferently textured soils of similar mineralogical composition[J]. Soil Boil Biochem，33（3）：277-285.

Tian Y H，Ying B，Yang L Z，et al. 2007. Nitrogen runoff and leaching losses during rice-wheat rotations in Taihu Lake region，China[J]. Pedosphere，17（4）：445-456.

Vance E D, Brookes P C, Jenkinson D S. 1987. An extraction method for measure soil microbial biomass C[J]. Soil Biology and Biochemistry, 19（6）: 703-707.

Vestergård M, Bjørnlund L, Frédéric H, et al. 2007. Decreasing prevalence of rhizosphere IAA producing and seedling root growth promoting bacteria with barley development irrespective of protozoan grazing regime[J]. Plant Soil, 295（1-2）: 115-125.

Walker E K. 1968. Some chemical characteristics of the cured leaves of flue-cured tobacco relative to time of harvest, stalk position and chlorophyll content of the green leaves[J]. TobSci（12）: 58-65.

Yamulki S, Harrison R M, Goulding K W T. 1996. Ammonia surface-exchange above an agricultural field in Southeast England[J]. Atmospheric Environment, 30（1）: 109-118.

Yao B, Xi B, Hu C, Su. 2011. A model and experimental study of phosphate uptake kinetics in algae: Considering surface adsorption and P-stress[J]. Journal of Environmental Sciences, 23（2）: 189-198.

Zeng S C, Su Z Y, Chen B G, et al. 2008. Nitrogen and Phosphorus runoff losses from orchard soils in south China as affected by fertilization dep ths and rates[J]. Pedosphere, 18（1）: 45-53.

Zhang H C, Cao Z H, Shen Q R, et al. 2003. Effect of phosphate fertilizer app lication on phosphorus（P）losses from paddy soils in Taihu Lake Region I. Effect of phosphate fertilizer rate on P lossesfrom paddy soil[J]. Chemosphere, 50（6）: 695-701.

Zhang H C, Cao Z H, Wang G P, et al. 2003. Winter runoff losses of phosphorus from paddy soils in the Taihu Lake region in South China[J]. Chemosphere, 52（9）: 1 461-1 466.

Zhang Y S, Scherer H W. 1999. Ammonium fixation by clay minerals in different layers of two paddy soils after flooding[J]. Biol Fertil Soils, 29（2）: 152-156.

Zhang Y S, Scherer H W. 2000. Studies on the mechanisms of fixation and release of ammonium in paddy soils after flooding. II. Effect of transformation of N forms on ammonium fixation[J]. Biol Fertil Soils, 31（6）: 517-521.

Zotarelli L, Dukes M D, Scholberg J M, et al. 2008. Nitrogen and water use efficiency of zucchini squash for a plastic mulch bed system on a sandy soil[J]. Sci Horti, 116（1）: 8-16.